球铁曲轴

低合金结构钢变速器输入轴

铝合金制的货车油箱

载重货车的弹簧钢板

锻造过程中的齿轮坯

待热处理机加工后的齿轮

去掉外壳的变速器

高锰钢挖掘机斗齿

合金铸铁刹车盘与钢质刹车钳

生产线上的铝合金车轮

焊接货车货箱护板

铝合金轮毂与橡胶轮胎

玻璃钢造的水务指挥艇

QT400-18-LT风电球铁铸件

汽车覆盖件合金钢模具坯

地震后变形的钢轨

飓风吹倒的钢结构信号塔

虎式攻击直升机由碳纤维增强聚合凯夫拉尔纤维、铝以及钛材料制成,所占比例分别为80%、11%和6%,能够抵御23毫米自动加农炮攻击

不锈钢炊具

不锈钢加工的艺术品

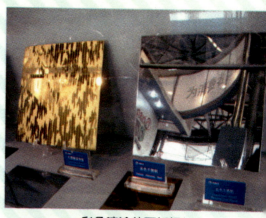
彩色喷涂的不锈钢板

中厚钢板连铸连轧

不锈钢储运罐容器壳体

各种直径的不锈钢管样品

国家体育馆鸟巢钢架结构

DN 2600× 8150球铁管 单重14.76吨，壁厚28mm

铜导线

18500t的自由锻油压机的横梁被送入热处理炉

重型船用发动机

计算机机箱装配线

各种规格的高速钢钻头

18500t的自由锻油压机

调试中的火箭

黄金饰品

点火后的探月火箭

低碳钢薄板

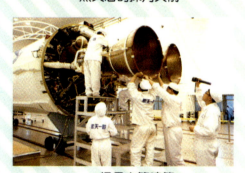
探月火箭喷管

刚挖通隧道的盾构机

浇铸金锭

钛管

铸铁下水道井盖

镁合金笔记本外壳

玻璃瓶及其生产模具

黄铜子弹壳

电站铸钢件

18500t的自由锻油压机的横梁（铸造成型后）

锌合金压铸水龙头（表面镀铬）

18500t的自由锻油压机的钢横梁的浇注场景

钛-铜复合材料

记忆合金电池板

碳 纤 维

工业丙烷储气罐

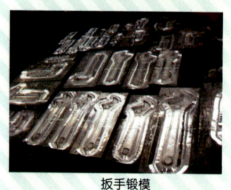
扳手锻模

锻造中的扳手

电镀过程中的扳手

秦代青铜车马文物

高等院校机械类创新型应用人才培养规划教材

机械工程材料

主　编　张铁军
副主编　王春艳　杨方洲　孔　丽
参　编　鲍培伟　王国星　任莉平
　　　　苏永要　王明光　姜娉娉
　　　　张来欢　张瑞灿　孙步功
　　　　姜海荣　吴志勇　葛振亮
　　　　彭玲玲
主　审　涂铭旌　刘　源

北京大学出版社
PEKING UNIVERSITY PRESS

内容简介

本书根据教育部最新颁布的《机械工程材料课程、工程材料及机械制造基础系列课程教学改革指南》的精神编写,在内容和体系上作出了较大的更新。

本书共 11 章,分别介绍了钢铁材料及其热处理、铸铁与铸钢、有色金属、高分子材料、陶瓷材料及复合材料等,每章都设有教学目标、教学要求、引例、特别提示、知识链接、小结、习题,以便读者复习和总结、巩固已学的知识。本书阐述了机械工程材料的结构、组织、性能及其影响因素等机械工程材料的基本理论和基本规律;讨论了机械零件的失效与选材等内容;在此基础上较全面地介绍了金属材料、高分子材料、陶瓷材料、复合材料等常用机械工程材料的研发新成果和新发展,便于读者把握机械工程材料的发展趋势。

本书适合作为机械类专业技术基础课程的教材,主要面向高等工科院校机械工程、机械设计及其自动化、工业工程、材料成型及控制工程、材料工程等专业,也可作为工科非机械类专业教材,还可作为相关工程技术人员和工厂管理人员的参考读物。

图书在版编目(CIP)数据

机械工程材料/张铁军主编. —北京:北京大学出版社,2011.2
 (高等院校机械类创新型应用人才培养规划教材)
 ISBN 978-7-301-18522-3

Ⅰ.①机… Ⅱ.①张… Ⅲ.①机械制造材料—高等学校—教材 Ⅳ.①TH 14

中国版本图书馆 CIP 数据核字(2011)第 014308 号

书　　　　名:	机械工程材料
著作责任者:	张铁军　主编
责 任 编 辑:	郭穗娟
标 准 书 号:	ISBN 978-7-301-18522-3/TH·0232
出　 版　 者:	北京大学出版社
地　　　　址:	北京市海淀区成府路 205 号　邮编:100871
网　　　　址:	http://www.pup.cn　http://www.pup6.com
电　　　　话:	邮购部 010-62752015　发行部 010-62750672　编辑部 010-62750667
电 子 邮 箱:	pup_6@163.com
印　 刷　 者:	北京虎彩文化传播有限公司
发　 行　 者:	北京大学出版社
经　 销　 者:	新华书店
	787 毫米×1092 毫米　16 开本　18.75 印张　彩插 4 页　438 千字
	2011 年 2 月第 1 版　2021 年 8 月第 3 次印刷
定　　　　价:	59.00 元

未经许可,不得以任何方式复制或抄袭本书之部分或全部内容。
版权所有,侵权必究　　举报电话:010-62752024
　　　　　　　　　　　　电子邮箱:fd@pup.pku.edu.cn

修订版前言

"机械工程材料"是高等学校机械类和近机械类各专业的技术基础课,该课程的目的是结合时代特征——材料-资源-环境的可持续发展,系统地阐述机械工程材料的结构、组织与性能的基本理论和基本规律。本书以金属材料为重点,同时介绍了高分子材料、陶瓷材料、复合材料以及新型功能材料的基本原理、基本知识及其现代工程应用;在此基础上根据零件使用条件和性能要求,对零件选材及工艺路线的制定进行了阐述。此外,对各种工程材料牌号均应用了最新的国家标准;在每篇中都安排有教学目标及教学要求,并增编了案例,做到既有理论又有实践,通俗易懂,便于帮助读者理解、掌握教学内容。

为配合地方研究应用型本科院校的学科建设和"官产学研"联合服务地方经济的需要,作者结合自身多年的科研经历与教学实践编写了本书;先论述材料资源、环境及可持续发展的关系,以材料-结构-性能为主线,然后将机械工程材料及其应用分层次编写,有助于促进教学质量的提高。本书适合作为高等工科院校机械类和近机械类专业教材,还可作为相关工程技术人员和工厂管理人员的参考读物。为提升质量,本书在第2次印刷时重新组织老师对书稿内容进行了修订。

本书由重庆文理学院材料交叉科学研究中心张铁军担任主编,黑龙江工程学院王春艳、重庆文理学院杨方洲和海军航空兵工程学院孔丽担任副主编,中国工程院院士、材料专家、博士生导师,重庆文理学院名誉校长,重庆文理学院材料交叉科学研究中心主任,四川大学教授、四川省机械工程学会名誉理事长涂铭旌、清华大学机械工程系刘源担任主审。编写分工如下:张铁军编写绪论、第1章、第2章,姜娉娉(烟台大学)、葛振亮(烟台大学)和苏永要(重庆文理学院)编写第3章,姜海荣(烟台大学)和王明光(重庆文理学院)编写第4章,葛振亮和任莉平(重庆文理学院)编写第5章,孔丽、张来欢(斗山机床(烟台)有限公司)和张瑞灿(斗山机床(烟台)有限公司)编写第6章,张铁军和吴志勇(中船重工集团公司重庆跃进机械厂)编写第7章,鲍培伟(北京交通大学)编写第8章,王国星(黑龙江工程学院)和彭玲玲(重庆文理学院)编写第9章,王春艳和彭玲玲编写第10章,孙步功(甘肃农业大学)、杨方洲编写第11章。

本书在编写、出版及修订过程中,得到许多专家和国内同仁,特别是中国工程院院士涂铭旌教授的关怀和指导,得到重庆文理学院各级领导的大力指导和帮助,还得到北京大学出版社的大力支持和帮助,作者在此深表感谢。

由于编者的水平和经验有限,书中还存在不足之处,敬请广大读者和同行批评指正。

编 者

2012年5月

目 录

绪论 ································ 1
  0.1 材料的发展对人类文明进步的贡献 ························ 1
  0.2 材料、资源与环境的循环以及生命周期评价 ···················· 3
  0.3 金属材料的制备 ·················· 5
      0.3.1 炼铁 ························· 5
      0.3.2 炼钢 ························· 6
  0.4 学习本课程的重要意义 ············ 9
  0.5 本课程的性质、任务及学习方法 ··· 10
  习题 ································ 11

第1章 工程材料的分类与键合方式 ··· 12
  1.1 工程材料的分类 ················ 13
      1.1.1 金属材料 ··················· 13
      1.1.2 陶瓷材料 ··················· 13
      1.1.3 高分子材料 ················· 13
      1.1.4 复合材料 ··················· 14
  1.2 材料的键合方式 ················ 14
  1.3 金属的晶体结构 ················ 16
      1.3.1 晶体与非晶体 ··············· 16
      1.3.2 晶格与晶胞 ················· 16
      1.3.3 晶面和晶向表示法 ··········· 17
      1.3.4 三种常见的金属晶格类型 ····· 18
      1.3.5 合金的晶体结构 ············· 20
      1.3.6 实际金属中的晶体缺陷 ······· 22
  1.4 合金的相结构 ·················· 25
  小结 ································ 28
  习题 ································ 28

第2章 工程材料的基础性能 ·········· 30
  2.1 静载时材料的力学性能 ·········· 31
  2.2 材料的动载力学性能 ············ 38
      2.2.1 冲击韧度 ··················· 39
      2.2.2 疲劳强度 ··················· 40
      2.2.3 断裂韧性 ··················· 42
  2.3 材料的高、低温力学性能 ········ 43
      2.3.1 高温力学性能 ··············· 43
      2.3.2 低温力学性能 ··············· 44
  2.4 材料的物理和化学性能 ·········· 45
      2.4.1 材料的物理性能 ············· 45
      2.4.2 材料的化学性能 ············· 46
  2.5 材料的工艺性能 ················ 47
  2.6 工程材料的主要性能的比较 ······ 48
  小结 ································ 49
  习题 ································ 50

第3章 材料的凝固与铁碳合金相图 ··· 52
  3.1 二元合金的结晶 ················ 53
      3.1.1 凝固与结晶 ················· 53
      3.1.2 晶粒大小及控制方法 ········· 55
      3.1.3 金属铸态组织的形成及其性能 ······················ 56
      3.1.4 铸锭的缺陷 ················· 58
  3.2 二元合金相图 ·················· 59
      3.2.1 二元合金相图的建立 ········· 59
      3.2.2 相组成分析与杠杆定律 ······· 60
      3.2.3 二元合金相图的基本类型 ···· 61
  3.3 合金的性能与相图的关系 ········ 66
  3.4 铁碳合金的结晶 ················ 68
      3.4.1 纯铁的组织和性能 ··········· 68
      3.4.2 铁碳合金中的组成物 ········· 69
      3.4.3 $Fe-Fe_3C$ 相图分析及应用 ······················· 71
  小结 ································ 82
  习题 ································ 82

第4章 金属的塑性变形与再结晶 ····· 84
  4.1 金属的塑性变形 ················ 84
      4.1.1 单晶体金属的塑性变形 ······· 85
      4.1.2 多晶体金属塑性变形 ········· 88

4.1.3 合金的塑性变形 …… 89
4.2 冷塑性变形对金属组织和性能的
　　影响 …… 90
　　4.2.1 塑性变形对金属组织结构的
　　　　 影响 …… 90
　　4.2.2 塑性变形对金属性能的
　　　　 影响 …… 91
　　4.2.3 残余应力 …… 92
4.3 冷塑性变形后金属在加热时组织和
　　性能的变化 …… 92
4.4 金属的热加工 …… 95
小结 …… 97
习题 …… 97

第5章 热处理 …… 99

5.1 概述 …… 100
5.2 钢在加热时的转变 …… 101
5.3 钢在冷却时的转变 …… 103
5.4 钢的退火与正火 …… 108
　　5.4.1 退火 …… 108
　　5.4.2 正火 …… 109
5.5 钢的淬火与回火 …… 109
　　5.5.1 淬火 …… 109
　　5.5.2 回火 …… 114
5.6 钢的表面热处理 …… 117
　　5.6.1 钢的表面淬火 …… 118
　　5.6.2 钢的化学热处理 …… 120
5.7 钢的特种热处理 …… 123
　　5.7.1 形变热处理 …… 123
　　5.7.2 真空热处理 …… 125
　　5.7.3 热喷涂技术 …… 125
　　5.7.4 气相沉积技术 …… 126
　　5.7.5 激光表面改性 …… 127
小结 …… 128
习题 …… 128

第6章 工业用钢 …… 131

6.1 钢的分类与编号 …… 133
　　6.1.1 钢的分类 …… 133
　　6.1.2 钢的编号 …… 134
6.2 钢中常存杂质与合金元素 …… 136
　　6.2.1 钢中常存杂质元素对钢
　　　　 性能的影响 …… 136
　　6.2.2 合金元素在钢中的作用 …… 137

6.3 结构钢 …… 139
　　6.3.1 碳素结构钢 …… 139
　　6.3.2 优质碳素结构钢 …… 140
　　6.3.3 低合金高强度结构钢 …… 142
　　6.3.4 渗碳钢 …… 146
　　6.3.5 调质钢 …… 148
　　6.3.6 弹簧钢 …… 151
　　6.3.7 滚动轴承钢 …… 152
　　6.3.8 易切削钢 …… 154
　　6.3.9 超高强度钢 …… 154
6.4 工具钢 …… 155
　　6.4.1 碳素工具钢 …… 155
　　6.4.2 量具刃具钢 …… 156
　　6.4.3 冷作模具钢 …… 157
　　6.4.4 热作模具钢 …… 159
　　6.4.5 耐冲击工具钢、无磁模具钢、
　　　　 塑料模具钢 …… 159
　　6.4.6 高速工具钢（简称高速钢）…… 160
6.5 特殊性能钢 …… 162
　　6.5.1 不锈钢 …… 162
　　6.5.2 耐热钢 …… 164
　　6.5.3 耐磨钢 …… 166
小结 …… 167
习题 …… 167

第7章 铸铁与铸钢 …… 169

7.1 概述 …… 170
　　7.1.1 铸铁的石墨化过程 …… 171
　　7.1.2 铸铁的分类与特点 …… 172
7.2 灰铸铁 …… 173
7.3 球墨铸铁 …… 175
7.4 蠕墨铸铁 …… 179
7.5 可锻铸铁 …… 181
7.6 铸钢 …… 182
　　7.6.1 铸钢的分类与编号 …… 183
　　7.6.2 铸钢的化学成分与力学
　　　　 性能 …… 183
　　7.6.3 铸钢的组织与热处理 …… 184
小结 …… 184
习题 …… 184

第8章 有色金属及其合金 …… 186

8.1 概述 …… 187
8.2 铝及铝合金 …… 187

8.2.1　变形铝合金 …… 188
　　　8.2.2　铸造铝合金 …… 193
　8.3　铜及铜合金 …… 195
　　　8.3.1　概述 …… 195
　　　8.3.2　黄铜 …… 196
　　　8.3.3　青铜 …… 198
　　　8.3.4　白铜 …… 201
　8.4　镁及镁合金 …… 201
　　　8.4.1　概述 …… 201
　　　8.4.2　无锆镁合金 …… 205
　　　8.4.3　含锆镁合金 …… 206
　8.5　钛及钛合金 …… 207
　　　8.5.1　概述 …… 207
　　　8.5.2　钛合金的性能特点 …… 207
　　　8.5.3　钛合金 …… 208
　　　8.5.4　钛合金的应用与发展 …… 210
　8.6　轴承合金 …… 210
　　　8.6.1　锡基轴承合金 …… 211
　　　8.6.2　铅基轴承合金 …… 212
　　　8.6.3　其他轴承合金 …… 213
　8.7　其他有色金属及其合金 …… 214
　　　8.7.1　锌基合金 …… 214
　　　8.7.2　镍基合金 …… 215
　小结 …… 215
　习题 …… 216

第9章　高分子材料、陶瓷材料与复合材料 …… 218

　9.1　高分子材料 …… 219
　　　9.1.1　工程塑料 …… 219
　　　9.1.2　橡胶 …… 227
　9.2　陶瓷材料 …… 232
　　　9.2.1　陶瓷的分类 …… 232
　　　9.2.2　陶瓷的组织结构 …… 233
　　　9.2.3　陶瓷的性能 …… 233
　　　9.2.4　常用的特种陶瓷 …… 233
　9.3　复合材料 …… 235
　　　9.3.1　复合材料概述 …… 236
　　　9.3.2　常用的复合材料 …… 240
　　　9.3.3　复合材料的发展与应用 …… 241
　小结 …… 244

　习题 …… 245

第10章　新材料简介 …… 247

　10.1　减振合金 …… 248
　　　10.1.1　减振合金的类型及其机理 …… 248
　　　10.1.2　减振合金的应用和发展 …… 250
　10.2　记忆合金 …… 250
　　　10.2.1　记忆合金简介 …… 251
　　　10.2.2　记忆合金的应用 …… 251
　10.3　磁性材料 …… 252
　　　10.3.1　磁性材料的分类及其应用 …… 253
　　　10.3.2　磁性材料的基本特性 …… 255
　10.4　超导材料 …… 256
　　　10.4.1　超导材料特性 …… 257
　　　10.4.2　超导材料基本临界参量 …… 257
　　　10.4.3　超导材料分类 …… 258
　　　10.4.4　超导材料应用 …… 258
　10.5　纳米材料 …… 259
　　　10.5.1　纳米材料简介 …… 259
　　　10.5.2　纳米材料的特性 …… 260
　　　10.5.3　纳米材料的分类 …… 261
　　　10.5.4　纳米材料的应用 …… 262
　　　10.5.5　纳米结构材料 …… 262
　　　10.5.6　纳米仿生材料 …… 263
　　　10.5.7　纳米技术在国内的研究情况及取得的成果 …… 264
　小结 …… 265
　习题 …… 265

第11章　零件的失效与选材 …… 267

　11.1　零件的失效形式 …… 268
　　　11.1.1　失效概念 …… 268
　　　11.1.2　失效形式 …… 268
　　　11.1.3　失效原因 …… 269
　　　11.1.4　安装与使用 …… 270
　11.2　工程材料的选用原则 …… 276
　　　11.2.1　使用性能原则 …… 276
　　　11.2.2　工艺性能原则 …… 280
　　　11.2.3　经济性原则 …… 283

11.2.4　生命周期环境资源原则 … 283
11.3　典型零件的选材与工艺分析 ……… 284
　　11.3.1　齿轮类零件的选材 ……… 284
　　11.3.2　轴类零件的选材 ………… 286

小结 …………………………………………… 289
习题 …………………………………………… 290
参考文献 ……………………………………… 291

绪 论

 引例

　　空中客车 A380（Airbus A380）是欧洲空中客车工业公司研制生产的四发动机超大型远程宽体客机，有"空中巨无霸"之称。其可载乘客人数为 853 人；在典型三舱等（头等舱—商务舱—经济舱）布局下可承载 525 名乘客。它在投入服务后，打破波音 747 在远程超大型宽体客机领域统领 35 年的纪录，结束了波音 747 在市场上 30 年的垄断地位，成为载客量最大的民用客机。

　　其机体结构材料中铝合金、钛合金、合金钢、复合材料及其他材料所占的比例分别为 61%、10%、10%、25% 及 4%。它在更大范围内采用了更多的复合材料，仅碳纤维复合材料的用量就达 32 t，占结构总重的 15%。A380 是首架每乘客（座）/百公里油耗与一辆经济型家用汽车油耗相等的远程飞机。

　　在使用复合材料方面，A380 在研制中使用了创新的 GLARE 材料（玻璃纤维增强铝材料），与传统铝材料相比，重量轻、强度高、抗疲劳特性好，维修性能和使用寿命也得到大大改善，不需要特别的加工工艺。飞机约 25% 由高级减重材料制造，其中 22% 为碳纤维混合型增强塑料（CFRP），3% 为首次用于民用飞机的 GLARE 纤维-金属板。A380 首次采用了复合材料碳纤维制成的连接机翼与机身的中央翼盒。此外，A380 还首次在后压力舱后部的后机身采用了复合材料。

　　2007 年 7 月 8 日下线的波音 787，其机体结构材料中复合材料、铝合金、钛合金、合金钢及其他材料所占的比例则分别为 50%、20%、15%、10% 及 5%。

0.1 材料的发展对人类文明进步的贡献

　　材料是可为人类接受的经济地制造有用器件的物质，是人类赖以生存和发展的重要物质基础。从日常生活用的器具到高技术产品，从简单的手工工具到复杂的航天器、机器人，都是用各种材料制作而成或由其加工的零件组装而成。目前，新材料、信息和生物技术已成为最重要、最具发展潜力的领域。材料无所不在，无处不有，它与人类及其赖以生存的社会、环境存在着紧密而有机的联系。

　　自古以来，材料的发展水平和利用程度是人类文明进步的标志。人类历史也是按制造生产工具所用材料的种类划分的，由史前时期的石器时代，经过青铜器时代、铁器时代，而今跨入陶瓷时代、高分子材料时代及人工合成材料的时代。每当一种新材料出现并得以利用，都会给社会生产与人类生活带来巨大的变化。人类发展的历史证明，材料是人类文明进步的里程碑。

　　早在 100 万年前，人类就开始以石头做工具，标志着人类进入旧石器时代。一万年前人类知道对石头进行加工，使之成为更精致的器皿和工具，从而标志着人类进入新石器时代。同期，人类开始用毛皮遮身，能识别天然金和铜；中华民族的祖先在 8000 年前就开始用蚕丝做衣服；印度人在 4500 年前开始种棉花时，中国就能用黏土烧制陶器，到东汉时期又出现了瓷器，并流传海外。人类在找寻石料的过程中认识了矿石，在烧制陶器的过程中还原出金属铜和锡,创造出炼铜技术,生产出各种青铜器物,从而进入青铜器时代,这是人类大量利用金属的开始,是人类文明发展的重要里程碑。我国在殷、商时期,青铜冶炼和铸造技术已达到很高水平。河南安阳出土的司母戊大方鼎质量达 87.5 kg,且饰纹优美。从湖北江陵楚墓中发掘出的两把越王勾践的宝剑,长 55.6 cm,至今锋利异常,是我国青铜器的杰作。

5000 年前,人类开始使用铁。公元前 12 世纪,在地中海东岸已有很多铁器。由于铁比铜更容易得到,更好利用,在公元前 10 世纪,铁工具比青铜工具更为普遍,人类从此进入铁器时代,一直延续到现在。公元前 8 世纪已出现用铁犁、锄等农具,使生产力提高到一个新水平。我国从春秋战国时期便开始大量使用铁器,冶铁技术有很大突破,遥遥领先于世界其他地区,如利用生铁经过退火制造韧性铸铁以及生铁制钢技术的发明,标志着中国生产能力的重大进步,这成为促进中华民族统一和发展的重要因素之一。从战国至汉代这些技术相继流传到朝鲜、日本、西亚和欧洲地区,推动了世界文明的发展。

到了近代,18 世纪蒸汽机的发明,使材料在新品种开发和规模生产等方面发生了质的飞跃。如 1856 年和 1864 年先后发明了转炉和平炉炼钢,使世界钢产量从 1850 年的 6 万吨突增到 1900 年的 2800 万吨,大大促进了机械制造、铁路交通的发展。随后不同类型的特殊钢也相继出现,这些都是现代文明的标志。此后,铜、铅、锌也得到大量应用,而后铝、镁、钛等金属相继问世,因此金属材料在 20 世纪中占据了材料的主导地位。

20 世纪初期,人工合成高分子材料问世,到 20 世纪 60 年代以后,为适应各行业的需求,以及美苏冷战、空间技术等需求,特种高分子材料、功能高分子生物医学高分子、工程塑料、特种涂料、航天航空材料、复合材料高分子合金理论和实践上都取得了很多成就,聚合理论、聚合方法、测试手段、应用技术,从工艺到工程都取得了惊人的进展。如今世界高分子材料年产量在 1 亿吨以上,论体积已超过钢。在美国高分子材料的体积已是钢的两倍,因此有人称现在是高分子时代;20 世纪中叶,通过合成化工原料或特殊制备方法制造出一系列的先进陶瓷。由于其资源丰富、密度小、耐高温等特点,成为近三四十年来研究的重点,而且用途不断扩大,有人甚至认为"新陶瓷时代"也来到了。随着科学技术的发展,功能材料越来越重要,特别是半导体材料出现后,促进了现代文明的加速发展。从晶体管到集成电路,使计算机的功能不断提高,体积不断缩小,价格不断下降,加上高性能的磁性材料,激光材料和光导纤维的涌现,使人类社会进入了"信息时代",材料的发展进入了丰富多彩的新时代。

现代文明的另一个标志是航空航天技术的发展。由于战争的需要,20 世纪 40 年代出现了喷气技术。该技术的出现是以耐高温材料及高性能结构材料为依托,特别是耐高温合金和钛合金的发展,不断提高了歼击机的性能,而且为今天的大型客机的安全性能及有效载荷的提高、持续航行时间的延长及机体与发动机的长寿命提供了保障。作为航空航天用的材料,其比强度、比刚度尤为重要。因为飞机发动机每减 1kg,就可使飞机减 4kg;航天飞行器每减 1kg,就可使运载火箭减轻 500kg,所以对高速飞行器来说,要尽可能减轻质量。新开发出的高强度芳纶纤维,其比强度比高强度钢高出近 100 倍。比刚度对于飞行器也十分关键,高比刚度材料在相同受力条件下变形量小,从而保证了原设计的气动性能。这就是为什么要大力发展纤维增强的树脂基及金属基复合材料的重要原因。

新中国成立后,先后建立了鞍钢、宝钢等大型钢铁基地,全国 1949 年的钢产量为

15.8万吨，占世界钢产量的0.1%，只相当于现在全国半天的产量。1996年我国钢产量突破1亿吨，成为世界第一产钢大国，近几年的产量维持在5亿多吨，已连续16年为世界第一产钢大国。原子弹、氢弹的爆炸，神舟七号载人飞船的上天、青藏铁路及高速铁路的建成通车、南极科考等都说明了我国在材料的开发、研究及应用等方面有了飞跃性的发展，达到了较高的水平。

总之，材料与现代化及现代文明的关系十分密切，为提高人民生活、增加国家安全、提高工业生产率与加快经济增长提供了物质基础。

0.2 材料、资源与环境的循环以及生命周期评价

材料已被公认是人类的基本资源之一，长期以来，人们形成了传统思维或传统产业的"资源开发—生产加工—冶金等初级加工—消费使用—废物丢弃"材料循环模式。如图0.1所示，人类在地球上通过采矿、钻探、挖掘、采集等得到原材料，这些原材料（矿石、矿物、煤、原油、天然气、砂子、木材、生橡胶等）通过冶炼及初级加工被加工成工业用原料（金属、化学产品、纤维、橡胶、电子晶体等），然后进一步加工成工程材料（合金、玻璃或陶瓷、半导体、塑料、合成橡胶、混凝土、建筑材料、纸、复合材料等）。这些工程材料通过相应设计进行加工制造，组成构件、机器、装置和其他社会需要的产品，如汽车等，为人类所使用。当这些由工程材料制成的产品被人类使用后，或因服役后失效，或到了工程要求的服役期，或完成了某一特定使用要求后，人们通常称为废品，这些废物作为废料，又回到大地上。上述循环涉及化工、冶金、能源、材料、环境等多各学科、多个工业部门。而且与材料相关的产业既是资源消耗大户，也是能源消耗大户，又是环境污染的主要来源。随着这些工业的飞速发展，在不断促进人类生产和生活水平提高的同时，也越来越严重地造成了对环境的污染，同时，也导致许多金属的资源日趋枯竭。据调查，即使全世界已探明的资源储量再增加10倍，而且50%可再生，可维持的时间也不是很长，更何况能达到50%再生的材料也不多。

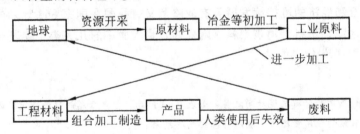

图0.1 材料单向循环模式

审视这种单一循环发展模式，人们开始认识到这种单一循环模式追求的是以最大限度地发挥材料的性能和功能为出发点的，而对资源、环境问题没有足够重视，没有充分考虑材料的环境协调性，已无法持续，取而代之的是以仿效自然生态物质循环过程的模式，在倡导全球经济可持续发展的今天，对材料内涵的理解和认识还应拓宽，主要有以下三方面：

在尽可能满足用户对材料性能的要求同时，必须节约资源与能源，尽可能减少对环境的污染，改变片面追求性能的观点。

在研究、设计、制备材料以及使用、废弃材料产品时，一定要将材料及其产品在整个生命周期内对环境的影响作为重要评价指标，改变只管设计生产，不顾使用和废弃后资源再利用及环境污染的观点。

对材料内涵理解的拓宽将涉及多学科的交叉，不仅是理工交叉，且具有更宽的知识基础和更强的实践性，不但要讲科学技术效益、经济效益；还要讲社会效益，最终把材料科技与产业的具体发展目标和各国、各地区可持续发展的大目标结合起来。

材料的可持续发展战略是一个多学科、多部门联合作用的复杂系统工程，最重要的思想就是建立"生态工业园区"。所谓"生态工业园区"就是实施生态工业的系统工程基础，其目标是通过多种产业的综合协调发展，使某一个产业的副产物或废料成为另一个企业的原料加以利用，进而形成物流的"生态产业链"或"生态产业网"，能形成多次梯级利用，并在一定界区内的多行业、多产品联合发展，不仅可使资源在产业链中得到充分或循环利用，而且使能量资源和信息资源同时得到充分利用。

在生态工业园区规划的过程中，会发现许多"网"、"链"的断点，这就为以后深入的实验研究和工业开发指明了方向。这种不断循环，不断深入研究，不断深入开发、应用，向着生态过程工业和可持续发展逐渐靠近，最终每一个环节和每一个单元都将是清洁的，用环境友好的生产工艺取代污染工艺，以实现良性循环的可持续发展的目标。

美国麻省理工学院在全美首先开设了生态工业学的课程，设立了跨院系的研究项目，致力于生态工业可持续发展的研究，并组织相关领域的各种定期和不定期会议，以促进学术界、政府、公司之间合作网络的建立；其他国家也相继开展了生态环境材料的应用研究。

各国都对材料产业环境协调发展给予了高度重视。日本的山本良一教授等撰写了环境材料方面的专著，首先系统介绍了环境材料的基本观点和研究的基本方法。德国人提出了"四倍因子理论：半份消耗，倍数产出"，其意思是在经济活动和生产过程中通过来取各种措施，将资源消耗降低一半，同时将生产效率提高一倍，由此在同样资源消耗的水平上，得到了四倍的产出。四倍因子理论的提出，得到了世界上许多政治家、经济学家、社会学家、生态学家、环境科学家以及许多其他学者的赞同，被认为对有效利用资源、改善生态环境、实现社会和经济的可持续发展具有战略意义。我国在国家863计划的支持下，开始对钢铁、铝、水泥、塑料、建筑涂料、陶瓷等，量大面广的几大类主要基础材料进行了初步的全寿命周期评价 LCA。

🔑 **特别提示**

世界天然的金属矿物资源呈现枯竭之势，如表0-1所示，重要金属的储量情况。因此不能漠视资源的浪费，合理而有效的使用资源可以缓解资源枯竭的到来。

表0-1 世界天然的重要金属储量情况

金属种类	储量/10^6t	尚可使用年限	再生率/%	金属种类	储量/10^6t	尚可使用年限	再生率/%
Fe	1×10^6	109	31.7	Mo	5.4	36	
Al	1170	35	16.9	Ag	0.2	14	41.0
Cu	308	24	40.9	Cr	775	112	
Zn	123	18	21.2	Ti	147	51	
Mg		1000		Pb		30	

0.3 金属材料的制备

下面对工程材料领域常用的钢铁材料的提取、制备过程进行简要介绍。

0.3.1 炼铁

炼铁的主要原料是铁矿石，它是由铁的氧化物和含 SiO_2、Al_2O_3、CaO、MgO 等成分的脉石构成，它的主要作用就是提供铁元素。冶炼前铁矿石经选矿筛分后，破碎磨成粉料，然后烧结成块备用。另外，还有焦炭和石灰石。焦炭在高炉中的作用一是提供热源，二是作为还原剂把铁和其他元素从矿石中分离出来。石灰石的作用是在高炉内受热分解形成 CaO 和 MgO，它们在炉温达到 1100～1200℃时，与矿石中的杂质和焦炭中的灰分（SiO_2、Al_2O_3）结合，形成低熔点、密度低的硅酸盐熔渣浮在铁液表面，以便顺利排除。

炼铁是在高炉中进行的，高炉炉体是由耐火材料砌成的，外面包围着钢板的圆截面炉子，如图 0.2 所示。为了使铁矿石在炉内充分还原，炉子高度可达几十米。高炉底部和炉腹被焦炭充填，炉身中装有层层相间的铁矿石、焦炭和石灰石。冶炼过程中，炉底焦炭燃烧产生的高温炉气向上运动，将热量传递给炉料，经过一系列的物理化学过程，形成铁液和炉渣滴入炉缸。每隔 3～4h 放一次铁液，每隔 1～1.5h 放一次炉渣。高炉一旦投入生产，就日夜不停地工作，一般可持续运行十年以上才停炉大修一次。

自然界中铁都是以化合物形式存在于铁矿石中，炼铁的实质是在高炉中将铁矿石中的铁还原；将氧化物、磷酸盐、焦炭和矿石中的 Mg、Si、P、S 还原，并与碳一起溶于铁液中的一系列物理化学过程。焦炭在高温热风的助燃下，迅速产生大量的热量，燃烧不充分，形成大量的 CO，这是炼铁的主要还原剂，扩散能力强，大大提高还原效果，其主要还原反应如下：

$$3Fe_2O_3+CO=2Fe_3O_4+CO_2$$
$$Fe_3O_4+CO=3FeO+CO_2$$
$$FeO+CO=Fe+CO_2$$

同时，其他非铁元素 Mn、Si、P、S 等也分别从它们的化合物中被还原，并与碳一起溶入铁中，故生铁中除了含有较高的碳外，常常还有一定数量的 Mn、Si、P、S 等，其中磷、硫一般情况下属于有害元素，应在冶炼时严格加以控制，因为它们的存在将增加钢铁材料的脆性。

高炉的产品主要是生铁，根据不同的使用要求，其产品有两类：一是炼钢生铁；二是铸造生铁。炉渣和煤气是高炉的副产品，炉渣成分与水泥类似，可用来制造水泥、渣砖、陶瓷等；高炉煤气可做燃料，用于炼焦、炼钢和热处理，具有较高的经济价值。

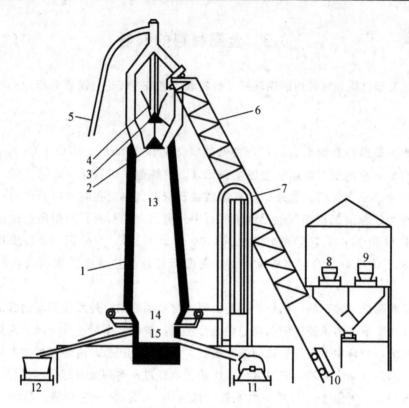

图 0.2 高炉设备示意图

1—高炉 2—大料钟 3—小料钟 4—料斗 5—煤气排气管
6—加料装置 7—热风炉 8—焦炭车 9—矿石车 10—料斗
11—铁液包 12—盛渣桶 13—炉身 14—炉腹 15—炉缸

0.3.2 炼钢

炼钢的基本原料是生铁和废钢，根据不同工艺要求，还需加入各种金属料以及造渣剂等。钢与生铁的主要区别是含碳量不同，钢中碳的质量分数小于2.11%，生铁碳的质量分数一般为3.5%～4.5%。碳钢的成分以Fe、C元素为主，另外，还有少量的硅、锰、磷、硫、氢、氧、氮等非特意添加的杂质元素，它们来自炼钢时所添加的废钢、铁矿石、脱氧剂等，其中硫、磷是杂质元素，对钢的性能有不良影响，需在冶炼时加以控制，其他元素的含量则需要在炼钢时通过各种化学反应来调整，使成分最终达到技术要求。

任何一种炼钢方法，其原理都是将生铁中多余的碳和各种杂质元素通过有选择性的氧化、形成气体或炉渣等方式降低其含量。因此，炼钢是一个氧化过程。在1500～1700℃高温下炼钢，首先是铁与氧反应生成氧化铁，然后氧化铁又与生铁中的碳、硅、磷、锰等元素发生氧化反应，将它们氧化，从而使铁被还原，反应后的产物以炉气或炉渣形式排出，最后获得符合成分要求的钢液。炼钢过程主要发生的反应如下：

$$[C] + [O] \rightarrow CO$$
$$2[C] + O_2 \rightarrow 2CO$$
$$[C] + Fe \rightarrow Fe + CO$$
$$2FeO + Si \rightarrow 2Fe + SiO_2$$

$$FeO+C \rightarrow Fe+CO$$
$$Mn+O \rightarrow MnO$$
$$Si+2O \rightarrow SiO_2$$
$$2Al+3O \rightarrow Al_2O_3$$

1. 转炉炼钢

转炉因装料和出钢时需要倾转炉体而得名。转炉炼钢以生铁或铁水为主要原料,利用氧气将铁液中的杂质元素氧化。图0.3所示为目前广泛应用的氧气顶吹转炉示意图。冶炼过程主要分为三个阶段:

首先,按炉料比加入废钢、造渣原料,将炉子倾转至装铁液位置,倒入1250～1400℃铁液。然后,摇正炉子降下氧枪吹炼,由于铁的浓度远远高于杂质浓度,故铁先氧化成氧化铁溶于炉渣,从而使铁液的氧含量大幅度增加,铁液中的碳、硅、锰、磷等先后被迅速氧化成FeO、CO、SiO_2、MnO、P_2O_5,其含量相应降低;同时向炉内加入石灰等造渣材料,以便为脱硫、脱磷作准备。当钢液中的P、S、Si、Mn、C达到要求后即提前停止吹炼。再取样分析检测和测量炉温,待钢液温度符合要求后准备出钢。出钢前应进行脱氧处理,将残留在钢中的氧去除,常用的脱氧剂有硅铁、锰铁、铝等。对于合金钢而言,还要加入合金料进行合金化。转炉炼钢的特点是效率高,成本低、投资少、质量好。碳素钢和低合金钢大多采用转炉冶炼。钢中杂质、气体和非金属夹杂物的含量对钢的质量有极大的影响,由于顶吹转炉炼钢直接向熔池吹氧,空气不易进入熔池,故这种方法生产的钢中气体含量较低,适合于深冲、冷轧薄板、焊接钢管、无缝钢管的生产。

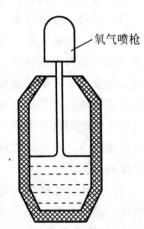

图0.3 氧气顶吹转炉示意图

2. 电弧炉炼钢

电弧炉炼钢法主要利用电弧热,在电弧作用区,温度高达4000℃。冶炼过程一般分为熔化期、氧化期和还原期,在炉内不仅能造成氧化气氛,还能造成还原气氛,因此脱磷、脱硫的效率很高。以废钢为原料的电炉炼钢,比高炉转炉法基建投资少,同时由于直接还原的发展,为电炉提供金属化球团代替大部分废钢,因此就大大地推动了电炉炼钢。电弧炉炼钢示意图如图0.4所示。世界上现有较大型的电炉约1400座,目前电炉正在向大型、超高功率以及电子计算机自动控制等方面发展,最大电炉容量为400t。国外150t以上的电炉几乎都用于冶炼普通钢,许多国家电炉钢产量的60%～80%均为低碳钢。我国由于电力和废钢不足,目前主要用于冶炼优质钢和合金钢。

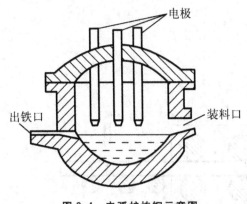

图0.4 电弧炉炼钢示意图

3. 钢的浇注

将电炉或转炉中冶炼过的钢液倒入盛钢桶内，进行最后成分调整、脱氧和温度调整，或炉后精炼处理，再注入钢锭模中凝固成钢锭，或注入其他结晶器中铸成钢坯。浇注的任务是将钢液铸成表面良好和内部纯净、均匀、致密的固体钢锭或铸坯。铸锭是炼钢生产的重要组成部分，炼钢车间的产品是钢锭或铸坯，它的质量好坏不仅决定于炼钢，而且与浇注有关。从液态到固态的转变就是在铸锭过程中完成的。因此，浇注工艺对成品的优劣有决定性的影响。

划分浇注的方法有多种，主要可分为模铸与连铸。

(1) 模铸。模铸已有100多年的历史。模铸操作繁杂，生产效率低，劳动条件差，原材料消耗大，金属收得率低，钢锭内部和表面质量差。但模铸在生产上简单易行，并能适应钢种及规格繁多的需要，再加上近年来，采用快速浇注（上注线速度最高达米/分），增大钢锭重量（轧制钢锭重量达吨）和改进铸锭设备（如采用滑动水口）等措施，使铸锭生产能力成倍增加。采用合成渣保护浇注使钢锭质量显著改善，采用上小下大的钢锭模挂绝热板浇注镇静钢以及发展半镇静钢，使钢锭成材率和铸锭生产率进一步提高。故模铸仍然应用得很广泛。不过，随着我国钢铁工业的不断发展，连续铸钢法逐渐取代模铸法，已成为发展的必然趋势。

(2) 连铸。连铸即为连续铸钢（Continuous Steel Casting）的简称。在钢铁厂生产各类钢铁产品过程中，使用钢水凝固成型有两种方法：传统的模铸法和连续铸钢法。而在20世纪50年代在欧美国家出现的连铸技术是一项把钢水直接浇注成形的先进技术，如图0.5所示。与传统模铸法相比，连铸技术具有大幅提高金属收得率和铸坯质量，节约能源等显著优势。

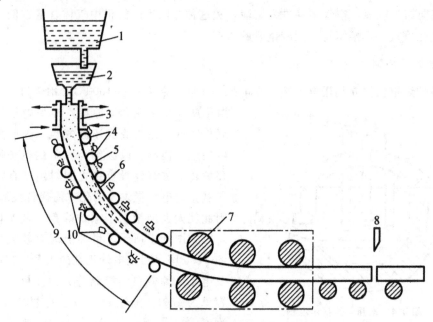

图 0.5 弧形连铸机工艺流程示意图

1—盛钢桶 2—中间包 3—结晶器 4—夹辊 5—液相区
6—铸坯 7—拉矫机 8—切割装置 9—二次冷却区 10—冷却水喷嘴

4. 轧制

金属（或非金属）材料在旋转轧辊的压力作用下，产生连续塑性变形，获得要求的截面形状并改变其性能的方法。将金属坯料通过一对旋转轧辊的间隙（各种形状）因受轧辊的压缩使材料截面减小，长度增加的压力加工方法，图0.6所示为三种主要轧制方式，这是生产钢材最常用的生产方式，主要用来生产型材、板材、管材，图0.7所示为经轧制可获得的各种形状截面的型材。轧制有热轧和冷轧两种。

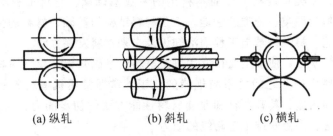

(a) 纵轧　　(b) 斜轧　　(c) 横轧

图0.6　三种轧制方式

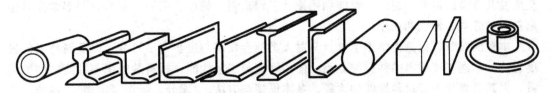

图0.7　经轧制可获得的各种形状截面的型材

连铸连轧全称连续铸造连续轧制（Continue Casting Direct Rolling, CCDR），是把连铸和连轧两种工艺衔接在一起的钢铁轧制工艺，是把液态钢倒入连铸机中轧制出钢坯（称为连铸坯），然后不经冷却，在均热炉中保温一定时间后直接进入热连轧机组中轧制成型的钢铁轧制工艺。这种工艺巧妙地把铸造和轧制两种工艺结合起来，与传统的先铸造出钢坯后经加热炉加热再进行轧制的工艺相比，具有简化工艺、改善劳动条件、增加金属收得率、节约能源、提高连铸坯质量、便于实现机械化和自动化的优点。连铸连轧工艺现今只在轧制板材、带材中得到应用。

0.4　学习本课程的重要意义

机械工程材料与人类密切相关，材料是人类物质文明的基础。材料、信息、能源是现代文明的三大支柱，而材料又是一切发展和进步的前提。人类进入21世纪后开始认真思考材料、能源和环境的密切关系，越来越重视材料的可持续发展与生态环境材料的研究，怎样考虑材料科学与工程的发展思路，从单一循环方式向无公害、零排放的方向发展，从全方位全过程规划未来机械工程材料及相关产业是人们今后的着眼点。材料从各个分散的分支学科向着统一的大材料发展，这也是材料科学发展的必然。材料科学和材料工程密不可分。现代材料观最重要的思想就是把材料的成分、结构、合成与加工、性能、使用效能作为材料科学与工程的五大要素来综合考虑，而且要特别重视材料使用效能的作用。正确地进行材料设计并用系统而全面的观点进行选材、用材也是所有机械设计人员的主要任务之一。

0.5 本课程的性质、任务及学习方法

本门课程是机械类及近机类专业本科生的专业基础课。它对工程材料作了详细的阐述，包括工程材料的种类、分类及性能，工程材料结构的基础、材料的强化即合金化、热处理的原理与工艺、材料科学与工程前沿知识及未来材料发展方向。

通过本课程的学习，使学生获得常用机械材料的基础知识，建立对材料成分、组织结构、性能、加工使用相互之间关系与规律的认识，掌握常用机械材料的种类、成分、组织、性能、强化和用途。具有选材和改变材料性能方法的初步能力；初步具备合理选材、正确确定加工方法、妥善安排工艺路线的能力。

常用工程金属材料的结构特点、性能和应用范围，它包括碳钢、合金钢、铸铁、有色金属及其合金的成分、组织、性能和用途；工程塑料、橡胶、陶瓷、复合材料等常用非金属材料的分类、性能和使用。

本章的教学目标是使学生了解材料对人类社会发展与进步密不可分，以及新材料的发展趋势；掌握工程材料的种类与分类，使用性能与工艺性能、材料的组织与性能之间的关系，尤其是强化工程材料性能的途径、基本原理与方法。"成分、组织（结构）、性能、应用"是贯穿本章的主线。

学好"机械工程材料"课程的原则和方法如下：

本课程有"三多"：名词概念术语多，定性描述与经验型总结多，须记忆内容多，因此在听课时要注意理解概念，善于结合实验教学搞清材料的显微组织照片的组织特征，弄清实验数据表格的确切含义、适用条件等。

课前预习，听完课要及时复习，及时消化理解很重要，把前面学过的基础知识弄懂。根据以往的教学实践经验，有不少同学在初学此课程时，总觉得内容庞杂，概念、术语多且不易理解和掌握，因而觉得"难学"；有的则认为没什么可深入学习的。诸如此类的想法和做法，均反映出同学们对此门课程的性质、特点及内在规律等还没有认识清楚。这在本门课程的初始阶段显得比较突出，但随着教学的深入，同学们对课程会熟悉起来，认识将逐步深化，这些问题将逐渐得到解决。

问题的关键是同学们把握正确的、科学的学习方法，预习，听课，课后复习，做好作业，网络教学平台的讨论，答疑，实验，系统复习，测试。

（1）了解教材有关内容的较完整的概貌；

（2）形成较完整的思路，能将教材有关内容的各个知识点串联起来；

（3）找出新旧知识点的联系，并复习巩固和补习相关旧知识，为学习新内容扫清障碍；

（4）把重点难点标注出来，将出现的疑问记录下来；

课后及时复习，以利于消化与巩固。

尝试回忆，阅读教材，整理笔记，看参考书；回忆、阅读、整理是消化理解课堂听讲

内容的过程,看参考书则是深入运用知识、拓展知识、形成指示技能的过程,四个步骤缺一不可。总之,本课程基本概念多,与实际联系紧密,是一门应用科学。注意理论联系实际,通过实验、实训和生产实践,开拓思路,提高水平和能力。

习 题

(1) 为什么说材料的发展是人类文明的里程碑?
(2) 什么是材料的生命周期评价?

第1章 工程材料的分类与键合方式

教学目标

1. 理解并掌握机械工程材料的分类、特点及其原子间的结合方式及适用范围。
2. 通过对金属晶体结构、晶体缺陷的学习,理解并掌握机械工程材料尤其是金属的结构、键合方式,理解材料结构与性能之间的关系。
3. 掌握常用金属工程材料和复合材料的种类、结构特点、性能和应用,了解其应用范围。
4. 了解新材料、新工艺、新方法等材料科学与工程前沿知识及未来材料发展方向。

教学要求

能力目标	知识要点	权重	自测分数
掌握金属材料晶体结构的基本知识,三种典型晶体的原子排列规律及基本参数	工程材料的分类、材料的键合方式、纯金属、合金、相	35%	
理解晶格的基本类型、实际金属的晶体结构及晶体缺陷、晶体缺陷对材料性能的影响、固溶体、金属化合物的类型及其对合金性能的影响	金属的晶格、晶胞、晶体结构类型(体心立方、面心立方和密排六方)、体心立方、面心立方、密排六方、晶体、非晶体、晶化、晶胞、致密度、配位数、各向异性、位错、空位	25%	
掌握结晶的规律、细晶强化、同素异构转变、晶体的结构、	晶体、非晶体、固溶体、置换固溶体、间隙固溶体、化合物,同素异构转变、固溶强化	25%	
实际金属中的三类晶体缺陷	点缺陷、线缺陷、面缺陷	15%	

引例

航空工业经过100多年的发展,航空用的工程材料不断推陈出新。在飞机机体方面,早期使用木材、蒙布、金属丝等材料。1912年,德国人成功设计了世界上第一架用铝合金制成的全金属单翼飞机。但是直到20世纪30年代,全金属承力蒙皮才成为普通的结构形式。20世纪30~40年代,镁合金开始进入航空结构材料的行列。不锈钢成为航空结构材料则是20世纪40~50年代的事。到了20世纪50年代中叶才开始有钛合金,并被用于飞机的高温部位。在20世纪60年代末期,树脂基复合材料成为航空结构材料,接着在碳、硼纤维树脂基复合材料的基础上,又出现了金属基复合材料。在飞机发动机方面,早期使用普通碳素钢,后来随着发动机温度的升高,逐渐采用钛合金、高温合金、金属基复合材料、陶瓷材料等新型材料,如今在发展和使用高性能金属材料的同时,又迅速发展和应用人工非金属材料,航空材料的不断进步使航空工业进入了崭新时代。

1.1 工程材料的分类

工程材料是指在机械、船舶、化工、建筑、车辆、仪表、航空航天等工程领域中用于制造工程构件和机械零件的材料。按照材料的组成、结合键的特点可将工程材料分为金属材料、陶瓷材料、高分子材料和复合材料四大类。

1.1.1 金属材料

金属材料是以金属键结合为主的材料，具有良好的导电性、导热性、延展性和金属光泽，是目前用量最大、应用最广泛的工程材料。金属材料分为黑色金属和有色金属两类，铁及铁合金称为黑色金属（Ferrous metals），即钢铁材料，2007 年其世界年产量已达 12 亿吨，在机械产品中的用量已占全部用材的 60% 以上。黑色金属的工程性能优良，是最重要的工程金属材料。

黑色金属之外的所有金属及其合金称为有色金属（Nonferrous metals）。由于有色金属有许多优良的物理、化学、低温、断裂等性能，已成为现代工业中非常重要的材料。有色金属的种类也十分繁多，主要包括铝及铝合金、镁及镁合金、锌及锌合金、铜及铜合金、钛及钛合金，以及镍、铌、钽、贵金属材料（金、银、铂）等。有色金属的种类很多，根据其特性的不同又可分为轻金属、重金属、贵金属、稀有金属、易熔合金、稀土金属和碱土金属等。它们是重要的特殊用途材料。

1.1.2 陶瓷材料

陶瓷材料属于无机非金属材料，是以共价键和离子键结合为主的材料，其性能特点是熔点高、硬度高、耐腐蚀、脆性大。陶瓷材料分为传统陶瓷、特种陶瓷和金属陶瓷三类。传统陶瓷又称普通陶瓷，以天然材料（如黏土、石英、长石等）为原料，主要为硅、铝氧化物的硅酸盐材料，主要用做建筑材料；特种陶瓷又称精细陶瓷，以高熔点的氧化物、碳化物、氮化物、硅化物等人工合成材料为原料的烧结材料，常用做工程上的耐热、耐蚀、耐磨零件；金属陶瓷是金属与各种化合物粉末的烧结体，主要用做工具和模具。

🔑 特别提示

1920 年以来，人工合成高分子的产量大约不到 10 年就翻一番，甚至更多。在三大合成材料中（塑料、橡胶、合成纤维），塑料工业的发展最快；到 1983 年，世界塑料总产量按体积计算已达到了钢铁的水平。合成橡胶工业发展也很快，总产量在 1970 年就已超过天然橡胶近一倍；合成纤维发展速度略慢，但在 1970 年已接近当年的天然纤维产量。可以说，没有任何一种材料能与高分子材料的发展速度相比。

1.1.3 高分子材料

高分子材料为有机合成材料，又称聚合物，是以分子键和共价键结合为主的材料。高分子材料由大量相对分子质量特别大的大分子化合物组成，每个大分子皆包含大量结构相同、相互连接的链节。有机物质主要以碳元素（通常还有氢）为其结构组成，在大多数情况下它构成大分子的主链。大分子内的原子之间由很强的共价键结合，而大分子与大分子之间的结合力为较弱的范德瓦耳斯力。由于大分子链很长，大分子之间的接触面比较大，特别当分子链交缠时，大分子之间的结合力很大，所以高分子材料的强度较高。在分子中存在有氢时，氢键会加强分子间的相互作用力。

高分子材料具有塑性、耐蚀性、电绝缘性、减振性好及密度小等优良性能。工程上使用的高分子材料主要包括塑料、橡胶及合成纤维等，在机械、电气、纺织、汽车、飞机、轮船等制造工业和化学、交通运输、航空航天等工业中有广泛应用，在工程上是发展最快的一类新型结构材料。和无机材料一样，高分子材料按其分子链排列有序与否，可分为结晶聚合物和无定形聚合物两类。结晶聚合物的强度较高，结晶度决定于分子链排列的有序程度。

1.1.4 复合材料

复合材料是把两种或两种以上不同性质或不同结构的材料以微观或宏观的形式组合在一起而形成的材料。通过这种组合可以达到进一步提高材料性能的目的。复合材料分为金属基复合材料、陶瓷基复合材料和聚合物基复合材料。如现代航空发动机燃烧室中耐热温度最高的材料就是通过粉末冶金法制备的氧化物粒子弥散强化的镍基合金复合材料。很多高级游艇、赛艇、鱼竿及网球拍、羽毛球拍等体育器械都是由碳纤维复合材料制成。它们具有密度低、弹性好、强度高等优点。

复合材料就是两种或两种以上不同材料的组合材料，其性能优于其组成材料。复合材料可以由各种不同种类的材料复合组成，所以它的结合键非常复杂。它在强度、刚度和耐蚀性方面比单纯的金属、陶瓷和聚合物都优越，是一类特殊的工程材料，具有广阔的发展前景。

⚿ 特别提示

不同的材料具有不同的性能。它们所表现的性能差异，是由其内部原子的结合方式和排列结构决定。作为工程技术人员，要了解机械工程材料的性能并合理使用材料，要掌握其性能特点，就必须从本质上了解其内部结构及其在外界条件（如加热、冷却等）影响下的基本变化规律。

以碳的两种自然形态（石墨与金刚石）说明键合方式的差异如何直接反映到材料的性质上的。金刚石是纯共价键晶体，有极高硬度，对电、热的绝缘性很好，具有三维立体结构。石墨同是纯碳元素的固态形式，却具有层状结构，为六方排列的层（或片），每一层内的每一个碳原子以三个电子与邻近的三个碳原子以共价键结合，另一个价电子则为该层内所有碳原子所共有，形成金属键；层与层之间则以范德瓦耳斯力相互作用。因此，石墨的碳原子层具有非定域电子，电子在层内容易移动，然而层间却不易。石墨具有一定的金属性质，当然石墨的导电性是沿层间进行的，具有明显各向异性。由于键合方式的不同带来它们力学性能的巨大差异，金刚石的三维强大且高度对称的立体结构，使之可作为刀具材料。石墨尽管层内有强大共价键，但层与层间的结合却是很弱的范德瓦耳斯键，而且层间距大，所以层与层间易相对滑动，可用做润滑材料。正因为石墨晶体具有多种性质的结合键，从而使得石墨表示出固态物质的多种性质：质地柔软光滑，容易密碎，密度轻，熔点高，不透明，有光泽，电导率高等。

1.2 材料的键合方式

工程材料通常是固态材料，由各种原子通过原子、离子或分子结合的特定组合而成。原子、离子或分子之间的结合力称为结合键。根据结合力的强弱，可以把结合键分为强键（金属键、离子键及共价键）和弱键（分子键）两类。

1. 金属键

周期表中ⅠA、ⅡA、ⅢA族元素的原子在满壳层外有一个或几个价电子。原子很容易丢失其价电子而成为正离子。被丢失的价电子不为某个或某两个原子所专有或共有，而是为全体原子所共有。这些共有化的电子叫做自由电子，它们在正离子之间自由运动，形成所谓电子气。正离子在三维空间或电子气中呈高度对称的规则分布。正离子和电子气之间产生强烈的静电吸引力，使全部离子结合起来。这种结合力就叫做金属键。在金属晶体中，价电子弥漫在整个体积内，所有的金属离子都处于相同的环境之中，全部离子（或原子）均可被看成具有一定体积的圆球，所以金属键无所谓饱和性和方向性。

金属由金属键结合，因此金属具有下列特性：

（1）良好的导电性和导热性。金属中有大量自由电子存在，当金属的两端存在电势差或外加电场时，电子可以定向地流动，使金属表现出优良的导电性。金属的导热性很好，一是由于自由电子的活动性很强，二是依靠金属离子振动的作用而导热。

（2）正的电阻温度系数，即随温度升高电阻增大。绝大多数金属具有超导性，即在温度接近于绝对零度时电阻突然下降，趋近于零。加热时，离子（原子）的振动增强，空位增多，离子（原子）排列的规则性受干扰，电子的运动受阻，电阻增大。温度降低时，离子（原子）的振动减弱，则电阻减小。对于许多金属，在极低的温度（<20K）下，由于自由电子之间结合成两个电子相反自旋的电子对，不易遭受散射，所以导电性趋于无穷大，产生超导现象。

（3）金属中的自由电子能吸收并随后辐射出大部分投射到其表面的光能，所以金属不透明并呈现特有的金属光泽。

（4）金属键没有方向性，原子间也没有选择性，所以在受外力作用而发生原子位置的相对移动时，结合键不会遭到破坏，使金属具有良好的塑性变形能力，金属材料的强韧性好。

2. 离子键

当元素周期表中相隔较远的正电性元素原子和负电性元素原子相接近时，正电性原子失去外层电子变为正离子，负电性原子获得电子变为负离子。正负离子通过静电引力互相吸引，当离子间的引力与斥力相等时就形成稳定的离子键。离子键的结合力大，因此通过离子键结合的材料强度高、硬度高、熔点高、脆性大。由于离子键难以移动输送电核，因此，这些材料都是良好的绝缘体。并且离子的外层被牢固束缚，难以被光激发，所以通过离子键结合的材料一般不能吸收可见光，是无色透明的。氯化钠是离子键结合的典型例子，再如 MgO、Al_2O_3。

3. 共价键

元素周期表中ⅢA～ⅧA族同种元素的原子或电负性相差不大的异种元素原子相互接近时，不可能通过电子转移来获得稳定的外层电子结构，但可以通过共有电子对来达到这一目的。如金刚石中的一个碳原子与周围的四个碳原子各形成一个电子对，通过共价键结合的材料与通过离子键结合的材料一样，都具有强度高、熔点高、脆性大的特点，但其导电性依共价键的强弱而不同。例如，弱共价键的锡是导体，硅是半导体，而强共价键的金刚石则是绝缘体，具有离子键和共价键的工程材料多为陶瓷或高分子聚合物材料。

4. 分子键

原子状态形成稳定电子壳体的惰性气体元素，在低温下可结合成固体。甲烷分子在固态时也能相互结合成为晶体。在它们的结合过程中没有电子的得失、共有或公有化，价电子的分布几乎不变，原子或分子之间是靠范德瓦耳斯力结合起来的。这种结合方式称为分子键。范德瓦耳斯力实际上就是分子偶极之间的作用力。当一个分子中，正、负电荷的中心瞬时不重合，而使分子一端带正电，另一端带负电，形成偶极。偶极分子之间会产生吸引力，使分子之间结合在一起。在含氢的物质，特别是含氢的聚合物中，一个氢原子可同时和两个与电子亲和能力大的、半径较小的原子（如 F、O、N 等）相结合，形成所谓氢键。氢键是一种较强的、有方向性的范德瓦耳斯力。其产生的原因是由于氢原子与某一原子形成共价键时，共有电子向那个原子强烈偏移，使氢原子几乎变成一半径很小的带正电荷的原子核，因而它还可以与另一个原子相吸引。

由于范德瓦耳斯力很弱，因此由分子键结合的固体材料熔点低，硬度也很低，因无自由电子，因此这些材料有良好的绝缘性。

1.3 金属的晶体结构

金属材料是非常重要的工程材料，各种金属材料具有不同的力学性能。即使同一种金属材料，由于内部组织结构的不同，其力学性能也不同。金属材料力学性能上的差异是由其化学成分和组织结构所决定的，因此，有必要了解金属材料的内部的结构，以便合理选材、用材。

1.3.1 晶体与非晶体

在自然界中，所有的固态物质按照它的原子（离子或分子）的聚集状态，可分为晶体和非晶体两大类。在晶体中，原子（离子或分子）的排列是按照一定的几何规律作规则排列的。相反，原子（离子或分子）在空间呈无序排列的物体则称为非晶体，如松香、石蜡、普通玻璃等。金属材料及自然界的天然金刚石、结晶盐、水晶等都是晶体，因而其内部的原子（离子或分子）则是按照一定的规律作规则排列的。那么，金属为什么呈晶体结构呢？这与它的内部原子（离子）的结合键有关。金属材料是按照金属键方式结合的，在金属中，脱离原子的价电子无方向性地自由穿行在正离子所组成的骨架中，相互吸引、结合，因而赋予金属特有的性能（晶体结构、导电、导热、金属光泽、可塑性等）。金属在某些特定条件下也可以形成非晶体，称为金属玻璃。晶体具有固定的熔点，原子排列有序。其各个方向上原子密度不同，因而具有各向异性。非晶体无固定的熔点，原子排列无序，具有各向同性。晶体与非晶体在一定条件下可以互相转化，如非晶态金属加热到一定温度可转变为晶态金属，称为晶化。

1.3.2 晶格与晶胞

金属具有光泽，良好的导电性和导热性，常用的金属有铁、铬、锰、铝、镁、铜、锌、钛、镍、钼、锡、钒、钨等。由于纯金属一般情况下硬度、强度较低，不能满足工程技术要求，而且成本较高，所以，工业上广泛使用的不是纯金属，而是合金。下面以纯金属为切入点讲解晶体结构。

如果把组成晶体的原子（或离子、分子）看做刚性球体，那么晶体就是由这些刚性球体按一定规律周期性地堆叠而成，如图1.1（a）所示。不同晶体的堆叠规律不同。为研究方便，假设将刚性球体视为处于球心的点，称为节点。由节点所形成的空间点的阵列称为空间点阵。用假想的直线将这些节点连接起来所形成的三维空间格架称为晶格，如图1.1（b）所示。晶格直观地表示了晶体中原子（或离子、分子）的排列规律。

从微观上看，晶体是无限大的。为便于研究，常从晶格中选取一个能代表晶体原子排列规律的最小几何单元来进行分析，这个最小的几何单元称为晶胞，如图1.1（c）所示。晶胞在三维空间中重复排列便可构成晶格和晶体。

晶胞各边的长度a、b、c称为晶格尺寸，又称晶格常数。晶胞的大小和形状通过晶格常数a、b、c和各棱边之间的夹角α、β、γ来描述。根据这些参数，可将晶体分为七种晶系，其中，立方晶系和六方晶系比较重要。

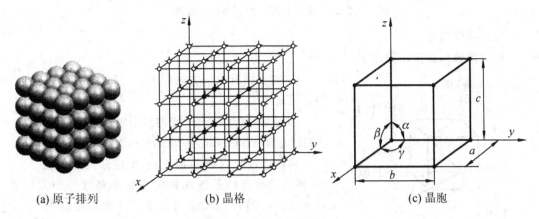

(a) 原子排列　　　　(b) 晶格　　　　(c) 晶胞

图1.1　晶格与晶胞

1.3.3　晶面和晶向表示法

晶体中各方位上的原子面称为晶面，各方向上的原子列称为晶向。为便于研究，人们通常用符号来表示不同的晶面和晶向。表示晶面的符号称为晶面指数，表示晶向的符号称为晶向指数。下面简单介绍立方晶系的晶面指数和晶向指数的确定方法。

（1）晶面指数。

如图1.2所示，晶面指数的确定步骤如下：

① 以任一原子为原点（注意，原点不要放在待确定的晶面上），以过原点的三条棱边为坐标轴，以晶格常数为测量单位建立坐标系；

② 求出待定晶面在三个坐标轴上的截距；

③ 取三个截距值的倒数并按比例化为最小整数，加一圆括号，即为所求晶面的指数，其形式为(hkl)。如果是负指数，则应将负号"－"放在相应指数的上方。

例如，求截距为1、∞、∞晶面的指数时，取三个截距值的倒数为1、0、0，加圆括号成为(100)，即为所求晶面的指数。再如，要画出晶面(221)，则取三指数的倒数$\frac{1}{2}$、

$\frac{1}{2}$、1，即为该晶面在 x、y、z 三个坐标轴上的截距。(hkl) 代表的是一组互相平行的晶面。原子排列完全相同，只是空间位向不同的各组晶面称为晶面族，用 $\{hkl\}$ 表示。立方晶系常见的晶面族为 $\{100\}$［包括 (100)、(010)、(001) 三个晶面］、$\{111\}$［包括 (111)、(111)、(111)、(111) 四个晶面］。图 1.2 所示为 (110)、(100)、(111)、(001)、(010) 几个晶面。

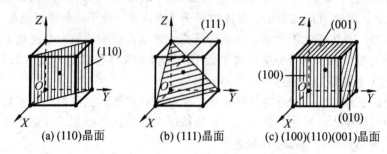

图 1.2　常见晶面指数的确定示意图

(2) 晶向指数。

晶向指数的确定步骤如下：

① 建立坐标系（方法同上），过原点作所求晶向的平行线；

② 求该平行线上任一点的三个坐标值并按比例化为最小整数，加一方括号即为所求晶向指数，其形式为 $[uvw]$。

例如，过原点某晶向上一点的三坐标值为 1、1、0，将这三个坐标值按比例化为最小整数并加方括号，得 [110]，即为所求晶向指数。又如，要画出 [110] 晶向，需要找出 (1, 1, 0) 坐标点，连接原点与该坐标点的直线即为所求晶向，如图 1.3 所示。

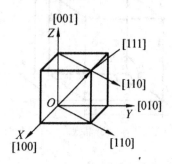

图 1.3　常见晶向指数的确定示意图

1.3.4　三种常见的金属晶格类型

由于金属键没有方向性和饱和性，大多数金属晶体都具有排列紧密、对称性高的简单结构。在纯金属中，最常见最典型的晶体结构有面心立方结构、体心立方结构和密排六方结构。前两者属于立方晶系，后者属于六方晶系。

1. 体心立方晶格

体心立方晶格的晶胞如图 1.4 所示，为一个立方体。在立方体的 8 个顶角上各有一个与相邻晶胞共有的原子，立方体中心还有一个原子。因此只用一个参数 a 表示即可。

晶格常数：$a=b=c$，$\alpha=\beta=\gamma=90°$

晶胞原子个数：由于立方体顶角上的原子为 8 个晶胞所共有，立方体中心的原子为该晶胞所独有，因此晶胞原子数为 $8\times\frac{1}{8}+1=2$，即 2 个。

原子半径：晶胞中相距最近的两个原子之间距离的一半，或晶胞中原子密度最大的方向相邻两原子之间距离的一半称为原子半径（r）。体心立方晶胞中原子相距最近的方向是体对角线，所以原子半径与晶格常数之间的关系为 $r=\frac{\sqrt{3}}{4}a$。

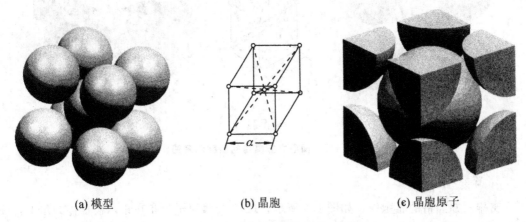

(a) 模型　　　　　　　(b) 晶胞　　　　　　　(c) 晶胞原子

图 1.4　体心立方晶格的晶胞示意图

配位数：配位数为晶胞中与任一原子接触且距离相等的原子数目，配位数越大，原子排列紧密程度就越高。体心立方晶格的配位数为 8。

致密度：晶胞中所包含的原子所占有的体积与晶胞体积之比称为致密度（也称密排系数）致密度越大，原子排列紧密程度越高。体心立方晶胞中原子所占有的体积为 $\frac{4}{3}\pi r^3 \times 2$，晶胞体积为 a^3，所以致密度为 $\dfrac{\frac{4}{3}\pi r^3 \times 2}{a^3} = \dfrac{\frac{4}{3}\pi \left(\frac{\sqrt{3}}{4}a\right)^3 \times 2}{a^3} \approx 0.68$，表明晶胞中有 68% 的体积被原子所占据，其余为空隙。

常见金属：α-Fe、Cr、W、Mo、V、Nb 等。

2. 面心立方晶格

面心立方晶格的晶胞如图 1.5 所示，也是一个立方体。除在立方体的 8 个顶角上各有一个与相邻晶胞共有的原子外，在 6 个面的中心也各有一个共有的原子。与体心立方晶格一样，晶格常数也是只用一个参数 a 表示。由于立方体顶角上的原子为 8 个晶胞所共有，面上的原子为两个晶胞所共有，因此，面心立方晶格中每一个原子（以面的中心原子为例）在三维方向上各与 4 个原子接触且距离相等。因而配位数为 12。具有面心立方结构的金属有 γ-Fe、Ni、Al、Cu、Pb、Au 等。

晶格常数：$a=b=c$，$\alpha=\beta=\gamma=90°$

晶胞原子个数：$\frac{1}{8}\times 8 + \frac{1}{2}\times 6 = 4$（个）

原子半径：$r=\frac{\sqrt{2}}{4}a$

致密度：$K=4\times\frac{4}{3}\pi\left(\frac{\sqrt{2}}{4}a\right)^3/a^3=0.74$

配位数：12

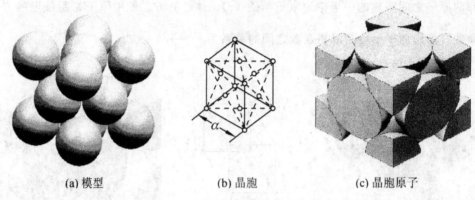

(a) 模型　　　　　　(b) 晶胞　　　　　　(c) 晶胞原子

图 1.5　面心立方晶格的晶胞示意图

3. 密排六方晶格

密排六方晶格的晶胞中，如图 1.6 所示，12 个金属原子分布在正六棱柱体的角上，在上下底面的中心各分布一个原子，两底面之间还均匀分布 3 个原子。

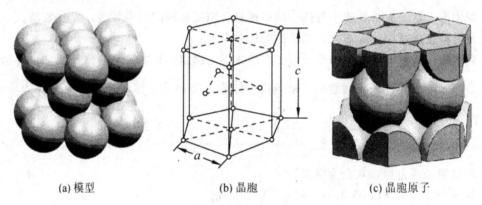

(a) 模型　　　　　　(b) 晶胞　　　　　　(c) 晶胞原子

图 1.6　密排六方晶格的晶胞示意图

密排六方晶格的特征是：

晶格常数：用底面正六边形的边长 a 和两底面之间的距离 c 来表示，两相邻侧面之间的夹角为 120°，侧面与地面之间的夹角为 90°。

晶胞原子个数：$\frac{1}{6}\times 12+\frac{1}{2}\times 2+3=6$（个）

原子半径：$r=\frac{1}{2}a$

配位数：12

致密度：0.74

属于这种晶格类型的金属有 Mg、Zn、Be、Cd 等。

1.3.5　合金的晶体结构

所谓合金是由两种或两种以上的金属元素或金属元素与非金属元素通过冶炼等方法结合而成的具有金属特性的物质。例如，钢、铸铁、黄铜、青铜等都是合金材料。由于合金具有比纯金属更高的力学性能及某些特殊的物理、化学性能（例如耐高温、耐腐蚀等），因而，工业上合金材料比纯金属应用更为广泛。

在合金中，通常把具有同一化学成分且结构相同的均匀组成部分称为相，而相与相之间有明显的界面。固态合金中，相的晶体结构可分为固溶体与金属化合物两大类。

1. 固溶体

合金在固态下，其晶格类型与其中某一类元素的晶格相同，这类元素称为溶剂元素，而其他元素（称为溶质元素）则溶解在溶剂元素所组成的晶格中，而保持溶剂元素原子所组成的晶格不发生变化，这样形成的均匀固态相结构称为固溶体。

固溶体按照溶质元素原子在溶剂元素原子组成晶格中的分布情况不同，可分为间隙固溶体与置换固溶体两类。

(1) 间隙固溶体。其中溶质元素原子处于溶剂元素原子组成的晶格空隙位置。间隙固溶体中的溶质元素原子都是一些原子半径小的非金属元素，例如，H、B、C、O、N 等。钢铁材料中的铁素体、奥氏体都属于这种类型的固溶体。

(2) 置换固溶体。其中溶质元素原子取代了溶剂元素原子组成的晶格中某些位置上的溶剂元素原子。形成置换固溶体的溶质元素原子都是些原子半径大的金属原子，例如，Cr、Ni、Zn、Sn 等。钢铁材料中，一些合金元素（例如 Cr、Ni、Mn、Si 等）的加入，往往都是形成这种类型的固溶体。

从力学性能看，固溶体通常具有较高的塑性、韧性和较低的强度、硬度。但是，由于溶质元素原子的溶入，使晶格发生畸变，使之塑性变形抗力增大，因而较纯金属具有更高的强度、硬度，这就是所谓的固溶强化作用。

固溶强化是提高金属材料力学性能的重要途径之一。例如，工业上广泛应用的普通低合金高强度结构钢 Q345（16Mn），就是利用 Mn 元素（作为溶质原子）加入钢中，造成固溶强化作用，从而使其强度较普通碳素结构钢 Q235 提高 25%～40%。

2. 金属化合物

金属材料中，由相当程度的金属键结合，并具有明显金属特性的化合物称为金属化合物。金属化合物的晶格类型与组成化合物的各组元晶格类型完全不同，一般可用化学分子式表示。其性能特点是熔点高、硬而脆。它在合金中的数量、大小、形态及分布状况对合金的性能影响很大。当它以细小颗粒均匀分布在固溶体基体上时，将使合金的强度、硬度、耐磨性明显提高，这一现象称为弥散强化。因此，金属化合物是合金中重要的强化相。

金属化合物的种类很多，常见的有正常价化合物、电子化合物以及间隙化合物等。前两种常在非铁金属材料中出现，例如，黄铜中的 β' 相（CuZn）。而钢及硬质合金中，常见到的是间隙化合物，例如，碳钢中的渗碳体（Fe_3C）、合金钢中的 Cr_7C_3、$Cr_{23}C_6$、Fe_4W_2C 等以及钢经化学热处理后在其表面形成的 FeN、Fe_4N、FeB 等。此外，合金钢及硬质合金中的 VC、WC、TiC 等具有极高的硬度和熔点，常称为间隙相（复杂晶格的间隙化合物）。近代表面工程技术中，利用气相沉积技术在材料表面沉积的 TiN、TiC 等也属于间隙相范畴。

由于三种晶格类型原子排列的形式不同，其紧密程度也就不同，因而存在不同程度的空隙。其中，体心立方晶格的空隙最大，如果金属由面心立方晶格转变为体心立方晶格时,将使体积胀大。在固态下,有些金属随着温度的变化,常以不同的晶格类型存在。例如,纯铁就有两种晶格类型:体心立方晶格及面心立方晶格,如图1.7所示。在室温下的纯铁(α-Fe)具有体心立方晶格;而在912～1394℃温度范围内存在的纯铁(γ-Fe)则具有面心立方晶格,其间的转变称为金属的同素异构转变。金属或合金的同素异构转变是金属热处理的基础。转变时,由于晶体体积的变化,必将产生较大的内应力,并造成性能上的改变。

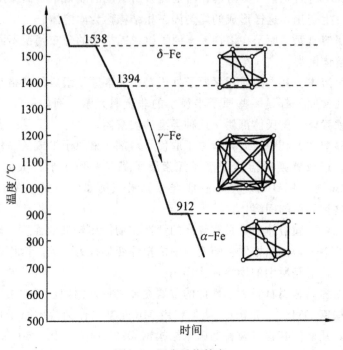

图1.7 同素异构转变

1.3.6 实际金属中的晶体缺陷

结晶方位完全一致的晶体称为"单晶体",如图1.8(a)所示。在单晶体中,所有晶胞均呈相同的位向,故单晶体具有各向异性。单晶体除具有各向异性以外,它还有较高的强度、抗蚀性、导电性和其他特性,因此日益受到人们的重视。目前在半导体元件、磁性材料、高温合金材料等方面,单晶体材料已得到开发和应用。单晶体金属材料是今后金属材料的发展方向之一。

工业上实际应用的金属材料大部分是采用自然熔炼、自然凝固等传统制取方法得到的一种多晶体结构,如图1.8(b)所示。它是由许多外形不规则的晶体颗粒(简称晶粒)所组成。这些晶粒内仍保持整齐的晶胞堆积,各晶粒之间的界面称为晶界。晶粒的大小与金属的制造及处理方法有关,其直径一般在1～0.001mm之间。在多晶体中,由于各晶粒的位向不同,使其各向异性受到了抵消,造成各向性能接近相同的现象,称为伪各向同性。例如,在多晶体工业纯铁(α-Fe)中,各方向上的弹性模量E值均为210 000MPa。

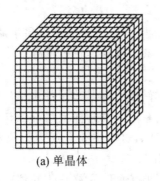
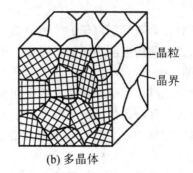

(a) 单晶体　　　　　　　　(b) 多晶体

图 1.8　单晶体和多晶体

必须指出，对于多晶体，它是由许多晶粒组成，每个晶粒的内部，晶格位向完全一致，而各个晶粒之间，彼此的位向各不相同，如图1.8（b）所示，其性能是各个晶粒性能的统计平均值，故其在各个方向上的性能大致相同，称为伪各向同性。例如，纯铁的弹性模量，若为单晶体，其沿晶胞空间对角线方向的数值为 290 000MPa，而沿晶胞棱边方向的数值为 135 000MPa；若为多晶体，无论从哪个部位取样所测得的数值均在210 000 MPa 左右。

位于晶格节点上的原子不是静止不动的，而是以节点为中心作热振动，并随温度的升高，原子热振动的振幅也将加大；另外，实际使用的金属材料一般为多晶体，在实际晶体中，原子排列不可能这样规则和完整。在晶体内部，由于种种原因，在局部区域内原子的排列往往受到干扰而被破坏。因此，实际晶体的结构是以规则排列为主，兼有不规则排列，这就是实际金属晶体结构的特点。

上述的金属晶体结构是理想结构，由于许多因素的作用，实际金属的结构不是理想完美的单晶体，结构中存在许多不同类型的缺陷。按照几何特征，晶体缺陷主要分为点缺陷、线缺陷和面缺陷三类，每类缺陷都对晶体的性能产生重大影响。

1）点缺陷

点缺陷是指在三维尺度上都很小的，不超过几个原子直径的缺陷，例如，空位、间隙原子、置换原子等，如图1.9所示。

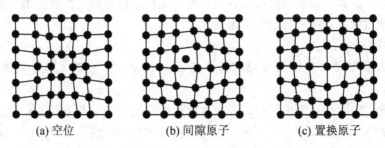

(a) 空位　　　　　　(b) 间隙原子　　　　　　(c) 置换原子

图 1.9　点缺陷示意图

空位是指晶格中某些缺排原子的空节点，空位的产生是由某些能量高的原子通过热振动离开平衡位置引起的。塑性变形、高能粒子辐射、热处理等也能促进空位的形成。空位附近的原子会偏离正常节点位置，造成晶格畸变。空位的存在有利于金属内部原子的迁移（即扩散）。某些挤进晶格间隙中的原子称为间隙原子，间隙原子可以是基体金属原子，也可以是外来原子。如果外来原子取代了节点上原来原子的位置，这种原子称为置换原子。

点缺陷的存在,破坏了原子的平衡状态,使晶格发生扭曲(称为晶格畸变),从而引起性能变化,使金属的电阻率增加,强度、硬度升高,塑性、韧性下降。

2) 线缺陷

线缺陷是指二维尺寸很小而第三维尺寸很大的缺陷,即晶体中的位错。当晶格中一部分晶体相对于另一部分晶体沿某一晶面发生局部滑移时,滑移面上滑移区与未滑移区的交界线称为位错。常见的有刃型位错和螺型位错两种。这里主要介绍刃型位错,如图1.10所示。

假设在一个完整晶体的上半部插入一多余的半原子面,它终止于晶体内部,好像切入的刀刃一样,这个多余的半原子面的刃边就是刃型位错,如图1.10所示。多余半原子面在滑移面上方的称为正刃型位错,用符号"⊥"表示,多余半原子面在滑移面下方的称为负刃型位错,用符号"⊤"表示。单位体积内所包含的位错线总长度称为位错密度,符号为ρ,$\rho=L/V$(式中:L为位错线总长度,V为体积),ρ单位为cm/cm^3或$1/cm^2$。退火金属中位错密度一般为$10^{10}m^{-2} \sim 10^{12}m^{-2}$。

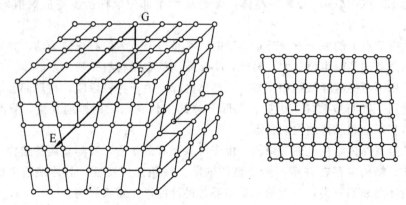

图1.10 刃型位错示意图

位错的存在极大地影响金属的力学性能,如图1.11所示。当金属为理想晶体或仅含极少量位错时,金属的屈服强度很高,当含有一定量的位错时,强度降低。当进行形变加工时,位错密度增加,屈服强度将会增高。

3) 面缺陷

面缺陷是指二维尺度很大而第三维尺度很小的缺陷。金属晶体中的面缺陷主要有两种。

(1) 晶界。实际金属为多晶体,是由大量外形不规则的小晶体即晶粒组成的。每个晶粒可视为单晶体,一般尺寸为$10^{-5} \sim 10^{-4}m$,但也有几毫米或十几毫米。纯金属中,所有晶粒的结构完全相同,但彼此之间的位向不同,位向差为几十分、几度或几十度。

晶粒与晶粒之间的接触界面叫做晶界。随相邻晶粒位向差的不同,其晶界宽度为5～10个原子间距。晶界在空中呈网状;晶界上原子的排列不是非晶体式混乱排列,但规则性较差。原子排列的总特点是,采取相邻两晶粒的折中位置,使晶格由一个晶粒的位向,通过晶界的协调,逐步过渡为相邻晶粒的位向如图1.12所示。

(2) 亚晶界。晶粒也不是完全理想的晶体,而是由许多位向相差很小的亚晶粒组成的

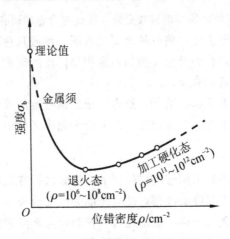

图 1.11 位错密度对金属强度的影响

如图 1.13 所示。晶粒内的亚晶粒又叫晶块（或嵌镶块）。尺寸比晶粒小 2～3 个数量级，一般为 $10^{-8}\sim10^{-6}$ m。亚晶粒的结构如果不考虑点缺陷，可以认为是理想的。亚晶粒之间的位向差只有几秒、几分，最多达 1°～2°。亚晶粒之间的边界叫亚晶界。亚晶界是位错规则排列的结构。例如，亚晶界可由位错垂直排列成位错墙而构成。亚晶界是晶粒内的一种面缺陷。在晶界、亚晶界或金属内部的其他界面上，原子的排列偏离平衡位置，晶格畸变较大，位错密度较大（能达到 10^{16} m^{-2} 以上），原子处于较高的能量状态，原子的活性较大，因此对金属中的许多过程的进行，具有极为重要的作用。晶界和亚晶界均可提高金属的强度，晶界越多，晶粒越细，金属的塑性变形能力越大，塑性越好。

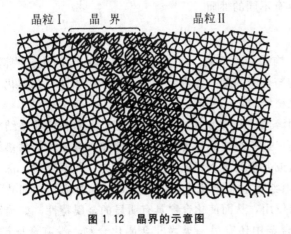

图 1.12 晶界的示意图

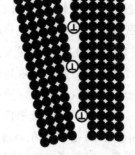

图 1.13 亚晶界

1.4 合金的相结构

众所周知，金属材料在现代工农业生产及人们的日常生活中极其重要。各种纯金属都具有优良的导电性、导热性、化学稳定性等特点，但各种纯金属的强度、硬度、耐磨性等力学性能都比较差，满足不了人们对金属材料使用性能上的要求，因此自古至今人们都在生产和使用着合金材料。

合金不仅在强度、硬度、耐磨性等力学性能方面比纯金属高，而且在电、磁、化学稳定性等物理化学性能方面也能与纯金属媲美或更好,因此对合金的研究与使用更具有实际意义。

通过熔炼、烧结或其他方法,将一种金属元素同一种或几种其他元素结合在一起形成的具有金属特性的新物质,称为合金。例如,应用最广泛的碳钢和铸铁是由铁和碳组成的合金;黄铜是由铜和锌组成的合金。

组成合金的最基本的物质称为组元,通常指组成该合金的元素或某些化合物,根据合金组元数目的多少,将合金分为二元合金、三元合金和多元合金。

1. 合金中的相

目前使用的合金中大多是采用熔炼法生产的,熔炼法即首先需要得到具有某种化学成分均匀一致的合金溶液,将其降温冷却,使其结晶为固态合金。

合金的结晶过程同纯金属一样,也是通过形核和长大来实现的。由于在合金中含有两种或两种以上元素的原子,它们之间必然要发生相互作用,使得生成的结晶产物一般不是只含有一种元素的小晶体(晶粒),而是含有两种或多种元素的小晶体。在固态合金中,这些由多种元素构成的小晶体的化学成分和晶格结构可以是完全均匀一致的,也可能是不一致的。在金属或合金中,将成分相同、结构相同并与其他部分有界面分开的均匀组成部分称为相。若合金是由成分、结构都相同的同一种晶粒构成,则各晶粒虽有界面分开,却属于同一种相,这种合金为单相合金。若合金是由成分、结构互不相同的几种晶粒所构成,它们将属于几种不同相,这种合金为多相合金。

金属材料可以是单相的,也可以由多相组成。通常所说的显微组织实质上是指在显微镜下观察到的各相晶粒的形态、数量、大小和分布的组合。组合不同,材料的性能也不相同,即不同的显微组织导致合金具有不同的性质。

2. 固溶体及金属化合物

固态合金中的相,按其晶格结构的特点不同,可以分为固溶体和金属化合物两大类,二者的区别为:固溶体的晶格结构与合金的某一组成元素的晶格结构相同;金属化合物的晶格结构与合金的各组成元素的晶格结构均不相同。

在合金中,当溶质含量超过固溶体的溶解度时,将出现新相,若新相的晶格结构与合金中某一组成元素相同,则新相是以这一组成元素为溶剂的固溶体。若新相的晶格结构不同于任一组成元素,则新相将是组成元素间发生相互作用而生成的一种新物质,称为金属化合物,一般用化学式 A_mB_n 表示其组成。金属化合物的特点是:除有离子键和共价键作用外,还有一定程度的金属键参与作用,从而使化合物具有明显的金属特性,如碳钢中的渗碳体 Fe_3C。除金属化合物外,合金中还有另一类为非金属化合物,没有金属键作用,没有金属特性,如 FeS、MnS,称为非金属化合物。在合金中,金属化合物可以成为合金材料的基本组成相,而非金属化合物是合金原料或熔炼过程中产生的,数量少且对合金性能有恶化作用,因而一般称为非金属夹杂物。

1) 金属化合物的分类

金属化合物的种类很多,根据形成条件及结构特点,主要有以下几类:

(1) 正常价化合物。符合正常的原子价规律的化合物称作正常价化合物,成分固定,并可用确定的化学式表示。其通常是由在元素周期表上相距较远、电化学性质相差很大的两种元素形成的。如 MnS、Mg_2Si、Mg_2Pb 等,它们的晶体结构随化学组成不同会发生较大的变化。

(2) 电子化合物。符合电子浓度规律的化合物称为电子化合物。电子浓度是指金属化合物中的价电子数目与原子数目的比值。电子化合物多由ⅠB族或过渡族金属与ⅡB族、ⅢA族、ⅣA族、ⅤA族元素所组成。此类化合物不遵守原子价规律，而是服从电子浓度规律，即按照一定的电子浓度组成一定的晶格结构的化合物。如CuZn化合物，其原子数为2，Cu的价电子数为1，Zn的价电子数为2，故其电子浓度为3/2。

在电子化合物中，当电子浓度为3/2 (21/14) 时，形成体心立方晶格，称为β相；当电子浓度为21/13时，形成复杂立方晶格，称为γ相；当电子浓度为7/4 (21/12) 时，形成密排六方晶格，称为ε相。

(3) 间隙化合物。间隙化合物一般是由原子直径较大的过渡族金属元素（Fe、Cr、Mo、W、V等）和原子直径较小的非金属元素（C、N、B、H等）所组成。根据晶体结构特点，间隙化合物又可分成简单结构的间隙化合物和复杂结构的间隙化合物两类。

当非金属原子半径与金属原子半径比小于0.59时，形成具有体心立方、面心立方等简单晶格的间隙化合物，又称为间隙相。具有简单结构的间隙化合物有VC、WC、TiC等。VC的结构如图1.14所示。间隙相具有金属特征和极高的硬度及熔点（如表1-1所示），非常稳定。

当非金属原子半径与金属原子半径之比大于0.59时，形成复杂结构的间隙化合物，如Fe_3C、$Cr_{23}C_5$、Cr_7C_3等，其中Fe_3C成为渗碳体，是钢中的重要组成相，具有复杂斜立方晶格，如图1.15所示。

表1-1 钢中常见碳化物的硬度及熔点

类型	间 隙 相							复杂结构间隙相化合物	
化学式	TiC	ZrC	VC	NbC	TaC	WC	MoC	$Cr_{23}C_6$	Fe_3C
硬度/HV	2850	2840	2010	2050	1550	1730	1480	1650	800
熔点/℃	3080	3472±20	2650	3608±50	3983	2785±5	2527	1577	1227

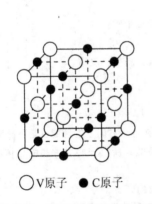

图1.14 VC的晶体结构示意图

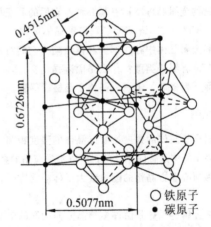

图1.15 Fe_3C的晶体结构示意图

2) 金属化合物的性能

由于金属化合物一般具有复杂的化合键和晶格结构，因此其熔点高，硬而脆。合金中的金属化合物使合金的强度、硬度和耐磨性提高,但会降低塑性和韧性。因此,它是碳钢、合金钢、硬质合金和许多有色合金的重要强化相,与固溶体适当配合,可以满足材料所需要的性能要求,如碳钢中的 Fe_3C、工具钢中的 VC、高速钢中的 W_2C、硬质合金中的 WC 和 TiC 等。这些金属化合物的存在提高了材料的强度、硬度、耐磨性和热硬性等。

小　结

1. 晶体结构的基本概念,三种典型晶体(体心立方、面心立方和密排六方)的原子排列规律及基本参数。
2. 实际金属中的三类晶体缺陷(点、线、面缺陷)。
3. 关键词:晶体、非晶体、晶化、晶胞、致密度、配位数、各向异性、位错、空位金属键、晶界、亚晶界、固溶体、固溶强化、金属化合物、渗碳体。

晶体结构的基本概念,体心立方、面心立方和密排六方的原子排列规律及基本参数;实际金属中的三类晶体缺陷(点、线、面缺陷)关键词:晶体、非晶体、晶化、晶胞、致密度、配位数、各向异性、位错、晶向、晶面、密排面、空位、金属键、晶界、亚晶界、固溶体、固溶强化、金属化合物、间隙相、间隙化合物

习　题

1. 简答题

(1) 什么是黑色金属?什么是有色金属?

(2) 碳钢、合金钢是怎样分类的?

(3) 铸铁材料是怎样分类的?应用时怎样选择?

(4) 陶瓷材料是怎样分类的?

(5) 常见的金属晶体结构有哪几种?它们的原子排列和晶格常数各有什么特点?α-Fe、γ-Fe、Al、Cu、Ni、Pb、Cr、V、Mg、Zn 各属何种晶体结构?

(6) 实际金属晶体中存在哪些晶体缺陷?它们对性能有什么影响?

(7) 固溶体有哪些类型?什么是固溶强化?

(8) 解释下列概念:组织、晶体、晶格、晶胞、晶格常数、晶界、位错。

2. 判断题

(1) 金属理想晶体的强度比实际晶体的强度稍高一些。　　　　　　　　　　　　　(　)

(2) 因为单晶体是各向异性的,所以实际应用的金属材料在各个方向上的性能也是不相同的。(　)

(3) 因为面心立方晶格的配位数大于体心立方晶格的配位数,所以面心立方晶格比体心立方晶格更致密。　　　　　　　　　　　　　　　　　　　　　　　　　　　　　　　(　)

(4) 通常金属多晶体是由许多结晶方向相同的单晶体组成的。　　　　　　　　　　(　)

3. 选择题

(1) 晶体中的位错属于(　　)。

　　A. 点缺陷　　　　　B. 面缺陷　　　　　C. 线缺陷　　　　　D. 都不对

(2) 亚晶界是由（　　）。
   A. 点缺陷堆积而成　　　　　　　B. 位错垂直排列成位错墙而构成
   C. 晶界间的相互作用构成　　　　D. 都不对
(3) 在面心立方晶格中，原子密度最大的晶向是（　　）。
   A. [100]　　　　B. [110]　　　　C. [111]　　　　D. [002]
(4) 常见金属 Cu、Al、Pb 等在室温下的晶体结构类型与（　　）相同。
   A. 纯铁　　　　B. α−Fe　　　　C. γ−Fe　　　　D. β−Fe
(5) 面心立方晶胞中实际原子数为（　　）。
   A. 2个　　　　B. 4个　　　　C. 6个　　　　D. 8个

第 2 章 工程材料的基础性能

教学目标

1. 通过对金属各种性能及其指标的学习,理解并掌握工程材料的力学性能、物理性能、化学性能及工艺性能的概念及实际应用。
2. 理解并掌握金属的力学性能,理解材料受到静态载荷、动态载荷及环境因素如温度的变化对力学性能的影响。
3. 掌握常用机械工程材料的性能,尤其是强度、硬度等。

教学要求

能力目标	知识要点	权重	自测分数
掌握材料性能的分类,力学性能,物理性能及化学性能,理解材料性能的测试的原理与方法,及符号表示	使用性能,工艺性能;强度,塑性,弹性,刚度,断后伸长率 A,断面收缩率 Z,韧性,上屈服强度 R_{eH}、下屈服强度 R_{eL}、规定残余延伸强度 R_r、规定非比例延伸强度 R_p、抗拉强度 R_m、冲击韧性、疲劳强度、断裂韧性、布氏硬度、洛氏硬度、屈服强度、冲击韧性、蠕变	55%	
了解机械工程材料的物理性能与化学性能	密度、熔点、导电性、导热性、磁性、热膨胀性、耐蚀性、抗氧化性、化学稳定性	15%	
理解机械工程材料的工艺性能	铸造性能、锻造性能、焊接性能、热处理性能及切削加工性能	15%	
对不同类型的材料有概括性的了解	对不同类型的材料的物理性能、力学性能有相对比较	15%	

引例

人类的历史往往伴随着各种各样的事故,这些事故通常会带来物质的损失或身心伤害。下面列举了历史上发生的损失最为惨重的一个事故,此事故的原因与材料的性能有关。1986 年 1 月 28 日,"挑战者"号航天飞机在起飞后短短 73 秒之后发生爆炸坠毁,起因只是由于一个小小的 O 形圈在低温环境下没能达到设计性能,未能固定其中一个接头,造成加压气体外泄,引起外挂式油箱内液态氢的有效载荷泄漏,最终引发大爆炸。当时(1986 年)该航天飞机的造价为 20 亿美元,相当于现在的 45 亿美元,另外在 1986 至 1987 年间用于事故调查、错误纠正、损失装置更换的费用也花费了 4.5 亿美元,相当于现在的 10 亿美元。

工业生产中使用的材料种类很多,为了正确选用材料,充分发挥材料的性能,必须首先了解材料及其性能。材料能否加工成所需零件或毛坯，取决于材料的性能。

材料的性能一般分为使用性能和工艺性能两类。使用性能是指材料在使用过程中所表现出来的性能，主要包括力学性能、物理性能和化学性能；工艺性能是指材料在加工过程中所表现出来的性能，包括铸造性能、热处理性能、可锻性、可焊性和切削加工性等。

力学性能是指材料受到外加载荷作用时所反映出来的性能。根据工件受力情况的不同，可用相应的力学性能指标来衡量：静载荷作用下的力学性能指标有强度、硬度、塑性和断裂韧度等；动载荷作用下的力学性能指标有冲击韧度；交变载荷作用下的力学性能指标主要通过疲劳强度来描述。

2.1 静载时材料的力学性能

静载荷是指大小不随时间的变化而发生变化的载荷。材料的静载力学性能指标主要有刚度、强度、塑性、硬度等。对于机械零件来讲，力学性能是一个重要的使用性能。

根据机械零件在机械中所处的部位不同，外加载荷分三种：静载荷，即施加载荷的速度比较缓慢。冲击载荷，施加载荷的速度很快，带有冲击的性质。交变载荷，所施加的载荷大小、方向随时间而变化。

1. 拉伸试验与应力应变曲线

按国家标准 GB/T 228—2002《金属材料室温拉伸试验方法》的规定，制作拉伸试样，如图 2.1（a）所示，装夹在材料试验机上，缓慢地进行拉伸，使试样承受轴向拉力 F，并引起试样沿轴向 $\Delta L = L_u - L_0$，直到试样断裂。将拉力 F 除以试样原始长度 L_0，即得拉应力 R 为纵坐标，即 $R = F/S_0$，单位为 MPa（N/mm^2）；将伸长量除以试样原始长度 L_0，即得应变 ε 为横坐标，则可画出应力-应变曲线，如图 2.1（b）所示。此图已消除试样尺寸的影响，从而直接反映材料的性能。

从完整的拉伸试验和拉伸曲线上可以看出，试样从开始拉伸到断裂要经过弹性变形、屈服阶段、变形强化阶段、缩颈与断裂 4 个阶段。

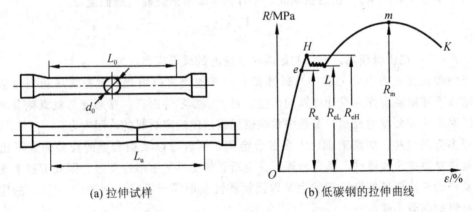

(a) 拉伸试样 (b) 低碳钢的拉伸曲线

图 2.1 标准试样和低碳钢的拉伸曲线

图 2.2 是几种典型材料的拉伸曲线。图中曲线 1 为高碳钢淬火低温回火的拉伸曲线；曲线 2 为低合金结构钢的拉伸曲线；曲线 3 为黄铜的拉伸曲线；曲线 4 为陶瓷、玻璃类脆性材料的拉伸曲线；曲线 5 为橡胶类材料的拉伸曲线；曲线 6 为工程塑料的拉伸曲线。

2. 弹性与刚度

试验时，如加载后应力不超过 R_e，则卸载后试样恢复原状。这种不产生永久变形的能力成为弹性。R_e 为不产生永久变形的最大应力，称为弹性极限。

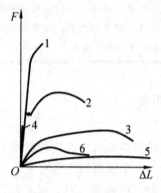

图 2.2 几种典型材料的拉伸曲线

在弹性变形范围内，应力与应变成正比例时，其比例常数 E 称为弹性模量，单位为 MPa。其物理意义是产生单位弹性变形时所需应力的大小，即材料的刚度。E 越大，刚度越大。

弹性模量是一个结构不敏感参数，即 E 主要取决于基体金属的性质。除随温度升高而降低外，其他强化材料的手段，如热处理、冷热加工、合金化等对弹性模量的影响很小。如钢铁材料是铁基合金，不论其成分和组织结构如何变化，室温下的值均在 $(20 \sim 21.4) \times 10^4$ MPa 范围内。材料在使用中，如果刚度不足，则会由于发生过大的弹性变形而失效。一般可以通过增加横截面积或改变截面形状的方法来提高零件的刚度。

3. 强度

材料在外力作用下抵抗变形和破坏的能力称为强度。根据外力加载方式不同，强度指标有许多种，如拉伸强度、抗压强度、抗弯强度、抗剪强度、抗扭强度等。本书只介绍拉伸强度。

（1）上屈服强度 R_{eH}。试样发生屈服而力首次下降前的最高应力（图 2.3）。

$$R_{eH} = \frac{F_{eH}}{S_0} \text{（MPa）}$$

式中：R_{eH}——试样发生屈服而力首次下降前的最高应力，N；
S_0——试样的原始横断面积，mm^2；

（2）下屈服强度 R_{eL}。在屈服期间，不计初始瞬时效应时的最低应力。

$$R_{eL} = \frac{F_{eL}}{S_0} \text{（MPa）}$$

式中：F_{eL}——在屈服期间，不计初始瞬时效应时的最低应力，N。

上屈服强度对微小应力集中、试样偏心和其他因素很敏感，试验结果相当分散，因此，常取下屈服强度作为设计计算的依据。对大多数零件而言，塑形变形就意味着零件的丧失了对尺寸和公差的控制。工程中常根据屈服强度确定材料的许用应力。

很多金属材料，如高碳钢、大多数合金钢、铜合金以及铝合金的拉伸曲线不出现平台。脆性材料如普通铸铁、镁合金等，甚至断裂前也不发生塑性变形。因此工程上规定当拉伸试样的非比例延伸率或者发生某以微量塑性变形等于规定（例如，0.2%）的应力作为该材料的屈服强度。

（3）规定非比例延伸强度 R_p（图 2.4）。

非比例延伸率等于规定的引伸计标距百分率时（例如：ε_p），对应的应力称为规定非比例延伸强度，用 R_p 表示。使用该符号时应附以下脚标说明所规定的百分率，例如，$R_{p0.2}$ 表示规定非比例延伸率 ε_p 为 0.2% 时的应力。

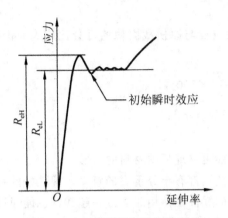

图 2.3 上屈服强度和下屈服强度　　图 2.4 规定非比例延伸强度

(4) 规定残余延伸强度 R_r。卸除应力后残余延伸率等于规定的引伸计标距百分率时(例如：ε_r)，对应的应力为称为残余延伸强度，规定残余延伸强度的符号为 R_r，使用该符号时应附以下脚标说明所规定的百分率，例如，$R_{r0.2}$ 表示规定残余延伸率 ε_r 为 0.2% 时的应力。

(5) 抗拉强度 R_m 材料在拉断前所能承受的最大拉应力值，用符号 R_m 表示。

$$R_m = \frac{F_m}{S_0} \text{（MPa）}$$

式中：F_m——试样断裂前所承受的最大载荷，N。

机械零件在工作中一般不允许产生塑性变形，所以屈服强度是工程技术上重要的力学性能指标之一，也是大多数机械零件选材和设计的依据。

4. 塑性

材料在载荷作用下，产生塑性变形而不被破坏的能力称为塑性。可以用延伸率和断面收缩率来表示。

1) 断后伸长率

在拉伸试验中，试样拉断后，标距的残余伸长与原始标距的百分比称为延伸率。用符号 A 表示。A 可用下式计算：

$$A = \frac{L_u - L_0}{L_0} \times 100\%$$

式中：L_u——试样拉断后的标距，mm；

L_0——为试样的原始标距，mm；

由于拉伸试样分为长拉伸试样和短拉伸试样，使用长拉伸试样测定的延伸率用符号 $A_{11.3}$ 表示；使用短拉伸试样测定的延伸率采用 A_5 表示，通常写成 A。对于比例试样若原始标距 $L_0 \neq 5.65\sqrt{S_0}$（S_0 试样的原始横断面积，mm^2），符号 A 应附以下标说明比例系数，例如，$L_0 = 11.3\sqrt{S_0}$ 时，延伸率为 $A_{11.3}$。同一种材料的延伸率 $A_{11.3}$ 和 A 在数值上是不相等的，因而不能直接用 $A_{11.3}$ 和 A 进行比较。一般短拉伸试样的 A 值大于长试样 $A_{11.3}$。

2) 断面收缩率

试样拉断后，缩颈处横截面积的最大缩减量与原横截面积的百分比称为断面收缩率，用符号 Z 表示。

$$Z = \frac{S_0 - S_u}{S_0} \times 100\%$$

式中：S_u——试样拉断后缩颈处最小横截面积，mm^2；

S_0——试样的原始横断面积，mm^2；

断面收缩率不受试样尺寸的影响，因此能更好地反映材料的塑形。

金属材料塑性的好坏，对零件的加工与使用都有十分重要的意义。塑性好的材料不但容易进行轧制、锻压、冲压等，而且所制成的零件在使用时，万一超载，也能通过塑性变形而避免突然断裂。因此，大多数机器零件除满足强度要求以外，还必须具有一定的塑性，这样工作时才能更可靠。

金属材料的断后伸长率（A）和断面收缩率（Z）数值越大，表示材料的塑性越好。塑性好的金属可以发生大量塑性变形而不破坏，便于通过各种压力加工获得复杂形状的零件。铜、铝、铁的塑性很好，如工业纯铁的 A 可达 80%，可以拉成细丝，轧成薄板，进行深冲成型。灰铸铁塑性很差，A 几乎为零，不能进行塑性变形加工。塑性好的材料，在受力过大时，由于首先产生塑性变形而不致发生突然断裂，因此比较安全。

目前金属材料室温拉伸试验方法采用 GB/T228—2002 新标准，原有的金属材料力学性能数据是采用 GB/T228—1987 旧标准进行测定和标注的。本书除了在新标准中没有规定的符号依然延用旧标准，其他符号采用了新标准。关于新、旧标准名词和符号对照参见表 2-1。

表 2-1 金属材料强度与塑性的新旧标准对照表

新标准（GB/T 228—2002）		旧标准（GB/T 228—1987）	
性能名称	符号	性能名称	符号
断面收缩率	Z	断面收缩率	ψ
断后伸长率	A $A_{11.3}$ A_{xmm}	断后伸长率	δ_5 δ_{10} δ_{xmm}
断裂总伸长率	A_t	—	
最大力总伸长率	A_{gt}	最大力下的总伸长率	δ_{gt}
屈服点延伸率	A_e	屈服点延伸率	δ_s
屈服强度	—	屈服点	σ_s
上屈服强度	R_{eH}	上屈服点	σ_{sU}
下屈服强度	R_{eL}	下屈服点	σ_{sL}
规定总延伸强度	R_t 例如 $R_{t0.5}$	规定总伸长应力	σ_t 例如 $\sigma_{t0.5}$
规定残余延伸强度	R_r 例如 $R_{r0.2}$	规定残余伸长应力	σ_r 例如 $\sigma_{r0.2}$
抗拉强度	R_m	抗拉强度	σ_b

5. 硬度

硬度是指金属材料抵抗比它更硬的物体压入其表面的能力，即受压时抵抗局部塑性变形的能力。许多机械零件根据工作条件的不同，常要求硬度在某一规定的范围内，这样才能保证高的强度、耐磨性和使用寿命。因此,也是金属材料的重要力学性能之一。金属材料的硬度的测定比较简单、迅速,并且基本上属于无损检验,因此生产检验和科研中应用极为广泛。常用的硬度测定法都是用一定的载荷把一定形状的压头压入金属表面,然后测定压痕的面积或深度,从而确定硬度值。凡是压痕越大或越深者,硬度值越低。根据测量用压力和压头的不同,可以获得不同的硬度指标。常用的硬度指标有布氏硬度、洛氏硬度和维氏硬度。

1) 布氏硬度

图 2.5 所示为布氏硬度测试原理图。一定直径的硬质合金球在一定载荷作用下压入试样表面,保持一定的时间后卸载,量出压痕直径,由此计算出压痕球冠面积 A_R,求出单位面积所受的力,即为材料的硬度。显然,材料越软,压痕直径越大,布氏硬度越低;反之,布氏硬度越高。布氏硬度值用符号 HBW 来表示,其计算公式为:

$$\mathrm{HBW} = 0.102 \frac{P}{\pi Dh} = \frac{2P}{\pi D \left(D - \sqrt{D^2 - d^2}\right)}$$

式中:P——荷载,N;

D——球体直径,mm;

h——压痕深度,mm;

d——压痕平均直径,mm。

布氏硬度的完整表示方法为硬度数值+HBW+硬质合金球直径(mm)+试验力+试验力保持时间。HBW 符号前的数字为硬度值,符号后的数字依次表示球体直径、载荷大小及载荷保持时间等试验条件。

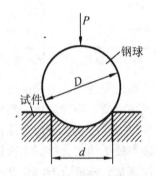

图 2.5 布氏硬度测试原理图

【例 2-1】 200HBW10/1000/30

表示用直径为 10mm 的硬质合金球,在 9800N 的载荷下保持 30s 时测得布氏硬度值为 200。如果硬质合金球直径为 10mm,载荷为 29400N,保持 10s,硬度值为 200,可简单表示为 200HBW。

布氏硬度试验时应根据金属材料的种类、金属件的厚度与硬度值范围来确定压头球体的直径(D)、试验力(P)与试验力保持时间(t)。为了保证试验数据的准确性,布氏硬度试验时有一定的试验规范。试样表面应平坦光滑,最好表面粗糙度参数 $R\alpha$ 不大于 $1.6\mu m$;并且不应有氧化物及外界污物,尤其不应有油脂;试验一般在 10~35℃ 室温下进行;为了保证在尽可能大的有代表性的试样区域试验,应尽可能地选取大直径压头,当试样尺寸允许时,应优先选用直径 10mm 的球压头进行试验;测定的试样厚度至少应为压痕深度的 8 倍,任一压痕中心距试样边缘距离至少应为压痕直径的 2.5 倍;两相邻压痕中心间距至少应为压痕直径的 3 倍。试验力保持时间,对黑色金属为 10~15s,有色金属为 30s,布氏硬度小于 30 时为 60s。试验力从 9.807N(1kg·f)~29.42kN(3000kg·f)范围内选择。为了保证试验准确性、可比性,应保证同一硬度材料的 P/D^2 唯一常数,试验后压痕直径应在 $0.24D < d < 0.60D$ 的范围内,否则无效,参见表 2-2。

表2-2 不同材料的试验力-压头球直径平方的比率的选择（摘自GB/T231.1—2009）

材　　料	布氏硬度	$0.102 \times F/D^2$ （mm²）
钢、镍基合金、钛合金	<140	30
铸铁※	<140	10
	≥140	30
铜及铜合金	<35	5
	35～200	10
	>200	30
轻金属及其合金	<35	2.5
		5
	35～80	10
		15
	>80	10
		15
铅、锡	—	1

※ 对于铸铁试验，压头的名义直径应为2.5mm、5mm或10mm。

布氏硬度的优点是能反映较大范围内金属各组成相综合影响的平均性能，而不受个别组成相或微小不均匀度的影响，因而测量误差小，数据稳定；缺点是压痕大，不能用于太薄件（试样厚度至少应为压痕深度的8倍）、成品件及硬度大于650HBW的材料。主要用于硬度较低的退火钢、正火钢、调质钢、铸铁、有色金属及轴承合金等的原料和半成品的硬度测量，不适合于测定薄件以及成品件。

2）洛氏硬度

洛式硬度是1919年由美国人SP Rock well提出；也是利用压痕来测定材料的硬度。与布氏硬度不同的是，以压痕深度作为计量硬度的依据。

洛氏硬度的试验原理如图2.6所示。将压头（金刚石圆锥、钢球或硬质合金球）分两步压入试样表面，经规定保持时间后，卸除主试验力，测量在初试验力下的残余压痕深度h。根据h及常数N和S，即可计算出洛氏硬度$=N-\dfrac{h}{S}$。

式中：h——卸除主试验力后，在初试验力下压痕残留的深度，即残余压痕深度，mm；

S——给定标尺的硬度单位，mm；

N——给定标尺的硬度数。

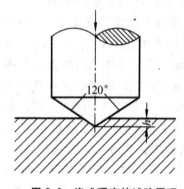

图2.6 洛式硬度的试验原理

为了能用一种试验计来测量金属材料从软到硬的各种材料的硬度，采用不同类型压头和总试验力组成几种不同的洛氏硬度标尺，根据GB/T230.1-2009《金属洛氏硬度试验方法》中，有A、B、C、D、E、F、G、H、K、N与T标尺，每一种标尺可用一个字母在HR后面加以注明（表2-3），常用的洛氏硬度有HRA、HRB、HRC三种，其中HRC在生产中应用最广。常用洛氏硬度的试验条件和应用范围见表2-4。

洛氏硬度的表示方法为：硬度值＋硬度符号。例如，59HRC表示用洛氏硬度的C标尺测得的洛氏硬度值为59。

洛氏硬度的优点是操作简便，压痕小，测量范围大，可用于成品及薄件的检验；缺点是由于压痕小，对内部组织粗大和硬度不均匀的材料，测量结果分散度大，重复性差，因而不适用具有粗大、不均匀组织材料的硬度测定，测量结果也不及布氏硬度试验准确。

表 2-3 洛氏硬度的标尺与适用范围

洛氏硬度标尺	硬度符号	压头类型*	初载荷/N	主试验力/N	总试验力/N	适用范围
A①	HRA	金刚石圆锥		490.3	588.07	20～88HRA
B②	HRB	直径1.5875mm球		882.6	980.7	20～100 HRB
C③	HRC	金刚石圆锥		1373	1471	20～70 HRC
D	HRD	金刚石圆锥		882.6	980.7	40～77HRD
E	HRE	直径3.175mm球	98.07	882.6	980.7	70～100HRE
F	HRF	直径1.5875mm球		490.3	588.4	60～100HRF
G	HRG	直径1.5875mm球		1373	1471	30～94HRG
H	HRH	直径3.175mm球		588.4	588.4	80～100HRH
K	HRK	直径3.175mm钢球		1373	1471	40～100 HRK
15N	HR15N	金刚石圆锥		117.7	147.1	70～94HR15N
30N	HR30N	金刚石圆锥		264.8	294.2	42～86HR30N
45N	HR45N	金刚石圆锥		411.9	441.3	20～77HR45N
15T	HR15T	直径1.5875mm球	29.42	117.7	147.1	67～93HR15T
30T	HR30T	直径1.5875mm球		264.8	294.2	29～82HR30T
45T	HR45T	直径1.5875mm球		411.9	441.3	10～72HR45T

① 试验允许范围可延伸至94HRA；
② 如果在产品标准或协议中有规定时，试验允许范围可延伸至10HRBW；
③ 如果压痕具有合适的尺寸，试验允许范围可延伸至10HRC；
* 使用硬质合金球压头的标尺，硬度符号后面加"W"。使用钢压球的标尺，硬度符号后面"S"。

表 2-4 常用洛氏硬度的试验条件与应用范围

硬度符号	压头类型	初载荷/N	总试验力/N	适用范围	应用范围
HRA	金刚石圆锥	98.07	588.4	20～88HRA	硬质合金、渗碳层、表面淬火层
HRB	直径1.5875mm球	98.07	980.7	20～100HRB	低碳钢、退火钢、正火钢、有色金属等
HRC	金刚石圆锥	98.07	1471	20～70HRC	一般淬火钢、调质钢、钛合金等

3）维氏硬度

（1）测定原理。维氏硬度的测试原理基本上与布氏硬度相同，区别在于压头采用锥面夹角为136°的金刚石正四方棱锥体，压痕为四方锥形，如图2.7所示。

计算面积时是先测量压痕两对角线的平均长度 d，再求锥形表面积 A_v；生产上一般也同布氏硬度一样测 d，查表。其计算公式为

$$HV = P/A_v = 1.8544 P/d^2$$

式中：P——载荷，N；

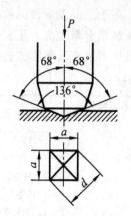

图 2.7 维氏硬度测试压头及压痕示意

d——压痕直径，mm。

洛氏硬度试验时的试验规范。试验一般在 10～35℃室温下进行；试样表面应平坦光滑，最好表面粗糙度参数 Ra 不大于 $1.6\mu m$；并且不应有氧化物及外界污物，尤其不应有油脂，但在做可能会与压头粘接的活性金属的硬度试验时，例如，钛，可以使用某种合适的油性介质（如煤油）；两相邻压痕中心之间的距离至少应为压痕直径的 4 倍，并且不应小于 2mm；任一压痕中心距试样边缘距离至少应为压痕直径的 2.5 倍，并且不应小于 1mm；对于用金刚石圆锥压头进行的试验，测定的试样或试验层厚度应不小于残余压痕深度的 10 倍；对于用球压头进行的试验，试样或试验层的厚度应不小于残余压痕深度的 15 倍。

（2）标注 维氏硬度的标注方法与布氏硬度相同。硬度数值写在符号的前面，试验条件写在符号的后面。例如：

640HV30/20 表示在 30kgf（294.2N）试验力作用下，保持 20s（10～15s 不标注），测得的维氏硬度值为 640。

640HV30 表示在 30kgf（294.2N）试验力作用下，保持 10～15s，测得的维氏硬度值为 640。标准规定，对于钢及铸铁的试验力保持时间为 10～15s 时，可以不标注。

（3）特点及应用。维氏硬度的主要特点是测得的硬度值精确。维氏法所用载荷小，压痕深度浅，适用于测量零件薄的表面硬化层、金属镀层及薄片金属的硬度，这是布氏法和洛氏法所不及的。此外，因压头是金刚石角锥，载荷可调范围大，故对软硬材料均适用，测定范围 0～1000HV。

需要精确测定材料硬度时，经常采用维氏硬度。

应指出，各硬度试验法测得硬度值不能直接进行比较，必须通过硬度换算表换算成同一种硬度值后，方可比较其大小。

由于硬度值综合反映了材料在局部范围内对塑性变形的抵抗能力，故它与强度也有一定关系。工程上通过实践对不同的 HBW 与 R_m 关系得出一系列经验公式（R_m 单位为 MPa）：

低碳钢　$R_m \approx 3.53$HBW　　高碳钢　$R_m \approx 3.33$HBW
调质合金钢　$R_m \approx 3.19$HBW　　灰铸铁　$R_m \approx 0.98$HBW
退火铝合金　$R_m \approx 4.70$HBW

2.2 材料的动载力学性能

2.1 节讲述的金属材料的强度、塑性和硬度等力学性能是在静载荷作用下所测得的。零（构）件服役的环境是多种多样的，实际上大多数机械零件经常是在冲击载荷或动载荷作用下工作的，这些冲击载荷的破坏能力要比静载荷大得多。例如，挖掘机斗齿、风镐、打桩机，汽车在高速行驶时的急刹车或通过道路上的凹坑、飞机起飞或降落、锻压机锻造或冲压等，还有汽车发动机里的连杆、曲轴等部件就是这种情况。早年德国克虏伯炮厂采用 V 形缺口试样的冲击试验分析炮管炸膛事故的原因，发现自爆炮管的冲击功都低于 2.5J，因此确定了一个炮管钢材质量的检验标准，即要求材料的冲击功 A_K 值高于 3J。这一经验逐渐被公认并加以推广。研究材料的动载力学性能才能接近实际情况，为解决实际工程问题提供更适合的评价方法。因此，了解材料在冲击载荷下的力学性能十分必要。

动载荷是指由于运动而产生的作用在构件上的作用力。根据作用性质的不同分为冲击载荷和交变载荷等。材料的主要动载力学性能指标有冲击韧性和疲劳强度。

2.2.1 冲击韧度

评价材料承受冲击载荷的能力，常用材料的韧性指标。材料在塑性变形和断裂的全过程中吸收能量的能力，称为材料的韧性。它是材料强度和塑性的综合表现。评定材料韧性的指标主要有冲击韧度和多冲抗力。材料不仅受静载荷的作用，在工作中往往也受到冲击载荷（以很大的速度作用于工件上的载荷）的作用，例如，锻锤、冲床、铆钉枪等，因此这些零件和工具在设计和制造时，不能只考虑静载荷强度指标，必须考虑材料抵抗冲击载荷的能力。

1. 冲击韧度

冲击韧度用一次摆锤进行冲击试验测定，其原理如图 2.8 所示。测定时，将标准试样放在试验机的支座上，将具有一定质量 m 的摆锤抬升到一定高度 H_1，使其获得一定的位能 mgH_1，再将其释放，冲断试样，摆锤的剩余能量为 mgH_2。摆锤的位能损失 $mgH_1 - mgH_2 = mg(H_1 - H_2)$ 就是冲断试样所需要的能量，即是试样变形和断裂所消耗的功，又称冲击吸收功 A_K（单位 J）。冲击吸收功的大小直接由试验机的刻度盘上读出。试样缺口处单位截面积上所吸收的冲击功称为冲击韧度，即 α_K

$$\alpha_K = \frac{A_K}{S}$$

式中：α_K——冲击韧度，J/cm^2；

A_K——冲断试样所消耗的冲击功，J；

S——试样缺口处的横截面积，cm^2。

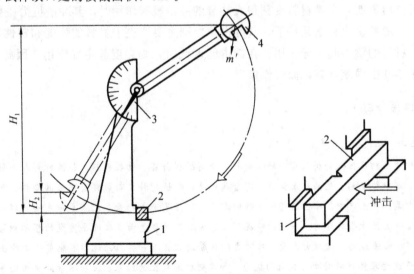

图 2.8 冲击试验测定原理

冲击吸收功是一个由强度和塑性共同决定的综合性力学性能指标。在零件设计时，虽不能直接计算，但它是一个重要参考值。其工程意义在于通过测定冲击吸收功和对试样断口分析，能揭示材料的内部缺陷，例如，气孔、夹杂和偏析等冶金缺陷和过烧、过热、回火脆性等热处理缺陷，这些缺陷使材料的冲击吸收功明显下降。因此，用冲击试验可以检验冶炼、热处理及各种热加工工艺和产品质量。实验表明，塑性、韧性越高，材料抵抗大能量冲击的能力越强。但在小能量多次冲击的情况下，决定材料抗冲击能力的主导因素是强度，提高材料的冲击吸收功值并不能有效提高使用寿命。因此，根据 A_k 值可评定材料对大能量冲击载荷的抵抗能力。

2. 多冲抗力

在实际生产中，零件经过一次冲击即发生断裂的情况极少。许多零件总是在很多次冲击之后才会断裂，且所承受的冲击能量也远小于一次冲断的能量，这种冲击称为多次冲击。所以，用多冲抗力作为材料抵抗冲击载荷作用的力学性能指标就更切合实际。

多次冲击试验是在落锤式多次冲击试验机上进行，如图 2.9 所示，为一种多次冲击试验示意图，将材料制成专用试样放在多冲试验机上，使之受到试验机锤头较少能量多次冲击。测定材料在一定冲击能量下，开始出现裂纹和最后破断的冲击次数作为多冲抗力的指标。用冲击次数 N 来表示。冲击频率为 450 周次/分和 600 周次/分。

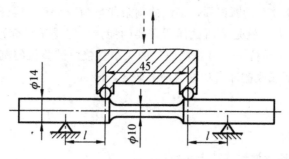

图 2.9 多次冲击试验示意

大量试验表明，金属材料受到很大能量的冲击载荷作用时，其冲击抗力主要决定于 α_k 值。而在小能量多次冲击条件下，其冲击抗力则主要取决于材料的强度和塑性。当冲击能量高时，材料的塑性起主导作用；在冲击能量低时，则强度起主导作用。因此，α_k 值一般不直接用于冲击强度计算，而仅作参考。

2.2.2 疲劳强度

🔑 特别提示

一般把冲击韧性值低的材料称为脆性材料，值高的材料称为韧性材料。脆性材料在断裂前无明显的塑性变形，断口较平整、呈晶状或瓷状，有金属光泽；韧性材料在断裂前有明显的塑性变形，断口呈纤维状，无光泽。在生产中，冲击载荷下工作的零件，往往是受小能量多次重复冲击而破坏者居多，很少是受大能量一次性冲击破坏的。在这种情况下，它的破断过程是由多次冲击造成的损伤积累，引起裂纹的产生和扩展所造成的。这与大能量一次冲击的破断过程并不一样。因此，不能用一次冲击试验所测定的 α_k 来衡量这些零件材料对冲击载荷的抗力。如凿岩机风镐上的活塞、大功率柴油机曲轴等零件都是在一定能量下的多次冲击而破坏的。

众所周知，用双手将一根细铁丝拉断，很费力，然而，若用双手将细铁丝来回反复弯折，那么很快就会将铁丝折断。这个现象说明，像钢铁这类的金属在反复交变的外力作用下，它的强度要比在不变的外力作用下小得多。人们把这种现象叫做金属材料的"疲劳"。"金属疲劳"即是当金属材料所受的外力超过一定的限度时，在材料的内部存在缺陷或者是相互间作用最强的地方，会出现极微细的肉眼看不见的裂纹。如果材料所受的外力不是变的，这些微细裂纹不会扩展，材料也就不会损坏。但若材料所受的是方向或大小不断重复变化的外力，这时这些微细裂纹的边缘，就会时而胀开，时而相压，或者彼此研磨，使得裂纹逐渐扩大和发展。当裂纹发展到一定的程度，材料被削弱到不再能承担外力时，材料就会断裂。

疲劳断裂是指在交变载荷的作用下，零件经过较长时间工作或多次应力循环后所发生的断裂现象。许多零件，如弹簧、齿轮、曲轴、滚动轴承和连杆等，都是在交变应力下工作的。不论是韧性材料还是脆性材料，疲劳破坏总是发生在多次的应力循环之后，并且总是呈脆性断裂。据统计，在机械零件的断裂失效中，80%以上是属于疲劳断裂。为此，疲劳破坏已引起人们的极大关注。

如图2.10（b）所示，所谓交变应力是指应力的大小和方向随着时间发生周期性循环变化的应力。与静载和冲击载荷下的断裂相比，疲劳断裂有如下特点：

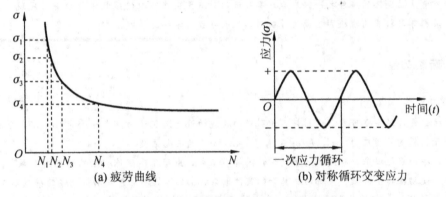

(a) 疲劳曲线　　(b) 对称循环交变应力

图2.10　疲劳曲线和交变应力示意

（1）引起疲劳断裂的应力很低，常常低于静载下的屈服强度；

（2）断裂时无明显的宏观塑性变形，无预兆而是突然地发生，为脆性断裂，即使在静载荷或冲击载荷下有大量塑性变形的塑性材料，发生疲劳断裂时也显示出脆断的宏观特征，因而具有很大的危险性；

（3）疲劳断口能清楚地显示出裂纹的形成、扩展和最后断裂三个阶段。因此典型的疲劳断口形貌由疲劳源区、疲劳裂纹扩展区和最后瞬时断裂区三部分组成，如图2.11所示。

产生疲劳的原因，一般认为是由于材料含有杂质、表面划痕及其他能引起应力集中的缺陷，导致产生微裂纹，这种微裂纹随应

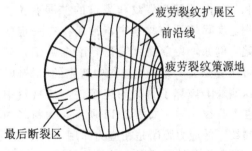

图2.11　疲劳断口示意

力循环周次的增加而逐渐扩展,致使零件有效截面逐步缩减,直到不能承受所加载荷而突然断裂。

大量实验表明,材料承受的交变应力与材料断裂前承受交变应力的循环次数 N 之间的关系可用疲劳曲线来表示,如图 2.8(a)所示。金属承受的交变应力越大,则断裂时应力循环次数 N 越少。当应力低于一定值时,试样可以经受无限周期循环而不破坏,此应力值称为材料的疲劳极限(亦称疲劳强度)。如图 2.8(b)所示对于对称循环交变应力疲劳强度用 σ^{-1} 表示。实际上,金属材料不可能做无限次交变载荷试验。对于黑色金属,一般规定应力循环 10^7 周次而不断裂的最大应力称为疲劳极限。有色金属、不锈钢取 10^8 周次。

金属的疲劳极限受到很多因素的影响,主要有工作条件、表面状态、材质、残余内应力等。改善零件的结构形状,避免应力集中,降低零件表面粗糙度值以及采取各种表面强化处理如喷丸处理、表面淬火及化学热处理等,都能提高零件的疲劳极限。

 实例

1979 年 5 月 25 日,一架满载乘客的美国航空公司 DG-10 型三引擎巨型喷气客机,从芝加哥起飞不久,就失去了左边一具引擎,随即着火燃烧,然后爆炸坠地。机上 273 名乘客和机组人员无一幸免。这是世界航空史上最悲惨的事件之一。事后,有关部门对这架失事飞机的残骸进行检查后发现,这架飞机上连接一具引擎与机翼的螺栓因金属疲劳折断,从而导致引擎燃烧爆炸。

2.2.3 断裂韧性

特别提示

为了保证零件的安全可靠,由材料力学引申的传统的设计思想认为:零件承受的工作应力 σ_w,必须小于或等于材料的许用应力 $[\sigma]$,即 $\sigma_w \leq [\sigma] = \sigma_s/k$,$k$ 为安全系数。

但是,半个世纪以来,按照上述原则设计的许多工程,出现了不少惊心动魄的断裂事故。如大型铁桥、油船、发动机转子、轴、飞机的机翼等的突然断裂、高压容器和导弹发动机壳体的突然爆炸等。

这些断裂事故,有两个共同特点:一是工作应力低于材料的屈服强度,甚至低于材料的许用应力 $[\sigma]$;二是有足够的冲击韧度和塑性,但仍不能避免发生灾难性事故。这种断裂的特征是零件所受的应力低,而且断裂无塑性变形。人们把这种断裂统称为低应力脆断。大量事实说明,塑性材料制作的大型构件和高强度材料制作的构件,用一般的常规力学性能指标进行设计和选材,不足以保证构件的安全工作。

低应力脆断的大量研究表明,这种脆断和材料内部存在裂纹和裂纹的扩展有关。工程上实际使用的材料中,常常存在一定的缺陷,例如,夹杂物、气孔等冶金缺陷,亦有可能是在加工和使用过程中产生的机械缺陷,这些缺陷破坏了材料的连续性,如材料中存在着裂纹一样,如图 2.12 所示,为材料中的裂纹。低应力脆断是在应力作用下,裂纹发生的扩展,当裂纹扩展到一定临界尺寸时,裂纹发生失稳扩展(即自动迅速扩展),造成构件突然断裂。

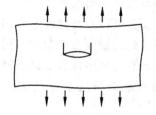

图 2.12 含中心穿透裂纹的无限大板的拉伸

由于裂纹的存在，在裂纹尖端前沿存在着应力集中，形成裂纹尖端应力场，按断裂力学分析，其大小可用应力强度因子 K_I 来描述，K_I 可表达为

$$K_I = Y\sigma\sqrt{a}$$

式中：Y——与裂纹形状、加载方式及试样和裂纹几何尺寸有关的量，可查手册得到；

σ——外加应力，MPa；

a——裂纹的半长，m。

对一个有裂纹的试样施加拉伸时，其 Y 值是一定的。当拉应力 σ 逐渐增大时，裂纹尖端的应力强度因子 K_I 也逐渐增大，当 K_I 增大到某一定值时，就能使裂纹前沿的内应力大到足以使材料分离，从而使裂纹产生失稳扩展，发生断裂，这个应力强度因子的临界值，称为材料的断裂韧性，用 K_{IC} 表示单位为 $MN/m^{3/2}$。它反映材料有裂纹存在时，抵抗脆性断裂的能力。K_{IC} 可通过试验来测定，它是材料本身的特性，与材料成分、热处理及加工工艺等有关。

断裂韧性为安全设计提供了一个重要的力学性能指标。断裂韧度取决于材料成分、组织和结构。因此，适当调整成分，通过合理的冶炼、加工和热处理以获得最佳的组织，从而大幅度提高材料的断裂韧度，提高裂纹构件的承载能力。该指标应用于抗断设计。

🔑 **特别提示**

零（构）件服役的环境是多种多样的，有的零件在高温下工作，如汽车、飞机的发动机、锅炉；有的零件在低温下工作，如贮存液氢、液氧、液氮等的钢瓶，寒冷地带的输油管线、船舶，南极北极工作的科考船、直升机等。那么在室温下测定的性能指标就不能代表它在高温或低温下的性能。屈服强度与抗拉强度与温度有很大关系，一般温度升高，材料强度降低。

2.3 材料的高、低温力学性能

2.3.1 高温力学性能

有许多设备是在高温下工作的，如高压锅炉、蒸汽轮机、燃气轮机、航空发动机以及化工反应容器等。这些设备的性能要求不能以常温下的力学性能来衡量，因为材料在高温下的力学性能明显地不同于室温下的力学性能。材料在高温下力学性能的一个重要特点就是产生蠕变。蠕变是指材料在长时间的恒温、恒载荷作用下缓慢地产生塑性变形的现象。由于蠕变变形而最后导致金属材料的断裂称为蠕变断裂。

常用的材料蠕变性能指标为蠕变极限和持久强度极限。

蠕变极限是指在给定温度 T（单位℃）下和规定的试验时间 t（单位 h）内，使试样产生一定蠕变伸长量所能承受的最大应力。用符号 $R_{\varepsilon/t}^T$ 表示。例如，$R_{1/10^5}^{500} = 100MPa$，即表示材料在 500℃，$10^5$ h 内，产生的变形量为 1% 时所能承受的应力为 100MPa。材料蠕变极限中所指定的温度和时间，一般由设备的具体服役条件而定。

持久强度极限是指材料在给定温度 T（单位℃）和规定的持续时间 t（单位 h）内引起断裂的最大应力值，用符号 R_t^T 表示。例如，$R_{1\times 10^3}^{700} = 300MPa$，表示材料在 700℃经 1000h 所能承受的断裂应力为 300MPa。

某些在高温下工作的设备，蠕变变形很小或对变形要求不严，只要求该设备在使用期

内不发生断裂。在这种情况下,要用持久强度作为评价材料及设计设备的主要依据。例如,锅炉中的过热蒸气管,对蠕变变形要求并不严格,主要是要求在使用期间不发生爆破,因此过热蒸气管在设计时主要以持久强度作依据,而蠕变极限作为校核使用。对那些严格限制其蠕变变形的高温零件,如蒸汽轮机和燃汽轮机叶片,虽然在设计时以材料的蠕变极限作为主要参考,但也必须要有持久强度的数据,用它来衡量材料使用中的安全可靠程度。

2.3.2 低温力学性能

材料在低温下同样具有与常温明显不同的性能和行为,除陶瓷材料外,许多金属材料和高分子材料的力学性能随温度的降低硬度和强度增加,而塑性和韧性下降。某些线性非晶态高聚物会由于大分子链段运动的完全冻结,成为刚硬的玻璃态而明显脆化,由此产生的最为严重的工程现象就是低温下使用的压力容器、管道、设备及其构件的脆性断裂(简称冷脆)。脆性断裂有以下特征:脆断都是属于低应力破坏,其破坏应力往往远低于材料的屈服极限;一般都发生在较低的温度,通常发生脆断时的材料的温度均在室温以下20℃;脆断发生前,无预兆,开裂速度快,为音速的1/3;发生脆断的裂纹源是构件中的应力集中处。

体心立方金属及合金、某些密排六方金属及合金,尤其是工程上常用的中、低强度结构钢,当试验温度低于某一温度 T_k 时,材料由韧性状态变为脆性状态,冲击吸收功明显下降,断裂机制由微孔聚集型变为穿晶解理型,断口特征由纤维状变为结晶状,即低温脆性,转变温度 T_k 称为韧脆转变温度,亦称冷脆转变温度。

面心立方金属及其合金一般没有低温脆性现象,但在极低温度下,奥氏体钢及铝合金亦有低温脆性现象。高强度的体心立方合金(如高强钢及超高强钢)在很宽温度范围内,冲击吸收功均较低,故韧脆转变不明显。

评定材料低温脆性的最简便的试验方法是系列温度冲击试验。该试验采用标准夏比冲击试样,在从高温(通常为室温)到低温的一系列温度下进行冲击试验,测定材料冲击功随温度的变化规律,揭示材料的低温脆性倾向,如图2.13所示。

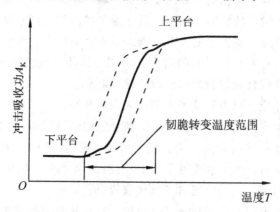

图 2.13 冲击功随温度的变化曲线

韧脆转变温度 T_k 是从韧性角度选材的重要依据之一,可用于抗脆断设计,对于在低温服役的设备,依据韧脆转变温度 T_k 可以直接或间接估计它们的最低使用温度。

2.4 材料的物理和化学性能

2.4.1 材料的物理性能

材料的物理性能包括密度、熔点、导电性、导热性、热膨胀性、磁性等。

1. 密度

密度是指材料单位体积的质量，单位为 kg/m^3。密度是材料的一种特性，不同材料的密度不同。机械制造中，一般将密度小于 $4.5\times10^3\ kg/m^3$ 的金属称为轻金属，如铝、镁、钛等及其合金；密度大于 $4.5\times10^3\ kg/m^3$ 的金属称为重金属，如铁、铅、钨等。

在选材时，除了根据密度计算金属零件的质量外，还要考虑金属的比强度（强度 σ_b 与密度 ρ 之比），比强度可以比较不同材料在相同质量下的强度。例如，塑料和增强塑料的比强度可以达到或远远超过金属材料，如镁合金、钢材、钛及钛合金和硬铝制品；某些复合材料具有优异的比强度。对于运输车辆、航空航天器及其运动构件，选择高比强度的材料更为重要。材料的密度越小，消耗的能量越少，效率越高。

2. 熔点

熔点是指金属由固态转变成液态时的温度。材料的熔点对金属材料的熔炼、热加工有直接影响，并与材料的高温性能有很大关系。通常，材料的熔点越高，在高温下保持高强度的能力越强。熔点高的金属称为难熔金属，如钨、钼、钒等，可用于制造耐高温零件，如燃汽轮机、喷气飞机、火箭上的零部件；熔点低的材料称为易熔金属，如铅、锡等，可用于制造熔断丝、防火安全阀零件等。

3. 导电性

根据导电性的好坏，常把材料分成导体、绝缘体和半导体。材料的导电性能一般以电阻率来衡量。金属通常具有良好的导电性，其中最好的是金，银、铜和铝次之。金属和合金的电阻率与其化学成分、组织结构状态和所处的温度有关，凡是能阻碍金属中自由电子移动的因素，均使其电阻率升高。金属一般具有较好的导电性，当金属的组织变化时，将引起电阻率的变化。例如，杂质元素增加或形成固溶体将使电阻率升高；淬火时马氏体相变或冷变形也使电阻率升高。通常，随温度的升高金属的电阻率增加，而非金属材料的电阻率随温度的升高而降低。

4. 磁性

磁性是指材料所具有的磁导性能。能对磁场作出某种方式反应的材料称为磁性材料，按在外磁场中表现出来的磁性强弱，金属材料可分为铁磁性材料、顺磁性材料和抗磁性材料。铁磁性材料是指在外加磁场中能强烈地被磁化的材料，如铁、钴等，这类材料可用于制造电动机、变压器等零件；顺磁性材料是指在外加磁场中只能微弱地被磁化，如锰、铬、钼、钒、镁、铝等；抗磁性材料是指能抗拒或削弱外加磁场对本身的磁化作用的材料，如铜、锌、金、银、钛等，这类材料可用于制造避免磁场干扰的零件，如航海罗盘等。铁磁性材料中，铁及其合金（包括钢与铸铁）具有明显磁性。镍和钴也具有磁性，但远不如铁。磁性只存在于一定温度内,在高于一定温度时,其磁性就会消失。如铁在770℃以上就没有磁性,这一温度称为居里点。

常用金属的部分物理性能如表2-5所示。

表2-5 常用纯金属的物理性能

金属名称	元素符号	密度(20℃)/(kg/m³)	熔点/℃	热导率/[W/(m·K)]	线膨胀系数/(0~100℃)/(10^{-6})	电阻率/(10^{-6}Ω·cm)
铁	Fe	$7.87×10^3$	1538	75.4	11.76	9.7
铝	Al	$2.7×10^3$	660	221.9	23.8	2.655
铜	Cu	$8.96×10^3$	1083	393.5	17	1.67
铬	Cr	$7.19×10^3$	1903	67	6.2	12.9
锡	Sn	$7.3×10^3$	231.9	62.8	2.3	11.5
钨	W	$19.3×10^3$	3380	166.2	4.6(20℃)	5.1
镁	Mg	$1.74×10^3$	650	153.7	24.3	4.47
钛	Ti	$4.51×10^3$	1677	15.1	8.2	42.1~47.8
锰	Mn	$7.43×10^3$	1244	4.98(-192℃)	37	185(20℃)

5. 热导性

热导性是指材料传导热量的能力,通常用热导率表示。热导率是指单位时间内,通过垂直于热流方向单位截面积上的热流量,单位为W/(m·K)。材料的热导率与材料的种类、组成结构、密度、杂质含量、气孔、温度等因素有关。材料导热性越差,在较快速加热和冷却时,由于表面和内部、薄壁和厚壁处的温差大,工件易产生较大的应力,从而导致变形或开裂。因此,在制定热处理、铸造、焊接和锻造等工艺时,必须考虑材料的导热性。非晶体结构、密度较低的材料,热导率较小。材料导热性受温度影响,一般随温度增高而稍有增加。

6. 热膨胀性

热膨胀是指随着温度变化,材料的体积也发生变化(膨胀或收缩)的现象,是衡量材料热稳定性好坏的一个重要指标,一般用线膨胀系数衡量,即温度变化1℃时,材料长度的增减量与其在0℃时的长度之比。对于在高温环境下工作,或者在冷、热交替环境中工作的零件,必须考虑其膨胀性能的影响;在热处理或热加工过程中,应考虑材料的热膨胀性,以防止因表面和内部、薄壁和厚壁处膨胀速度不同而产生应力,导致工件变形、开裂;当用两种不同的材料制作复合材料时,要求两种材料具有相近的膨胀系数。

2.4.2 材料的化学性能

化学性能通常指材料与周围介质发生化学或电化学反应的性能。

(1)耐腐蚀性。耐腐蚀性是指材料抵抗各种介质侵蚀的能力。金属的耐腐蚀性与其化学成分、加工性质、热处理条件、组织状态和腐蚀环境及温度条件等许多因素有关。金属材料的主要腐蚀形态是锈蚀，腐蚀会显著降低金属材料的强度、塑性、韧性等力学性能，破坏金属构件的几何形状，增加传动件磨损，缩短设备使用寿命等。提高材料的耐腐蚀性，可以节约材料、延长构件的使用寿命。通常，非金属材料的耐腐蚀性远远高于金属材料。

（2）抗氧化性。抗氧化性是指材料在高温条件下抗空气、水蒸气、炉气等氧化的能力。金属抗氧化的机理是在高温下材料表面迅速氧化形成一层致密的并与母体结合牢固的保护性氧化膜，阻止进一步氧化。

（3）化学稳定性。化学稳定性是耐腐蚀性和抗氧化性的总称。高温下的化学稳定性称为热稳定性。在对高温条件下工作的设备或零部件（如锅炉、汽轮机、飞机发动机、火箭等）选材时，必须考虑材料的热稳定性。

2.5 材料的工艺性能

1. 铸造性能

材料在铸造成形过程中获得形状准确、内部健全铸件的能力，称为金属的铸造性能，它表示了金属铸造成形时的难易程度。金属的铸造性能主要用流动性、收缩性、吸气性、偏析等来衡量。金属材料中，灰铸铁和青铜的铸造性能较好。

（1）流动性。流动性是指金属液本身的流动能力。流动性好的金属，充型能力强，易获得形状完整、尺寸准确、轮廓清晰、壁薄和形状复杂的铸件；有利于金属液中非金属夹杂物和气体的上浮与排除；有利于金属凝固收缩时的补缩作用。

（2）收缩。收缩是指铸造金属从液态冷却至室温的整个过程中，产生的体积和尺寸缩减的现象。铸件的收缩不仅影响铸件的尺寸，还会引起产生缩孔、缩松、应力、变形及裂纹等缺陷。

（3）偏析。偏析是指铸件凝固后，内部化学成分和组织不均匀的现象。偏析使铸件各部位化学成分不一致，严重时使各部位力学性能及物理性能产生很大差异，甚至影响铸件的工作效果和使用寿命。生产中可以通过控制冷却速度、凝固方式、合理设计铸件结构等方法防止偏析的产生。对有些已经产生的偏析，可通过均匀化退火的方法加以消除。

2. 锻压性能

金属的锻压性能（又称可锻性）是指金属经受塑性变形而不开裂的能力。锻压性能的优劣常用金属的塑性和变形抗力来综合衡量。材料塑性越好，变形抗力越小，则锻压性能越好。反之，锻压性能差。影响锻压性能的主要因素是金属内在因素和变形条件。如纯金属的锻压性能优于合金；钢加热到一定范围内具有良好的锻压性能，而铸铁不能锻压。

3. 焊接性

焊接性是指材料可以在限定的施工条件下焊接成满足设计要求的构件，并达到预定工作要求的能力（亦称可焊性）。焊接性的好坏与材料成分、焊接方法、构件类型等有关。影响钢焊接性的主要因素是钢的化学成分，其中含碳量对焊接性影响最显著。如低碳钢具有良好的焊接性，随含碳量增加焊接性下降，高碳钢及铸铁的焊接性能不好。

焊接性主要包括两个方面的内容：其一是接合性能，即在限定焊接工艺条件下，对产生焊接缺陷的敏感性，尤其是对产生焊接裂纹的敏感性；其二是使用性能，即在限定焊接工艺条件下，焊接接头对使用要求的适应性。

4. 切削加工性能

切削加工性是指材料被刀具切削加工而成为合格工件的难易程度。切削加工性与材料的化学成分、组织、力学性能、导热性及冷变形强化程度等因素有关。通常，用硬度和韧性来判断。材料的硬度适中（170~230 HBW），其切削加工性比较好，硬度越高，材料的切削加工性就越差；材料硬度虽不高，但若韧性大，在切削加工时切削阻力、切削变形增加，产生大量的切削热，切削也较困难。通过对被切削材料进行适当的热处理，可以改善切削加工性。从材料种类而言，铸铁、铜合金、铝合金及一般碳素钢都具有较好的切削加工性，而高合金钢的切削加工性较差。

5. 热处理工艺性能

这对于钢是非常重要的性能，将在第5章讨论。

2.6 工程材料的主要性能的比较

各类材料的主要性能如表2-6所示。常见工程材料的弹性模量、硬度及断裂韧性值如表2-7和表2-8所示。

表2-6 各类材料的主要物理性能

性　能	金属		塑料		陶瓷材料	
	钢铁	铝	聚丙烯	玻璃纤维增强尼龙-6	陶瓷	玻璃
熔点/℃	1535	660	175	215	2050	
密度/(g/cm)	7.8	2.7	0.9	1.4	4.0	2.6
抗拉强度/MPa	460	80~280	35	150	120	90
比强度/$10^6 N \cdot m \cdot kg^{-1}$	59	30~104	39	107	30	35
杨氏模量/10^3 MPa	210	70	1.3	10	390	70
热变形温度/℃	—	—	60	120	—	—
膨胀系数/$10^5 K^{-1}$	1.3	2.4	8~10	2~3	0.85	0.9
传热系数/$W \cdot m^{-2} \cdot K^{-1}$	0.40	2.0	0.0011	0.0024	0.017	0.0083
韧性	优	优	良	优	差	差
体积电阻率/$\Omega \cdot cm$	10^{-3}	3×10^{-6}	10^{16}	5×10^{11}	7×10^{11}	10^{12}
燃烧性	不燃	不燃	燃烧	燃烧	不燃	不燃

表 2-7　各类材料的弹性模量和硬度

材料	弹性模量/MPa	硬度 HV	材料	弹性模量/MPa	硬度 HV
橡胶	6.9	很低	钢	207 000	300～800
塑料	1 380	约 17	氧化铝	400 000	约 1500
镁合金	41 300	30～40	碳化钛	390 000	约 3 000
铝合金	72 300	约 170	金刚石	1 171 000	6 000～10 000

表 2-8　常用材料的断裂韧性值

材　料	K_{IC}/(MN/m$^{3/2}$)	材　料	K_{IC}/(MN/m$^{3/2}$)
纯塑性金属（Cu, Ni, Al 等）	96～40	木材（纵向）	11～14
转子钢	192～211	聚丙烯	～2.9
压力容器钢	～155	聚乙烯	0.9～1.9
高强钢	47～149	尼龙	～2.9
低碳钢	～140	聚苯乙烯	～1.9
钛合金（Ti6Al4V）	50～118	聚碳酸酯	0.9～2.8
玻璃纤维复合材料	19～56	有机玻璃	0.9～1.4
铝合金	22～43	聚酯	～0.5
碳纤维复合材料	31～43	木材（横向）	0.5～0.9
中碳钢	～50	Si_3N_4	3.7～4.7
铸铁	6～19	MgO 陶瓷、SiC	～2.8
高碳工具钢	～19	Al_2O_3 陶瓷	2.8～4.7
钢筋混凝土	9～16	水泥	～0.1
硬质合金	12～16	钠玻璃	0.6～0.8

由以上这些表格数据，我们可以对不同类型的材料有了概括性的了解，也为我们在今后工程设计中进行选材用材提供了基本的认识。各类材料的性能大不相同。在强度方面，以金属材料最好，特种陶瓷和纤维增强工程塑料（复合材料）次之；在比强度方面，以金属铝（钛合金更优）和增强工程塑料、碳纤维增强复合材料最好；冲击韧性以金属、复合材料为好；在耐热性方面，以陶瓷、金属最好；密度以塑料（还有木材）最小；线膨胀系数以塑料最大、陶瓷最小；导热导电性则以塑料（还有木材）最小，玻璃、陶瓷次之，金属最大。

小　结

在实际生产中，根据产品的用途对所选材料提出各种各样的性能要求，而不同的工程材料，其力学性能、物理性能、化学性能以及工艺性能有着很大的差别，从而能够满足不同产品的性能要求。材料的性能取决于其内部结构与工艺。

工程材料的性能包括力学性能与工艺性能。力学性能有上屈服强度、下屈服强度、抗拉强度、规定非比例延伸强度、断后伸长率、断面收缩率、冲击韧性、疲劳强度、断裂韧性、布氏硬度、洛氏硬度、高温强度、蠕变等；工艺性能有铸造性能、焊接性能、锻造性能、热处理性能和机械加工性能。通过本章的学习，对不同类型的材料有个概括性的了解。

习 题

1. 单项选择题

(1) 金属材料在载荷作用下抵抗变形和破坏的能力称为（　）。
　　A. 硬度　　　　　B. 强度　　　　　C. 塑性　　　　　D. 弹性
(2) 设计拖拉机缸盖螺钉时应选用的强度指标是（　）。
　　A. R_{eH}　　　　B. R_{eL}　　　　C. R_m　　　　　D. R_r
(3) 布氏硬度的表示符号是（　）。
　　A. HRC　　　　　B. HV　　　　　C. HR　　　　　D. HBW
(4) 冲击韧性的单位是（　）。
　　A. kg/mm^2　　　B. MPa　　　　C. MJ/m^2　　　D. J

2. 多项选择题

(1) 材料的工艺性能有（　）。
　　A. 铸造性　　　　B. 锻造性　　　　C. 焊接性　　　　D. 机械加工性
(2) 在机械设计时多用哪几种性能指标？（　）
　　A. 显微硬度　　　B. 抗拉强度　　　C. 抗压强度　　　D. 屈服强度
(3) 金属材料的塑性指标有（　）。
　　A. 弹性极限　　　B. 断面收缩率　　C. 洛氏硬度　　　D. 延伸率
(4) 金属晶体中线缺陷有（　）。
　　A. 刃型位错　　　B. 螺旋位错　　　C. 空位　　　　　D. 亚晶界

3. 判断题

(1) HB 常用来测量硬材料的硬度，HRC 常用来测量软材料硬度。（　）
(2) 屈服强度是表征材料抵抗断裂能力的力学指标。（　）
(3) 所有金属均有明显的屈服现象。（　）

4. 下列情况应采用什么方法测定硬度？写出硬度值符号。

(1) 钳工用锤子的锤头；(2) 机床床身铸铁毛坯；(3) 硬质合金刀片；
(4) 机床尾座上的淬火顶尖；(5) 铝合金气缸体；(6) 钢件表面很薄的硬化层

5. 填空题

(1) 材料的性能一般分为（　　　　）和（　　　　）两大类。
(2) 根据测量方法不同，常用的硬度指标有（　　）、（　　）和（　　）。

6. 简答题

(1) 金属材料随所受外力的增加，其变形过程一般分为几个阶段？各阶段的特点是什么？衡量金属材料力学性能最常用的指标有哪些？说明它们各自的代表符号和物理意义。
(2) 在什么条件下，布氏硬度试验比洛氏硬度试验好？
(3) $R_{p0.2}$ 和 R_{eL} 在测定对象及表达上有什么不同？
(4) 什么是金属的疲劳？金属疲劳断裂是怎样产生的？疲劳破坏有哪些特点？如何提高零件的疲劳强度？

(5) 与静载相比，冲击载荷有何特点？冲击吸收功能否作为选材时的计算依据？为什么？
(6) 韧性的含义是什么？α_k有何实际意义？
(7) 何谓低应力脆断？金属为什么会发生低应力脆断？低应力脆断的抗力指标是什么？
(8) 发现一紧固螺栓使用后有塑性变形（伸长），试分析材料的哪些性能指标没有达到要求。
(9) 在什么情况下应考虑材料的高低温性能？它们的主要性能指标是什么？

7. 综合分析题

(1) 图 2.14 为五种材料经拉伸试验测得的应力—应变曲线：①45 钢；②铝青铜；③35 钢；④硬铝；⑤纯铜。试问：

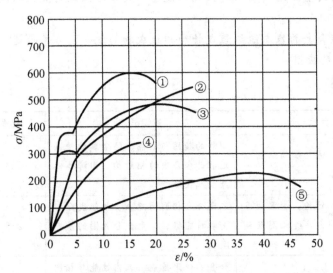

图 2.14　五种材料应力-应变曲线

① 当应力 $\sigma=300\mathrm{MPa}$ 时，各种材料处于什么状态？

② 用 35 钢制成的轴，在使用过程中发现有较大的弹性弯曲变形，若改用 45 钢制作该轴，试问能否减少弹性变形？若弯曲变形中已有塑性变形，试问是否可以避免塑性变形？

(2) 用 45 钢制成直径为 30mm 的主轴，在使用过程中，发现该轴的弹性变形弯曲量过大，问是否可改用合金钢 40Cr 或通过热处理来减小形变量？为什么？

(3) 一根标准拉伸试棒的直径为 10mm，长度为 50mm，试验时测出材料在 26kN 时屈服，45kN 时断裂。断后试棒长 58mm，断口处直径为 7.75mm。试计算该试棒的 R_m、R_eL、A、Z。

第3章　材料的凝固与铁碳合金相图

> **教学目标**

1. 理解合金的基本结构及相关强化的概念、成分与性能的关系以及匀晶、共晶和包晶相图分析方法；
2. 掌握铁碳合金的基本组织组成物和相组成物的概念、力学性能、组织与性能间的关系及铁碳相图的应用。

> **教学要求**

能力目标	知识要点	权重	自测分数
掌握材料的凝固、纯金属的结晶以及二元合金的结晶	材料的凝固与结晶、纯金属的结晶过程、合金中的相结构、固溶体以及金属化合物	20%	
掌握二元合金的相结构，相图的建立，以及匀晶相图、共晶相图及包晶相图	二元合金相图的建立、相组成分析与杠杆定律、二元合金相图的基本类型	25%	
了解合金的性能与相图的关系	合金的使用性能、工艺性能与相图的关系	5%	
掌握晶体结构与晶体缺陷的基本概念、铁碳合金的结晶过程分析	纯铁的结晶过程、纯铁的晶体结构、纯铁的同素异构转变，铁和碳的相互作用、铁碳合金中的相和组织组成物，$Fe-Fe_3C$ 相图分析及应用	50%	

> **引例**

金属是晶体，所以其凝固称为结晶。在金属的生产过程（冶炼—浇注）和制造过程（铸造、焊接等），结晶时形成的组织不仅影响材料性能，而且影响材料后续加工性能，因此要掌握结晶规律，控制结晶过程。有时要对金属材料进行强化，所选方法之一是结晶强化。结晶强化就是通过控制结晶条件，在凝固结晶以后获得良好的宏观组织和显微组织，从而提高金属材料的性能。

结晶强化包括以下两方面：

(1) 细化晶粒可以使金属组织中包含较多的晶界，由于晶界具有阻碍滑移变形作用，因而可使金属材料得到强化。同时也改善了韧性，这是其他强化机制不可能做到的。

(2) 在浇注过程中，把液态金属充分地提纯，尽量减少夹杂物，能显著提高固态金属的性能。夹杂物对金属材料的性能有很大的影响。在损坏的构件中，常可发现有大量的夹杂物。采用真空冶炼等方法，可以获得高纯度的金属材料。

金属的组织与结晶过程有密切关系，因为金属一般都经过熔炼、浇注成形或浇注成铸锭后再经冷热加工成形。这样结晶形成的组织将直接影响金属成形后内部的组织与性能。所以了解金属由液态向固态转变过程的结晶规律是很必要的。

金属结晶时，晶核形成的多少决定晶粒的大小。在一定的体积内，产生的晶核越多，晶粒越细小，同时力学性能也越好，如表 3-1 所示。

表 3-1 晶粒大小对纯铁力学性能的影响

晶粒平均直径/μm	R_m/MPa	R_{eL}/MPa	A/%	晶粒平均直径/μm	R_m/MPa	R_{eL}/MPa	A/%
70	184	34	30.6	2.0	268	58	48.8
25	216	45	39.5	1.6	270	66	50.7

金属结晶后所形成的组织将极大地影响到金属的加工性能和使用性能。对于铸件和焊接件来说，结晶过程就基本上决定了它的使用性能和使用寿命，而对于尚需进一步加工的铸锭来说，结晶过程既直接影响它的轧制和锻压工艺性能，又不同程度地影响其成品的使用性能。因此，研究金属的结晶过程，已成为提高金属力学性能和工艺性能的一个重要手段。此外，液相向固相的转变又是一个相变的过程，研究金属的结晶过程也为进一步研究合金的固态相变打下基础。

3.1 二元合金的结晶

3.1.1 凝固与结晶

一切物质从液态到固态的转变过程称为凝固，如凝固后形成晶体结构，则称为结晶。金属在固态下通常都是晶体，所以金属自液态冷却转变为固态的过程，称为金属的结晶。它的实质是原子从不规则排列状态（液态）过渡到规则排列状态（晶体状态）的过程。

1. 结晶的概念

金属由液态转变为固态的过程称为凝固。其中凝固形成晶体的过程，称为结晶。金属在结晶过程中，其结晶温度可以用热分析法测定。将液态金属放在坩埚中极其缓慢冷却，在冷却过程中记录温度随时间变化的数据，并将其绘成如图 3.1 所示的冷却曲线。

在 T_0 温度以上为液体金属，随着热量向外界散失，温度不断下降，当降至 T_0 温度时，液体金属开始结晶，由于结晶潜热的放出，补偿了冷却时散失的热量，所以冷却曲线出现水平台阶，即结晶在恒温下进行。待结晶终止，固体金属的温度继续下降，直至室温。

实际的结晶过程如曲线 2 所示，这一过程是在液体金属的温度降至"平衡温度 T_0"以下进行的。在平衡温度处，液体与晶体处于动平衡状态，此时，液体的结晶速度与晶体的熔化速度相等。可见，当处于 T_0 温度时，金属不能进行有效的结晶过程。欲使结晶进行，则必须将液体冷至低于 T_0 温度。T_0 通常称为理论结晶温度或理论熔点温度。

实际结晶温度 T_1 与理论结晶温度 T_0 之差称为过冷度 ΔT，即 $\Delta T = T_0 - T_1$。过冷度不是恒定值，其大小取决于液体金属的冷却速度、金属的性质和纯度。同一液体金属，冷却速度愈大，过冷度也愈大。实验证明，晶体总是在过冷的情况下结晶的，因此过冷是金属结晶的必要条件。

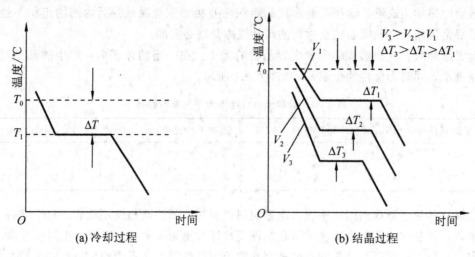

(a) 冷却过程　　(b) 结晶过程

图 3.1　冷却曲线

2. 结晶过程

由于金属结晶过程的实质是液态金属原子规则排列的过程，所以它不可能在一瞬间完成。通过理论研究和实验观察证明，金属结晶过程是晶核形成和晶核长大的过程。金属的结晶过程从微观的角度看，在液态金属中存在许多有序排列的小原子团，这些小原子团或大或小，时聚时散，称为晶胚。在 T_0 以上，由于液相自由能高，这些晶胚不可能长大。而当液态金属冷却到 T_0 温度以下后，便处于热力学不稳定状态，经过一段时间（称为孕育期），那些达到一定尺寸的晶胚将开始长大，我们将这些能够继续长大的晶胚称为晶核。晶核形成后，便向各个方向不断地长大。在这些晶核长大的同时，又有新的晶核产生。就这样不断形核，不断长大，直到液体完全消失为止。每一个晶核最终长成为一个晶粒，两晶粒接触后便形成晶界。纯金属的结晶过程如图 3.2 所示。

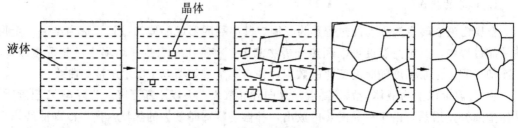

图 3.2　金属结晶过程示意

液态金属结晶时，形核方式有自发形核和非自发形核两种。

(1) 自发形核。即在一定条件下，从液态金属中直接产生，原子呈规则排列的结晶核心，也称为均质形核。

(2) 非自发形核。即液态金属依附在一些未溶颗粒表面所形成的晶核，也叫非均质形核。

实际生产条件下的液态金属中总有些杂质，它一般是由金属冶炼、熔化和浇注系统带入。杂质和金属晶体的结构越接近，则杂质作为结晶核心的可能性就越大。在通常情况下,是特意向液态金属中加入些杂质,以增加形核的数目。例如,向液态铜中加入铁、向液态铝中加入钛、向铸铁水中加入硅和钙都可促进晶核的形成和加速结晶过程。

金属结晶时自发形核有限且很少,而非自发形核所需能量较少,它比自发形核容易得多。因此,在实际生产条件下,金属的结晶以非自发形核为主。

晶核形成后,结晶靠晶核长大来完成。晶核的长大以枝晶状形式进行,由于晶核在各个方向生长的速度不一致,在长大初期,小晶体保持规则的几何外形。但随着晶核的长大,晶体逐渐形成棱角,由于棱角处散热条件比其他部位好,晶体将沿棱角方向长大,从而形成晶轴,称为一次晶轴。一次晶轴继续长大,且其侧面长出许多小晶轴,形成二次晶轴、三次晶轴……如此不断长大成树枝状,直至金属液体消耗完,最后枝晶填满而形成一个晶粒。晶核的这种成长方式称为枝晶成长。如果在结晶过程中,枝间处金属结晶所造成的体积收缩没有得到充分的液体金属补充,就会留下空隙,这时就保留了树枝状晶的形态。

3.1.2 晶粒大小及控制方法

1. 影响晶核形成和长大的因素

结晶后形成的晶粒大小对金属的性能有重要的影响。在常温下晶粒越细小,则金属的强度、硬度越高,塑性、韧性越好。多数情况下,工程上希望通过使金属材料的晶粒细化而提高金属的力学性能。这种用细化晶粒来提高材料强度的方法,称为细晶强化。

晶粒的大小称晶粒度,它取决于形核率 N 和成长率 G 的相对大小。若形核率越大,而成长率越小,那么单位体积中晶核数目越多,则每个晶核的长大空间就越小,长成的晶粒就越细小;反之,若形核率越小,而成长率越大,则晶粒越粗化。

影响晶核的形核率 N 和成长率 G 的最重要因素是结晶时的过冷度和液体中的不熔杂质。

(1) 过冷度的影响。金属结晶时的冷却速度越大,其过冷度便越大,不同过冷度 ΔT。对晶核的形成率 N[晶核形成数目/($s \cdot mm^3$)]和成长率 G(mm/s)的影响如图3.3所示。

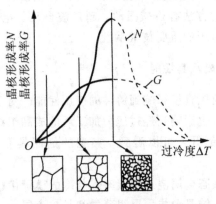

图 3.3 过冷度对晶粒大小的影响示意图

从图中可以看出,增大过冷度,则形核率和长大速度都增大,但两者的增长速率不同,形核率的增长率大于长大速度的增长率。在一般金属结晶时的过冷范围内,增大过冷

度可提高 N/G 比值，有利于晶粒细化。

(2) 未熔杂质的影响。任何金属中总不免含有或多或少的杂质，有的可与金属一起熔化，有的则不能，而是呈未熔的固体质点悬浮于金属液体中。这些未熔的杂质，当其晶体结构在某种程度上与金属相近时，常可显著地加速晶核的形成，使金属的晶粒细化。因为当液体中有这种未熔杂质存在时，金属可以沿着这些现成的固体质点表面产生晶核，减小它暴露于液体中的表面积，使表面能降低，其作用甚至会远大于增大过冷度的影响。

在液态金属结晶前，特意加入某些合金，造成大量可以成为非自发晶核的固态质点，使结晶时的晶核数目大大增加，从而提高了形核率，细化晶粒，这种细化晶粒方法称为变质处理。所加入的难熔杂质称变质剂或人工晶核。

2. 铸态金属晶粒细化的方法

由于晶粒的细化对提高金属材料的性能有重要影响，工程上常采用以下几种方法控制晶粒的大小：

(1) 增大过冷度。由以上讨论中知道，过冷度越大，则 N/G 比值越大，因而晶粒越细小。增大过冷度的方法主要是提高液态金属的冷却速度。例如在铸造生产中，采用金属型或石墨型代替砂型，以提高冷却速度；也可以采用降低浇注温度、慢浇注等。

(2) 变质处理。用增加过冷度的方法细化晶粒只对于小型或薄壁铸件有效，而对于较大的厚壁铸件就不适用。因为当铸件断面较大时，只是表层冷却得快，而心部冷却得慢，因此无法使整个铸件体积内都获得细小而均匀的晶粒。为此，工业上广泛采用变质处理的方法。

通过向液态金属中加入大量变质剂，促进形成大量非自发形核来细化晶粒。例如在铝合金中加入钛和锆；在钢中加入钛、锆、钒；在铸铁中加入硅铁或硅钙合金就是如此。还有一类变质剂，它虽不能提供结晶核心，但能起阻止晶粒长大的作用，因此又称其为长大抑制剂。例如将钠盐加入 Al-Si 合金中，钠能富集于硅的表面，降低硅的长大速度，使合金的组织细化。

(3) 振动、搅拌。对即将凝固的金属进行振动或搅拌，一方面是依靠从外面输入能量促使晶核提前形成，另一方面使成长中的枝晶破碎，晶核数目增加，这已成为一种有效的细化晶粒手段。常用的振动方法有机械振动、超声波振动、电磁搅拌等。在钢的连铸中，电磁搅拌已成为控制凝固组织的重要技术手段。

3.1.3 金属铸态组织的形成及其性能

金属在铸造状态下的组织直接影响到铸件的使用性能。对于铸锭来说，铸态组织将影响到随后的压力加工性能，也影响到经过压力加工后的成品组织和性能。

如果将一个金属铸锭剖开，可以看到，典型的剖面具有不同特征的三个晶区（如图 3.4 所示）。

(1) 表面细晶粒区。液态金属浇入锭模时，与冷的模壁接触的一部分金属液体被迅速冷却，因此在较大过冷度下结晶形成一层很薄的细晶粒表层。

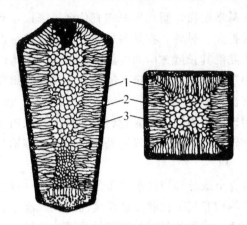

图 3.4 钢锭组织的示意图

1—表面细晶粒层 2—柱状晶粒区 3—心部粗等轴晶粒区

（2）柱状晶粒区。由于外层已形成一层热的壳，铸锭内部的温度较高，晶核较难形成，因此表面层的晶粒便向内生长。此层晶粒生长时，因受到相邻晶粒的限制，只能沿散热相反方向向内生长，所以形成了垂直于模壁的柱状晶粒层。

（3）中心等轴晶粒区。随着柱状晶的生长，铸锭内部的液体都达到了结晶温度，形成了许多晶核，同时向各个方向生长，阻止了柱状晶的继续发展，因而在铸锭中心部分形成了等轴的晶粒。由于中心部分冷却较慢，因此晶粒也较粗大。

如果冷却速度很快，柱状晶迅速向中心发展，贯穿整个铸锭，这种组织叫穿晶。图 3.5 所示为纯铜铸锭的穿晶组织。大多数焊缝组织都具有比较粗大的穿晶组织。铸锭中三层不同的铸态组织，具有不同的性能。

表面细晶粒区的组织较致密，故力学性能较好。但在铸件中，表面细晶粒区往往很薄，所以除对某些薄壁铸件具有较好效果外，对一般铸件的性能影响不大。

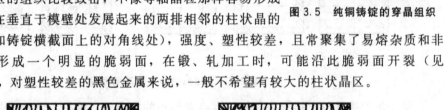

图 3.5 纯铜铸锭的穿晶组织

柱状晶粒区的组织比较致密，不像等轴晶粒那样容易形成显微缩松，但在垂直于模壁处发展起来的两排相邻的柱状晶的交界面上（例如铸锭横截面上的对角线处），强度、塑性较差，且常聚集了易熔杂质和非金属夹杂物，形成一个明显的脆弱面，在锻、轧加工时，可能沿此脆弱面开裂（见图 3.6）。因此，对塑性较差的黑色金属来说，一般不希望有较大的柱状晶区。

(a)

(b)

图 3.6 铸锭中强度较差的区域

对于纯度较高、不含易熔杂质、塑性较好的有色金属来说，有时为了获得较为致密的铸锭，反而要使柱状晶区扩大。另外，在某些场合，如果要求零件沿着某一方向具有优越的性能时，也可利用柱状晶沿其长度方向的性能好的优点，使铸件全部成为同一方向的柱状晶组织，这种工艺称为定向凝固。如用定向凝固方法制成的涡轮叶片较用一般方法制成的叶片，使用寿命有显著提高。

等轴晶粒各个方向的性能较为均匀，无脆弱的分界面，取向不同的晶粒互相咬合，裂纹不易扩展，故生产中常希望得到细小的等轴晶粒。但是，等轴晶区的组织比较疏松，因此力学性能较低。

金属的铸态组织还与合金成分和浇注条件等因素有关。一般提高浇注温度、提高铸模的冷却能力和定向性散热等均有利于柱状晶区厚度的增长。浇注温度低、冷却速度慢、散热均匀、变质处理和附加振动搅拌等都有利于等轴晶区的发展。尤其是加入有效的形核剂和附加振动等，能使铸件获得细小的等轴晶粒组织。

3.1.4 铸锭的缺陷

金属铸锭的铸态组织除了具有上述特点外，往往还存在各种铸造缺陷，主要缺陷如下：

（1）缩孔及缩松。一般金属凝固时都发生体积收缩。铸锭结晶时，先凝固部分体积收缩可由尚未凝固的液体补充。当液体金属由外向内、由下向上冷却时，在铸锭的上部最后凝固部分，因为得不到液体金属的补充，整个铸锭凝固时体积收缩都集中在这个部位，形成了倒圆锥形的收缩孔洞，称为缩孔。铸锭的缩孔要切除，不能残留下来，如图 3.7 所示。

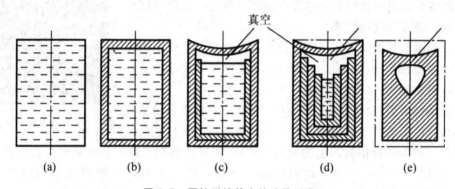

图 3.7 圆柱形铸件中缩孔的形成

除了集中缩孔外，铸锭中往往还存在着细小的空隙——缩松。缩松多发生于粗大等轴晶区。由于各个等轴晶粒在树枝状长大过程中互相交叉，造成了许多封闭小区，将残留在这些小区中的液体完全隔绝起来。当这些封闭小区的液体凝固收缩时，由于得不到外界液体的补充，于是形成许多微小的缩孔。这样的缩孔叫做缩松。若缩松处没有杂质，则在高温压力加工过程中可被焊合起来。

（2）气孔及裂纹。金属液体凝固时，溶解于金属液体中的一部分气体未逸出，而以气孔的形式留在铸锭中。气孔可存在于铸锭内部，也可能接近铸锭表面。铸锭内部的气孔在热压力加工时可被焊合，但是那些靠近铸锭表面的气孔，则可能与空气连通而发生氧化，在热加工时无法焊合，结果使钢材表面出现裂纹。

（3）偏析。金属内部化学成分不一致，称为偏析。在铸锭缩孔附近，往往还聚集着各种杂质，当液态金属中含有较多的杂质时，其熔点降低，凝固较晚，导致杂质元素集中在最后凝固的地区。这种现象称为区域偏析。

（4）非金属夹杂物。在浇注铸锭时，砂子和耐火材料的碎粒剥落进入金属液体而形成夹砂；未及时浮出而被凝固在铸锭内的熔渣形成夹渣。这两种夹杂物统称为非金属夹杂物。

3.2 二元合金相图

3.2.1 二元合金相图的建立

1. 相图的相关概念

纯金属结晶后只能得到单相的固溶体，而合金结晶后，既可获得单相的固溶体，也可获得单相的金属化合物，但更常见的是获得既有固溶体又有金属化合物的多相组织。合金的组元不同，获得的固溶体和化合物的类型也不同，即使组元确定之后，结晶后所获得的相的性质、数目及其相对含量也随着合金成分和温度的变化而变化，即在不同的成分和温度时，合金将以不同的状态存在。

相图是用来表示合金系中各个合金结晶过程的图，又称状态图或平衡图。利用相图，可以一目了然地了解到不同成分的合金在不同温度下的平衡状态，它存在哪些相，相的成分和相对含量如何，以及在加热或冷却时，可能发生哪些转变等。显然，相图是研究金属材料的一个十分重要的工具。

在讨论相图之前，先介绍几个有关相图的基本概念。

（1）合金系。由两个或两个以上组元按不同比例配制成的一系列不同成分的合金，称为合金系。一个合金系指组元相同的一系列不同成分的合金，如 Cu - Ni 系等。

（2）平衡相、平衡组织。如果合金在某一温度停留任意长的时间，合金中各个相的成分都是均匀不变的，各相的相对质量也不变，那么该合金就处于相平衡状态，此时合金中的各相称为平衡相，而由这些平衡相所构成的组织称为平衡组织。相平衡是合金的自由能处于最低的状态，也就是合金最稳定的状态。合金总是力图通过原子扩散趋于这种状态。

（3）平衡结晶。如果合金在其结晶过程中或相变过程中的冷却速度非常缓慢，那么由于其原子有充分的时间进行扩散，所以合金中的各相将近似处于平衡状态，这种冷却方式称为平衡冷却，而这种处于相平衡状态的结晶或相变方式称为平衡结晶。

2. 二元合金相图的建立

目前，合金状态图主要是通过实验测定的，且测定合金状态图的方法很多，但应用最多的是热分析法。这种方法是将合金加热熔化后缓慢冷却，绘制其冷却曲线。当合金发生结晶或固态相变时，由于相变潜热放出，抵消或部分抵消外界的冷却散热，在冷却曲线上形成拐点。拐点所对应的温度就是该合金发生某种相变的临界点。

以 Cu - Ni 合金相图测定为例，说明热分析法的应用及步骤：

（1）配制不同成分的 Cu - Ni 合金试样，如 Ⅰ 纯铜，Ⅱ 75％Cu＋25％Ni，Ⅲ 50％Cu＋

50%Ni，Ⅳ 25%Cu+75%Ni，Ⅴ 纯Ni。

(2) 测定各组试样合金的冷却曲线，并确定其相变临界点。

(3) 将各临界点绘在合金成分—温度坐标图上。

(4) 将图中具有相同含义的临界点连接起来，即得到Cu-Ni合金相图，如图3.8所示。

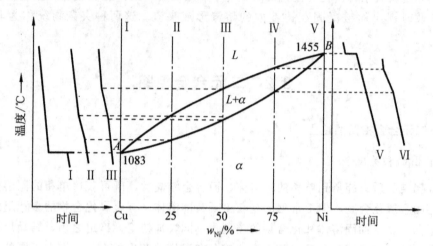

图3.8 用热分析法测定Cu-Ni相图

相图中的每个点、每条线、每个区域都有明确的物理含义，图中A、B点分别表示纯Cu和纯Ni的熔点。在AB上弧线以上，合金均处于液相状态，所以称AB上弧线为液相线，任何成分的液态合金冷却降温到此线所示的温度，就开始结晶析出固相。在AB下弧线以下温度的合金都处于固相状态，称AB下弧线为固相线。当合金加热至固相线温度时，便开始熔化产生液相，在液相线与固相线之间的区域为液相、固相平衡共存的两相区。

3.2.2 相组成分析与杠杆定律

1. 平衡相成分的确定

当合金在某一温度下处于两相区时，由相图可以知道两平衡相的成分。如图3.9（a）所示，在Cu-Ni二元相图中，液相线是表示液相的成分随温度变化的平衡曲线，固相线是表示固相的成分随温度变化的平衡曲线，镍的含量为x%的合金在温度T_x时，处于两相平衡状态，要确定液相和固相的成分，可通过温度T_x做一水平线，交液相线和固相线分别为两点，此两点在横坐标上的投影x_1和x_2，即为x成分合金在T_x温度时相互平衡的液相和固相的化学成分。

2. 杠杆定律（平衡相相对重量的确定）

由前面的分析可知，成分为x的合金在温度T_x时相平衡的液相和固相的成分分别是x_1和x_2，那么它们的相对重量是多少呢？

设合金x总质量为1，T_x温度时液相的相对质量w_L（成分为x_1），固相相对质量w_a（成分为x_2）。而且，合金x中的含镍量应等于液相中的含镍量与固相中的含镍量之和，即

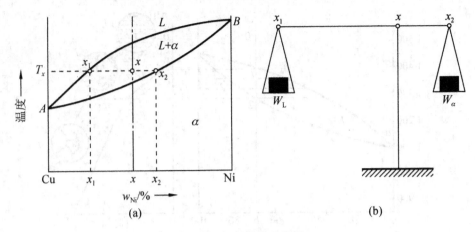

图 3.9 杠杆定律示意图

$$\begin{cases} w_L + w_\alpha = 1 \\ w_L \cdot x_1 + w_\alpha \cdot x_2 = x \end{cases}$$

解方程组得

$$w_L = \frac{x_2 - x}{x_2 - x_1}$$

$$w_\alpha = \frac{x - x_1}{x_2 - x_1}$$

式中 x_2-x、x_2-x_1、$x-x_1$ 即为相图中线段 xx_2、x_1x_2、x_1x 的长度。因此，两相的相对质量百分比为

$$w_L = \frac{xx_2}{x_1x_2} \times 100\%$$

$$w_\alpha = \frac{xx_1}{x_1x_2} \times 100\%$$

两相的质量比为

$$\frac{w_L}{w_\alpha} = \frac{xx_2}{xx_1}$$

3.2.3 二元合金相图的基本类型

根据结晶过程中出现的不同类型的结晶反应，可把二元合金的结晶过程分为下列几种基本类型。

1. 发生匀晶反应的合金的结晶

图 3.10 所示的 Cu-Ni 相图为典型的匀晶相图。图中 $a1c$ 线为液相线，该线以上合金处于液相；$a2c$ 为固相线，该线以下合金处于固相。液相线和固相线表示合金系在平衡状态下冷却时结晶的始点和终点。图中有两个单相区：液相线以上的 L 相区和固相线以下的 α 相区。L 为液相，是 Cu 和 Ni 形成的互溶体；α 为固相，是 Cu 和 Ni 组成的无限固溶体。图中还有一个 $L+\alpha$ 双相区。Fe-Cr、Au-Ag 等合金也具有匀晶相图。

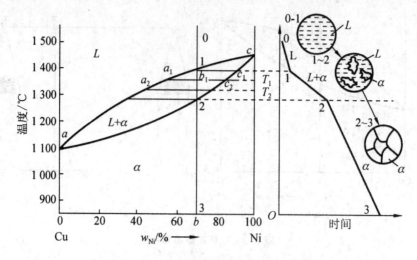

图 3.10 匀晶相图及其合金的结晶过程

以 b 点成分的 Cu-Ni 合金（Ni 的质量分数为 $b\%$）为例分析结晶过程，该合金的冷却曲线和结晶过程如图 3.10 所示。在 1 点温度以上，合金为液相 L。缓慢冷却至 1~2 温度区间时，合金发生匀晶反应：$L \rightarrow \alpha$，从液相中逐渐结晶出 α 固溶体。2 点温度以下，合金全部结晶为 α 固溶体，其他成分合金的结晶过程也完全类似。

匀晶结晶有下列特点：

（1）与纯金属一样，固溶体从液相中结晶出来的过程中，也包括有生核与长大两个过程，但固溶体更趋于呈树枝状长大。

（2）固溶体结晶在一个温度区间内进行，即为一个变温结晶过程。

（3）在两相区内，温度一定时，两相的成分（即 Ni 的质量分数）是确定的。确定相成分的方法是：过指定温度 T_1 作水平线，分别交液相线和固相线于 a_1 点、c_1 点，则 a_1 点、c_1 点成分轴上的投影点即相应为 L 相和 α 相的成分。随着温度的下降，液相成分沿液相线变化，固相成分沿固相线变化。到温度 T_2 时，L 相成分及 α 相成分分别为 a_2 和 c_2 点在成分轴上的投影。

（4）在两相区内；温度一定时，两相的质量比是一定的，如在 T_1 温度时，两相的质量比可用下式表达：

$$\frac{Q_L}{Q_\alpha} = \frac{b_1 c_1}{a_1 b_1}$$

式中：Q_L——L 相的质量；

Q_α——α 相的质量；

$a_1 b_1$、$b_1 c_1$——线段长度，可用其浓度坐标上的数字来度量。

上式可写成 $Q_L \cdot a_1 b_1 = Q_\alpha \cdot b_1 c_1$，这个式子与力学中的杠杆定律相似，因而亦被称作杠杆定律。由杠杆定律不难算出合金中液相和固相在合金中所占的质量分数：

$$\frac{Q_L}{Q_{合金}} = L\% = \frac{b_1 c_1}{a_1 c_1}, \qquad \frac{Q_\alpha}{Q_{合金}} = \alpha\% = \frac{a_1 b_1}{a_1 c_1}$$

需要注意的是，运用杠杆定律时，它只适用于相图中的两相区，并且只能在平衡状态下使用。杠杆的两个端点为给定温度时两相的成分点，而支点为合金的成分点。

(5) 固溶体结晶时成分是变化的，缓慢冷却时由于刚凝固的固态中原子的扩散能充分进行，形成的是成分均匀的固溶体。如果冷却较快，原子扩散不能充分进行，则形成成分不均匀的固溶体。先结晶的树枝晶轴含高熔点组元较多，后结晶的树枝晶枝干含低熔点组元较多。结果造成在一个晶粒之内化学成分的分布不均，这种现象称为枝晶偏析，如图 3.11 所示。枝晶偏析对材料的力学性能、耐腐蚀性能、工艺性能都不利。生产上为了消除其影响，常把合金加热到高温（低于固相线 100℃ 左右），并进行长时间保温，使原子充分扩散，获得成分均匀的固溶体，这种处理称为扩散退火。

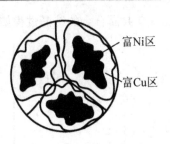

图 3.11 枝晶偏析示意

2. 发生共晶反应的合金的结晶

如图 3.12 所示，Pb-Sn 合金相图中，adb 线为液相线，$acdeb$ 线为固相线。合金系有三种相：Pb 与 Sn 形成的液溶体 L 相，Sn 溶于 Pb 中的有限固溶体 α 相，Pb 溶于 Sn 中的有限固溶体 β 相。相图中有三个单相区（L、α、β）；三个双相区（L+α、L+β、α+β）；一条 L+α+β 的三相共存线（水平线 cde）。这种相图称为共晶相图。Al-Si、Ag-Cu 等合金也具有共晶相图。

图 3.12 中，d 点为共晶点，表示此点成分（共晶成分）的合金冷却到此点所对应的温度（共晶温度）时，共同结晶出 c 点成分的 α 相和 e 点成分的 β 相：

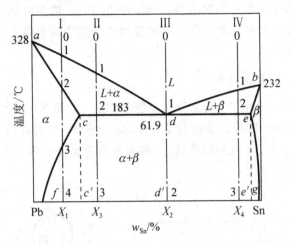

图 3.12 Pb-Sn 合金相图

$$L_d \Leftrightarrow \alpha_c + \beta_e$$

cf 线为 Sn 在 Pb 中的溶解度线（或 α 相的固溶线）。温度降低，固溶体的溶解度下降。Sn 的质量分数大于 f 点的合金从高温冷却到室温时，从 α 相中析出 β 相以降低 α 相中 Sn 的质量分数。从固态 α 相中析出的 β 相称为二次 β 相，常写作 β_{II}。这种二次结晶可表达为

$$\alpha \rightarrow \beta_{II}$$

eg 线为 Pb 在 Sn 中溶解度线（或 β 相的固溶线）。Sn 的质量分数小于 g 点的合金，冷却过程中同样发生二次结晶，析出二次 α 相

$$\beta \rightarrow \alpha_{II}$$

共晶合金的结晶过程如图3.13所示。

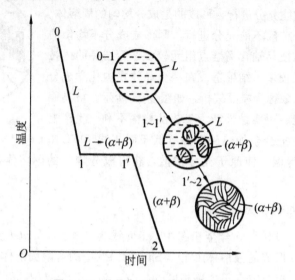

图3.13 共晶合金的结晶过程示意图

合金从液态冷却到1点温度后,发生共晶反应

$$L_d \rightarrow (\alpha_c + \beta_e)$$

经一定时间到1'时反应结束,全部转变为共晶体 $(\alpha_c + \beta_e)$。从共晶温度冷却至室温时,共晶体中的 α_c 和 β_e 均发生二次结晶,析出的 β_{II} 和 α_{II} 都相应地同 α 和 β 相连在一起,共晶体的形态和成分不发生变化。合金的室温组织全部为共晶体,如图3.13所示,其组成相为 α 相和 β 相。

3. 发生包晶反应的合金的结晶

Pt-Ag、Ag-Sn、An-Sb合金等具有包晶相图。如图3.14所示,Pt-Ag合金相图中存在三种相:Pt与Ag形成的液溶体 L 相;Ag溶于Pt中的有限固溶体 α 相;Pt溶于Ag中的有限固溶体 β 相。e 点为包晶点,e 点成分的合金冷却到 e 点所对应的温度(包晶温度)时发生以下包晶反应:

$$\alpha_c + L_d \Leftrightarrow \beta_e$$

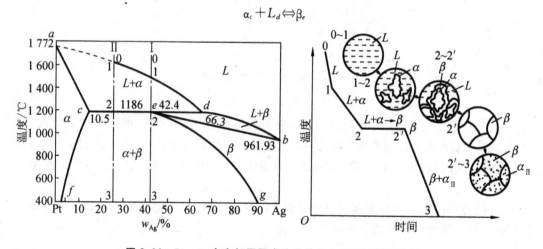

图3.14 Pt-Ag合金相图及成分Ⅰ的合金结晶过程示意图

发生包晶反应时三相共存，它们的成分确定，反应在恒温下平衡地进行。水平线 ced 为包晶反应线，cf 为 Ag 在 α 相中的溶解度线，eg 为 Pt 在 β 相中的溶解度线。

合金 I 的结晶过程如图 3.14 所示：合金冷却到 1 点温度以下时结晶出 α 固溶体，L 相成分沿 ad 线变化，α 相成分沿 ac 线变化。合金钢冷却到 2 点温度而尚未发生包晶反应前，由 d 点成分的 L 相与 c 点成分的 α 相组成。此两相在 e 点温度时发生包晶反应，β 相包围 α 相而形成。反应结束后，L 相与 α 相正好全部反应耗尽，形成 e 点成分的 β 固溶体。温度继续下降，从 β 中析出 $α_{II}$。最后室温组织为 $β+α_{II}$。

4. 发生共析反应的合金的结晶

图 3.15 所示的下半部分为共析相图，其形状与共晶相图类似。e 点成分（共析成分）的合金从液相经过匀晶反应生成 γ 相后，继续冷却到 e 点温度（共析温度）时，在此恒温下发生共析反应，同时析出 c 点成分的 α 相和 d 点成分的 β 相：$γ_e \Leftrightarrow α_c + β_d$。即由一种固相转变成完全不同的两种相互关联的固相，此两相混合物称为共析体。共析相图中各种成分合金的结晶过程的分析与共晶相图相似，但因共析反应是在固态下进行的，所以共析产物比共晶产物要细密得多。

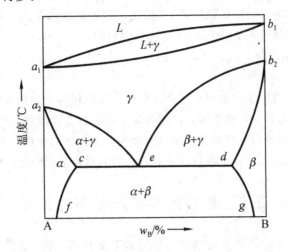

图 3.15 共析相图

5. 二元相图的分析步骤

实际的二元相图往往比较复杂，可按下列步骤进行分析。

（1）分清相图中包含哪些基本类型的相图。

（2）确定相区。

① 相区接触法则：相邻两个相区的相数差为 1，这是检验相区确定正确与否的准则。

② 单相区的确定：

a. 相图中的液相线以上为液相区；

b. 靠着纯组元的封闭区域是以该组元为基的单相固溶体区；

c. 相图中的垂线可能是稳定化合物（单相区），也可能是相区分界线；

d. 相图中部若出现成分可变的单相区，则此区是以化合物为基的单相固溶体区；

e. 相图中每一条水平线必定与三个单相区点接触。

③ 两相区的确定：两个单相区之间夹有一个两相区，该两相区的相由两个相邻单相区的相组成。

④ 三相区的确定：二元相图中的水平线是三相区，其三个相由与该三相区点接触的三个单相区的相组成。常见三相等温水平线上的反应如表 3-2 所示。

表 3-2 常见三相等温水平线上的反应

反应名称	图形	反应式	说　明
共晶反应	α ↙L↘ β	$L_d \Leftrightarrow \alpha_c + \beta_e$	恒温下由一个液相同时结晶出两个成分和结构都不同的固相
包晶反应	L ↙β↘ α	$\alpha_c + L_d \Leftrightarrow \beta_e$	恒温下由液相包着一个固相生成另一个新固相
共析反应	α ↙γ↘ β	$\gamma_d \Leftrightarrow \alpha_c + \beta_e$	恒温下由一个固相同时析出两个成分和结构都不同的固相

(3) 分析典型合金的结晶过程。

① 作出典型合金冷却曲线示意图，二元合金冷却曲线的特征是：

a. 在单相区和两相区冷却曲线为一斜线。

b. 由一个相区过渡到另一个相区时，冷却曲线上出现拐点。由相数少的相区进入相数多的相区曲线向右拐（放出结晶潜热）；反之，相区曲线向左拐（相变结束）。

c. 发生三相等温转变时，冷却曲线呈一水平台阶。

② 分析合金结晶过程。

a. 画出组织转变示意图。

b. 计算各相、各组织组成物相对质量百分比。在单相区，合金由单相组成，相的成分、质量即合金的成分、质量；在两相区，两相的成分随温度下降沿各自的相线变化，各相和各组织组成物的相对质量可由杠杆定律求出（合金成分为杠杆的支点，相或组织组成物的成分为杠杆的端点）；在三相区，三个相的成分固定，相对质量不断变化，杠杆定律不适用。

3.3　合金的性能与相图的关系

合金的性能取决于它的成分和组织，相图则可反映不同成分的合金在室温时的平衡组织。因此，具有平衡组织的合金的性能与相图之间存在着一定的对应关系。

1. 合金的使用性能与相图的关系

图 3.16 所示为具有匀晶相图、包晶相图、共晶或共析相图、稳定化合物相图的合金系的力学性能（硬度、强度）和物理性能（电导率）随成分而变化的一般规律，如图 3.16 所示，当合金形成单相固溶体时，随溶质溶入量的增加，合金的硬度、强度升高，而电导率降低，呈透镜形曲线变化，在合金性能与成分的关系曲线上有一极大值或极小值，如图 3.16（a）所示。当合金形成两相混合物时，随成分变化，合金的强度、硬度、电导率等性能在两组成相的性能间呈线性变化，如图 3.16（b）、3.16（c）所示。对于共晶成分或共析成分的合金，其性能还与两组成相的致密程度有关，组织越细，性能越好，如图 3.16（c）和 3.16（d）中虚线所示。当合金形成稳定化合物时，在化合物处性能出现极大值或极小值，如图 3.16（e）所示。

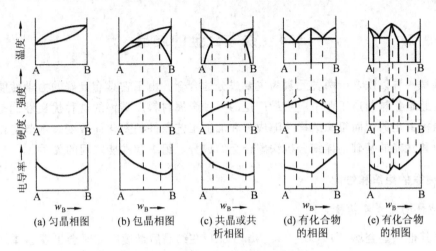

(a) 匀晶相图　(b) 包晶相图　(c) 共晶或共析相图　(d) 有化合物的相图　(e) 有化合物的相图

图 3.16　合金的使用性能与相图的关系

2. 合金的工艺性能与相图的关系

合金的工艺性能与相图也有密切联系。例如铸造性能（包括流动性、缩孔分布、偏析大小）与相图中液相线和固相线之间的距离密切相关。液相线与固相线的距离越宽，形成枝晶偏析的倾向越大，同时先结晶的树枝晶阻碍未结晶的液体的流动，则流动性越差，分散缩孔越多。图 3.17 表明铸造性能与相图的关系。由图可见，固溶体中溶质含量越多，铸造性能越差；共晶成分的合金铸造性能最好，即流动性好，分散缩孔少，偏析程度小，所以铸造合金的成分常选共晶成分或接近共晶成分。又如压力加工性能好的合金是相图中的单相固溶体。因为固溶体的塑性变形能力大，变形均匀；而两相混合物的塑性变形能力差，特别是组织中存在较多脆性化合物时，不利于压力加工，所以相图中两相区合金的压力加工性能差。再如相图中的单相合金不能进行热处理，只有相图中存在同素异构转变、共析转变、固溶度变化的合金才能进行热处理。

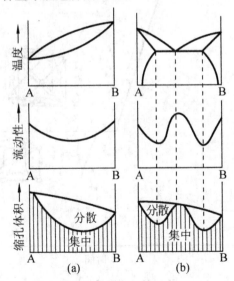

图 3.17　合金的铸造性能与相图的关系

3.4 铁碳合金的结晶

碳钢是一种以铁、碳两种元素为主要成分的合金。由于它具有良好的力学性能和加工性能。因此是机械制造工业中应用最广泛的一种金属材料。碳钢的这种优良性能是由其内部组织结构决定的,而组织结构又随成分和加工工艺条件的变化而改变。本节将在讨论纯铁的组织和性能的基础上详细分析铁碳合金的成分、组织和性能之间的关系。

3.4.1 纯铁的组织和性能

1. 纯铁的同素异构转变

铁同其他一些金属（如 Co、Ti、Mn、Sn）在结晶后继续冷却时会出现晶体结构的变化,从一种晶格转变为另一种晶格。金属在固态下有一种晶格转变为另一种晶格的变化称为同素异构转变（又称同素异晶转变）,金属发生同素异晶转变时产生重结晶现象。纯铁的熔点为 1538℃,同素异构转变如图 3.18 所示。用式子概括为:

$$\delta-Fe \xleftrightarrow{1394℃} \gamma-Fe \xleftrightarrow{912℃} \alpha-Fe$$
（体心立方）　（面心立方）　（体心立方）

式中 912℃ 可用 A_3 表示,故 $\gamma-Fe \longleftrightarrow \alpha-Fe$ 转变又称 A_3,在 A_3 点有相结构变化。

纯铁这种同素异构转变是钢铁材料进行热处理的内因和根据。

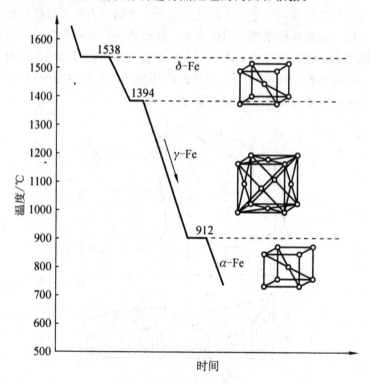

图 3.18 同素异构转变

2. 纯铁的组织、性能和用途

世上没有纯的铁，多少都含有少量杂质。工业纯铁常含有0.10%～0.20%的杂质，室温下的组织为100%的α-Fe，具有体心立方结构，其显微组织是由许多晶粒组成。一般情况下，工业纯铁的强度很低（R_m=180～230MPa，R_{eL}=100～170MPa）；塑性、韧性很好（A=30%～50%，Z=70%～80%，A_K=160～200J）；HBW=50～80。但冷、热加工工艺不同，纯铁的晶粒形状和大小不同，其性能也不同，如图3.2所示。图中晶粒大小用晶粒度表示。生产上我国将晶粒度分为8级，国外则分为14级，级数越大，晶粒越细。纯铁的晶粒越细，室温综合力学性能（强度、硬度、塑形和韧性）就越好，韧脆转变温度愈低，韧性愈好。因此，细化晶粒既可以提高纯铁的强度，又可以增加其塑性、韧性。

工业纯铁因含碳量少（<0.02%），故塑性好，强度低，所以不适合制造机械零件。纯铁的主要用途是利用它的磁性，例如，制造仪器、仪表的铁心等。在工业上应用最广泛的是铁碳合金。

3.4.2 铁碳合金中的组成物

在铁碳合金中，铁和碳互相结合的方式是：在液态时，铁和碳可以无限互溶；在固态时，碳可溶于铁中形成固溶体；当含碳量超过固态溶解度时，则出现化合物（Fe_3C）。此外，还可以形成由固溶体和化合物组成的混合物。先将在固态下出现的几种基本组织介绍如下：

纯铁的强度很低，不能制作受力的零（构）件。若在其中加入少量的碳以后，其硬度和强度可成倍地增加（表3-3）。碳钢就是以铁和碳为主要成分的合金。所谓合金是指通过熔炼、烧结或其它方法，将一种金属元素和一种或几种其它元素结合在一起所形成的具有金属特性的新物质。要了解碳钢的成分、组织和性能之间的关系，首先必须了解铁和碳的相互作用。

1. 铁素体

铁素体是碳在α-Fe中的间隙固溶体，常用符号F（或α）表示。铁素体的晶体结构为体心立方晶格。碳原子半径为0.77埃，而α-Fe的晶胞中最大空隙半径只有0.36埃。因此，从理论上讲，碳不能溶于α-Fe中。但事实上经测定，室温下它能溶解碳0.0008%，但随温度升高溶解度增大，在727℃时溶解度最大可达0.0218%，这是由于α-Fe晶体中存在各种缺陷所造成的。铁素体中碳的固溶度小，故性能特点与纯铁很相似，其强度和硬度低（R_m≈250MPa，HBW=80）、塑性好（A=45～50%，A_K=160J）。

2. 奥氏体

奥氏体为碳在γ-Fe中形成的间隙固溶体，常用A（或γ）表示。奥氏体的晶体结构为面心立方晶格，如图3.19（b）所示。由图可见，γ-Fe晶胞的最大空隙半径为0.52埃，略小于碳的原子半径，故碳在γ-Fe的溶碳能力比α-Fe大很多。在1148℃时溶解度最大为2.11%，降温至727℃时溶解度为0.77%。

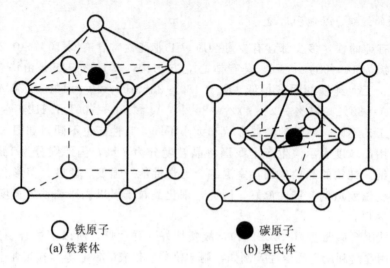

图 3.19 铁素体、奥氏体晶体结构

3. 渗碳体

渗碳体为铁与碳按一定比例形成的稳定化合物,用化学式 Fe_3C(或用符号 Cm)表示。它是具有复杂晶体结构的间隙化合物,渗碳体的熔点为 1227℃,含碳量为 6.69%,其性能具有金属特性且硬度很高(>800HBW),$R_m=30MPa$,而塑性和冲击韧性几乎为零,故是一个硬而脆的组织,能轻易地刻划玻璃,如果它在铁碳合金中以网状、粗大片状或作为基体出现时,将导致铁碳合金材料脆性增加;如果它在铁碳合金中以细小层片状或球状出现时,将起强化作用。渗碳体在一定条件下可以分解为铁和碳,这种游离的碳大多以石墨形式存在,石墨性软,强度很小,这对铸铁有着重要的意义。室温下钢中的碳大多以渗碳体的形式存在于组织中。

渗碳体不易受硝酸酒精溶液的腐蚀,在显微镜下呈白亮色。它的显微组织形态很多,可呈片状、粒状、网状或板状。渗碳体的大小、形态和分布对钢的性能有很大影响。

一次渗碳体(用 Fe_3C_I 表示):Fe_3C 直接从液体中结晶出来,呈板条状分布。

二次渗碳体(用 Fe_3C_{II} 表示):Fe_3C 从奥氏体中析出,并沿奥氏体晶界呈网状分布。

三次渗碳体(用 Fe_3C_{III} 表示):Fe_3C 从铁素体中析出,并沿铁素体晶界呈薄片状分布。

共晶渗碳体(用 $Fe_3C_{共晶}$ 表示)莱氏体中的渗碳体。

共析渗碳体(用 $Fe_3C_{共析}$ 表示)珠光体中的渗碳体。

上述渗碳体并无本质区别,其含碳量、晶体结构和本身的性质均相同。

4. 珠光体

珠光体是渗碳体和铁素体所组成的机械混合物。常用符号 P 表示。它是共析反应:$A_{0.77} \xrightarrow{727℃} F_{0.0218} + Fe_3C$ 的产物。由于珠光体是由硬的渗碳体片和软的铁素体片相间组成的混合物,故其力学性能介于渗碳体和铁素体之间。它的强度较大,$R_m \leq 750MPa$;硬度

HBW≈180；塑性 $A=20\%\sim35\%$；冲击韧性 $A_K=24\sim32J$。

5. 莱氏体

莱氏体是奥氏体和渗碳体或珠光体和渗碳体所组成的机械混合物，前者只在高温727℃以上存在，故又称为高温莱氏体，用 Ld 表示。它是共晶反应 $L_{4.3} \xrightarrow{1148℃} \Leftrightarrow A_E + Fe_3C$ 的产物。其形态是在渗碳体的基体上分布着短棒状或颗粒状的奥氏体，组织比较致密。后者只在727℃以下存在，故又可称为低温莱氏体，用 Ld' 表示。室温下莱氏体的组织为渗碳体基体上分布着珠光体。

由于莱氏体中含有48%的渗碳体，其性能与渗碳体相似，硬度很高（>700HBW），强度较低，塑性、韧性很差。所以既不能压力加工，也不能进行切削加工，是白口铸铁的基本组织，得不到广泛应用。

铁碳合金的基本组织的力学性能，见表3-3。

表3-3 铁碳合金基本组织的力学性能

名称	符号	综合类型	R_m/MPa	HBW	A/%	A_K/J
铁素体	F	碳在 α-Fe 中的固溶体（体心立方晶格）	250	80～100	45	160
奥氏体	A	碳在 γ-Fe 中的固溶体（面心立方晶格）	400	160～200	40～50	—
渗碳体	Fe_3C	铁和碳的化合物（复杂立方晶格）	30	800		≈0
珠光体	P	铁素体和珠光体的共析体（机械混合物）	750	180		24～32
莱氏体	Ld	渗碳体和奥氏体的共晶体（机械混合物）	—	700		

3.4.3 Fe-Fe₃C 相图分析及应用

碳钢和铸铁是现代工农业生产中使用最广泛的金属材料，都是主要由铁和碳两种元素组成的合金。钢铁的成分不同，则组织和性能不相同，因而它们在实际工程上的应用也不一样。下面将根据铁碳相图及对典型铁碳合金结晶过程的分析，来研究铁碳合金的成分、组织、性能之间的关系。

1. 铁碳相图

铁碳相图是研究钢和铸铁的基础，对于钢铁材料的应用以及热加工和热处理工艺的制定也具有重要的指导意义。相图的组元为 Fe 和 Fe_3C。$Fe-Fe_3C$ 相图中如图 3.20 所示，各点的温度、碳含量及含义见表3-4铁碳合金相图中各特征点的说明。代表符号属通用，不要随意改变。

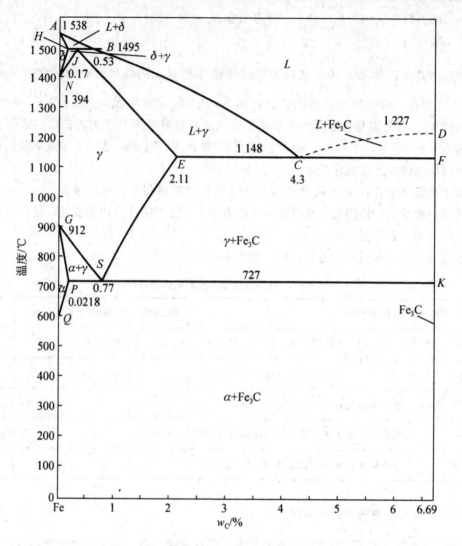

图 3.20 Fe-Fe$_3$C 相图

表 3-4 铁碳合金相图中各特征点的说明

符号	温度/℃	碳含量/%	含 义
A	1538	0	纯铁的熔点
B	1495	0.53	包晶转变是合金熔体的成分
C	1148	4.30	共晶点 $L_c \Leftrightarrow A_E + Fe_3C$
D	1227	6.69	Fe$_3$C 的熔点
E	1148	2.11	碳在 γ-Fe 中的最大固溶度
F	1148	6.69	Fe$_3$C 的成分
G	912	0	γ-Fe$\Leftrightarrow$α-Fe 同素异构转变点
H	1495	0.09	碳在 δ-Fe 中的最大固溶度
J	1495	0.17	包晶点 $L_B + \delta H \Leftrightarrow \gamma J$

续表

符号	温度/℃	碳含量/%	含 义
K	727	6.69	渗碳体
N	1394	0	$\delta-Fe \Leftrightarrow \gamma-Fe$ 同素异构转变点
P	727	0.0218	碳在 $\alpha-Fe$ 中的最大固溶度
S	727	0.77	共析点 $\gamma S \Leftrightarrow \alpha P + Fe_3C$
Q	600	0.0057	600℃或（室温）时碳在 $\alpha-Fe$ 中的最大固溶度
Q'	室温	0.0008	

2. 铁碳相图特征线

铁碳相图特征线说明见表 3-5。

表 3-5 铁碳相图的特征线

符 号	说 明
ACD	液相线
AECF	固相线
ECF	共晶线，发生共晶转变 $L_{4.3} \xrightarrow{1148℃} A_E + Fe_3C$
ES	碳在 A 相中的固溶线，通常叫做 A_{cm} 线
PQ	碳在 F 相中的固溶线
GS	合金冷却时自 A 相中开始析出 F 相的临界温度线，通常称 A_3 线
GP	A→F 转变结束温度线
PSK	共析线

3. 相图中的相区

相图中的相区见表 3-6。

表 3-6 铁碳相图的相区

相 区	符 号	说 明
单相区	L	ACD 线以上区域
	A	AESGA 区域
	F	GPQG 区域
	Fe_3C	DFK 垂线
	δ	NHA 区域
两相区	L+A	AECA 区域
	L+Fe_3C	DCFD 区域
	A+Fe_3C	GPSG 区域
	A+F	SKFES 区域
	F+Fe_3C	PSK 线以下区域
三相区	L+A+Fe_3C	ECF（即共晶线）
	A+F+Fe_3C	PSK（即共析线）
	L+δ+A	HJB（即包晶线）

4. 铁碳合金相图的分析

Fe-Fe$_3$C 相图如图 3.20 所示。可以看出，Fe-Fe$_3$C 相图由 3 个基本相图（包晶相图、共晶相图和共析相图）组成。相图中有 5 个基本相：液相 L，高温铁素体相 δ，铁素体相 α，奥氏体相 γ 和渗碳体相 Fe-Fe$_3$C。这 5 个基本相构成 5 个单相区（其中 Fe$_3$C 为一条垂线），并由此形成 7 个两相区：L+δ、L+γ、L+Fe$_3$C、γ+δ、γ+Fe$_3$C、γ+α 和 α+Fe$_3$C。

图中 J、C、S 为三个最重要的点。

J 点为包晶点。合金在平衡结晶过程中冷却到 1495℃时，B 点成分的 L 相与 H 点成分的 δ 相发生包晶反应，生成 J 点成分的 A 相。包晶反应在恒温下进行，反应过程 L、δ、A 三相共存，反应式为

$$L + δ \longrightarrow A$$

C 点为共晶点。合金在平衡结晶过程中冷却到 1148℃时，C 点成分的 L 相发生共晶反应，生成 E 点成分的 A 相和 Fe$_3$C。共晶反应在恒温下进行，反应过程中 L、A、Fe$_3$C 三相共存，共晶反应的产物是奥氏体与渗碳体的共晶混合物，称莱氏体，以符号 Ld 表示，因而共晶反应式可表达为

$$L_{4.3} \xrightarrow{1148℃} A_{\text{?}} + Fe_3C$$

莱氏体中的渗碳体称共晶渗碳体。在显微镜下莱氏体的形态是块状或粒状 A 相（室温时转变成珠光体）分布在渗碳体基体上。

S 点为共析点。合金在平衡结晶过程中冷却到 727℃时，S 点成分的 A 相发生共析反应，生成 P 点成分的 F 相和 Fe$_3$C。共析反应在恒温下进行，反应过程中 A、F、Fe$_3$C 三相共存，反应式为

$$A_{0.77} \xrightarrow{727℃} F_{0.0218} + Fe_3C$$

共析反应的产物是铁素体与渗碳体的共析混合物，称珠光体，以符号 P 表示，因而共析反应可简单表示为

$$A_{0.77} \xrightarrow{727℃} P_{0.77}$$

珠光体中的渗碳体称共析渗碳体。在显微镜下珠光体的形态呈层片状。在放大倍数很高时，可清楚看到相间分布的渗碳体片（窄条）与铁素体片（宽条）。

水平线 HJB 为包晶反应线。碳含量 0.09%~0.53% 的铁碳合金，在平衡结晶过程中均发生包晶反应；水平线 ECF 为共晶反应线，碳含量在 2.11%~6.69% 的铁碳合金，在平衡结晶过程中均发生共晶反应；水平线 PSK 为共析反应线，碳含量 0.0218%~6.69% 的铁碳合金，在平衡结晶过程中均发生共析反应，PSK 线又称 A_1 线。

相图中的 GS 线是合金冷却时自 A 相中开始析出 F 相的临界温度线，通常称 A_3 线。

ES 线是碳在 A 相中的固溶线，通常叫做 A_{cm} 线。由于在 1148℃时 A 相中溶碳量最大可达 2.11%，而在 727℃时仅为 0.77%，因此碳含量大于 0.77% 的铁碳合金自 1148℃冷至 727℃的过程中，将从 A 相中析出 Fe$_3$C。析出的渗碳体称为二次渗碳体（Fe$_3$C$_{II}$）。A_{cm} 线亦为从 A 相中开始析出 Fe$_3$C$_{II}$ 的临界温度线。

PQ 线是碳在 F 相中的固溶线。在 727℃时 F 相中溶碳量最大可达 0.0218%，室温时仅为 0.0008%，所以铁碳合金自 727℃向室温冷却的过程中，将从铁素体中析出渗碳体，

称为三次渗碳体（Fe_3C_{III}）。PQ 线也成为从 F 相中开始析出 Fe_3C_{III} 的临界温度线。Fe_3C_{III} 数量极少，往往予以忽略。

5. 典型铁碳合金的平衡结晶过程

根据 $Fe-Fe_3C$ 相图，铁碳合金可分为三类：工业纯铁、钢和白口铸铁。表 3-7 表示几种典型的碳钢的牌号和含碳量。

表 3-7 几种典型的碳钢的钢号和含碳量

类型	亚共析钢			共析钢	过共析钢	
钢号	20	40	60	T8	T10	T12
含碳量/%	0.20	0.40	0.60	0.77	1.00	1.20

1) 工业纯铁

以碳含量为 0.01% 的铁碳合金为例，如图 3.21 中的合金（1），对其平衡结晶过程分析如下：合金在 1 点以上为液相 L。冷却至稍低于 1 点时，开始从 L 相中结晶出 δ 相，至 2 点合金全部结晶为 δ 相。从 3 点起，δ 相逐渐转变为 A 相，至 4 点全部转变完了。4～5 点间 A 相冷却不变，自 5 点始，从 A 相中析出 F 相。F 相在 A 相晶界处生核并长大，至 6 点时 A 相全部转变为 F 相。在 6～7 点间 F 相冷却不变。在 7～8 点间，从 F 相晶界析出 Fe_3C_{III}。因此合金的室温平衡组织为 $F+Fe_3C_{III}$。F 呈白色块状；Fe_3C_{III} 量极少，呈小白片状分布于 F 相晶界处。F、Fe_3C_{III} 称为组织组成物。组织组成物是指合金组织中那些具有确定本质、一定形成机制的特殊形态的组成部分。组织组成物可以是单相或是两相混合物。若忽略 Fe_3C_{III}，则组织全为 F 相。

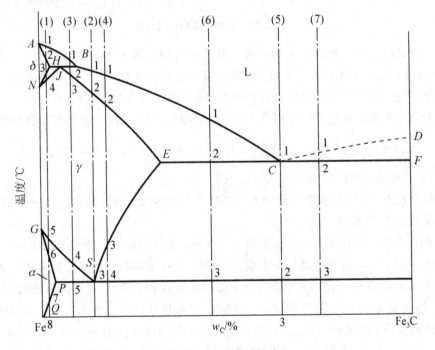

图 3.21 典型铁碳合金

2) 共析钢 [$w_C=0.77\%$]

碳含量 0.77% 的钢为共析钢,如图 3.21 中合金(2)所示,其冷却曲线和平衡结晶过程如图 3.22 所示。

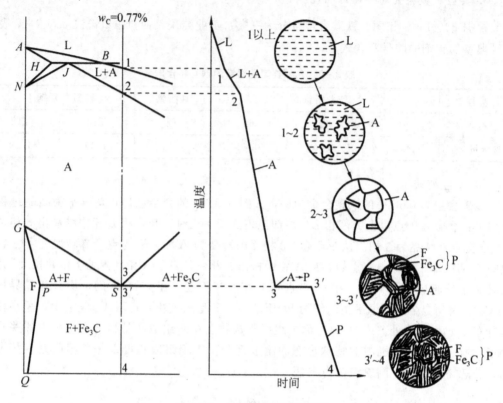

图 3.22 共析钢平衡结晶过程

合金冷却时,于 1 点起从 L 相中析出奥氏体 A 相,至 2 点全部结晶完了。在 2~3 点间 A 相冷却不变。至 3 点时,A 相发生共析反应生成珠光体 P。从 3′ 继续冷却至 4 点,P 都不发生转变。因此,共析钢的室温平衡组织全部为 P(呈层片状)。

共析钢的室温组织组成物全部是 P,而组成相为 F 和 Fe_3C,它们的质量分数为

$$w_\alpha=\frac{6.69-0.77}{6.69-0.0008}\times100\%=88.5\%,\quad w_{Fe_3C}=100\%-88.5\%=11.5\%$$

3) 亚共析钢 [$0.0218\%<w_C<0.77\%$]

以碳含量为 0.4% 的铁碳合金为例,如图 3.21 中合金(3)所示,其冷却曲线和平衡结晶过程如图 3.23 所示。

合金冷却时,从 1 点起自 L 相中结晶出 δ 相,至 2 点时,L 相成分变为 $w_C=0.53\%$,δ 变为 $w_C=0.09\%$,发生包晶反应生成 $A_{0.17}$ 相。反应结束后尚有多余的 L 相。2′ 点以下,自 L 相中不断结晶出 A 相,至 3 点合金全部转变为 A 相。在 3~4 点间 A 相冷却不变,从 4 点起,冷却时由 A 相中析出 F 相,F 相在 A 相晶界处优先生核并长大,而 A 相和 F 相的成分分别沿 GS 线和 GP 线变化。至 5 点时,A 相的成分变为 $w_C=0.77\%$,F 相的成分变为 $w_C=0.0218\%$。此时 A 相发生共析反应,转变为 P,F 相不变化。从 5′ 点继续冷却至 6 点,合金组织不发生变化,因此室温平衡组织为 F+P。F 呈白色块状;P 呈层片状,

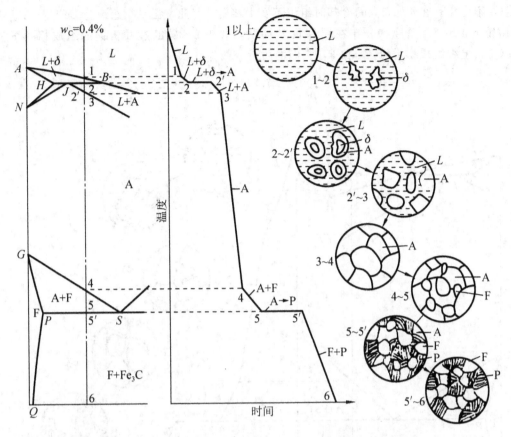

图 3.23 碳含量为 0.45% 的铁碳合金冷却曲线和平衡结晶过程

放大倍数不高时呈黑色块状。碳含量大于 0.6% 的亚共析钢，室温平衡组织中的 F 常呈白色网状，包围在 P 周围。

含碳量为 0.4% 的亚共析钢的组织组成物为 P 和 F，它们的质量分数为

$$w_P = \frac{0.4 - 0.0008}{0.77 - 0.0008} \times 100\% = 51.89\%, \quad w_F = 100\% - 58.89\% = 41.11\%$$

此种钢的组成相为 Fe_3C 和 F，它们的质量分数为

$$w_{Fe_3C} = \frac{0.4 - 0.0008}{6.69 - 0.0008} \times 100\% = 5.97\%, \quad w_{Fe_3C} = 1 - 5.97\% = 94.03\%$$

亚共析钢的碳含量可由其室温平衡组织来估算。若将铁素体 F 中的碳含量忽略不计，则钢中的碳含量全部在珠光体 P 中，因此由钢中珠光体 P 的质量分数可求出钢碳含量：

$$w_C = w_P \times 0.77\%$$

式中，w_C 表示钢的碳含量，w_P 表示钢中 P 的质量分数。由于 P 和 F 的密度相近，钢中 P 和 F 的质量分数可以近似用 P 和 F 的面积百分数来估算。

4) 过共析钢 [$0.77\% < w_C \leq 2.11\%$]

以碳含量为 1.2% 的铁碳合金为例，如图 3.24 中合金（4）所示，其冷却曲线和平衡结晶过程如图 3.24 所示。合金冷却时，从 1 点起自 L 相中结晶出 A 相，至 2 点全部结晶完了。在 2~3 点间 A 相冷却不变，从 3 点起，由 A 相中析出 Fe_3C_{II}，Fe_3C_{II} 呈网状分布在 A 相晶界上。至 4 点时 A 相的碳含量降为 0.77%，4~4'发生共析反应转变为 P，而

Fe_3C_{II} 不变化。在 $4'\sim 5$ 点间冷却时组织不发生转变。因此室温平衡组织为 $Fe_3C_{II}+P$。在显微镜下，Fe_3C_{II} 呈网状分布在层片状 P 周围，含 1.2% 碳的过共析钢的组成相为 F 和 Fe_3C_{II}；组织组成物为 Fe_3C_{II} 和 P，它们的质量分数为

$$w_{Fe_3C_{II}} = \frac{1.2-0.77}{6.69-0.77} \times 100\% = 7.26\%, \quad w_P = 1 - 7.26\% = 92.74\%$$

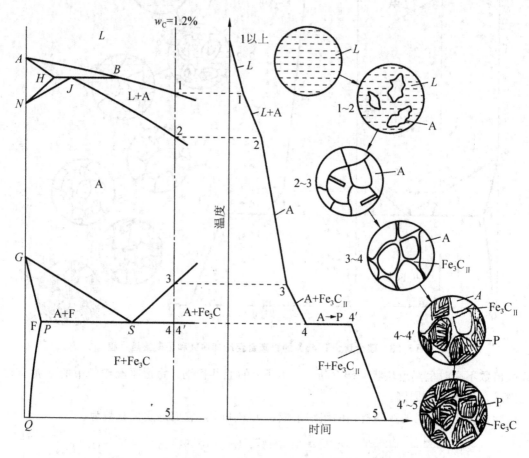

图 3.24 碳含量为 1.2% 的铁碳合金冷却曲线和平衡结晶过程

5) 共晶白口铸铁 [$w_C = 4.3\%$]

图 3.24 中合金（5）为共晶白口铸铁。合金在 1 点发生共晶反应，由 L 相转变为（高温）莱氏体 Ld [即（$A+Fe_3C$）]。1~2 点间，Ld 中的 A 相不断析出 Fe_3C_{II}。Fe_3C_{II} 与共晶 Fe_3C 相连，在显微镜下无法分辨，但此时的莱氏体由 $A+Fe_3C_{II}+Fe_3C$ 组成。由于 Fe_3C 的析出，至 2 点时 A 相的碳含量降为 0.77%，并发生共析反应转变为 P；高温莱氏体 Ld 转变成低温莱氏体 Ld′（$P+Fe_3C_{II}+Fe_3C$）。从 $2'$ 至 3 点组织不变化。所以室温平衡组织仍为 Ld′，由黑色条状或粒状 P 和白色 Fe_3C 基体组成。

共晶白口铸铁的组织组成物全长为 Ld′，而组成相还是 F 和 Fe_3C。

6) 亚共晶白口铸铁 [$2.11\% < w_C < 4.3\%$]

以碳含量为 3% 的铁碳合金为例，如图 3.24 中合金（6）所示。

合金自 1 点起，从 L 相中结晶出初生 A 相，至 2 点时 L 相的成分变为含 4.3%C（A 相的成分变为含 2.11%C），发生共晶反应转变为 Ld，而 A 相不参与反应，在 $2'\sim 3$ 点间

继续冷却时,初生 A 相不断在其晶界上析出 Fe_3C_I,同时 Ld 中的 A 相也析出 Fe_3C。至 3 点温度时,所有 A 相的成分均变为 0.77%碳,初生 A 相发生共析反应转变为 P;高温莱氏体 Ld 也转变为低温莱氏体 Ld′。在 3′点以下到 4 点,冷却不引起转变。因此室温平衡组织为 $P+Fe_3C_{II}+Ld'$。网状 Fe_3C_{II} 分布在粗大块状 P 的周围,Ld 则由条状或粒状 P 和 Fe_3C 基体组成。

亚共晶白口铸铁的组成相为 F 和 Fe_3C;组织组成物为 P、Fe_3C_{II} 和 Ld′。

7) 过共晶白口铸铁 [4.3%<w_C<6.69%]

如图 1.42 中合金(7)所示,过共晶白口铸铁的室温平衡组织为 Fe_3C_I+Ld'。Fe_3C 呈长条状,Ld′的形貌则如前述。

6. 铁碳合金的成分-组织-性能关系

1) 含碳量对铁碳合金平衡组织的影响

按照铁碳相图,铁碳合金在室温下的组织皆由 F 相和 Fe_3C 两相组成,两相的质量分数由杠杆定律确定,可得出铁碳合金的含碳量与缓冷后的相及组织组成物之间的定量关系,如图 3.25 所示。从相的角度看,铁碳合金在室温下只有铁素体和渗碳体两个相,随含碳量增加,渗碳体的量呈线性增加。但是从组织角度看,随含碳量增加,组织中渗碳体不仅数量增加,而且形态也在变化,由分布在铁素体基体内的片状(共析渗碳体)变为分布在奥氏体晶界上的网状(过共析钢中的二次渗碳体),最后形成莱氏体时,渗碳体已作为基体出现。

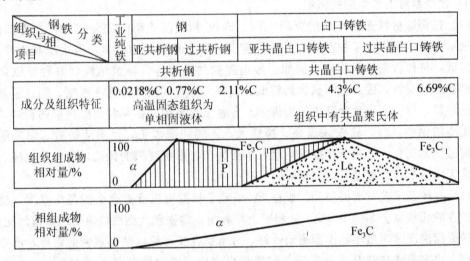

图 3.25 铁碳合金的含碳量与缓冷后的相及组织组成物之间的定量关系

2) 含碳量对力学性能的影响

如前所述,铁素体强度、硬度低,塑性好,而渗碳体则硬而脆。亚共析钢随含碳量增加,珠光体含量增加,由于珠光体的强化作用,钢的强度、硬度升高,塑性、韧性下降,当含碳量为 0.77%时,组织为 100%的珠光体,钢的性能即为珠光体的性能;当含碳量大于 0.9%时,过共析钢中的二次渗碳体在奥氏体晶界上形成连续网状,因而强度下降,但硬度仍直线上升;含碳量大于 2.11%时,由于组织中出现以渗碳体为基的莱氏体,此时因合金太脆而使白口铸铁在工业上很少应用。含碳量对平衡状态下碳钢力学性能的影响如图 3.26 所示。

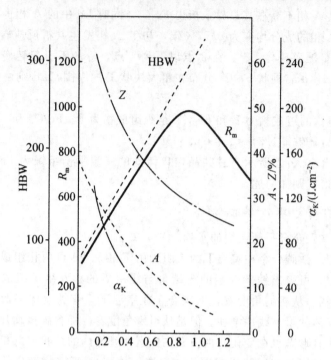

图 3.26　含碳量对平衡状态下碳钢力学性能的影响

3) 含碳量对工艺性能的影响

(1) 在钢铁材料选用方面的应用。Fe-Fe₃C 相图所表明的成分-组织-性能的规律，为钢铁材料的选用提供了根据。纯铁的强度低，不宜用做结构材料，但由于其磁导率高，矫顽力低，可作软磁材料使用，例如，做电磁铁的铁心等。建筑结构和各种型钢需用塑性、韧性好的材料，因此选用碳含量较低的钢材。各种机械零件需要强度、塑性及韧性都较好的材料，应选用碳含量适中的中碳钢。各种工具要用硬度高和耐磨性好的材料，则选碳含量高的钢种。白口铸铁硬度高、脆性大，不能切削加工，也不能锻造，但其耐磨性好，铸造性能优良，适用于作要求耐磨、不受冲击、形状复杂的铸件，例如拔丝模、冷轧辊、货车轮、犁铧、球磨机的磨球等。

(2) 在铸造工艺方面的应用。根据 Fe-Fe₃C 相图可以确定合金的浇注温度。浇注温度一般在液相线以上 50～100℃。从相图上可看出，纯铁和共晶白口铸铁的铸造性能最好，它们的凝固温度区间最小，因而流动性好，分散缩孔少，可以获得致密的铸件，所以铸铁在生产上很多是选在共晶成分附近。在铸钢生产中，碳含量规定在 0.15%～0.6% 之间，因为这个范围内钢的结晶温度区间较小，铸造性能较好。

(3) 在热锻、热轧工艺方面的应用。钢处于奥氏体状态时强度较低，塑性较好，因此锻造或轧制选在单相奥氏体区内进行。一般始锻、始轧温度控制在固相线以下 100～200℃ 范围内。亚共析钢热加工终止温度多控制在 GS 线以上一点，以避免变形时出现大量铁素体，形成带状组织而使韧性降低。过共析钢变形终止温度应控制在 PSK 线以上一点，以便把网状析出的二次渗碳体打碎。终止温度不能太高，否则再结晶后奥氏体晶粒粗大，使热加工后的组织也粗大。一般始锻温度为 1150～1250℃，终锻温度为 750～850℃。

(4) 在热处理工艺方面的应用。Fe-Fe₃C 相图对于制定热处理工艺有着特别重要的意义。

> 应用案例

Fe-Fe₃C 相图的实际应用

1. 为选材提供成分依据

Fe-Fe₃C 相图描述了铁碳合金的平衡组织随碳的质量分数的变化规律，我们又分析了合金的性能和碳的质量分数之间的关系，这就为我们根据零（构）件的性能要求来选择不同成分的铁碳合金打下基础。

若零（构）件要求塑性、韧性好，例如建筑结构和容器等，应选用低碳钢（w_C 为 0.10%～0.25%）；若零（构）件要求强度、塑性、韧性都较好，例如轴等，应选用中碳钢（w_C 为 0.25%～0.60%）；若零（构）件要求硬度高、耐磨性好，例如工具等，应选用高碳钢（w_C 为 0.60%～1.30%）。

白口铸铁具有很高的硬度和脆性，应用很少。但因其具有很高的抗磨损能力，可应用于少数需要耐磨而不受冲击的零件，例如拔丝模、轧辊和球磨机的铁球等。

2. 为制订热加工工艺提供依据

Fe-Fe₃C 相图总结了不同成分的铁碳合金在缓慢冷却时组织随温度的变化规律，这就为制订热加工工艺提供了依据，无论在铸造、锻造、焊接、热处理等方面都具有重要意义。

对铸造来说，根据 Fe-Fe₃C 相图可以找出不同成分的钢或铸铁的熔点，确定铸造温度，如图 3.27 所示；根据相图上液相线和固相线间距离估计铸造性能的好坏，距离越小，铸造性能越好，例如，纯铁、共晶成分或接近共晶成分的铸铁铸造性能比铸钢好。因此，共晶成分的铸铁常用来浇注铸件，其流动性好，分散缩孔小，显微偏析少。

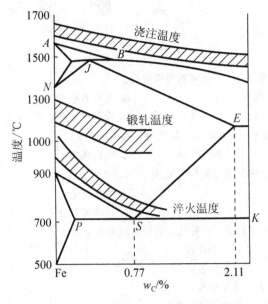

图 3.27 Fe-Fe₃C 相图与铸锻等工艺的关系

对锻造来说，根据相图也可以确定锻造温度。钢处于奥氏体状态时，强度低、塑性高，便于塑性变形。因此锻造或轧制温度必须选择在单相奥氏体区的适当温度范围内。始轧和始锻温度不能过高，以免钢材氧化严重和发生奥氏体晶界熔化（称为过烧）。一般控制在固相线以下 100～200℃。而终轧和终锻温度也不能过高，以免奥氏体晶粒粗大。但又不能过低，以免钢材塑性差，导致产生裂纹。一般对亚共析钢的终轧和终锻温度控制在稍高于 GS 线即 A_3 线；过共析钢控制在稍高于 PSK 线即 A_1 线。实际生产中各种碳钢的始轧和始锻温度为 1150～1250℃，终轧和终锻温度为 750～850℃。

对焊接来说,由焊缝到母材在焊接过程中处于不同温度条件,因而整个焊缝区会出现不同组织,引起性能不均匀,可以根据相图来分析碳钢的焊接组织,并用适当热处理方法来减轻或消除组织不均匀性和焊接应力。

对热处理来说,$Fe-Fe_3C$ 相图更为重要。热处理的加热温度都以相图上的临界点 A_1、A_3、A_{cm} 为依据,这将在第 5 章中详细讨论。

小 结

> 金属材料是目前应用最广泛的工程材料。金属结晶的基本规律是研究金属内部组织转变的基础。结晶过程中形核长大的概念及结晶的规律,在固态相变中具有重要意义。由于合金具有强度高、硬度高、韧性好、耐磨、耐蚀、耐热等优良性能,因此在工程上使用的金属材料绝大多数是合金。二元合金是最简单、最基本的合金。铁碳合金是工业中应用最广泛最重要的工程材料,铁碳相图是研究铁碳合金的成分、相和组织及其性能之间关系的重要工具。本章主要讲述了合金的基本结构及相关强化的概念、成分与性能的关系以及匀晶、共晶和包晶相图分析方法,铁碳合金的基本组织组成物和相组成物的概念、力学性能、组织与性能间的关系以及铁碳相图的应用。

习 题

1. 选择题

(1) 晶体滑移总是沿着( )晶面和晶向进行。
  A. 原子密度最大的   B. 与外力呈 45°的
  C. 任意的   D. 原子密度最小的

(2) 二元合金在发生 $L \rightarrow (\alpha+\beta)$ 共晶转变时,其相组成是( )。
  A. 液相   B. 单一固相   C. 两相共存   D. 三相共存

(3) 二元合金中,铸造性能最好的合金是( )。
  A. 固溶体合金   B. 共晶合金
  C. 共析合金   D. 包晶成分合金

(4) 在固溶体合金结晶过程中,产生枝晶偏析的原因是由于( )。
  A. 液固相线间距很小,冷却缓慢
  B. 液固相线间距很小,冷却速度大
  C. 液固相线间距大,冷却极慢
  D. 液固相线间距大,冷却速度也大

(5) 珠光体是( )。
  A. 固溶体   B. 化合物   C. 机械混合物   D. 金属化合物

(6) $Fe-Fe_3C$ 相图中,GS 线是平衡结晶时( )的开始线。
  A. 奥氏体向珠光体转变   B. 奥氏体向二次渗碳体转变
  C. 奥氏体向铁素体转变   D. 奥氏体向 δ 固溶体转变

(7) 在铁碳合金平衡组织中,硬度最高的是( )。
  A. 铁素体   B. 渗碳体
  C. 低温莱氏体或变态莱氏体   D. 珠光体

(8) 铁素体的力学性能特点是（　　）。
　　A. 强度高、塑性好、硬度低　　　　B. 强度低、塑性差、硬度低
　　C. 强度低、塑性好、硬度低　　　　D. 强度高、塑性差、硬度低
(9) Fe_3C 是铁碳合金中（　　）。
　　A. 最稳定的相　　　　　　　　　　B. 亚稳定的相
　　C. 不稳定的相　　　　　　　　　　D. 没有表示出来
(10) 下列能进行锻造的铁碳合金是（　　）。
　　A. 亚共析钢　　B. 共晶白口铸铁　　C. 亚共晶白口铸铁　　D. 过共析钢

2. 填空题

(1) 结晶过程是依靠两个密切联系的基本过程来实现的，这两个过程是（　　）和（　　）。
(2) 在金属学中，通常将金属从液态过渡为固体晶态的转变称为（　　）；而将金属从一种固体晶态过渡为另一种固体晶态的转变称为（　　）。
(3) 晶体缺陷，按几何特征可分为（　　）、（　　）和（　　）三种类型。
(4) 金属结晶的必要条件是（　　），其结晶过程要进行（　　）和（　　）两个过程。
(5) 固溶体出现枝晶偏析后，可用（　　）加以消除。
(6) 二元合金在进行共晶反应时，其组成是以（　　）相共存。
(7) 单相固溶体合金的力学性能特点是（　　）好，（　　）低，故适宜（　　）加工。
(8) 在 912℃，α-Fe 转变成为 γ-Fe 过程中，其体积将产生（　　），这是由于其晶体结构由（　　）转变成为（　　）造成的。
(9) 碳原子溶入 γ-Fe 形成（　　）固溶体，是（　　）晶格。
(10) 含碳量大于 0.77% 的铁碳合金从 1148℃ 冷至 727℃ 时，将从奥氏体中析出（　　），其分布特征为（　　）。

3. 简答题

(1) 分析纯金属的冷却曲线中出现"平台"的原因。
(2) 金属结晶的基本规律是什么？晶核的形成率和成长速度受到哪些因素的影响？
(3) 什么是固溶强化？造成固溶强化的原因是什么？
(4) 间隙固溶体和间隙相有什么不同？
(5) 何谓金属的同素异构转变？试画出纯铁的结晶冷却曲线和晶体结构变化图。
(6) 简要说明金属结晶的必要条件及结晶过程。
(7) 单晶体和多晶体有何区别？为何单晶体具有各向异性，而多晶体在一般情况下不显示出各向异性？
(8) 过冷度与冷却速度有何关系？它对金属结晶过程有何影响？对铸件晶粒大小有何影响？
(9) 以铁为例说明同素异晶（异构）现象。
(10) 同样形状的两块铁碳合金，其中一块是 15 钢，一块是白口铸铁，用什么简便方法可迅速区分它们？

4. 实例分析题

画出 $Fe-Fe_3C$ 相图，估计一室温平衡组织为铁素体＋珠光体（其中珠光体占 77%）优质钢的钢号。用冷却曲线来表示该钢的平衡结晶过程，并且在该钢冷却曲线上标出各阶段的组织。

第4章 金属的塑性变形与再结晶

> **教学目标**
> 1. 熟悉金属材料发生冷塑性变形的机理。
> 2. 掌握冷塑性变形对金属组织和性能的影响。
> 3. 掌握冷塑性变形金属在加热过程中组织和性能的变化。
> 4. 了解金属冷热加工的区别以及热加工对金属组织和性能的影响。

> **教学要求**

能力目标	知识要点	权重	自测分数
理解金属发生塑性变形的机理 掌握金属强化的方法和机理	滑移和孪生、细晶强化、固溶强化、弥散强化	20%	
掌握塑性变形后金属组织和性能的变化 了解内应力对金属材料性能的影响	形变织构、加工硬化、残余内应力	30%	
掌握加热过程中冷塑性变形金属组织和性能的变化 掌握再结晶晶粒大小的影响因素	回复、再结晶、再结晶温度、再结晶晶粒度	40%	
了解金属冷、热加工的概念 熟悉热加工对金属组织和性能的影响	热加工、冷加工、纤维组织	10%	

> **引例**
>
> 研究材料的形变行为十分重要。零件在制备过程中,有时是直接利用塑性变形来对材料进行加工成形的(如锻造、轧制、拉拔等),有时还力求在加工过程中尽可能小的产生塑性变形(如切削加工等)。而对于已制成零件在使用过程中,则要求零件在许用应力范围内不产生塑性变形,否则,零件就会报废。
>
> 材料发生变形后,不仅其外形和尺寸发生变化,其内部组织结构及其性能也发生了变化,比如在日常生活中,我们在用手反复弯折退火钢丝时,会感到越弯越硬,最后钢丝会断裂。为什么会出现这种现象呢?

4.1 金属的塑性变形

工业上应用的金属材料大多是多晶体。多晶体的变形是与其中各个晶粒的变形行为密切相关的。因此,首先研究金属单晶体的变形,能使我们掌握多晶体变形基本过程的实质,有助于进一步理解多晶体的变形。

金属受力时,外力 F 在任何晶面上都可以分解为正应力 σ 和切应力 τ。正应力只能引起弹性变形和解理断裂,只有在切应力的作用下,金属晶体才能发生塑性变形,如图 4.1 所示。

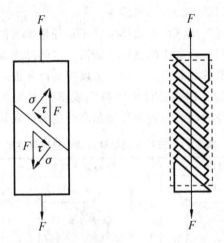

图 4.1 金属晶体的拉伸变形

晶体的塑性变形主要有滑移、孪生两种形式,其中滑移是最常见、最主要的变形方式,这是本章讨论的重点,对于孪生只做一般性介绍。

4.1.1 单晶体金属的塑性变形

1. 滑移

取金属单晶体试样,表面经磨制抛光后进行拉伸。当试样达到一定量的塑性变形后,在显微镜下观察,可以在金属表面看到许多相互平行的线条,称为滑移带,如图 4.2 所示。进一步用高倍电子显微镜观察,会发现每条滑移带是由许多聚集在一起的相互平行的滑移线组成,这些滑移线实际上是在塑性变形后在晶体表面产生的一个个小台阶,其高度大约为 1000 个原子间距,滑移线间的间距约为 100 个原子间距,如图 4.3 所示。相互靠近的一组小台阶在宏观上的反映是一个大台阶,这就是滑移带。用 X 射线对变形前后的晶体进行结构分析,会发现晶体结构在变形前后未发生改变。这就说明,晶体的塑性变形是晶体的一部分相对于另一部分沿着某些晶面和晶向发生滑动的结果,这种变形方式称为滑移。

图 4.2 铜拉伸试样表面的滑移带

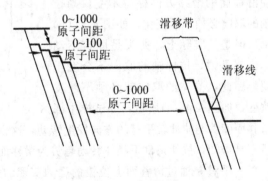

图 4.3 滑移带示意

滑移变形有如下特点：
(1) 滑移只能在切应力的作用下发生，产生滑移的最小切应力称为临界切应力。
(2) 滑移总是沿着特定的晶面和晶向发生。

在塑性变形试样中出现的滑移线和滑移带并不是任意排列的，它们彼此之间或者平行或者成一定的角度，这表明，金属中的滑移只能沿一定的晶面和晶向进行。这些特定的晶面和晶向分别称为金属的滑移面和滑移方向。金属中的滑移面一般总是晶体的密排面，滑移方向也总是密排方向。这是因为晶体中密排面或密排方向之间间距最大，其结合力最弱，滑移的阻力最小，最易滑动。三种典型金属晶格的滑移系如表4-1所示。

表4-1 三种常见晶体结构金属的滑移系

晶体结构	体心立方结构	面心立方结构	密排六方结构
滑移面	{110}	{111}	{0001}
滑移方向	{111}	{110}	{1̄1̄20}
滑移系数目	6×2=12	4×3=12	1×3=3

一个滑移面和其上的一个滑移方向构成一个滑移系。滑移系越多，金属发生滑移的可能性越大，塑性也越好。相比较来讲，滑移方向对塑性的贡献比滑移面大。因而面心立方晶格金属的塑性好于体心立方晶格金属，体心立方晶格金属塑性好于密排六方晶格金属。

(3) 滑移时，晶体两部分的相对位移量是原子间距的整数倍。
(4) 滑移的同时伴随着晶体的转动。

随着滑移的进行，金属晶体会产生转动，从而导致晶体的空间取向也发生变化。此现象对于只有一组滑移面的密排六方晶格结构的金属尤为显著。如图4.4所示，当晶体在拉伸力 F 的作用下产生滑移时，假若不受夹头的限制，欲使滑移面的滑移方向保持不变，则拉伸轴的取向必须不断变化，如图4.4(b)所示。但是，实际上，夹头是固定不动的，也就是说，拉伸轴的取向不会发生改变。因此，晶体的取向就必须不断发生改变，如图4.4(c)所示，即试样中部

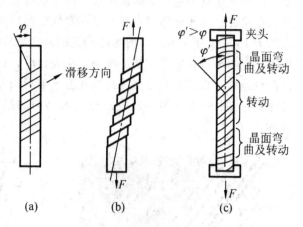

图4.4 滑移时晶体的转动

的滑移面朝着与拉伸轴平行的方向发生转动，这也将造成晶体位向的改变。通过简单的力学分析不难得知，拉伸条件下晶体转动趋势为滑移面转向平行于拉力轴的方向。

(5) 滑移是通过滑移面上位错的运动实现的。

计算表明，把滑移设想为刚性整体滑动所需要的理论临界切应力值 τ_0 比实际测得的临界切应力值 τ_K 大3~4个数量级。而按照位错理论运动模型计算所得的临界切应力值与

实测值相符，例如，对于铜，其理论计算的 $\tau_K \approx 1500 \text{MPa}$，实际测出的 $\tau_K \approx 0.98 \text{MPa}$。大量的实验表明，晶体的滑移是通过位错的运动来实现的，正是由于晶体中存在位错这种线缺陷及它的易动性，导致了材料的实际强度与理论强度之间的巨大差别。如图 4.5 所示为一刃型位错在切应力作用下在滑移面上运动的过程，即通过一根位错线从滑移面的一侧到另一侧的运动造成一个原子间距滑移量的过程。也就是说，晶体在滑移时并不是滑移面上的全部原子一起移动，而是位错移动一个原子间距，但位错中心附近的少数原子只做远小于一个原子间距的偏移，而晶体其他区域的原子仍处于正常位置。显然，这样的位错运动只需要一个很小的切应力就可实现，这就是实际滑移的 τ_k 比理论计算的低很多的原因。

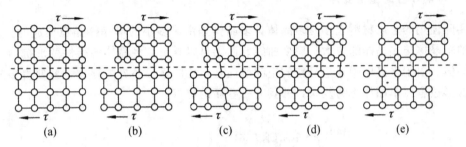

图 4.5 位错运动中的原子位移

2. 孪生

孪生是金属塑性变形的另一种重要方式。在某些情况下，晶体不易滑移，而借助于孪生产生塑性变形。例如，锌、镁等密排六方结构金属由于滑移系少，常借助于孪生方式变形。孪生是指晶体的一部分沿一定的晶面和晶向相对于另一部分发生的切变。发生切变的部分称为孪生带或孪晶，沿其发生孪生的晶面称为孪生面，晶向称为孪生方向。孪生的结果是使孪生面两侧的晶体呈镜面对称，如图 4.6 所示。

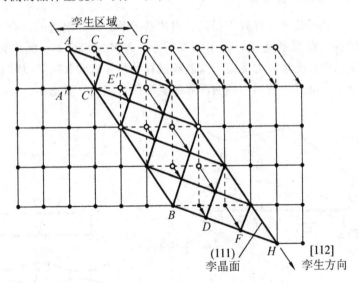

图 4.6 孪生变形示意图

孪生与滑移的差别在于以下几点：
(1) 孪生使一部分晶体发生了均匀的切变，而不像滑移那样只集中在滑移面进行。

(2) 孪生后晶体变形部分的位向发生了变化，而滑移后晶体各部分的位向并未改变。
(3) 孪生所需的切应力比滑移所需的大得多。
(4) 孪生时，相邻原子面的相对位移量小于一个原子间距。
(5) 孪生对塑性变形的贡献比滑移小得多。

在常见的晶格类型中，密排六方晶格金属滑移系少，常以孪生的方式变形。体心立方晶格金属只有在低温或冲击作用下才发生孪生变形。面心立方晶格金属一般不发生孪生变形，但这类金属在相变过程中由于原子重新排列时发生错排会产生孪晶，这种孪晶称为退火孪晶。

4.1.2 多晶体金属塑性变形

实际使用的金属材料大多是多晶体，多晶体是由许多小的单晶体晶粒构成的。图 4.7 为锌的单晶体与多晶体的应力—应变曲线。由图可以看出，多晶体的塑性变形抗力明显高于单晶体。由于多晶体中各个晶粒的空间取向互不相同以及晶界的存在，就使得多晶体的塑性变形过程比单晶体更为复杂，并具有一些新的特点。

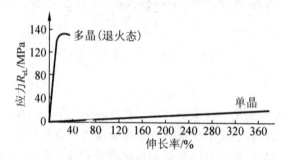

图 4.7 锌单晶体与多晶体的应力-应变

1. 晶界及晶粒位差的影响

在多晶体中，晶界处原子排列不规则，当位错运动到晶界附近时，会受到晶界的阻碍而堆积起来，这称为位错的塞积，如图 4.8 所示。若要继续变形，则必须增加外力，可见，晶界使金属的塑性变形抗力提高。双晶粒试样的拉伸试验表明，试样往往如图 4.9 所示呈竹节状，试样在晶界处较粗，说明晶界的变形抗力较大、变形小。

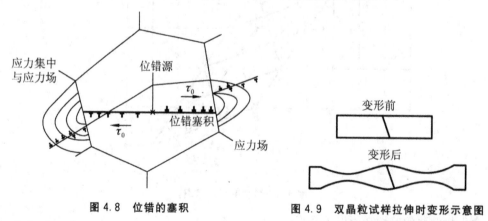

图 4.8 位错的塞积　　　　图 4.9 双晶粒试样拉伸时变形示意图

在多晶体中，由于各个晶粒的位向不同，在一定外力作用下，不同晶粒的各滑移系的分切应力值相差很大，因此，各个晶粒不是同时发生塑性变形的。处于分切应力大的位向上的晶粒，其滑移方向上的分切应力会先达到临界分切应力，开始产生滑移。但其周围处于分切应力小的位向上的晶粒滑移系中的分切应力尚未达到临界值，就不能产生滑移。由此，当一个晶粒发生塑性变形时，为了保持金属的连续性，周围的晶粒若不能发生塑性变形，则必须以弹性变形来与之协调。这种弹性变形便成为塑性变形晶粒的变形阻力。由于晶粒间的这种相互约束，使得多晶体金属的塑性变形抗力显著提高。

2. 晶粒大小对金属塑性变形的影响

金属的晶粒越细，晶界总面积越大，则位错的障碍越多，需要协调的具有不同位向的晶粒越多，金属的塑性变形抗力越大，从而导致金属的强度和硬度越高。

另一方面，金属的晶粒越细，单位体积内晶粒数目越多，同时参与变形的晶粒数目也越多，变形越均匀，相对来说，因应力集中引起开裂的机会也较少，这就有可能在断裂之前承受较大的塑性变形量。在强度和塑性同时增加的前提下，金属在断裂前消耗的功越大，因而其韧性也比较好。

通过细化晶粒可以同时提高金属的强度、硬度、塑性和韧性，这种方法称为细晶强化，这是金属的重要强化手段之一。

4.1.3 合金的塑性变形

合金按照组织的不同可以分为单相固溶体和多相混合物两种。由于合金元素的存在，使得合金的塑性变形过程和纯金属明显不同。

1. 单相固溶体合金的塑性变形

单相固溶体合金的组织和纯金属的类似，因而其塑性变形过程也与多晶体金属类似。但是由于合金中溶质原子的存在，使得合金的晶格类型发生畸变，阻碍了位错的迁移运动，因而使得固溶体合金的强度、硬度提高，塑性、韧性下降，这种现象称为固溶强化。

固溶强化是溶质原子与位错相互作用的结果。溶质原子不仅使得合金的晶格发生畸变，而且容易被吸附到位错附近，形成"柯氏气团"，这样就会对位错起到钉扎作用，阻碍了位错的进一步迁移运动，从而使得金属的变形抗力提高。

2. 多相混合物合金的塑性变形

当合金的组织由多相混合物组成时，合金的塑性变形除了与合金基体的性质有关以外，还与第二相的性质、形态、大小、数量和分布状态有关。第二相可以是纯金属，也可以是固溶体或化合物，工业合金中的第二相多是金属化合物。

当第二相在晶界上呈网状分布时，对合金的强度和塑性都不利，例如过共析钢中的二次渗碳体。当第二相在晶粒内呈片状分布时，则可以提高合金的强度和硬度，但是会降低塑性和韧性，例如珠光体中片层相间分布的共析渗碳体。当第二相在晶粒内呈颗粒状弥散分布时，虽然会使合金的塑性、韧性略微下降，但是会使得强度、硬度显著提高，而且第二相颗粒越细，分布越均匀，合金的强度、硬度越高，这种现象称为弥散强化或者沉淀强化。

产生弥散强化的原因，主要是由于硬的第二相颗粒不容易被迁移或切变，阻碍了位错的运动，从而提高了合金的变形抗力。

4.2 冷塑性变形对金属组织和性能的影响

金属塑性变形时,在改变其外形尺寸的同时,其内部组织、结构以及各种性能均发生变化。

4.2.1 塑性变形对金属组织结构的影响

多晶体金属经塑性变形后,除了在晶内出现滑移带和孪晶等组织特征外,还具有下述的变化。

(1)显微组织的变化。金属经塑性变形后,显微组织发生明显的改变。随着金属外形的变化,其内部晶粒的形状也会发生相应的变化。如在轧制时,随着变形量的增加,原来的等轴晶粒沿延伸方向逐渐伸长,晶粒由多边形变为扁平形或长条形。变形量越大,晶粒伸长的程度也显著。

当变形量很大时,晶界变得模糊不清,各晶粒难以分辨,而呈现出一片如纤维状的条纹,通常称之为纤维组织,如图 4.10 所示,纤维的分布方向即金属变形时伸展的方向。纤维组织使金属的性能具有明显的方向性,其纵向的强度和塑性高于横向。

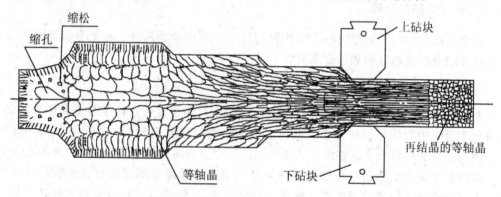

图 4.10 碳钢冷塑性变形后的纤维组织

(2)亚结构细化。铸态金属中亚结构的直径约为 10^{-2} cm,经冷塑性变形后,亚结构的直径将细化至 $10^{-4} \sim 10^{-6}$ cm。亚结构的细化对滑移过程的进行有着巨大的阻碍作用,可使金属的变形抗力显著提高。

(3)变形织构。在塑性变形过程中,随着变形程度的增加,各个晶粒的滑移面和滑移方向逐渐向外力方向转动。当变形量很大时,各晶粒的取向会大致趋于一致,从而破坏了多晶体中各晶粒取向的无序性,这一现象称为晶粒的择优取向,变形金属中的这种组织状态则称为变形织构。

随加工变形方式的不同,变形织构主要有两种类型:一种是拉拔时形成的织构称为丝织构,其主要特征是各个晶粒的某一晶向大致与拉拔方向平行,如图 4.11 所示;另一种是轧制时形成的织构称为板织构,其主要特征是各个晶粒的某一晶面与轧制平面平行,而某一晶向与轧制时的主变形方向平行,如图 4.12 所示。

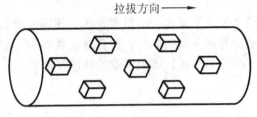
图 4.11　丝织构

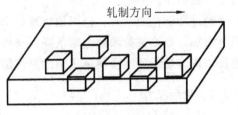
图 4.12　板织构

在大多数情况下，由于变形织构所造成的金属材料的各向异性是有害的，它使金属材料在冷变形过程中的变形量分布不均，例如当使用有织构的板材冲压工件时，将会因板材各个方向的变形能力不同，使加工出来的工件边缘不齐、厚薄不均，即产生所谓的"制耳"现象，如图4.13所示。但在某些情况下，织构的存在却是有利的。例如变压器铁心用的硅钢片，沿（1，0，0）方向最易磁化，因此，当采用具有这种织构的硅钢片制作电机、电器时，就可以减少铁损，提高设备效率，减轻设备重量，并节约钢材。

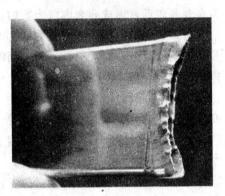
图 4.13　制耳

4.2.2　塑性变形对金属性能的影响

在塑性变形过程中，随着金属内部组织的变化，金属的力学性能也将产生显著的变化。随着变形程度的增加，金属的强度、硬度显著升高，而塑性、韧性显著下降，这一现象称为加工硬化。

产生加工硬化的原因是：

（1）金属内部存在位错源，变形时发生了位错增殖，随变形量增加，位错密度增加。由于位错之间的堆积、缠结等交互作用，使得金属的变形抗力增加。

（2）随变形量的增加，亚结构细化，亚晶界对位错运动有阻碍作用。

（3）随变形量增加，空位密度增加。

加工硬化现象在金属材料的生产过程中有一定的实际意义。利用加工硬化的方法可以提高金属材料的强度。对于一些不能用热处理方法来强化的金属，如铝、铜等，采用加工硬化的方法来提高其强度尤为重要。加工硬化对于金属的冷塑性变形过程也很重要。由于加工硬化的存在，使已经变形部分发生硬化而停止变形，而未变形部分开始变形。因此，没有加工硬化，金属就不会发生均匀的塑性变形。如冷拔高强度钢丝就是利用冷加工变形产生的加工硬化来提高钢丝的强度的。加工硬化也是某些压力加工工艺能够实现的重要因素。如冷拉钢丝拉过模孔的部分，由于发生了加工硬化，不再继续变形而使变形转移到尚未拉过模孔的部分，这样钢丝才可以继续通过模孔而成形。

但是，加工硬化也会给金属材料的生产和使用带来不利的影响，它使金属在塑性变形过程中变形抗力逐渐增加，以致丧失继续变形的能力。为了消除加工硬化，使金属重新恢复变形的能力，必须对其进行退火处理，这样就不仅增加了金属制品的生产成本，而且延长了产品的生产周期。

经过冷塑性变形后，金属的物理化学性能也发生了变化。冷塑性变形会使得金属的电阻率增加，导热系数和磁导率下降。塑性变形能提高金属的内能，使化学活性提高，腐蚀速度加快。塑性变形会使金属中的晶体缺陷（位错和空位）增加，使扩散速度增加。

4.2.3 残余应力

金属在塑性变形时，外力所做的功大部分转化成热能，但尚有一小部分（约10%）保留在金属内部，形成残余内应力，内应力分为3种。

（1）第一类内应力（宏观内应力）。它是由于物体各部分的不均匀变形所引起的，它是整个物体范围内处于平衡的力，当除去它的一部分后，这种力的平衡就遭到了破坏，物体就会产生变形。

（2）第二类内应力（微观内应力）。它是金属经冷塑性变形后，由于晶粒或者亚晶粒变形不均匀所引起来的，它是在晶粒或亚晶粒范围内平衡的力。此应力在某些局部位置可达很大，以致工件在不大的外力作用下产生裂纹，甚至导致断裂。

（3）第三类内应力（点阵畸变）。塑性变形使得金属内部产生大量的位错和空位，使点阵中的一部分原子偏离其平衡位置，造成点阵畸变。这种点阵畸变产生的内应力作用范围更小，只在晶界、滑移面等的附近不多的原子群范围内维持平衡，它使金属的硬度、强度上升，而塑性和耐腐蚀性能下降。

残余内应力的存在对金属材料的性能是有害的，它导致金属材料的变形、开裂和产生应力腐蚀。因此，金属在冷塑性变形后，通常要进行退火处理，以消除或降低内应力。

4.3 冷塑性变形后金属在加热时组织和性能的变化

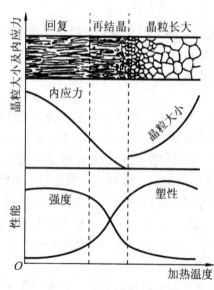

图4.14 冷塑性变形金属的组织和性能随温度变化示意

金属在塑性变形时所消耗的功，绝大部分转变成热能而散发掉，只有一小部分能量以弹性应变和增加金属中晶体缺陷（主要是位错和空位）的形式储存起来。形变温度越低，形变量越大，则储存能越高。由于储存能的存在，使塑性变形后的金属材料的自由能升高，在热力学上处于不稳定的亚稳状态，它具有向形变前的稳定状态转化的趋势。但在常温下，原子的活动能力很小，使形变金属的亚稳状态可以维持很长的时间而不发生明显的变化。如果温度升高，原子有了足够高的活动能力，那么，形变金属就能由亚稳状态向稳定状态转变，从而引起一系列的组织和性能变化。随温度逐渐升高，形变金属将依次发生回复、再结晶和晶粒长大三个阶段的变化。塑性变形金属加热时组织与性能的变化如图4.14所示。

1. 回复

回复是指经冷塑性变形后的金属在加热时,尚未发生光学显微变化前(即再结晶之前)的微观结构变化过程。

在回复阶段,当加热温度较低时,原子的活动能力较低,主要局限于点缺陷通过空位迁移至晶界、位错或与间隙原子结合而消失,使得冷变形时增加的过饱和空位浓度不断下降。随温度慢慢升高,原子的活动能力增强,除点缺陷运动外,位错也被激活,在内应力的作用下重新发生滑移,那么,处于同一滑移面上的异号位错就可能相遇而抵消掉,使位错密度下降。当加热温度较高时,位错可被充分激活,不但能发生滑移,而且同一滑移面上的同号刃型位错可以发生攀移运动,沿垂直于滑移面的方向运动至另一平行的滑移面上,并沿攀移后所在的滑移面滑移,最终使这些原在同一滑移面并排排列的同号位错变为处于各不同滑移面上的竖直排列方式。这种刃型位错通过攀移和滑移构成竖直排列的方式,通常称为位错墙,形成位错墙的过程称为多边化,如图 4.15 所示。

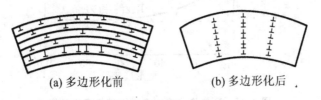

(a) 多边形化前　　(b) 多边形化后

图 4.15　位错的多边形化

在回复阶段,金属的强度、硬度略有下降,塑性略有提高,但内应力、电阻率显著下降。

2. 再结晶

再结晶是指经冷塑性变形的金属被加热到较高的温度时,由于原子的活动能力增大,晶粒的形状开始发生变化,由破碎拉长的晶粒转变为完整的等轴晶粒。和回复不同,再结晶是一个光学显微组织彻底改组的过程,因而,在性能方面相对于回复,也发生了显著变化。再结晶也是一个晶核形成和长大的过程,但不是相变过程,再结晶前后新、旧晶粒的晶格类型和成分完全相同。再结晶通常是在变形金属中能量较高的局部区域如晶界、亚晶界等处优先形核的。

由于再结晶后金属的组织恢复到变形前的状态,因而加工硬化现象消失,金属的强度、硬度明显下降,塑性、韧性显著提高,如图 4.14 所示。

3. 再结晶后的晶粒长大

随着加热温度的升高和加热时间的延长,新形成的晶核将逐渐长大,这是一个自发的过程。再结晶晶粒的长大是通过晶界迁移完成的,是大晶粒吞并小晶粒的过程。

4. 再结晶温度以及影响因素

再结晶晶核的形成与长大都需要原子的扩散,因此必须将冷变形金属加热到一定温度以上,足以激活原子,使其能进行迁移扩散,再结晶过程才能进行。通常把再结晶温度定义为经过严重冷塑性变形(变形度70%以上)的金属,在大约1h的保温时间内能够完成再结晶(95%以上的转变量)的温度即为再结晶温度。

但是,再结晶温度不是一个恒定的温度,而是随条件的不同,再结晶温度可以在一个较宽的范围内变化。影响再结晶温度的因素如下:

(1) 金属的预先变形程度。金属的预先变形程度越大,再结晶温度越低。这是由于金属变形度越大,组织越不稳定,加热时越易发生再结晶。但当变形度达到一定值后,再结晶温度趋于某一最低值,该温度称为最低再结晶温度,如图 4.16 所示。

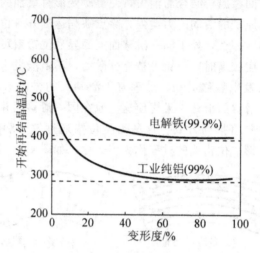

图 4.16 预先变形度对金属再结晶温度的影响

试验表明,纯金属的最低再结晶温度与其熔点之间存在如下近似关系:

$$T_{再} \approx 0.4 T_{熔}$$

式中单位为绝对温度(单位 K),例如,纯铁的熔点为 1538℃,则纯铁的最低再结晶温度约为

$$T_{再} \approx 0.4 \times (1538+273) \text{ K} \approx 724\text{K},\text{即 } 451℃。$$

(2) 金属的纯度。金属中含有的杂质或合金元素,特别是高熔点元素会趋向于在位错、晶界处偏聚,阻碍位错的运动和晶界的迁移,因而会使得金属的再结晶温度提高。

(3) 加热速度和保温时间。提高加热速度会使再结晶推迟到较高的温度发生;而延长保温时间,则会使得原子有充分的时间进行扩散,从而使得再结晶温度降低。

5. 再结晶退火后晶粒大小的控制

在工业生产中,把消除加工硬化所进行的热处理称为再结晶退火。再结晶退火温度通常比再结晶温度高 100~200℃。

由于晶粒大小对金属的力学性能具有重要影响,因此,生产上非常重视再结晶退火后晶粒的大小。影响再结晶晶粒大小的因素有如下几个:

(1) 预先变形程度。预先变形程度对金属再结晶晶粒大小的影响如图 4.17 所示。由图可见,当预先变形程度很小时,金属材料的晶粒仍保持原状。这是由于变形度小,晶格畸变小,不足以引起再结晶,所以晶粒大小没有变化。当变形度为 2%~10% 时,再结晶后晶粒变得特别粗大。这是由于此时变形程度不均匀,金属中只有部分晶粒变形,再结晶时晶粒大小相差悬殊,容易互相吞并长大,使得再结晶后晶粒特别粗大。这个变形度称为临界变形度,生产中应注意避开在临界变形度下的加工。

超过临界变形度后,变形程度越大,再结晶后晶粒越细小,这是由于变形度大,变形均匀,再结晶时形核多且均匀,使得新长成的晶粒细且均匀。

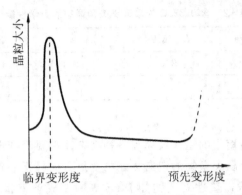

图 4.17 预先变形程度对金属再结晶晶粒大小的影响

对于某些金属，当变形量很大（>90%）时，再结晶后晶粒又会变得十分粗大，一般认为与形变织构有关。

(2) 加热温度和保温时间。加热温度越高，保温时间越长，金属再结晶的晶粒越大。

(3) 合金元素及杂质。溶于金属中的合金元素及杂质，可以阻碍晶界的运动，一般起细化晶粒的作用。

4.4 金属的热加工

在工业生产中，热加工通常是指将金属材料加热至高温进行锻造、热轧等压力加工过程，除了一些铸件和烧结件之外，几乎所有的金属材料都要进行热加工。

1. 金属的热加工与冷加工的区别

从金属学的角度来看，所谓的热加工是指在再结晶温度以上的加工过程，在再结晶温度以下的加工过程称为冷加工。例如，Pb 的再结晶温度为 -33℃，则其在室温下的加工为热加工。钨的再结晶温度为 1200℃，因此，即使在 1000℃时拉制钨丝也是冷加工。

如前所述，只要有塑性变形，就会产生加工硬化现象，而只要有加工硬化，在加热时就会发生回复和再结晶。由于热加工是在高于再结晶温度以上的塑性变形过程，所以因塑性变形引起的硬化过程和回复再结晶引起的软化过程几乎同时存在。由此可见，在热加工过程中，在金属内部同时进行着加工硬化和回复再结晶软化两个相反的过程。热加工时产生的硬化很快被再结晶产生的软化所抵消，因而，金属的热加工不会带来加工硬化效果。

2. 热加工对金属组织和性能的影响

1) 改善铸锭组织

通过热加工，可以使铸锭中的组织缺陷得到明显改善，如气泡焊合，缩松压实，使金属材料的致密度增加，性能增强，如表 4-2 所示。铸态时粗大的柱状晶通过热加工后一般都能变细，某些合金钢中的大块碳化物初晶可以被打碎并较均匀的分布。由于在温度和压力的作用下，扩散速度增快，因而热加工可以部分的消除偏析，使金属的成分比较均匀。

表 4-2 含 0.3%C 的碳钢铸态和锻态的力学性能比较

状态	R_m/MPa	R_{eL}/MPa	A/%	Z/%	A_K/J/cm²
铸态	500	280	15	27	35
锻态	530	310	20	45	70

2）纤维组织

在热加工过程中，铸锭中的粗大枝晶和各种夹杂物都要沿变形方向被拉长，这样就使枝晶间富集的杂质和非金属夹杂物的走向逐渐与变形方向趋于一致，一些脆性杂质如氧化物、碳化物等破碎成链状，塑性夹杂物如 MnS 等则变成条带状、线状或片层状。由此，就在宏观试样上沿着变形方向变成一条条细线，这就是热加工钢中的流线。由一条条流线勾画出来的组织称为纤维组织。

纤维组织的出现，将使钢的力学性能呈现各向异性，沿着流线的方向具有较高的力学性能，垂直于流线方向的性能较低。为此，在制定工件的热加工工艺时，必须合理的控制流线的分布状态，尽量使流线与最大应力方向保持一致。对所受应力状态比较简单的零件，如曲轴、吊钩等，应尽量使流线分布形态与零件的几何外形保持一致。

如图 4.18（a）所示的锻造曲轴，其流线分布合理；而图 4.18（b）所示的曲轴是由锻钢切削加工而成的，其流线分布不合理，在使用过程中容易在轴肩处发生断裂。目前我国广泛采用的"全纤维锻造工艺"生产的高速曲轴，流线与曲轴外形完全一致，其抗疲劳性能比机械加工的曲轴高 30% 以上。

3）带状组织

复相合金中的各个相，在热加工时沿着变形方向交替的呈带状分布，这种组织称为带状组织。如图 4.19 所示为热加工亚共析钢时发现的铁素体和珠光体带状组织。带状组织与枝晶偏析被沿加工方向拉长有关，它的存在将降低钢的强度、塑性和冲击韧性。一般可以通过多次正火或扩散退火来消除带状组织。

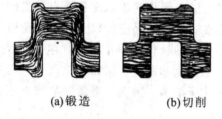

(a)锻造   (b)切削

图 4.18 曲轴中的流线分布

图 4.19 钢中的带状组织

4）晶粒大小

正常的热加工一般可使晶粒细化。但是晶粒能否细化取决于变形量、热加工温度尤其是热锻（轧）温度以及随后的冷却速度等因素。一般认为，增大变形量，有利于获得细小的晶粒。但注意不要在临界变形范围内加工，否则将会得到粗大的晶粒组织。变形度不均匀，热加工后的晶粒大小也不均匀。终锻（轧）温度如超过再结晶温度很多，且随后的冷却较慢，也会造成晶粒粗大。若终锻（轧）温度过低，又会造成加工硬化和残余内应力。因此，对于无相变的合金或者加工后不再进行热处理的钢件，应对热加工过程，特别是终锻（轧）温度、变形量和加工后的冷却等因素认真进行控制，以获得细小均匀的晶粒，提高材料的性能。

实例分析

图 4.20 所示是用不同成形工艺齿轮的流线分布，图 4.20（a）所示是用棒料直接切削加工成形的齿轮，齿根处的切应力平行于流线方向，性能最差，寿命最短；图 4.20（b）所示是扁钢经切削加工的齿轮，齿 1 的根部切应力与流线方向垂直，强度高，齿 2 情况正好相反，性能差，寿命短；图 4.20（c）所示是棒料镦粗后在经切削加工而成，流线呈径向放射状，各齿的切应力均与流线近似垂直，强度与寿命较高；图 4.20（d）所示是热轧成形齿轮，流线完整且与齿廓一致，流线未切断，强度最高，寿命最长。

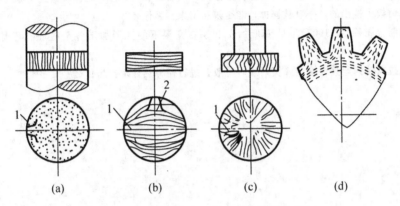

图 4.20　不同成形工艺齿轮的流线分布

小　　结

金属材料可以在外力作用下变形而不破坏，因此有优良的压力加工成形性能。本章首先介绍了单晶体金属、多晶体金属的塑性变形及其微观机制。讨论了金属塑性变形过程中内部组织的变化以及引起的力学性能的变化。

冷塑性变形后的金属材料产生加工硬化，能量升高，组织不稳定，因此又讨论了冷塑性变形金属在随后的加热过程中发生的回复、再结晶和晶粒长大等问题。在上述问题研究的基础上，提出了金属热加工的概念。

习　　题

1. 名称解释

再结晶、加工硬化、热加工、回复

2. 简答题

（1）为什么室温下，金属的晶粒越细，其强度、硬度越高，而塑性、韧性也越好？

（2）金属经冷塑性变形后，其组织和性能有什么变化？

（3）金属铸件的晶粒往往比较粗大，能否通过再结晶退火来细化晶粒？为什么？

(4) 用下列三种方法制成的齿轮，哪种合理？为什么？
① 用厚钢板切成齿坯再加工成齿轮；
② 用钢棒切下作齿坯并加工成齿轮；
③ 用圆钢棒热镦成齿坯再加工成齿轮。

(5) 在冷拔钢丝时，如果变形量很大，则中间需要穿插几次退火工序。这是为什么？如何确定退火的温度？

(6) 某厂用一冷拔钢丝将一大型钢件吊入热处理炉内，由于一时疏忽，未将钢丝绳取出，而是随同工件一起加热至约860℃。保温后，打开炉门，欲吊出工件时，钢丝绳发生断裂。请分析钢丝绳断裂的原因。

(7) 假定有一铸造黄铜件，在其表面上打了数码，然后将数码锉掉，怎样辨认这个原先打上的数码？如果数码是在铸模中铸出的，一旦被锉掉，能否辨认出来？为什么？

(8) 请判断金属钨在1100℃下的变形加工和锡在室温下的变形加工各是冷加工还是热加工？为什么？

(9) 用冷拔高碳钢丝缠绕螺旋弹簧，最后一般要进行何种热处理？为什么？

第5章 热 处 理

教学目标

1. 了解钢的热处理的基本知识、普通热处理、表面热处理以及特种热处理工艺及应用。
2. 掌握钢在加热时的转变、过冷奥氏体等温冷却转变、淬火钢的回火转变、普通热处理及表面热处理工艺及应用。
3. 了解钢的特种热处理。

教学要求

能力目标	知识要点	权重	自测分数
了解钢的热处理的基本知识	热处理的应用、热处理的基本工艺过程、热处理工艺分类	10%	
掌握钢在加热时的转变、过冷奥氏体等温冷却转变	奥氏体化、奥氏体的形成过程、影响奥氏体转变速度的因素、奥氏体的晶粒度及其影响因素、过冷奥氏体转变	30%	
掌握淬火钢的回火转变、普通热处理工艺及应用	钢的退火、正火、淬火和回火、钢的淬透性和淬硬性、淬火钢在回火时组织的转变	50%	
掌握表面热处理工艺及应用	形变热处理、真空热处理、热喷涂技术、气相沉积技术、激光表面改性	10%	

引例

在从石器时代进展到铜器时代和铁器时代的过程中,热处理的作用逐渐为人们所认识。早在公元前770—前222年,中国人在生产实践中就已发现,铜铁的性能会因温度和加压变形的影响而变化。白口铸铁的柔化处理是制造农具的重要工艺。

公元前六世纪,钢铁兵器逐渐被采用,为了提高钢的硬度,淬火工艺遂得到迅速发展。中国河北省易县燕下都出土的两把剑和一把戟,其显微组织中都有马氏体存在,说明是经过淬火的。

随着淬火技术的发展,人们逐渐发现冷剂对淬火质量的影响。三国蜀人蒲元曾在今陕西斜谷为诸葛亮打制3000把刀,相传是派人到成都取水淬火的。这说明中国在古代就注意到不同水质的冷却能力了,同时也注意了油的冷却能力。中国出土的西汉(公元前206—公元24年)中山靖王墓中的宝剑,心部含碳量为0.15%~0.4%,而表面含碳量却达0.6%以上,说明已应用了渗碳工艺。但当时作为个人"手艺"的秘密,不肯外传,因而发展很慢。

1863年,英国金相学家和地质学家展示了钢铁在显微镜下的六种不同的金相组织,证明了钢在加热和冷却时，内部会发生组织改变，钢中高温时的相在急冷时转变为一种较硬的相。法国人奥斯蒙德确立的铁的同素异构理论，以及英国人奥斯汀最早制定的铁碳相图，为现代热处理工艺初步奠定了理论基础。与此同时，人们还研究了在金属热处理的加热过程中对金属的保护方法，以避免加热过程中金属的氧化和脱碳等。

5.1 概 述

热处理是指将钢在固态下加热、保温和冷却，以改变钢的组织结构，从而获得所需要性能的一种工艺。热处理是一种重要的加工工艺，在机械制造业已被广泛应用。据初步统计，在机床制造中有60%～70%的零件要经过热处理，在汽车、拖拉机制造业中需热处理的零件达70%～80%，至于模具、滚动轴承则100%要经过热处理。总之，重要的零件都要经过适当的热处理才能使用。为简明表示热处理的基本工艺过程，通常用温度—时间坐标绘出热处理工艺曲线，如图5.1所示。

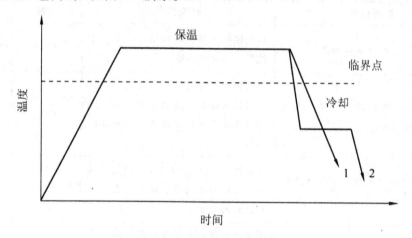

图5.1 热处理工艺曲线
1—连续冷却 2—等温处理

热处理与其他加工工艺如铸造、压力加工等相比，其特点是只通过改变工件的组织来改变性能，不改变其形状。热处理只适用于固态下发生相变的材料，不发生固态相变的材料不能用热处理来强化。

热处理时钢中组织转变的规律称为热处理原理。根据热处理原理制定的温度、时间、介质等参数称为热处理工艺。根据加热、冷却方式及钢组织性能变化特点的不同，将热处理工艺分类如下：

(1) 普通热处理：退火、正火、淬火和回火。
(2) 表面热处理：表面淬火、化学热处理。
(3) 其他热处理：真空热处理、形变热处理、控制气氛热处理、激光热处理等。

根据在零件生产过程中所处的阶段和作用的不同，又可将热处理分为预备热处理与最终热处理。预备热处理是指为随后的加工（冷拔、冲压、切削）或进一步热处理做准备的热处理，而最终热处理是指赋予工件所要求的使用性能的热处理。

由于实际加热或冷却时，有过冷或过热现象，因此，将钢在加热时的实际转变温度分

别用 A_1、A_3、A_{cm} 表示，冷却时的实际转变温度分别用 A_{r1}、A_{r3}、A_{rcm} 表示，如图 5.2 所示（在铁碳合金相图中，PSK（共析线）、GS 线、ES 线分别用 A_1、A_3、A_{cm} 表示）。由于加热冷却速度直接影响转变温度，一般手册中的数据是以 30~50℃/h 的速度加热或冷却时测得的。

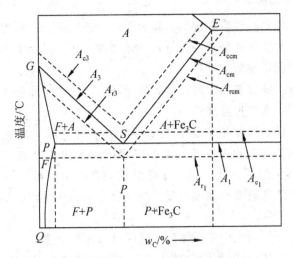

图 5.2 钢在加热和冷却时各临界点位置

5.2 钢在加热时的转变

加热是热处理的第一道工序。加热分两种，一种是在 A_1 以下加热，不发生相变；另一种是在临界点以上加热，目的是获得均匀的奥氏体组织，这一过程称为奥氏体化。

1. 奥氏体的形成过程

钢在加热时奥氏体的形成过程也是一个形核和长大的过程。以共析钢为例，其奥氏体化过程可简单地分为 4 个步骤，如图 5.3 所示。

第一步是奥氏体晶核形成，奥氏体晶核首先在铁素体与渗碳体相界处形成，因为相界处的成分和结构对形核有利；第二步是奥氏体晶核长大，奥氏体晶核形成后，便通过碳原子的扩散向铁素体和渗碳体方向长大；第三步是残余渗碳体溶解，铁素体在成分和结构上比渗碳体更接近于奥氏体，因而先于渗碳体消失，而残余渗碳体则随保温时间延长不断溶解直至消失；第四步是奥氏体成分均匀化，渗碳体溶解后，其所在部位碳的含量仍比其他部位高，需通过较长时间的保温使奥氏体成分逐渐趋于均匀。

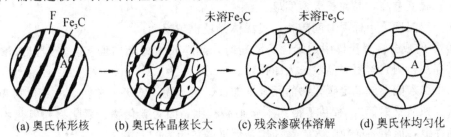

图 5.3 共析钢的奥氏体形成过程示意图

亚共析钢（如45钢）和过共析钢（如T10钢）的奥氏体化过程与共析钢基本相同，只是由于先共析铁素体或二次渗碳体的存在，要获得全部奥氏体组织，必须相应地加热到A_{c3}或A_{ccm}以上。

2. 影响奥氏体转变速度的因素

（1）加热温度。随加热温度的提高，碳原子扩散速度增大，奥氏体化速度加快。

（2）加热速度。在实际热处理条件下，加热速度越快，过热度越大，发生转变的温度越高，转变所需的时间就越短。

（3）钢中碳含量。碳含量增加时，渗碳体量增多，铁素体和渗碳体的相界面增大，因而奥氏体的核心增多，转变速度加快。

（4）合金元素。钴、镍等增大碳在奥氏体中的扩散速度，因而加快奥氏体化过程；铬、钼、钒等对碳的亲和力较大，能与碳形成较难溶解的碳化物，显著降低碳的扩散能力，所以减慢奥氏体化过程；硅、铝、锰等对碳的扩散速度影响不大，不影响奥氏体过程。由于合金元素的扩散速度比碳慢得多，所以合金钢的热处理加热温度一般都高些，保温时间更长些。

（5）原始组织。原始组织中渗碳体为片状时奥氏体形成速度快，因为它的相界面积较大。并且，渗碳体间距越小，相界面越大，同时奥氏体晶粒中碳浓度梯度也大，所以长大速度更快。

3. 奥氏体的晶粒度及其影响因素

钢的奥氏体晶粒大小直接影响冷却所得组织和性能。奥氏体晶粒细时，退火后所得组织也细，则钢的强度、塑性、韧性较好。奥氏体晶粒细，淬火后得到的马氏体也细小，因而韧性得到改善。

（1）奥氏体晶粒度。生产中一般采用标准晶粒度等级图，如图5.4所示，用比较的方法来测定钢的奥氏体晶粒大小。晶粒度通常分8级，1～4级为粗晶粒度，5～8级为细晶粒度。

某一具体热处理或热加工条件下的奥氏体的晶粒度称为实际晶粒度。

钢在加热时奥氏体晶粒长大的倾向用本质晶粒度来表示。钢加热到（930±10）℃、保温8h、冷却后测得的晶粒度称为本质晶粒度。如果测得的晶粒细小，则该钢称为本质细晶粒钢，反之称为本质粗晶粒钢。本质细晶粒钢在930℃以下加热时晶粒长大的倾向小，适于进行热处理。本质粗晶粒钢进行热处理时，需严格控制加热温度。

（2）影响奥氏体晶粒度的因素。

① 加热温度和保温时间。奥氏体刚形成时晶粒是细小的，但随着温度升高晶粒将逐渐长大。温度愈高，晶粒长大愈明显。

在一定温度下，保温时间越长，奥氏体晶粒也越粗大。

② 钢的成分。奥氏体中的碳含量增高时，晶粒长大的倾向增多。若碳以未溶碳化物的形式存在，则它有阻碍晶粒长大的作用。

钢中加入能形成稳定碳化物的元素（如钛、钒、铌、锆等）和能生成氧化物和氮化物的元素（如适量铝等），有利于得到本质细晶粒钢，因为碳化物、氧化物和氮化物弥散分布在晶界上，能阻碍晶粒长大。锰和磷是促进晶粒长大的元素。

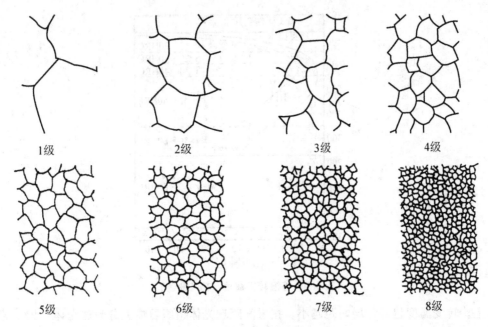

图 5.4 标准晶粒度等级图

5.3 钢在冷却时的转变

热处理工艺中,钢在奥氏体化后,接着是进行冷却。冷却的方式通常有两种:等温处理,即将钢迅速冷却到临界点以下的给定温度,进行保温,使其在该温度下恒温转变,如图 5.1 中曲线 2 所示;连续冷却,即将钢以某种速度连续冷却,使其在临界点以下变温连续转变,如图 5.1 中曲线 1 所示。

1. 过冷奥氏体的等温转变

从铁碳相图可知,当温度在 A_1 以上时,奥氏体是稳定的,能长期存在。当温度降到 A_1 以下后,奥氏体即处于过冷状态,这种奥氏体称为过冷奥氏体。过冷奥氏体是不稳定的,它会转变为其他的组织。钢在冷却时的转变,实质上是过冷奥氏体的转变。

1)共析钢过冷奥氏体的等温转变

共析钢过冷奥氏体的等温转变过程和转变产物可用其等温转变曲线(TTT 曲线)图来分析,如图 5.5 所示。图中横坐标为转变时间(对数坐标),纵坐标为温度。根据曲线的形状,过冷奥氏体等温转变曲线可简称为 C 曲线。C 曲线的左边一条线为过冷奥氏体转变开始线,右边一条线为过冷奥氏体转变终了线。图中 M_s 线是过冷奥氏体转变为马氏体(M)的开始温度,M_f 线是过冷奥氏体转变为马氏体的终了温度。奥氏体从过冷到转变开始这段时间称为孕育期,孕育期的长短反映了过冷奥氏体的稳定性大小。在 C 曲线的"鼻尖"处(约 550℃)孕育期最短,过冷奥氏体的稳定性最小。

共析钢过冷奥氏体等温转变包括两个转变区:

(1)高温转变。在 $A_1 \sim 550℃$ 之间,过冷奥氏体的转变产物为珠光体型组织,此温区称珠光体转变区。珠光体是铁素体和渗碳体的机械混合物,渗碳体呈层片状分布在铁素体

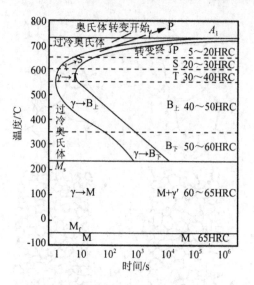

图 5.5 等温转变曲线（TTT 曲线）

基体上。转变温度越低，层间距越小。按层间距珠光体组织习惯上分为珠光体（P）、索氏体（S）和托氏体（T）。它们并无本质区别，也没有严格界限，只是形态上不同。它们的大致形成温度及性能如表 5-1 所示。

奥氏体向珠光体的转变是一种扩散型的生核、长大过程，是通过碳、铁的扩散和晶体结构的重构来实现。

表 5-1 过冷奥氏体高温转变产物的形成温度和性能

组织名称	符号	形成温度范围/℃	硬 度	能分辨其片层的放大倍数
珠光体	P	A_1～650	170～200 HB	<500×
索氏体	S	650～600	25～35 HRC	>1000×
托氏体	T	600～550	35～40 HRC	>2000×

（2）中温转变。在 550℃～M_s 之间，过冷奥氏体的转变产物为贝氏体型组织，此温区称贝氏体转变区。贝氏体是碳化物（渗碳体）分布在碳过饱和的铁素体基体上的两相混合物。奥氏体向贝氏体转变属于半扩散型转变，铁原子不扩散而碳原子有一定扩散能力。转变温度不同，形成的贝本形态也明显不同。

过冷奥氏体在 550～350℃ 之间转变形成的产物称上贝氏体（$B_上$）。上贝氏体呈羽毛状，小片状的渗碳体分布在成排的铁素体片之间，如图 5.6 所示。

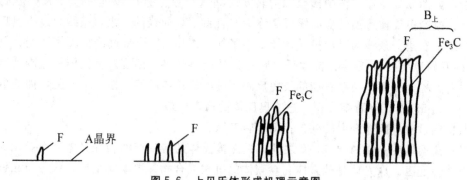

图 5.6 上贝氏体形成机理示意图

过冷奥氏体在350℃～M_s之间的转变产物称为下贝氏体（B_F）。在光学显微镜下贝氏体为黑色针状，在电子显微镜下可看到在铁素体针内沿一定方向分布着细小的碳化物（$Fe_{2.4}C$）颗粒，如图5.7所示。

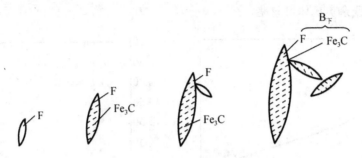

图5.7 下贝氏体形成机理示意图

上贝氏体强度与塑性都较低，而下贝氏体除了强度、硬度较高以外，塑性、韧性也较好，即具有良好的综合力学性能，是生产上常用的强化组织之一。

贝氏体转变也是形核和长大的过程。发生贝氏体转变时，首先在奥氏体中的贫碳区形成铁素体晶核，其含碳量介于奥氏体与平衡铁素体之间，为过饱和铁素体。当转变温度较高（550～350℃）时，条片状铁素体从奥氏体晶界向晶内平行生长，随铁素体条伸长和变宽，其碳原子向条间奥氏体富集，最后在铁素体条间析出Fe_3C短棒，奥氏体消失，形成上贝氏体，如图5.6所示。当转变温度较低（350～230℃）时，铁素体在晶界或晶内某些晶面上长成针状，由于碳原子扩散能力低，其迁移不能逾越铁素体片的范围，碳在铁素体的一定晶面上以断续碳化物小片的形式析出，形成下贝氏体，如图5.7所示。

2）马氏体转变

（1）马氏体转变的特点。过冷奥氏体转变为马氏体是一种非扩散型转变，因转变温度很低，铁和碳原子都不能进行扩散。铁原子沿奥氏体一定晶面，集体地（不改变相互位置关系）作一定距离的移动（不超过一个原子间距），使面心立方晶格改组为体心正方晶格，碳原子原地不动，过饱和地留在新组成的晶胞中；增大了其正方度c/a，如图5.8所示。因此马氏体就是碳在α-Fe中的过饱和固溶体。过饱和碳使α-Fe的晶格发生很大畸变，产生很强的固溶强化。

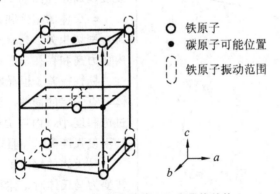

图5.8 马氏体的体心立方晶格结构

马氏体的形成速度很快，奥氏体冷却到M_s点以下后，无孕育期，瞬时转变为马氏体。随着温度下降，过冷奥氏体不断转变为马氏体，是一个连续冷却的转变过程。

马氏体转变是不彻底的，总要残留少量奥氏体。残余奥氏体的含量与 M_s、M_f 的位置有关。奥氏体中的碳含量越高，M_s、M_f 就越低，如图 5.9 所示，残余奥氏体含量就越高，如图 5.10 所示。通常在碳含量高于 0.6% 时，在转变产物中应标上残余奥氏体，碳含量少于 0.6% 时，残余奥氏体可忽略。

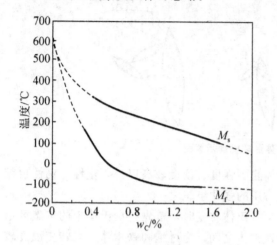
图 5.9 马氏体形态与碳含量的关系

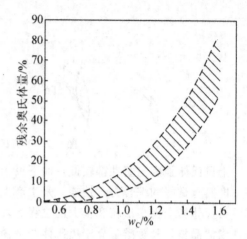
图 5.10 奥氏体的碳含量对残余奥氏体的影响

马氏体形成时体积膨胀，在钢中造成很大的内应力，严重时将使被处理零件开裂。

(2) 马氏体的形态与特点。马氏体的形态有板条状和针状（或称片状）两种。其形态决定于奥氏体的碳含量。碳含量在 0.25% 以下时，基本上是板条马氏体（又称低碳马氏体），在显微镜下，板条马氏体由一束束平行排列的细板条组成；在透射电镜下可看到板条马氏体内有大量位错缠结的亚结构，所以低碳马氏体又称位错马氏体。

当碳含量大于 1.0% 时，则大多数是针状马氏体。在光学显微镜下，针状马氏体呈竹叶状或凸透镜状，在空间形同铁饼。马氏体针之间形成一定角度。高倍透射电镜分析表明，针状马氏体内有大量孪晶，因此针状马氏体又称孪晶马氏体。碳含量在 0.25%~1.0% 之间时，为板条马氏体和针状马氏体的混合组织。

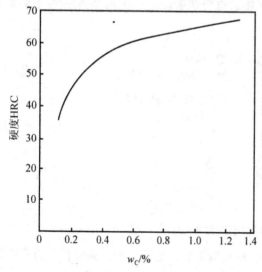
图 5.11 马氏体硬度与含碳量的关系

马氏体的硬度很高，含碳越多，马氏体硬度越高，如图 5.11 所示。

马氏体的塑性和韧性与其碳含量（或形态）密切相关。高碳马氏体由于过饱和度大内应力高和存在孪晶结构，所以硬而脆，塑性、韧性极差。但晶粒细化得到的隐晶马氏体却有一定的韧性。至于低碳马氏体，由于过饱和度小，内应力低和存在位错亚结构，则不仅强度高，而且塑性、韧性也较好。

马氏体的比体积比奥氏体大，当奥氏体转变为马氏体时，体积会膨胀。马氏体是一种铁磁相，在磁场中呈现磁性，而奥氏体是一种顺磁相，在磁场中无磁性。马氏体的晶格有很大的畸变，因此它的电阻率高。

2. 亚共析钢和过共析钢过冷奥氏体的连续冷却转变

图 5.12 表示了亚共析钢过冷奥氏体的连续冷却转变过程和产物。与共析钢不同,亚共析钢过冷奥氏体在高温时有一部分将转变为铁素体,亚共析钢过冷奥氏体在中温转变区会有少量贝氏体($B_上$)产生。如油冷的产物为 $F+T+B_上+M$,但铁素体和上贝氏体量少,有时也予以忽略。

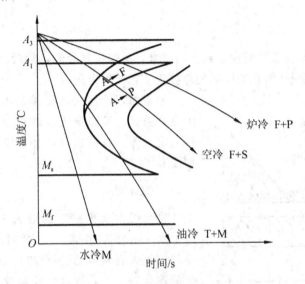

图 5.12 亚共析钢的连续冷却转变

过共析钢过冷奥氏体的连续冷却转变过程和产物如图 5.13 所示。在高温区,过冷奥氏体将首先析出二次渗碳体,而后转变为其他组织组成物。由于奥氏体中碳含量高,所以油冷、水冷后的组织中应包括残余奥氏体。与共析钢一样,其冷却过程中无贝氏体转变。

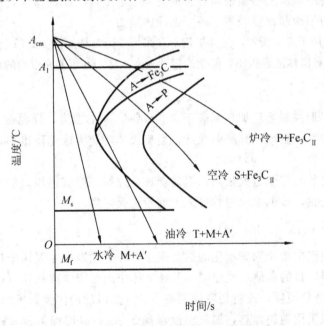

图 5.13 过共析钢过冷奥氏体的连续冷却转变

综上所述,钢在冷却时,过冷奥氏体的转变产物根据其转变温度的高低可分为高温转变产物珠光体、索氏体、托氏体,中温转变产物上贝氏体、下贝氏体,低温转变产物马氏体等几种。随着转变温度的降低,其转变产物的硬度增高。

5.4 钢的退火与正火

5.4.1 退火

将组织偏离平衡状态的钢加热到适当温度,保温一定时间,然后缓慢冷却(一般为随炉冷却),以获得接近平衡状态组织的热处理工艺叫做退火。

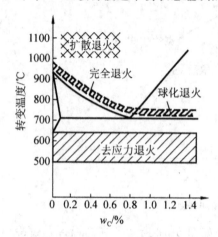

图 5.14 退火的加热温度范围

根据处理的目的和要求的不同,钢的退火可分为完全退火、等温退火、球化退火、扩散退火和去应力退火等。各种退火的加热温度范围和工艺曲线如图 5.14 所示。

1. 完全退火

完全退火又称重结晶退火,是把钢加热至 A_{c3} 以上 20～30℃,保温一定时间后缓慢冷却(随炉冷却或埋入石灰和砂中冷却),以获得接近平衡组织的热处理工艺。亚共析钢经完全退火后得到的组织是 F+P。

完全退火的目的在于,通过完全重结晶,使热加工造成的粗大、不均匀的组织均匀化和细化,以提高其性能;或使中碳以上的碳钢和合金钢得到接近平衡状态的组织,以降低硬度,改善切削加工性能。由于冷却速度缓慢,还可消除内应力。

完全退火主要用于亚共析钢,过共析钢不宜采用,因为加热到 A_{ccm} 以上慢冷时,二次渗碳体会以网状形式沿奥氏体晶界析出,使钢的韧性大大下降,并可能在以后的热处理中引起裂纹。

2. 等温退火

等温退火是将钢件或毛坯加热到高于 A_{c3}(或 A_{c1})的温度,保温适当时间后,较快地冷却到珠光体区的某一温度,并等温保持,使奥氏体转变为珠光体组织,然后缓慢冷却的热处理工艺。

等温退火的目的与完全退火相同,但转变较易控制,能获得均匀的预期组织;对于奥氏体较稳定的合金钢,等温退火通常可大大缩短退火时间。

3. 球化退火

球化退火为使钢中碳化物球状化的热处理工艺。球化退火主要用于过共析钢,如工具钢、滚珠轴承钢等,目的是使二次渗碳体及珠光体中的渗碳体球状化(退火前正火使网状渗碳体破碎),以降低硬度,改善切削加工性能;并为以后的淬火做组织准备。

球化退火一般采用随炉加热,加热温度略高于 A_{c1},以便保留较多的未溶碳化物粒子或较大的奥氏体中的碳浓度分布的不均匀性,促进球状碳化物的形成。若加热温度过高,二次渗碳体易在慢冷时以网状的形式析出。球化退火需要较长的保温时间来保证二次渗碳体的自发球化。保温后随炉冷却，在通过 A_{r_1} 温度范围时，应足够缓慢，以使奥氏体进行共析转变时，以未溶渗碳体粒子为核心形成粒状渗碳体。

4. 扩散退火

为减少钢锭、铸件或锻坯的化学成分和组织不均匀性，将其加热到略低于固相线的温度，长时间保温并进行缓慢冷却的热处理工艺，称为扩散退火或均匀化退火。

扩散退火的加热温度一般选定在钢的熔点以下 100~200℃，保温时间一般为 10~15h。加热温度提高时，扩散时间可以缩短。

扩散退火后钢的晶粒很粗大，因此一般再进行完全退火或正火处理。

5. 去应力退火

为消除铸造、锻造、焊接和机加工、冷变形等冷热加工在工件中造成的残留内应力而进行的低温退火，称为去应力退火。去应力退火是将钢件加热至低于 A_{c_1} 的某一温度（一般为 500~650℃），保温，然后随炉冷却，这种处理可以消除 50%~80% 的内应力而不引起组织变化。

5.4.2 正火

钢材或钢件加热到 A_{c_3}（对于亚共析钢）、A_{c_1}（对于共析钢）和 A_{ccm}（对于过共析钢）以上 30~50℃，保温适当时间后，在自由流动的空气中均匀冷却的热处理称为正火。正火后的组织：亚共析钢为 F+S，共析钢为 S，过共析钢为 S+Fe$_3$C$_{\mathrm{II}}$。

正火应用于以下方面：

（1）作为最终热处理。正火可以细化晶粒，使组织均匀化，减少亚共析钢中铁素体，使珠光体增多并细化，从而提高钢的强度、硬度和韧性。对于普通结构钢零件，力学性能要求不很高时，可以正火作为最终热处理。

（2）作为预先热处理。截面较大的合金结构钢件，在淬火或调质处理（淬火加高温回火）前常进行正火，以消除魏氏组织和带状组织，并获得细小而均匀的组织。对于过共析钢可减少二次渗碳体，并使其不形成连续网状，为球化退火做组织准备。

（3）改善切削加工性能。低碳钢或低碳合金钢退火后硬度太低，不便于切削加工。正火可提高其硬度，改善其切削加工性能。

5.5 钢的淬火与回火

5.5.1 淬火

1. 淬火的目的

淬火就是将工件加热到 A_{c_1} 或 A_{c_3} 以上 30~50℃，保温一定时间，然后快速冷却（一般为油冷或水冷），从而得到马氏体的一种热处理工艺。

淬火的目的就是获得马氏体，提高钢的强度和硬度。但淬火必须和回火相配合，否则淬火后得到了高硬度、高强度，但塑性、韧性低，不能得到优良的综合力学性能。

由于淬火可获得马氏体组织，使钢得到强化，因此淬火是钢的重要强化手段，也是挖掘和发挥钢铁材料性能潜力的很有效方法。

2. 钢的淬火工艺

淬火是一种复杂的热处理工艺，又是决定产品质量的关键工序之一，淬火后要得到细小的马氏体组织又不至于产生严重的变形和开裂，就必须根据钢的成分、零件的大小、形状等，结合C曲线合理地确定淬火加热和冷却方法。

1) 淬火加热温度的选择

马氏体针叶大小取决于奥氏体晶粒大小。为了使淬火后得到细小而均匀的马氏体，首先要在淬火加热时得到细小而均匀的奥氏体。因此，加热温度不宜太高，只能在临界点以上30~50℃。

亚共析钢的淬火加热温度为A_{c3}以上30~50℃，因为淬火的目的是提高钢的强度和硬度，得到马氏体组织。若加热温度低于A_{c1}，则淬火冷却时将得不到马氏体；如果加热到$A_{c1} \sim A_{c3}$之间，则淬火冷却后有铁素体出现，使钢的强度降低；温度太高，将使晶粒粗大，钢的性能变脆，因此淬火温度不能过低和太高。

共析钢和过共析钢的淬火加热温度为A_{c1}以上30~50℃，该温度下共析钢组织为奥氏体，而过共析钢由于在淬火前一般要经过正火和球化退火处理，当加热到A_{c1}以上30~50℃时钢中有奥氏体和少量的球状渗碳体。淬火后的组织为马氏体和颗粒状渗碳体，这时可使钢的强度、硬度和耐磨性达到较好的效果。如果将过共析钢加热到A_{ccm}以上，Fe_3C_{II}溶入奥氏体，使其含碳量增加，降低了钢的M_s和M_f点，结果使钢晶粒粗大的同时又使钢中残余奥氏体量增加。在一般情况下，它们都使钢的性能变坏，有软点和脆性增加的现象，也增加了钢件变形和开裂的倾向。碳钢的淬火加热温度范围如图5.15所示。

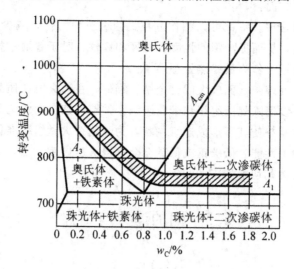

图5.15 碳钢的淬火加热温度范围示意图

保温时间决定于钢的化学成分、工件尺寸、形状、装炉量、热源和加热介质等因素，也可用实验方法或经验公式和数据来估算。

2) 淬火冷却介质

淬火冷却是决定淬火质量的关键，为了使工件获得马氏体组织，淬火冷却速度必须大于临界冷却速度v_k，而快速冷却会产生很大的内应力，容易引起工件的变形和开裂。所以既不能冷却速度过大又不能冷却速度过小,理想的冷却速度应是图 5.16 所示的速度。若要淬火成马氏体,只有在 C 曲线鼻尖附近快速冷却,使冷却曲线不与 C 曲线相交,保证过冷奥氏体不被分解。而在鼻尖上部和下部要缓慢冷却,以减少热应力和组织应力。但到目前为止还没有找到十分理想的淬火冷却介质能符合这一理想的冷却速度的要求。

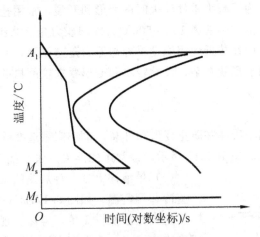

图 5.16 理想淬火冷却速度示意图

在生产上常用的冷却介质有水、盐水、碱水、油和熔融盐或碱等。它们的冷却特点等如表 5-2 和表 5-3 所示。

表 5-2 常用的冷却介质的冷却曲线

淬火冷却介质	冷却能力/(℃/s)		淬火冷却介质	冷却能力/(℃/s)	
	650~550℃	300~200℃		650~550℃	300~200℃
水(18℃)	600	270	10%苛性钠水溶液(18℃)	1200	300
水(26℃)	500	270	10%碳酸钠水溶液(18℃)	800	270
水(50℃)	100	270	肥皂水	30	200
水(74℃)	30	200	矿物质油	150	30
10%食盐水溶液(18℃)	1100	300	菜籽油	200	35

表 5-3 热处理常用盐浴的成分、熔点及使用温度

熔 盐	成 分	熔点/℃	使用温度/℃
碱浴	KOH(80%)+NaOH(20%)+H_2O(6%)	130	140~250
硝盐	KNO_3(55%)+$NaNO_2$(45%)	137	150~500
硝盐	KNO_3(55%)+$NaNO_3$(45%)	218	230~550
中性盐	KCl(30%)+NaCl(20%)+$BaCl_2$(50%)	560	580~800

(1) 水。在 650~550℃ 范围内冷却能力较大,是冷却介质中最常用的,但要注意使用温度,水温不能超过 30~40℃,否则冷却能力下降。主要用于形状简单、大截面碳钢零件的淬火。

(2) 盐水。5%~10%NaCl 或 NaOH 等水溶液,它们的冷却能力比水更强,在 300~200℃ 温度范围时,其冷却能力仍很强,同样对减少变形不利,因此它们也只能用于形状简单、截面尺寸较大的碳钢工件。

(3) 油。是一种应用广泛的冷却介质,主要是各种矿物油。例如机油、锭子油、变压

器油和柴油等。油在300~200℃范围内冷却能力较低,有利于减少工件的变形和开裂。但在650~550℃时冷却能力差,不利于碳钢的淬火。因此,油主要用于合金钢和小尺寸碳钢工件的淬火。使用时油温不能过高,否则易着火,一般控制在40~100℃,同时油长期使用会老化,要注意防护。油冷后要清洗。

(4) 熔融盐、碱。为了减少零件淬火时的变形和开裂,常用盐浴和碱浴作为淬火冷却介质,它们的使用温度范围一般为150~500℃,冷却能力介于油和水之间,其特点是高温区有较强的冷却能力,而在接近使用温度时冷却能力迅速下降,有利于减少零件变形和开裂。这种冷却介质适用于形状复杂、尺寸较小和变形要求较严格的零件,经常用于分级淬火和等温淬火等工艺。

3) 淬火方法

为了使工件淬火成马氏体并防止变形和开裂,单纯依靠选择淬火介质是不行的,还必须采取正确的淬火方法。如图5.17所示,最常用的淬火方法有如下四种:

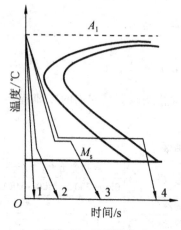

图 5.17 四种淬火法
1—单液淬火法　2—双液淬火法
3—分级淬火法　4—等温淬火法

(1) 单液淬火法。将加热的工件放入一种淬火介质中一直冷却到室温,如图5.17曲线1所示。

这种方法操作简单,容易实现机械化、自动化。如碳钢在水中淬火,合金钢在油中淬火。其缺点是不符合淬火冷却速度的要求,水淬容易产生变形和裂纹,油淬容易产生硬度不足或硬度不均匀等现象。

(2) 双液淬火法。将加热的工件先在快速冷却的介质中冷却到300℃左右,立即转入另一种缓慢冷却的介质中冷却至室温,以降低马氏体转变时的应力,防止变形和开裂,如图5.17曲线2所示。如形状复杂的碳钢工件常采用水淬油冷的方法,即先在水中冷却到300℃后再在油中冷却;而合金钢则采用油淬空冷,即先在油中冷却后再在空气中冷却。这种方法的关键是从一种介质转入另一种介质时要掌握好时间和温度。一般情况下,这种淬火方法是由实验来确定在一种介质中的停留时间,然后通过控制停留时间来实现的。这种方法主要用于形状复杂的高碳钢和较大的合金钢等零件。

(3) 分级淬火法。将加热的工件先放入温度稍高于M_s的硝盐浴或碱浴中,保温2~5min,使零件内外的温度均匀后,立即取出在空气中冷却,如图5.17曲线3所示。

这种方法可以减少工件内外的温差和减慢马氏体转变时的冷却速度,从而有效地减少内应力,防止产生变形和开裂。但由于硝盐浴或碱浴的冷却能力低,只能适用于零件尺寸较小,要求变形小,尺寸精度高的工件,如模具、刀具等。

(4) 等温淬火法。将加热的工件放入温度稍高于M_s的硝盐浴或碱浴中,保温足够长的时间使其完成贝氏体转变,如图5.17曲线4所示。等温淬火后获得下贝氏体组织。

下贝氏体与回火马氏体相比,在含碳量相近、硬度相当的情况下,前者比后者具有较高的塑性与韧性,适用于尺寸较小,形状复杂,要求变形小,具有高硬度和强韧性的工具、模具等。

3. 钢的淬透性和淬硬性

1) 钢的淬透性

所谓淬透性是指钢在淬火时获得淬硬层的能力。淬硬层一般规定为工件表面至半马氏体层（马氏体量占50%）之间的区域，它的深度叫淬硬层深度。不同的钢在同样的条件下淬硬层深度不同，说明不同的钢淬透性不同，淬硬层较深的钢淬透性较好。

淬硬性是指钢以大于临界冷却速度冷却时，获得的马氏体组织所能达到的最高硬度。钢的淬硬性主要决定于马氏体的含碳量，即取决于淬火前奥氏体的含碳量。

2) 影响淬透性的因素

（1）化学成分。C曲线距纵坐标越远，淬火的临界冷却速度越小，则钢的淬透性越好。对于碳钢，钢中含碳量越接近共析成分，其C曲线越靠右，临界冷却速度越小，则淬透性越好，即亚共析钢的淬透性随含碳量增加而增大，过共析钢的淬透性随含碳量增加而减小。除Co以外的大多数合金元素都使C曲线右移，使钢的淬透性增加，因此合金钢的淬透性比碳钢好。

（2）奥氏体化温度。温度越高，晶粒越粗，未溶第二相越少，淬透性越好。

因为奥氏体晶粒粗大使晶界减少，不利于珠光体的形核，从而避免淬火时发生珠光体转变。

3) 淬透性的表示方法及应用

钢的淬透性必须在统一标准的冷却条件下来测定和比较，其测定方法很多。过去为了便于比较各种钢的淬透性，常利用临界直径 D_c 来表示钢获得淬硬层深度的能力。

所谓临界直径就是指圆柱形钢棒加热后在一定的淬火介质中能全部淬透的最大直径。

对同一种钢 $D_{c油} < D_{c水}$，因为油的冷却能力比水低。目前国内外都普遍采用"顶端淬火法"测定钢的淬透性曲线，比较不同钢的淬透性。

"顶端淬火法"——国家标准规定试样尺寸为 $\phi 25mm \times 100mm$；水柱自由高度 65mm；此外应注意加热过程中防止氧化，脱碳。将钢加热奥氏体化后，迅速喷水冷却。显然，在喷水端冷却速度最大，沿试样轴向的冷却速度逐渐减小。据此，末端组织应为马氏体，硬度最高，随距水冷端距离的加大，组织和硬度也相应变化，将硬度随水冷端距离的变化绘成曲线称为淬透性曲线，如图5.18所示。

不同钢种有不同的淬透性曲线，工业用钢的淬透性曲线几乎都已测定，并已汇集成册可查阅参考。由淬透性曲线就可比较出不同钢的淬透性大小。

此外，对于同一种钢，因冶炼炉次不同，其化学成分会在一个限定的范围内波动，对淬透性有一定的影响。因此，钢的淬透性曲线并不是一条线，而是一条带，即表现出淬透性带。钢的成分波动越小，淬透性带越窄，其性能越稳定。因此，淬透性带越窄越好。

4) 淬透性的应用

淬透性是机械零件设计时选择材料和制定热处理工艺的重要依据。

淬透性不同的钢材，淬火后得到的淬硬层深度不同，所以沿截面的组织和力学性能差别很大。图5.19表示淬透性不同的钢制成直径相同的轴，经调质后力学性能的对比。其中，图5.19（a）表示全部淬透，整个截面为回火索氏体组织，力学性能沿截面是均匀分布的；图5.19（b）表示部分淬透；图5.19（c）表示仅表面淬透，由于心部为层片状组织（索氏体），冲击韧性较低。由此可见，淬透性低的钢材力学性能较差。因此机械制造中截

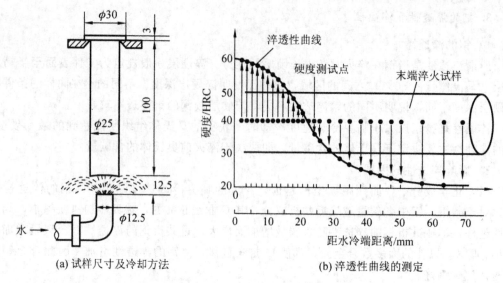

(a) 试样尺寸及冷却方法　　　　　(b) 淬透性曲线的测定

图 5.18　顶端淬火法测定钢的淬透性

面较大或形状较复杂的重要零件,以及应力状态较复杂的螺栓、连杆等零件,要求截面力学性能均匀应选用淬透性较好的钢材。

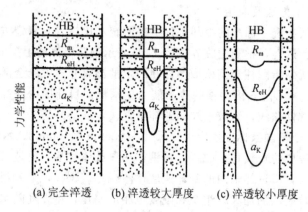

(a) 完全淬透　　(b) 淬透较大厚度　(c) 淬透较小厚度

图 5.19　淬透性不同的钢调质后力学性能示意图

受弯曲和扭转力的轴类零件,应力在截面上的分布是不均匀的,其外层受力较大,心部受力较小,可考虑选用淬透性较低的,淬硬层较浅(如为直径的 1/3～1/2)的钢材。有些工件(如焊接件)不能选用淬透性高的钢材,否则容易在焊缝热影响区内出现淬火组织,造成焊缝变形和开裂。

5.5.2　回火

钢在淬火后得到的组织一般是马氏体和残余奥氏体,同时有内应力,这些都是不稳定的状态,必须进行回火,否则零件在使用过程中就要发生变化。淬火后要立即进行回火,只淬火不回火不行,不淬火而只进行回火,也没有实际意义。

回火是将淬火钢重新加热到温度 A_1 点以下的某一温度,保温一定时间后,冷却到室温的一种操作。回火的目的是:

(1) 降低脆性,减少或消除内应力,防止工件变形和开裂。

（2）获得工艺所要求的力学性能。淬火工件的硬度高且脆性大，通过适当回火可调整硬度，获得所需要的塑性、韧性。

（3）稳定工件尺寸。淬火马氏体和残余奥氏体都是非平衡组织，它们会自发地向稳定的平衡组织——铁素体和渗碳体转变，从而引起工件的尺寸和形状的改变。通过回火可使淬火马氏体和残余奥氏体转变为较稳定的组织，保证工件在使用过程中不发生尺寸和形状的变化。

（4）对于某些高淬透性的合金钢，空气中冷却便可淬火成马氏体，如采用退火软化，则周期很长。此时可采用高温回火，使碳化物聚集长大，降低硬度，以利于切削加工，同时可缩短软化周期。

1. 淬火钢在回火时组织的转变

淬火钢在回火过程中，随着加热温度的提高，原子活动能力增大。其组织相应发生以下四个阶段性的转变：

（1）80～200℃时发生马氏体的分解。由淬火马氏体中析出薄片状细小的ε碳化物（过渡相分子式$Fe_{2.4}C$），使马氏体中碳的过饱和度降低，因而马氏体的正方度减小，但仍是碳在$\alpha-Fe$中的过饱和固溶体，通常把这种过饱和$\alpha+\varepsilon$碳化物的组织称为回火马氏体（$M_{回}$）。它是由两相组成的，易被腐蚀，在显微镜下观察呈黑色针叶状。这一阶段内应力逐渐减小。

（2）200～300℃时发生残余奥氏体分解。残余奥氏体分解为过饱和的$\alpha+\varepsilon$碳化物的混合物，这种组织与马氏体分解的组织基本相同。把它归入回火马氏体组织，即回火温度在300℃以下得到的回火组织是回火马氏体。

（3）250～400℃时马氏体分解完成。过饱和的α固溶体中的含碳量达到饱和状态，实际上就是马氏体转变为铁素体，使马氏体的正方度$c/a=1$，但这时的铁素体仍保持着马氏体的针叶状的外形，这时ε碳化物这一过渡相也转变为极细的颗粒状的渗碳体。这种由针叶状铁素体和极细粒状渗碳体组成的机械混合物称为回火屈氏体（$T_{回}$），在这一阶段马氏体的内应力大大降低。

（4）400℃以上，渗碳体长大和铁素体再结晶。回火温度超过400℃时，具有平衡浓度的α相开始回复，500℃以上时发生再结晶，从针叶状转变为多边形的等轴状，在这一回复再结晶的过程中，粒状渗碳体聚集长大成球状，即在500℃以上（500～650℃）得到由等轴状铁素体＋球状渗碳体组成的回火组织——回火索氏体（$S_{回}$）。

可见，碳钢淬火后在回火过程中发生的组织转变主要有：马氏体和残余奥氏体的分解，碳化物的形成、聚集长大以及α固溶体的回复与再结晶等几个方面。而且随回火温度的不同可得到三种类型的回火组织：300℃以下得到回火马氏体组织（$M_{回}$），其硬度与淬火马氏体相近，但塑性、韧性较淬火马氏体提高；回火温度在300～500℃范围内得到回火屈氏体组织，具有较高的硬度和强度以及一定的塑性和韧性；回火温度在500～650℃范围时，得到回火索氏体组织，与回火屈氏体相比，它的强度、硬度低而塑性和韧性较高。

2. 淬火钢在回火时性能的变化

在回火过程中，随着组织的变化，钢的力学性能也相应发生变化。总的规律是：随回火温度升高，强度、硬度下降，塑性、韧性上升。

在200℃以下,由于马氏体中大量ε碳化物弥散析出,使得钢的硬度并不下降,对于高碳钢,甚至略有升高。

在200~300℃时,由于高碳钢中的残余奥氏体转变为回火马氏体,硬度会再次提高,而对于低、中碳钢,由于残余奥氏体量很少,则硬度缓慢下降。

300℃以上,由于渗碳体粗化及马氏体转变为铁素体,使得钢的硬度呈直线下降。

回火得到的回火屈氏体和回火索氏体与由过冷奥氏体直接分解得到的片状屈氏体和索氏体的力学性能有着显著区别。当硬度相同时,两类组织的 R_m 相差无几,但回火组织的 σ_s、δ、ψ 等都比片状组织高,这是由于回火组织中的渗碳体为粒状,而片状组织中的渗碳体为片状。当片状渗碳体受力时,会产生很大的应力集中,易使渗碳体片断裂或形成微裂纹。这就是为什么重要的工件都要进行淬火和回火处理的根本原因。

3. 回火脆性

淬火钢的韧性并不总是随回火温度上升而提高的。在某些温度范围内回火时,淬火钢出现冲击韧性显著下降的现象称为回火脆性,如图5.20所示。

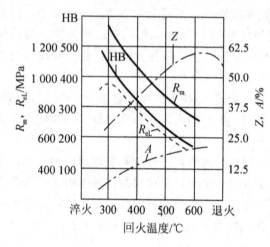

图 5.20 钢的冲击韧性与回火温度的关系示意图

1) 低温回火脆性

淬火钢在250~350℃回火时出现的脆性称为低温回火脆性,也称第一类回火脆性。几乎所有淬火后形成马氏体的钢在该温度范围内回火时,都不同程度地产生这种脆性。目前尚无有效办法完全消除这类回火脆性,所以一般都不在250~350℃范围内进行回火。

2) 高温回火脆性

淬火钢在500~650℃范围内回火后出现的脆性称为高温回火脆性,又称第二类回火脆性。这类回火脆性主要发生在含Cr、Ni、Si、Mn等合金元素的结构钢中。当淬火钢在上述温度范围内长时间保温或以缓慢的速度冷却时,便发生明显的脆化现象。但快速冷却时,脆化现象消失或受到抑制。

关于高温回火脆性产生的原因,一般认为与Sb、Sn、P等杂质元素在原奥氏体晶界上偏聚有关。Ni、Cr、Mn等合金元素促进杂质元素的偏聚,这些元素本身也易在晶界上偏聚,所以增加了这类回火脆性的倾向。

除快速冷却可以防止高温回火脆性外,在钢中加入W(约1%)、Mo(约0.5%)等合金元素也可有效地抑制这类回火脆性的产生。

4. 回火的种类及应用

淬火钢回火后的组织和性能决定于回火温度,根据回火温度范围不同,可将回火分为以下三类:

1) 低温回火(150~250℃)

低温回火后的组织为回火马氏体。主要目的是保持高硬度(58~63HRC)和高耐磨性，降低淬火内应力和脆性；主要应用于高碳钢或高碳合金钢制造的工、模具、滚动轴承及渗碳和表面淬火的零件。

2）中温回火（350~500℃）

中温回火后的组织为回火托氏体，其硬度为35~45HRC。主要目的是获得高的屈强比，高的弹性极限和高的韧性；主要应用于含碳量在0.5%~0.7%的碳钢和合金钢制造的各类弹簧、锻模。

3）高温回火（500~650℃）

高温回火后的组织为回火索氏体，其硬度为25~35HRC。主要目的是为了获得良好的综合力学性能，在保持较高强度的同时，具有良好的塑性和韧性。生产上习惯将淬火加高温回火的处理称为调质处理，简称调质。主要应用于含碳量在0.3%~0.5%的碳钢和合金钢制造的各类连接和传动运动和力的重要零件，如传动轴、连杆、螺栓、齿轮、螺栓等。

🔑 特别提示

虽然钢经正火和调质处理后硬度很接近，但重要的结构零件一般都进行调质处理。这是因为调质后的回火索氏体组织，其渗碳体呈细粒状弥散分布的，而正火获得的索氏体，其渗碳体呈层片状组织，当工件受到载荷作用时，片状渗碳体尖端会引起应力集中，影响钢的力学性能。因此，钢经调质处理后不仅强度较高，而且塑性和冲击韧性显著提高。45钢（$\phi 20 \sim \phi 40$mm）经调质与正火处理后力学性能的对比，如表5-4所示。

表5-4 40钢正火及调质后的力学性能比较

热处理工艺	R_m/MPa	A/%	α_{KU}/（J/cm^2）	HBW
正火	686~740	12~20	49~78	160~220
调质	735~833	20~25	78~118	210~250

 知识链接

断裂、腐蚀和磨损是金属零部件的三种主要失效形式。据美国20世纪90年代初估算，这三种失效造成的经济损失达3000多亿美元，约占国民生产总值（GNP）的10%。三种失效损失各占比例相差不多，都超过GNP的3%，其中腐蚀所造成的经济损失最高。我国也不例外。除磨损和腐蚀之外，疲劳断裂也往往是从受力最大的表面开始逐渐向内部发展的。因此，采用表面强化技术，提高机械零件的耐磨性和抗腐蚀性，从而提高机电产品质量、节省材料、节省能源，对于国民经济的可持续发展有十分重要的实际意义。二十多年来，金属材料表面处理新技术得到了迅速发展，开发出了许多种新的工艺方法，这里只介绍应用较多的几种。

5.6 钢的表面热处理

一些在弯曲、扭转、冲击、摩擦等条件下工作的齿轮等机器零件，它们要求具有表面硬、耐磨，而心部韧，能抗冲击的特性，仅从选材方面去考虑是很难达到此要求的。如用高碳钢，虽然硬度高，但心部韧性不足，若用低碳钢，虽然心部韧性好，但表面硬度低，不耐磨，所以工业上广泛采用表面热处理来满足上述要求。

5.6.1 钢的表面淬火

表面淬火是将工件的表面层淬硬到一定深度，而心部仍保持未淬火状态的一种局部淬火方法。它是利用快速加热使钢件表面奥氏体化，而中心尚处于较低温度时迅速予以冷却，表层被淬硬为马氏体，而中心仍保持原来的退火、正火或调质状态的组织。表面淬火一般适用于中碳钢和中碳低合金钢，也可用于高碳工具钢，低合金工具钢以及球墨铸铁等。

工业上广泛应用的有火焰加热表面淬火、感应加热表面淬火和激光加热表面淬火。

1. 火焰加热表面淬火

火焰加热表面淬火示意图如图5.21所示。它是将乙炔-氧或煤气-氧的混合气体燃烧的火焰喷射到工件表面，使表面快速加热至奥氏体区，立即喷水冷却，使表面淬硬的工艺操作。淬硬层深度一般为2～6mm。此方法简便，无需特殊设备，适用于单件或小批量生产的各种零件，如轧钢机齿轮、轧辊，矿山机械的齿轮、轴、机床导轨和齿轮等。缺点是要求熟练工操作，否则加热不均匀，质量不稳定。

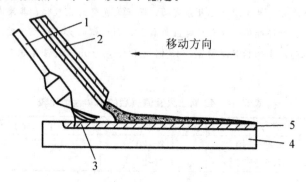

图5.21 火焰加热表面淬火示意图
1—烧嘴 2—喷水管 3—加热层 4—工件 5—淬硬层

2. 感应加热表面淬火

它是在工件中引入一定频率的感应电流（涡流），使工件表面层快速加热到淬火温度后立即喷水冷却的方法。

（1）工作原理。在一个线圈中通过一定频率的交流电时，在它周围便产生交变磁场。若把工件放入线圈中，工件中就会产生与线圈频率相同而方向相反的感应电流。这种感应电流在工件中的分布是不均匀的，主要集中在表面层，越靠近表面，电流密度越大；频率越高，电流集中的表面层越薄。这种现象称为集肤效应，它是感应电流能使工件表面层加热的基本依据，如图5.22所示。

（2）感应加热表面淬火的分类。根据电流频率的不同，感应加热表面淬火可分为：

高频感应加热表面淬火，最常用的工作频率为200～300kHz，淬硬层深度为0.5～2mm，适用于中小型零件，如小模数齿轮。

中频感应加热表面淬火，最常用的工作频率2500～8000Hz，淬硬层深度为2～8mm，适用于大中型零件，如直径较大的轴和大中型模数的齿轮。

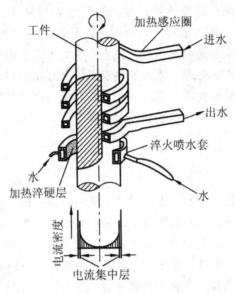

图 5.22 感应加热表面淬火工作原理示意

工频感应加热表面淬火，工作频率 50Hz，淬硬层深度一般在 10～15mm，适用于大型零件，如直径大于 300mm 的轧辊及轴类零件等。

(3) 感应加热表面淬火的特点。加热速度快，生产效率高；淬火后表面组织细，硬度高（比普通淬火高 2～3HRC）；加热时间短，氧化脱碳少；淬硬层深度易控制，变形小，产品质量好；生产过程易实现自动化，其缺点是设备昂贵、维修、调整困难，形状复杂的感应线圈不易制造，不适于单件生产。

对于感应加热表面淬火的工件，其设计技术条件一般应注明表面淬火硬度、淬硬层深度、表面淬火部位及心部硬度等。在选材方面，为了保证工件感应加热表面淬火后的表面硬度和心部硬度、强度及韧性，一般用中碳钢和中碳合金钢如 40、45 钢 40Cr、40MnB 等。此外，合理地确定淬硬层深度也很重要，一般说增加淬硬层深度可延长表面层的耐磨寿命，但却增加了脆性破坏倾向。所以，选择淬硬层深度时，除考虑磨损外，还必须考虑工件的综合力学性能，应保证其兼有足够的强度、耐疲劳性能和韧性。

工件在感应加热前需要进行预先热处理，一般为调质或正火，以保证工件表面在淬火后得到均匀细小的马氏体和改善工件心部硬度、强度和韧性以及切削加工性，并减少淬火变形。工件在感应加热表面淬火后需要进行低温回火（180～200℃）以降低内应力和脆性，获得回火马氏体组织。

3. 激光加热表面淬火

激光加热表面淬火是将高功率密度的激光束照射到工件表面，使表面层快速加热到奥氏体区或熔化温度，依靠工件本身热传导迅速自冷而获得一定淬硬层或熔凝层。由于激光束光斑尺寸只有 20～50mm^2，要使工件整个表面淬硬，工件必须转动或平动使激光束在工件表面快速扫描。激光束的功率密度越大和扫描速度越慢，淬硬层或熔凝层深度越深。调整功率密度和扫描速度，硬化层深度可达 1～2mm，已应用于汽车和拖拉机的汽缸、汽缸套、活塞环、凸轮轴等零件。目前我国应用较多的是 1～5kW 激光发生装置。

激光加热表面淬火的优点是淬火质量好，表层组织超细化、硬度高（比常规淬火高6~10HRC）、脆性极小，工件变形小，自冷淬火，不需回火，节约能源，无环境污染，生产效率高，便于自动化。缺点是设备昂贵，在生产中大规模应用受到了限制。

真空热处理、离子渗扩热处理、激光加热表面淬火等新的热处理技术节省能源，对环境无污染，可称为绿色热处理技术。当前，能源和环境问题已日益受到人们的重视。因此改造传统热处理工艺，发展和推广这些新技术、新工艺，是贯彻可持续发展战略方针的重要技术措施。

5.6.2 钢的化学热处理

化学热处理是将钢件置于一定温度的活性介质中保温，使一种或几种元素渗入它的表面，改变其化学成分和组织，达到改进表面性能，满足技术要求的热处理过程。按照表面渗入的元素不同，化学热处理可分为渗碳、氮化、碳氮共渗、渗硼、渗铝等。化学热处理能有效地提高钢件表层的耐磨性、耐蚀性、抗氧化性能以及疲劳强度等。

钢件表面化学成分的改变，取决于处理过程中发生的三个基本过程：介质的分解、表面吸附、原子扩散。

1. 渗碳

1) 渗碳的目的

为了增加表层的碳含量和获得一定碳浓度（质量分数）梯度，钢件在渗碳介质中加热和保温，使碳原子渗入表面的工艺称为渗碳。渗碳使低碳（0.15%~0.30%）钢件表面获得高碳浓度（约1.0%），在经过适当淬火和回火处理后，可提高表面的硬度、耐磨性和疲劳强度，而使心部仍保持良好的韧性和塑性。因此渗碳主要用于同时受严重磨损和较大冲击载荷的零件，例如各种齿轮、活塞销、套筒等。

2) 渗碳方法

常用的是气体渗碳方法。将工件装在密封的渗碳炉中，如图5.23所示，加热到900~950℃，向炉内滴入易分解的有机液体（如煤油、苯、甲醇等），或直接通入渗碳气体（如工业丙烷、煤气、石油液化气等），产生活性碳原子，使钢件表面渗碳。

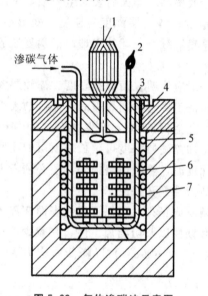

图5.23 气体渗碳法示意图
1—风扇电动机 2—排出废气火焰 3—炉盖
4—砂封 5—电炉丝 6—耐热罐 7—工件

气体渗碳的优点是生产率高，劳动条件较好，渗碳过程可以控制，渗碳层的品质和力学性能较好。此外，还可实行直接淬火。

3) 渗碳工艺

渗碳工艺参数包括渗碳温度和渗碳时间等。

奥氏体的溶碳能力较大，因此渗碳加热到A_{c3}以上。温度越高，渗碳速度越快，渗层越厚，生产率也越高。为了避免奥氏体晶粒过于粗大，渗碳温度一般采用900~950℃。渗碳时间则决定于渗层厚度的要求。在900℃渗碳，保温1h，渗层厚度为0.5mm；保温

4h，渗层厚度可达 1 mm。

零件的渗碳层厚度，决定于其尺寸及工件条件，一般为 0.5～2.5 mm。例如，齿轮的渗碳层厚度由其工作要求及模数等因素来确定，表 5-5 所示列举了不同模数齿轮及其他零件的渗碳层厚度。

表 5-5 汽车、拖拉机齿轮的模数和渗碳层厚度

齿轮模数/mm	2.5	3.5～4	4～5	5
渗碳厚度/mm	0.6～0.9	0.9～1.2	1.2～1.5	1.4～1.8

为了保证渗碳件的性能，设计图样上一般要标明渗碳层厚度、渗碳层和心部的硬度。对于重要零件，还应标明对渗碳层显微组织的要求。渗碳件中不允许硬度高的部位（如装配孔等），也应在图样上注明，并用镀铜法防止渗碳，或者多留加工余量。

2. 氮化

氮化就是向钢件表面渗入氮的工艺。氮化的目的在于更大地提高钢件表面的硬度和耐磨性，提高疲劳强度和抗蚀性。

1) 氮化工艺

目前广泛应用的是气体氮化。氨被加热分解出活性氮原子（$2NH_3 \rightarrow 3H_2 + 2[N]$），氮原子被钢吸收并溶入表面，在保温过程中向内扩散，形成渗氮层。

气体氮化与气体渗碳相比，其特点是：

(1) 氮化温度低，一般为 500～600℃。零件在氮化前要进行调质处理，所以氮化温度不能高于调质处理的回火温度。

(2) 氮化时间长，一般为 20～50 h，氮化层厚度为 0.3～0.5 mm。时间长是氮化的主要缺点。

(3) 氮化前零件须经调质处理，目的是改善机加工性能和获得均匀的回火索氏体组织，保证较高的强度和韧性。

2) 氮化件的组织和性能

(1) 钢件氮化后具有很高的硬度（1000～1100 HV），且在 600～650℃下保持不下降，所以具有很高的耐磨性和热硬性。

(2) 钢氮化后，渗层体积增大，造成表面压应力，使疲劳强度大大提高。

(3) 氮化温度低，零件变形小。

(4) 氮化后表面形成致密的化学稳定性较高的 ε 相层，所以耐蚀性好，在水中、过热蒸汽和碱性溶液中均很稳定。

3) 氮化用钢

常用的氮化钢有 35CrAlA，38CrMoAlA，38CrWVAlA 等。由于氮化工艺复杂，时间长，成本高，所以只用于耐磨性和精度都要求较高的零件，或要求抗热、抗蚀的耐磨件，例如发动机汽缸、排气阀、精密机床丝杠、镗床主轴、汽轮机阀门、阀杆等。随着新工艺（如软氮化、离子氮化等）的发展，氮化处理得到了越来越广泛的应用。

3. 碳氮共渗

碳氮共渗是向钢的表层同时渗入碳和氮的过程。习惯上又称氰化。目前以中温气体碳

氮共渗和低温气体碳氮共渗（即气体软氮化）应用较为广泛。中温气体碳氮共渗的主要目的是提高钢的硬度、耐磨性和疲劳强度；低温气体碳氮共渗以渗氮为主，其主要目的是提高钢的耐磨性和抗咬合性。

1) 中温气体碳氮共渗

中温气体碳氮共渗与渗碳相比，在工艺操作上具有下列优点：由于共渗温度（700～880℃）较低，共渗后一般都可以直接淬火，变形小；若处理温度相同，碳氮共渗速度高于渗氮速度；生产周期短，且相对于渗碳层具有较高的耐磨性、疲劳强度和抗压强度，并兼有一定的抗腐蚀能力。

一般气体渗碳设备稍加改装和添置供氨系统，便可用于共渗处理。在工业上的应用比渗碳晚，但发展很快，同时也有不足之处，中温碳氮共渗处理后的工件表层经常出现孔洞和黑色组织，中温碳氮共渗的气氛难控制，容易造成工件氢脆等，还需进一步解决。

气体碳氮共渗工艺一般是将渗碳气体和氨气同时通入渗碳炉中，工件入炉后在840～860℃保温4～5h，然后预冷到820～840℃油淬。共渗层厚度为0.7～0.8mm，升高温度或延长时间均可增加共渗层深度。

碳氮共渗零件经淬火和低温回火后，其表层组织为细针状回火马氏体、颗粒状碳氮化合物$Fe_3(C、N)$和少量残余奥氏体。

2) 低温气体碳氮共渗（气体软氮化）

钢在570℃左右的含活性碳、氮原子气氛中进行氮化的过程，由于氮化的同时有碳原子渗入钢件表面，故又称低温气体碳氮共渗。

软氮化的介质是尿素$(NH_2)_2CO$或甲酰胺NH_2COH，它们在软氮化温度下发生分解，形成活性[C]和[N]原子。

尿素分解反应：

$$(NH_2)_2CO \rightarrow CO + 2H_2 + 2[N]$$
$$2CO \rightarrow CO_2 + [C]$$

甲酰胺的分解反应：

$$4NH_2CO \rightarrow 2CO + 4H_2 + 2H_2O + 4[N] + 2[C]$$

从反应式可以看出，尿素和甲酰胺分解生成的活性氮原子均多于活性炭原子，所以软氮化的实质是以氮化为主的碳氮共渗过程，而渗碳过程形成的碳化物能促进氮化过程的进行。所以软氮化速度快，时间短，零件变形小。在570℃经1～4h软氮化，表层可形成0.01～0.02mm的碳氮化合物$Fe_3(C、N)$层，虽然其硬度比氮化时形成的Fe_2N和Fe_4N低，但其韧性好，故硬而不脆，不易剥落，从而提高耐磨性。此外，软氮化可提高疲劳强度和耐蚀性，而且不受钢种的限制，可用于碳钢、合金钢、铸铁、粉末冶金材料等。

缺点：主要是表层碳氮化合物层太薄，仅有0.01～0.02mm，加热气氛具有毒性，限制了应用。

表面淬火、渗碳、氮化、碳氮共渗等四种热处理工艺的特点和性能的比较如表5-6所示。在实际工作中，可以根据零件的工作条件、几何形状、尺寸大小等，选用合适的热处理工艺。

表5-6 几种表面热处理和化学热处理的比较

处理方法	表面淬火	渗碳	氮化	碳氮共渗
处理工艺	表面加热淬火低温回火	渗碳，淬火，低温回火	氮化	碳氮共渗，淬火，低温回火
生产周期	很短，几秒到几分	长，约3~9 h	很长，约20~50 h	短，约1~2 h
表层深度/mm	0.5~7	0.5~2	0.3~0.5	0.2~0.5
硬度/HRC	58~63	58~63	65~70（1000~1100 HV）	58~63
耐磨性	较好	良好	最好	良好
疲劳强度	良好	较好	最好	良好
耐蚀性	一般	一般	最好	良好
热处理后变形	较小	较大	最小	较小
应用举例	机床齿轮	汽车齿轮爪型离合器	油泵齿轮制动器凸轮	精密机床主轴丝杠

4. 离子氮化

离子氮化的基本原理是在低真空中的直流电场作用下，迫使电离的氮原子高速冲击作为阴极的工件，并使其渗入工件表面。离子氮化的优点是渗氮时间短，即为气体渗氮时间的 $\frac{1}{4} \sim \frac{1}{3}$，渗氮层脆性小。

5.7 钢的特种热处理

为了提高零件力学性能和表面质量，节约能源，降低成本，提高经济效益以及减少或防止环境污染等，发展了许多热处理新技术、新工艺。

5.7.1 形变热处理

形变热处理是将塑性变形和热处理结合，以提高工件力学性能的复合工艺。形变热处理不仅能获得一般加工方法不易达到的高强度和高韧性的良好组合，而且还可大大简化金属材料或工件的生产工艺过程，因而受到工业领域的广泛重视。

形变热处理一般分为低温形变热处理、高温形变热处理及形变化学热处理三类。

1. 低温形变热处理

低温形变热处理是将钢加热到奥氏体状态，保持一定时间，然后急速冷却到 A_{c1} 以下、高于 M_s 点的某一中间温度施以锻压或轧制成形，随后立即淬火获得马氏体组织。从获得强度与韧性良好配合的角度出发，过冷奥氏体应具有足够的稳定性。

低温形变热处理工艺主要有：

(1) 低温形变淬火。主要用于高强度零件（如飞机起落架）、火箭蒙皮、高速钢刀具、模具、炮弹壳、穿甲弹壳、板簧等，在保持韧性的前提下提高强度及耐磨性。

(2) 低温形变等温淬火。主要用于热作模具，在保持韧性的前提下提高其强度。

(3) 等温形变淬火。适用于等温、淬火的小零件如小轴、小模数齿轮、铋片、弹簧、链节等，以提高其强韧性。

（4）连续冷却形变热处理。用于小型、精密、耐磨、抗疲劳件，以提高其强韧性。

（5）诱发马氏体的低温形变。用于 18-8 型不锈钢、PH15-7Mo，过渡型不锈钢及 TRIP 钢，以提高其强韧性。

（6）珠光体低温形变。用于制造钢琴丝及钢缆丝，以提高其强度。

（7）马氏体形变时效。即使低碳钢淬成马氏体室温下形变，最后回火，可显著提高屈服强度，并降低冷脆转变温度。

（8）预形变热处理。适用于形状复杂，切削量大的高强钢零件，以提高其强韧性，并可省去预备热处理工序。

（9）晶粒多边化强化。用于锅炉紧固件、汽轮机或燃气轮机零件，以提高其高温持久强度和蠕变抗力。

2. 高温形变热处理

高温形变热处理是将钢加热到稳定奥氏体区保持一段时间，在该状态下形变，随后进行淬火以获得马氏体组织的工艺。

高温形变热处理后辅以适当的回火，能在改善钢的抗拉强度和屈服强度的情况下，改善钢的塑性和韧性。而且，其他指标如裂纹扩展功、冲击疲劳抗力、断裂韧度、疲劳断裂抗力、延迟破断裂纹扩展抗力、高接触应力下局部表面破损抗力和接触疲劳抗力均有提高，此外，高温形变淬火还可降低钢的脆性转变温度及缺口敏感性。

高温形变淬火强化效果不如低温形变淬火，但对材料没有特殊要求，一般碳钢、低合金钢均适用，容易安插在轧制或锻造生产流程中，因而近年来发展较快。

高温形变热处理工艺主要有：高温形变淬火、高温形变正火、高温形变等温淬火、亚温形变淬火、利用形变强化遗传性的热处理、表面高温形变淬火以及复合形变热处理等。

其中，高温形变淬火主要用于加工量不大的碳钢和合金结构钢零件如连杆、曲轴、叶片、弹簧、农机具及枪炮零件等。高温形变正火适用于改善以微量元素 V、Nb、Ti 强化的建筑结构钢材的塑性和碳钢及合金结构钢锻件的预备热处理。表面高温形变淬火，可用于高速传动轴、轴承套圈等圆柱形或环形零件；履带板和机铲等磨损零件。复合形变热处理则适用于 Mn13、工具钢和冷作模具钢等难以强化的钢材，以提高其综合力学性能。

3. 形变化学热处理

通过形变既能加速化学热处理过程，也可强化化学热处理效果，这种复合工艺称为形变化学热处理。

常用于形变化学热处理的工艺如下：

（1）利用锻热渗碳淬火或碳氮共渗。主要用于中等模数齿轮，可达到节能，提高渗速、硬度、耐磨性的效果。

（2）锻热淬火渗氮。用于模具、刀具及要求耐磨的零件，可加速渗氮过程，提高耐磨性。

（3）渗碳件表面形变时效。用于航空发动机齿轮、内燃机缸套等耐磨及疲劳性能要求极高的零件，其效果为零件表面硬度、耐磨性、疲劳抗力显著提高。

（4）渗碳表面形变淬火。用于齿轮等渗碳件、以提高表面的耐磨性。

（5）低温形变淬火渗硫。用于高强度摩擦偶件（如凿岩机活塞、牙轮钻等），以提高其心部强度，并使表面减摩。

5.7.2 真空热处理

在真空中进行的热处理称为真空热处理。

1. 真空热处理的优点

(1) 可以减少变形。在真空中加热，升温速度很慢，工件变形小。

(2) 可以净化表面。在高真空中，表面的氧化物、油污发生分解，工件可得光亮的表面，提高耐磨性、疲劳强度，防止工件表面氧化。

(3) 脱气作用。有利于改善钢的韧性，提高工件的使用寿命。

2. 真空热处理的应用

(1) 真空退火。真空退火有避免氧化、脱碳和去气、脱脂的作用，除了钢、铜及其合金外，还可用于处理一些与气体亲和力较强的金属，如钛、钽、铌、锆等。

(2) 真空淬火。真空淬火已大量用于各种渗碳钢、合金工具钢、高速钢和不锈钢的淬火，以及各种时效合金、硬磁合金的固溶处理。

(3) 真空渗碳。真实渗碳又称低压渗碳，是近年来在高温渗碳和真空淬火的基础上发展起来的一项新工艺。真空渗碳与普通渗碳相比有许多优点：可显著缩短渗碳周期；减少渗碳气体的消耗；能精确控制工件表层的碳浓度、浓度梯度和有效渗碳层深度；不形成反常组织和不发生晶间氧化；工件表面光亮；基本上不造成环境污染，并可显著改善劳动条件等。

5.7.3 热喷涂技术

热喷涂技术是利用热源将金属或非金属材料加热到熔化或半熔化状态，用高速气流将其吹成微小颗粒（雾化），喷射到工件表面，形成牢固的覆盖层的表面加工方法。

1. 热喷涂技术特点

(1) 涂层和基体材料广泛。涂层材料目前已广泛应用的有多种金属及其合金、陶瓷、塑料及其复合材料。作为基体的除金属和合金外，也可以是非金属的陶瓷、水泥、塑料、甚至石膏、木材等。

(2) 热喷涂工艺灵活。热喷涂的施工对象可以小到几十毫米的内孔，又可以大到像铁塔、桥梁等大型构件。喷涂既可以在整体表面上进行，也可以在指定的局部部位上进行，它既可以在真空或控制气氛下喷涂活性材料，也可以按需要在野外进行现场作业。

(3) 喷涂层、喷焊层的厚度可以在较大范围内变化。一般可以在 0.5~5 mm 范围内变化。

2. 常用热喷涂技术

(1) 火焰喷涂。利用各种可燃性气体燃烧放出的热进行的热喷涂称火焰喷涂。目前应用最广泛的气体是氧、乙炔。氧-乙炔火焰的最高温度可达 3100℃，一般情况下，高温不剧烈氧化，在 2760℃ 以下不升华，能在 2500℃ 以下熔化的材料都可用火焰喷涂形成涂层。

(2) 电弧喷涂。在两根由喷涂材料制成的丝材上加上交流或直流电压（30~50V），两根丝由送丝机构送进。当两丝丝端接近时，空气击穿。产生电弧。使丝材熔化成液滴，由压缩空气（压力大于 0.4MPa）将液滴高速吹向待喷涂工件表面，形成喷涂层。电弧喷涂层与基材的结合力比火焰喷涂层高，孔隙率低，且节省喷涂材料。

(3) 等离子喷涂。利用气体导电（或放电）所产生的等离子电弧作为热源进行喷涂的技术叫等离子喷涂。等离子弧能量高度集中，温度可达 20 000℃。该技术可用来喷涂 WC 等高熔点材料。

3. 涂层结构的特点

在喷涂过程中，喷涂材料被热源加热到熔化、半熔化或高塑性状态，以高速气流使喷涂材料以微颗粒状喷射到工件表面，与工件表面碰撞，形成（片状）微粒粘接在工件表面上，后面的微粒又碰撞在已经粘着在工件表面的微粒上，相互呈扁平状互相镶嵌，逐渐形成层状结构的涂层。涂层与基体以机械、金属键、微扩散、微焊接等方式结合。

4. 热喷涂材料

（1）纯金属及其合金。

① 锌及锌合金。具有良好的耐蚀性能。

② 铝及铝合金。抗氧化、提高了钢材的耐热性。

③ 铜及铜合金。有优良的导电、导热、耐磨和耐蚀性能，并有着鲜艳的表面色泽。用于开关和电子元件的导电涂层及塑像、工艺品、建筑表面的装饰，修复磨损及加工超差的工件。

④ 铁和铁合金。对各种机械零件的磨损表面进行修复。

（2）自熔合金。自熔合金是一种喷焊时不需外加焊剂，具有脱氧、造渣改善润湿性和与基体形成良好的冶金结合的较低熔点合金，主要用于喷焊工艺，获得理想的耐蚀、耐磨喷焊层。

（3）陶瓷材料。应用较多的是耐磨、耐热性高的氧化物和碳化物。

（4）复合材料。以各种碳化物硬质颗粒作芯核材料，用金属或合金作包覆材料，可制成各种系列的硬质耐磨复合粉末。以各种具有低摩擦因数、低硬度并具有自润滑性能的多孔软质材料（如石墨、二硫化钼、聚四氟乙烯）颗粒做芯核材料，用金属和合金做包覆材料，可制成减摩润滑的复合粉末。

5. 热喷涂工艺

包括清洁和粗化表面、预热、喷涂、喷后处理等。喷后采用封孔提高耐蚀性，采用重熔提高喷涂层与基体材料的结合强度，降低涂层孔隙率。

热喷涂可用于材料表面的强化、提高耐磨、耐蚀性，也可用于磨损件的表面修复。如油田抽油机主轴轴颈磨损，采用电弧喷涂技术进行修复，取得了显著经济效益。

5.7.4　气相沉积技术

气相沉积技术是指从气相物质中析出固相并沉积在基材表面的一种新型表面镀膜技术。根据使用的原理不同，可分为化学气相沉积（CVD）及物理气相沉积（PVD）两大类。近年来，又发展出一代新型气相沉积技术，即等离子体增强化学气相沉积（PCVD）。

1. 化学气相沉积

CVD 是利用气态化合物（或化合物的混合物）在基体受热表面发生化学反应，并在该基体表面生成固态沉积物的过程。例如，气相的 $TiCl_4$ 与 N_2 和 H_2 在受热钢的表面形成 TiN，而沉积在钢的表面得到耐磨抗蚀沉积层。

用CVD法在不锈钢表壳上获得金黄色TiN涂层，不但美观，而且耐磨。在钻头、车刀等刀具表面沉积TiN、TiC，以提高刀具的耐磨性。

2. 物理气相沉积

在真空环境中，以物理方法产生的原子或分子沉积在基材上，形成薄膜或涂层的方法称为物理气相沉积。PVD方法可获得金属涂层和化合物涂层。如在黄铜表面涂敷金属膜，用于装饰；在塑料带上涂敷铁钴镍，制作磁带；在高速钢表面涂敷TiN、TiC薄膜，提高刀具的耐磨性等。

3. 等离子体增强化学气相沉积

通常的CVD的方法是使气态物质在高温下发生化学反应，制造涂层。如果用直流电场、射频电场或微波电场使低压气体放电得到等离子体，则可促进气相化学反应，在基材上沉积化合物涂层。这种技术叫等离子增强化学气相沉积。PCVD法与CVD法相比，处理温度要低些，可在非耐热性或高温下发生结构转变的基材上制备涂层，简化后处理工艺。由于气体处于等离子体激发状态，大大提高反应速率。

PCVD与CVD的用途基本相同，可制取耐磨、耐蚀涂层，也可用来制备装饰涂层。

5.7.5 激光表面改性

激光可以供给被照射材料 $10^4 \sim 10^8 W/cm^2$ 的高功率密度，使材料表面的温度瞬时上升至相变点、熔点甚至沸点以上，并产生一系列物理或化学的变化。

激光与普通光相比，除了它的高功率密度之外，还具有方向性好，即可以认为基本上是平行的；单色性好，即具有单一的波长或称为单色光；极好的相干性。

激光相变硬化（激光淬火）：高能密度的激光束照射工件，使其需要硬化的部位瞬时吸收光能并立即转化成热能，温度急剧上升，形成奥氏体，而工件基本仍处于冷态，与加热区之间有极高的温度梯度。一旦停止激光照射，加热区因急冷而实现工件的自冷淬火，获得超细化的隐晶马氏体组织。

激光相变硬化的特点：

（1）生产率高。具有极快的加热速度（$10^4 \sim 10^6 ℃/s$）和极快的冷却速度（$10^6 \sim 10^8 ℃/s$），工艺周期只需0.1s即可完成。

（2）可作为工件加工的最后工序。激光淬火仅对工件局部表面进行，淬火硬化层可精确控制，淬火后工件变形小，几乎无氧化脱碳现象，表面粗糙度高。

（3）激光淬火的硬度可比常规淬火提高15%～20%。耐磨性可大幅度提高。

（4）自冷淬火避免了水、油等淬火介质，有利于防止环境污染。

（5）对工件的许多特殊部位，如槽壁、槽底、小孔、盲孔、深孔等，只要能将激光照射到位，均可实现激光淬火。

（6）工艺过程易实现计算机控制的生产自动化。

汽车缸套内壁进行激光表面淬火，内壁获得4.1～4.5 mm宽、0.3～0.4 mm深、表面硬度644～825HV的螺纹状淬火带，使用寿命提高一倍以上，行车超过 2×10^5 km。

激光表面淬火技术也应用于汽车发动机凸轮轴、曲轴、空调机阀板、邮票打孔机辊筒等零件的表面强化处理，显著提高了它们的使用寿命。

 **知识链接**

俄罗斯在研制第五代战斗机苏-35时，在采用隐身技术措施采用了喷涂和沉积表面处理。通常，苏-27M战斗机进气道是一个强烈的反射源，雷达波通过进气道直接在压气机叶片表面产生强烈的反射波。为此，研究人员研制出不同厚度的铁磁吸波材料，分别喷涂于进气道和压气机叶片的表面，可以将进气道产生的雷达波反射降低10～15dB。而且，这种涂层不会影响进气流量，不会影响防冰系统的正常工作，可以承受高速气流的冲击，耐受200℃高温。苏-27M战斗机的另一个雷达波强反射源是座舱，主要是由于座舱内的坐椅、各种显示仪表和操纵杆等都采用了大量金属部件。为此，研制出一种新的加工工艺，可以将等离子体有效地沉积到座舱盖的聚合物材料和金属材料的内部，从而把电磁波屏蔽在座舱外，同时又不会影响阳光的透入。

小 结

热处理是将固态金属或合金在一定介质中加热、保温和冷却，以改变其整体或表面组织，从而获得所需性能的一种工艺。热处理是改善金属材料的使用性能和加工性能的一种非常重要的工艺方法。在机械工业中，绝大部分重要零件都要经过适当的热处理才能满足使用要求。本章内容理论联系实际，具有重要的应用价值，也是本课程的重点内容之一。

本章主要内容可分为热处理原理和热处理工艺两部分。分别介绍了钢在加热时的转变，钢在冷却时的转变，钢的退火、正火、淬火、回火，钢的表面热处理以及特种热处理的工艺及应用。

习 题

1. 选择题

(1) 钢在淬火后获得的马氏体组织的粗细主要取决于（ ）。
　　A. 奥氏体的本质晶粒度　　　　B. 奥氏体的实际晶粒度
　　C. 奥氏体的起始晶粒度

(2) 奥氏体向珠光体的转变是（ ）。
　　A. 扩散型转变　　　B. 非扩散型转变　　　C. 半扩散型转变

(3) 钢经调质处理后获得的组织是（ ）。
　　A. 回火马氏体　　　B. 回火屈氏体　　　C. 回火索氏体

(4) 影响碳钢淬火后残余奥氏体量的主要因素是（ ）。
　　A. 钢材本身的碳含量　　　　B. 钢中奥氏体的碳含量
　　C. 钢中碳化物的含量

(5) 共析钢过冷奥氏体在550～350℃的温度区间等温转变时，所形成的组织是（ ）。
　　A. 索氏体　　　　B. 下贝氏体　　　　C. 上贝氏体

(6) 若合金元素能使C曲线右移，钢的淬透性将（ ）。
　　A. 降低　　　　B. 提高　　　　C. 不改变

(7) 淬硬性好的钢（ ）。
　　A. 奥氏体中的合金元素含量高　　　B. 奥氏体中的碳含量高
　　C. 奥氏体中的碳含量低

(8) 对形状复杂，截面变化大的零件进行淬火时，应选用（   ）。
   A. 水中淬火　　　　B. 油中淬火　　　　C. 盐水中淬火
(9) 直径为10mm的40钢的常规淬火温度大约为（   ）。
   A. 750℃　　　　　B. 850℃　　　　　C. 920℃
(10) 完全退火主要适用于（   ）。
   A. 亚共析钢　　　　B. 共析钢　　　　　C. 过共析钢

2. 填空题

(1) 钢加热时奥氏体形成是由（   ）、（   ）、（   ）和（   ）四个基本过程所组成。
(2) 在过冷奥氏体等温转变产物中，珠光体与屈氏体的主要相同点是（   ），不同点是（   ）。
(3) 与共析钢相比，非共析钢C曲线的特征是（   ）。
(4) 马氏体的显微组织形态主要有（   ）、（   ）两种，其中（   ）的韧性较好。
(5) 钢的淬透性越高，则其C曲线的位置越（   ），说明临界冷却速度越（   ）。
(6) 钢的热处理工艺是由（   ）、（   ）、（   ）三个阶段组成。一般来讲，它不改变被处理工件的（   ），但却改变其（   ）。
(7) 利用Fe-Fe₃C相图确定钢完全退火的正常温度范围是（   ），它只适应于（   ）钢。
(8) 钢的正常淬火温度范围，对亚共析钢是（   ），对过共析钢是（   ）。
(9) 在正常淬火温度下，碳素钢中共析钢的临界冷却速度比亚共析钢和过共析钢的临界冷却速度都（   ）。
(10) 钢在回火时的组织转变过程是由（   ）、（   ）、（   ）和（   ）四个阶段所组成。

3. 简答题

(1) 何谓过冷奥氏体？如何测定钢的奥氏体等温转变图？奥氏体等温转变有何特点？
(2) 共析钢奥氏体等温转变产物的形成条件、组织形态及性能各有何特点？
(3) 影响奥氏体等温转变图的主要因素有哪些？比较亚共析钢、共析钢、过共析钢的奥氏体等温转变图。
(4) 比较共析碳钢过冷奥氏体连续冷却转变图与等温转变图的异同点。如何参照奥氏体等温转变图定性地估计连续冷却转变过程及所得产物？
(5) 钢获得马氏体组织的条件是什么？钢的含碳量如何影响钢获得马氏体组织的形态和性能？
(6) 生产中常用的退火方法有哪几种？正火的主要目的是什么？
(7) 什么是淬火？常用的几种淬火介质各有何优缺点并适用于何种情况？
(8) 何谓钢的淬透性？影响淬透性的因素有哪些？在选材中如何考虑钢的淬透性？
(9) 回火的目的是什么？常用的回火方法有哪几种？指出各种回火的加热温度、回火组织、性能及应用范围。说明回火马氏体、回火托氏体、回火索氏体与马氏体、托氏体、索氏体的组织和性能有何不同。
(10) 对钢进行表面热处理的目的何在？比较表面淬火、渗碳、渗氮处理在用钢、处理工艺、表层组织性能、应用范围等方面的差别。
(11) 何谓真空热处理？真空热处理有何作用？真空热处理有哪些应用？有什么优点？
(12) 何谓形变热处理？它有哪几种基本类型？各类形变热处理对提高材料性能有何作用？其原因何在？在何种情况下应用？

4. 实例分析题

(1) 选择下列零件的热处理方法，并编写简明的工艺路线（各零件均选用锻造毛坯，且钢材具有足够的淬透性）。
① 某机床变速箱齿轮（模数 $m=4$），要求齿面耐磨，心部强度和韧性要求不高，材料选用45钢；

② 某机床主轴，要求有良好的综合力学性能，轴颈部分要求耐磨（50～55HRC），材料选用 45 钢；

③ 镗床镗杆，在重载荷下工作，精度要求极高，并在滑动轴承中运转，要求镗杆表面有极高的硬度，心部有较高的综合力学性能，材料选用 38CrMoAlA；

④ 形状简单的车刀，要求耐磨（60～62HRC），材料选用 T10 钢。

(2) 某工厂的材料仓库，两种碳钢相混，原来钢号不清楚，为了分辨这两种材料，实验人员截取两块试样 A 和 B，加热到 850℃ 保温后缓冷至室温（接近平衡状态），制成金相试样，在显微镜下观察，结果：

① A 试样中先共析铁素体的面积占 40%，珠光体的面积占 60%；

② B 试样中二次渗碳体（网状）面积占 7%，珠光体的面积占 93%。

假定珠光体与铁素体的密度相同，铁素体的含碳量为零，试求 A、B 两种钢的含碳量是多少？并估计出钢号。

(3) 对某一碳钢（平衡状态）进行相分析，得知其组成相为 80%F 和 20%Fe_3C，求此钢的成分及其硬度。

(4) 用冷却曲线表示 E 点成分的铁碳合金的平衡结晶过程，画出室温组织示意图，标上组织组成物，计算室温平衡组织中组成相和组织组成物的相对质量。

(5) 共析钢 C 曲线和冷却曲线下图所示，请写出图中各点的组织。

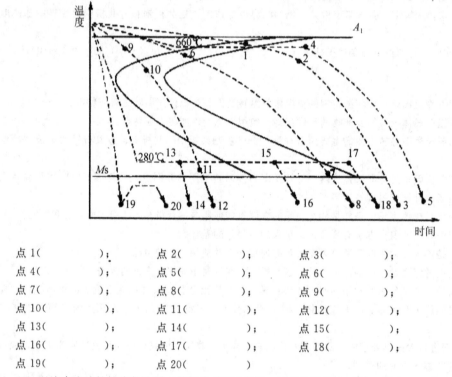

点 1(　　　　　)；　点 2(　　　　　)；　点 3(　　　　　)；
点 4(　　　　　)；　点 5(　　　　　)；　点 6(　　　　　)；
点 7(　　　　　)；　点 8(　　　　　)；　点 9(　　　　　)；
点 10(　　　　　)；点 11(　　　　　)；点 12(　　　　　)；
点 13(　　　　　)；点 14(　　　　　)；点 15(　　　　　)；
点 16(　　　　　)；点 17(　　　　　)；点 18(　　　　　)；
点 19(　　　　　)；点 20(　　　　　)

(6) 以汽车变速箱挡齿轮为例。材料为 20CrMnTi，工艺路线为：下料→锻造→正火→加工齿形→渗碳（930℃）→预冷淬火（830℃）→低温回火（200℃）→磨齿。其中：

① 正火的目的是(　　　　　)，其组织为(　　　　　)；

② 渗碳的目的是(　　　　　)；

③ 预冷淬火的目的是(　　　　　)；

④ 低温回火的目的是(　　　　　)，其表面组织为(　　　　　)。

第6章 工业用钢

> **教学目标**

1. 理解并掌握工业用钢的分类和编号方法,基本能由钢号推断出它属于哪一类钢种、大概化学成分和主要用途。
2. 了解钢中常存杂质元素及合金元素对钢性能的影响。
3. 掌握常用结构钢(重点是渗碳钢和调质钢)、工具钢(重点是高速钢)的工作条件、性能特点、化学成分、常规热处理、典型钢种及其主要用途。
4. 熟悉特殊性能钢的基本知识。
5. 结合实例,初步具备合理选择材料、正确确定加工方法、妥善安排加工工艺路线的能力。

> **教学要求**

能力目标	知识要点	权重	自测分数
掌握工业用钢的基础知识	工业用钢的分类和编号方法、碳钢与合金钢的特点	20%	
了解钢中常存杂质元素与合金元素对钢性能的影响	钢中常存杂质元素对钢性能的影响、合金元素在钢中的存在形式、合金元素对 Fe-Fe_3C 相图的影响、合金元素对钢的性能的影响	10%	
掌握常用结构钢、工具钢的基础知识	重点掌握渗碳钢,调质钢,高速钢的性能特点,化学成分,常规热处理,典型钢种及其主要用途	45%	
熟悉特殊性能钢的基本知识	重点熟悉不锈钢、耐磨钢的性能特点、常规热处理、典型钢种及其主要用途	10%	
综合应用	合理选择材料、正确确定加工方法、妥善安排加工工艺路线	15%	

> **引例**

著名的电影大片《泰坦尼克号》曾吸引了亿万观众(见图6.1),其沉没的原因众说纷纭。其中,比较有说服力的说法是泰坦尼克号的沉没与船体材料质量有很大关系。主要由于当时的炼钢技术并不十分成熟,炼出的钢铁材料在现代的标准中根本不能用于造船;再加上长期浸泡在冰冷的海水中,加剧了磷的冷脆作用，使得钢板更加脆弱。因此，专家们普遍认为：冰山撞击太突然、轮船速度过快及钢板较脆，是导致这一悲剧发生的主要原因。

图 6.1　电影《泰坦尼克号》逃生图片

如图 6.2 所示，泰坦尼克号钢板的冲击试样是典型的脆性断口。通过检测发现，其钢板中硫、磷含量很高。

如图 6.3 所示，现代船用钢板的冲击试样是典型的韧性断口。其钢板具有相当好的韧性，所以不容易发生断裂。

图 6.2　泰坦尼克号钢板冲击试验断口

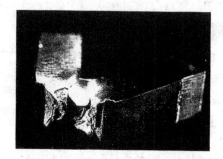
图 6.3　现代船用钢板冲击试验断口

工业用钢是机械工程中应用最广泛的金属材料，包括碳素钢和合金钢（按钢的化学成分分类）。

碳素钢是指含碳量在 0.0218%～2.11% 之间，并含有少量的硅、锰、硫、磷等杂质的铁碳合金。由于碳钢的强度、塑性、韧性较好，又具有良好的工艺性能，且冶炼方便，价格低廉，故在机械制造、建筑和交通运输等行业中得到了广泛应用。

随着科学技术和现代工业的发展，对材料提出了更高的要求，如更高的强度，耐高温、耐低温、耐磨损、耐腐蚀及其他特殊的物理、化学性能要求，碳素钢已不能完全满足使用要求了。于是，人们便研制了合金钢。

合金钢是指为改善钢的某些性能，在碳钢的基础上有目的地加入一种或几种合金元素所获得的铁基合金。与碳钢相比，合金钢的淬透性好、强度高，有的还有某些特殊的物理和化学性能。尽管它的价格高一些，某些加工工艺性能较差，但因其具备特有的优良性能，且在某些用途中合金钢还可能是唯一能满足工程需要的材料。因而，合金钢用量比率正在逐年增长。

6.1 钢的分类与编号

目前,在机械工程材料中,钢铁材料约占85%以上。为了在生产上合理选择、正确使用钢材,有必要了解我国钢材的分类、编号及用途。

6.1.1 钢的分类

钢的种类很多,为了便于管理、选用及研究,从不同角度将它们分成若干类别。通常有以下几种形式。

1. 按化学成分分

钢材按化学成分可分为:

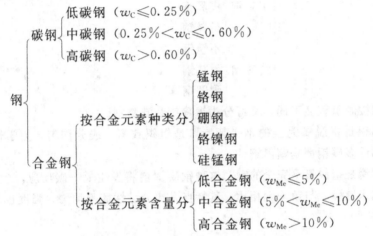

其中,w_C、w_{Me} 分别表示碳含量、合金元素含量。

2. 按冶金质量分

按照 GB/T 699—2006 之规定,钢材按冶金质量可分为:

$$钢\begin{cases}优质钢\ (w_S\leqslant 0.035\%、w_P\leqslant 0.035\%)\\ 高级优质钢\ A\ (w_S\leqslant 0.030\%、w_P\leqslant 0.030\%)\\ 特级优质钢\ E\ (w_S\leqslant 0.020\%、w_P\leqslant 0.020\%)\end{cases}$$

3. 按使用加工方法分

按照 GB/T 699—2006 之规定,钢材按使用加工方法可分为:

$$钢\begin{cases}压力加工用钢\ UP\begin{cases}热压力加工用钢\ UHP\\ 顶锻用钢\ UF\\ 冷拔坯料用钢\ UCD\end{cases}\\ 切削加工用钢\ UC\end{cases}$$

4. 按用途分

钢材按用途可分为：

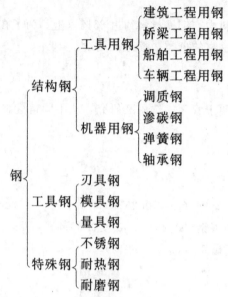

此外，钢按脱氧程度不同，又可分为镇静钢和沸腾钢。

(1) 镇静钢是指脱氧完全的钢。其特点是组织致密，成分均匀，力学性能较好。因此，合金钢和许多碳钢都是镇静钢。

(2) 沸腾钢是指脱氧不完全的钢。这种钢凝固前将发生氧—碳反应，生成大量的CO气泡，引起钢水沸腾。与镇静钢相比，其特点是成分、性能不均匀，强度也较低，不适于制造重要零件。

6.1.2 钢的编号

钢的编号在国际上没有统一的规定原则。在我国，钢的编号一般采用汉语拼音字母、化学元素符号和阿拉伯数字相结合的方法来表示。

1. 碳钢的编号

1) 碳素结构钢

碳素结构钢的牌号由"屈"字的汉语拼音字首"Q"、屈服点数值、质量等级符号及脱氧方法符号等四个部分按顺序组成。

例如，Q235-A·F表示屈服点为235MPa的A级质量的沸腾钢。其中，质量等级A、B、C、D，表示钢中的硫、磷含量依次降低，质量依次提高；脱氧方法符号F、b、Z、TZ依次表示沸腾钢、半镇静钢、镇静钢、特殊镇静钢。一般情况下符号Z、TZ在牌号表示中可省略。

2) 优质碳素结构钢

优质碳素结构钢的牌号用两位数字表示，这两位数字表示钢的平均含碳量的万分之几。例如，45钢表示平均含碳量为$w_C=0.45\%$的优质碳素结构钢。

若优质碳素结构钢中锰的质量分数较高，则在数字后加"Mn"，如45Mn等。若为沸腾钢或某种专用钢种，则在钢号后面标出规定的符号，如 10F 表示平均含碳量为 0.10%的沸腾钢；20g 表示平均含碳量为 0.20%的锅炉用钢。

3）碳素工具钢

碳素工具钢的牌号由"碳"的汉语拼音字首"T"加数字组成，后面的数字表示钢中的平均含碳量的千分之几。例如 T8 表示平均含碳量为 0.8%的碳素工具钢。若为高级优质钢，在钢号后面标注"A"字。例如，T12A 表示平均含碳量为 1.2%的高级优质碳素工具钢。

4）铸造碳钢

铸造碳钢（简称铸钢）是指冶炼后直接铸造成形的钢。它广泛用于制造形状复杂或大型的难以锻造而又要求具有较高的强度和塑性，并承受冲击载荷的零件，如轧钢机机架、水压机横梁和锻锤砧座等。

铸钢的牌号由"铸钢"二字的汉语拼音字首"ZG"加两组数字组成，第一组数字表示最低屈服强度，第二组数字表示最低抗拉强度，单位均为 MPa。例如，ZG200—400 表示下屈服强度 $R_{eL} \geqslant 200$MPa 且抗拉强度 $R_m \geqslant 400$MPa 的铸造碳钢。

2. 合金钢的编号

(1) 低合金高强度结构钢。低合金高强度结构钢的牌号表示方法与碳素结构钢的牌号表示方法相同，只不过是屈服强度更高一些。例如，Q390A 表示下屈服强度 $R_{eL}=390$MPa、质量等级为 A 级的低合金高强度结构钢。

(2) 合金结构钢。合金结构钢的牌号由"两位数字＋元素符号＋数字"三部分组成。其中前面的两位数字表示钢中平均含碳量的万分数，元素符号表示钢中所含的合金元素，后面的数字表示该元素的平均含量的百分数。当合金元素的平均质量分数 $w_{Me}<1.5\%$ 时，一般只标明元素而不标明数值；当合金元素的平均质量分数 $\geqslant 1.5\%$、$\geqslant 2.5\%$、$\geqslant 3.5\%$ … 时，则在合金元素后面相应地标出 2、3、4 …。例如，40Cr 表示平均含碳量 $w_C=0.4\%$ 且铬的平均含量 $w_{Cr}<1.5\%$ 的合金结构钢。

如果是高级优质钢，则在牌号的末尾加"A"。例如，38CrMoAlA 表示平均含碳量为 0.38%、铬、钼、铝的平均含量均<1.5%的高级优质合金结构钢。

易切削钢在牌号前面加"易"字汉语拼音字首"Y"字。例如，Y40Mn 表示平均含碳量约 0.4%、含锰量小于 1.5%的易切削钢。

滚动轴承钢的牌号由"滚"字汉语拼音字首"G"字＋铬元素符号＋数字组成。数字表示含铬量的千分之几，其碳的质量分数不标出。例如，GCr15 表示平均含铬量 $w_{Cr}=1.5\%$ 的滚动轴承钢。

(3) 合金工具钢。合金工具钢的编号方法与合金结构钢的编号方法大致相同。为了避免与合金结构钢混淆，当平均含碳量 $w_C \geqslant 1\%$ 时不标出；当平均含碳量 $w_C<1\%$ 时，用一位数字表示碳的平均含量的千分数；高速工具钢例外，其平均含碳量无论多少均不标出。例如，9SiCr 表示平均含碳量 $w_C=0.9\%$ 且平均含硅量 w_{Si}、含铬量 w_{Cr} 均<1.5%的合金工具钢。又如 Cr12MoV 表示平均含碳量不小于 1.0%、铬的平均含量为 $w_{Cr}=12\%$ 且钼和钒的平均含量均小于 1.5%的合金工具钢。

(4) 特殊性能钢。特殊性能钢的编号方法与合金工具钢的编号方法完全相同。这类钢牌号前面数字表示平均含碳量的千分数。例如，3Cr13 钢表示平均含碳量 $w_C=0.3\%$，平均含铬量 $w_{Cr}=13\%$。当钢中平均含碳量 $w_C \leqslant 0.03\%$ 或 $w_C \leqslant 0.08\%$ 时，则在牌号前面分别冠以"00"或"0"表示。例如，00Cr17Ni14Mo2 钢，0Cr19Ni9 钢。

6.2 钢中常存杂质与合金元素

6.2.1 钢中常存杂质元素对钢性能的影响

钢中常存杂质元素是指锰、硅、硫、磷、氧、氢、氮等，虽然在炼钢时尽力设法去除，但仍不可避免会有一些从原料、燃料、炉渣、大气等混入钢中，它们的存在对钢的性能和质量必然会产生影响。

（1）硅和锰的影响。硅和锰是炼钢时由于脱氧而残留在钢中的，一般认为是有益元素，其含量一般控制在 0.5% 和 0.8% 以下。它们大部分能溶于铁素体中，起固溶强化作用，从而提高钢的强度和硬度。

（2）硫和磷的影响。硫和磷是在炼钢时由矿石和燃料（焦炭）带入钢中的，一般认为是有害元素。

硫在铁素体中溶解度很小，常以 FeS 的形式存在。FeS 与 Fe 易在晶界上形成低熔点（989℃）的共晶体（FeS+Fe），低于钢材热加工的开始温度（1150～1250℃）。当钢在 1000～1200℃进行压力加工时，由于晶界上的共晶体熔化而导致钢材脆性开裂，这种现象称为热脆。为了避免热脆，可加锰消除硫的有害作用。其反应式为

$$FeS + Mn \rightarrow Fe + MnS$$

所生成的 MnS 熔点为 1620℃，且在高温下具有一定的塑性，能有效地消除钢的热脆现象。

磷能全部溶于铁素体，形成强烈的固溶强化作用，使钢的强度、硬度增加，但却使钢在室温下的塑性、韧性急剧下降，尤其在低温时更为严重（因为磷使钢的脆性转变温度升高）。这种在低温时使钢严重变脆的现象称为冷脆。

由于硫、磷对钢的质量影响很大，因此对钢中硫、磷含量都应严格控制。

 知识链接

硫、磷虽是有害元素，但在某些情况下却有有益的一面，如硫与锰同时加入钢中，形成的 MnS 会使切削时易于断屑，这种钢称易切削钢。含磷和铜的低碳钢可以提高钢在大气中的耐蚀性。磷的冷脆作用还可以用来制作炮弹钢。如在炮弹钢中（含碳量在 0.6%～0.9%、含锰量在 0.6%～1.0%）加入较多的磷，使钢的脆性增大，炮弹爆炸时，碎片增多可增加杀伤力，如图 6.4 所示的激光制导炮弹。

图 6.4 激光制导炮弹

（3）气体元素的影响。钢中气体元素主要指氧、氢、氮等，它们的存在对钢的性能也会产生不利的影响。

氧主要以氧化物（如 FeO、MnO、SiO_2、Al_2O_3 等）形式存在于钢中，不仅使钢的强度和塑性下降，而且对钢的疲劳强度也有很大的影响，常成为疲劳失效的策源地。

氢以原子态溶解在钢中时，使钢材的塑性、韧性急剧下降，造成氢脆；氢以分子态析

出时，会在缺陷处形成微裂纹。由于内壁呈白色，俗称白点，易导致钢件淬火时开裂或使用时发生突然断裂，危害性极大。

氮通常以 Fe_2N、Fe_4N 形式存在钢中，虽能提高钢的强度、硬度，但却使塑性下降、脆性增大，称为时效脆化。通过在钢中加入钛、铝、钒等元素，使之生成 TiN、AlN，可消除氮的脆化倾向。

总之，常存杂质元素对钢材性能和质量影响很大，必须严格控制在规定的范围内。

6.2.2 合金元素在钢中的作用

合金钢性能是否优良，主要取决于钢中合金元素与碳的作用。按合金元素与碳的亲和力大小，可分为：

(1) 非碳化物形成元素。与碳的亲和力很弱，一般不与碳化合，如镍、硅、铝、钴、铜等。

(2) 碳化物形成元素。与碳的亲和力依次由弱到强的元素有铁、锰、铬、钼、钨、钒、铌、锆、钛等。与碳的亲和力愈强，所形成的碳化物愈稳定。

1. 合金元素在钢中的存在形式

合金元素与碳的作用直接决定其在钢中的存在形式。合金元素可以与铁和碳形成固溶体和碳化物，也可以形成金属间化合物，从而改变钢的组织和性能。

(1) 合金铁素体。几乎所有合金元素都可或多或少地溶入铁素体（或奥氏体），形成合金铁素体，使钢材得到强化。其中原子直径很小的合金元素（如氮、硼等）与铁形成间隙固溶体；原子直径较大的合金元素与铁形成置换固溶体。

(2) 合金渗碳体。弱碳化物形成元素或较低含量的中强碳化物形成元素，能置换渗碳体中的铁原子，形成合金渗碳体，如 $(FeMn)_3C$、$(FeCr)_3C$、Mn_3C 等。

(3) 特殊碳化物。强碳化物形成元素或较高含量的中强碳化物形成元素，能够与碳化合，形成特殊碳化物，如 VC、TiC、NbC 等。

特别提示

合金渗碳体和特殊碳化物具有较高的熔点和稳定性，在加热至高温时也不易溶入奥氏体。因此，可起阻止奥氏体晶粒长大的作用。另外，它们又具有较高的硬度，当它们在钢中弥散分布时，可大大提高钢的强度、硬度和耐磨性，且不降低韧性，这对提高工件的使用性能极为有利。

2. 合金元素对 $Fe-Fe_3C$ 相图的影响

合金钢的平衡结晶过程已不能由 $Fe-Fe_3C$ 二元合金相图分析。由于合金元素的加入，$Fe-Fe_3C$ 相图将发生下列变化。

1) 改变了奥氏体区的范围

合金元素溶入奥氏体后，奥氏体区的温度范围就会扩大（A_3 下降，A_4 上升）或缩小（A_3 上升，A_4 下降）。因此，相应地使 $Fe-Fe_3C$ 相图中的奥氏体相区也就扩大或缩小，如加入铬、钨、钼等合金元素会使奥氏体相区缩小，如图 6.5 (a) 所示；而加入镍、钴、锰等合金元素会使奥氏体相区扩大，如图 6.5 (b) 所示。

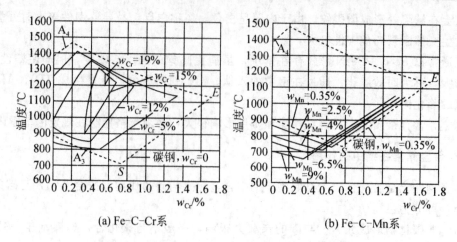

图 6.5 合金元素对 Fe-Fe₃C 相图中奥氏体影响

2) 改变 S、E 点位置

如图 6.5 所示，凡能扩大奥氏体区的元素，均使 S、E 点向左下方移动；凡能缩小奥氏体区的元素，均使 S、E 点向左上方移动。因此，大多数合金元素均使 S 点、E 点左移。S 点向左移动，意味着降低了共析点的含碳量，使含碳量相同的碳钢与合金钢具有不同的显微组织。E 点左移，使莱氏体的含碳量降低。如高速钢中 $w_C<2.11\%$，但在铸态组织中却出现合金莱氏体，这种钢称为莱氏体钢。

3. 合金元素对钢的性能的影响

1) 合金元素改善钢的热处理工艺性能

合金元素对钢热处理工艺性能的影响主要表现在：

(1) 细化奥氏体晶粒；

(2) 提高淬透性；

(3) 提高回火抗力，产生二次硬化，防止第二类回火脆性等。

合金元素对钢热处理工艺性能的影响在前两章已分别作了介绍，这里不再详述。

2) 合金元素提高钢的使用性能

(1) 合金元素使钢的性能得到强化。由塑性变形理论知：塑性变形是位错在滑移面上运动的结果。钢中的溶质原子、第二相粒子及晶界等都是位错运动的障碍，因而会产生固溶强化、第二相强化及细晶强化，从而使钢的强度、硬度升高。

① 固溶强化。合金元素溶入钢后形成的合金铁素体，引起晶格畸变，增加位错运动阻力，产生固溶强化。且合金元素与铁的原子半径和晶体结构相差越大，强化效果越显著，但会引起韧性降低。

② 第二相强化。合金渗碳体和特殊碳化物在钢中加热形成奥氏体时，难以溶于奥氏体，也难以聚集长大。当它们以细小质点分布在钢中时，位错运动阻力会越大，从而更有效地提高钢的强度和硬度。

③ 细晶强化。大多数合金元素都能细化铁素体和奥氏体晶粒及马氏体针条，且晶粒越细小，位错运动阻力越大，强化效果越显著。

🔑 特别提示

细晶强化不仅可以提高钢的强度和硬度，而且还能同时提高钢的塑性和韧性，这是其他强化方法不可能做到的。近年来，人们正在研究纳米材料，如果能将钢中的奥氏体和铁素体晶粒或马氏体针条的尺寸细化到纳米级，则钢的强度、硬度、塑性和韧性将会大幅度提高。

（2）合金元素使钢获得特殊性能。合金元素加入钢中可以使钢形成稳定的单相组织或形成致密的氧化膜和金属间化合物，从而使钢获得耐腐蚀、耐热等特殊性能。

6.3 结 构 钢

结构钢按用途可分为工程用钢和机器用钢两大类。工程用钢主要用于各种工程结构，其用量大、成本低，一般不用热处理可直接使用。机器用钢主要用于制造各种机器零件，一般都要经过热处理才能使用。

6.3.1 碳素结构钢

碳素结构钢是工业上用量最大的钢种，约占钢材总量的70%。其成分特点是含碳量低（0.06%～0.38%），硫、磷含量较高。一般在热轧状态下使用，组织为铁素体和珠光体，其塑性高，可焊性好，通常以钢棒、钢板、型钢或以钢锭、钢坯供应。这类钢主要保证力学性能，不再进行热处理；但对某些零件，也可进行正火、调质、渗碳等处理，以提高其使用性能。

根据GB/T 700—2006规定，碳素结构钢的牌号、化学成分、力学性能如表6-1、表6-2所示。

表6-1 常用普通碳素结构钢的牌号、化学成分（摘自 GB/T 700—2006）

牌号	统一数字代号a	等级	厚度（或直径）/mm	脱氧方法	化学成分（质量分数）%，不大于				
					C	Si	Mn	P	S
Q195	U11952	—		F、Z	0.12	0.30	0.50	0.035	0.040
Q215	U12152	A		F、Z	0.15	0.35	1.20	0.045	0.050
	U12155	B							0.045
Q235	U12352	A		F、Z	0.22	0.35	1.40	0.045	0.050
	U12355	B			0.20				0.045
	U12358	C		Z	0.17			0.040	0.040
	U12359	D		TZ				0.035	0.035
Q275	U12752	A		F、Z	0.24	0.35	1.50	0.045	0.050
	U12755	B	≤40 >40	Z	0.21 0.22			0.045	0.045
	U12758	C		Z	0.20			0.040	0.040
	U12759	D		TZ				0.035	0.035

（1）表中为镇静钢、特殊镇静钢牌号的统一数字，沸腾钢牌号的统一数字代码如下：
Q195F－U11950；215AF－U12150，Q215BF－U12153；
Q235AF－U12350，Q235BF－U12353；
Q275AF－U12750。
（2）经需方同意，Q235的含碳量可不大于0.22%。

Q195、Q215、Q235A、Q235B等钢塑性较好,有一定的强度,通常轧制成钢筋、钢板、钢管等,可用于桥梁、建筑物等构件,也可用来制造普通螺钉、螺帽、铆钉及垫圈等。

Q235C、Q235D可用于重要的焊接结构,如锅炉、容器等。

Q255、Q275强度较高,可轧制成形钢、钢板等,用于制造承受中等载荷的零件,如转轴、链轮及螺纹钢筋等。

表6-2 常用普通碳素结构钢的力学性能及应用举例(摘自GB/T 700—2006)

牌号	质量等级	R_{eL}/MPa,不小于 钢材厚度(直径)/mm						R_m/MPa	断后伸长率 A/%,不小于 厚度(或直径)/mm					冲击韧性(V型缺口)	
		≤16	>16~40	>40~60	>60~100	>100~150	>150~200		≤40	>40~60	>60~100	>100~150	>150~200	温度/℃	冲击功(纵向)/J,不小于
Q195	—	195	185	—	—	—	—	315~430	33	—	—	—	—	—	—
Q215	A	215	205	195	185	175	165	335~450	31	30	29	27	26	—	—
	B													+20	27
Q235	A	235	225	215	215	195	185	370~500	26	25	24	22	21	—	—
	B													+20	
	C													0	27
	D													-20	
Q275	A	275	265	255	245	225	215	410~540	22	21	20	18	17	—	—
	B													+20	
	C													0	27
	D													-20	

6.3.2 优质碳素结构钢

优质碳素结构钢的牌号、化学成分如表6-3所示。

表6-3 优质碳素结构钢牌号和化学成分(摘自GB/T 699—2006)

牌号	统一数字代号	化学成分/%					
		C	Si	Mn	Cr	Ni	Cu
					≤		
08F	U20080	0.05~0.11	≤0.03	0.25~0.50	0.10	0.30	0.25
10F	U20100	0.07~0.13	≤0.07	0.25~0.50	0.15	0.30	0.25
15F	U20150	0.12~0.18	≤0.07	0.25~0.50	0.25	0.30	0.25
08	U20082	0.05~0.11	0.17~0.37	0.35~0.65	0.10	0.30	0.15
10	U20102	0.07~0.13	0.17~0.37	0.35~0.65	0.15	0.30	0.25
15	U20152	0.12~0.18	0.17~0.37	0.35~0.65	0.25	0.30	0.25
20	U20202	0.17~0.23	0.17~0.37	0.35~0.65	0.25	0.30	0.25
25	U20252	0.22~0.29	0.17~0.37	0.50~0.80	0.25	0.30	0.25
30	U20302	0.27~0.34	0.17~0.37	0.50~0.80	0.25	0.30	0.25
35	U20352	0.32~0.39	0.17~0.37	0.50~0.80	0.25	0.30	0.25
40	U20402	0.37~0.44	0.17~0.37	0.50~0.80	0.25	0.30	0.25
45	U20452	0.42~0.50	0.17~0.37	0.50~0.80	0.25	0.30	0.25
50	U20502	0.47~0.55	0.17~0.37	0.50~0.80	0.25	0.30	0.25

续表

牌号	统一数字代号	化学成分/%					
		C	Si	Mn	Cr	Ni	Cu
					≤		
55	U20552	0.52~0.60	0.17~0.37	0.50~0.80	0.25	0.30	0.25
65	U20652	0.62~0.70	0.17~0.37	0.50~0.80	0.25	0.30	0.25
75	U20752	0.72~0.80	0.17~0.37	0.50~0.80	0.25	0.30	0.25
85	U20852	0.82~0.90	0.17~0.37	0.50~0.80	0.25	0.30	0.25
15Mn	U21152	0.12~0.18	0.17~0.37	0.70~1.00	0.25	0.30	0.25
25Mn	U21252	0.22~0.29	0.17~0.37	0.70~1.00	0.25	0.30	0.25
35Mn	U21352	0.32~0.39	0.17~0.37	0.70~1.00	0.25	0.30	0.25
45Mn	U21452	0.42~0.50	0.17~0.37	0.70~1.00	0.25	0.30	0.25
60Mn	U21602	0.57~0.65	0.17~0.37	0.70~1.00	0.25	0.30	0.25
65Mn	U21652	0.62~0.70	0.17~0.37	0.90~1.20	0.25	0.30	0.25
70Mn	U21702	0.67~0.75	0.17~0.37	0.90~1.20	0.25	0.30	0.25

注：如果是高级优质钢，在牌号后面加"A"（统一数字代号最后一位数字改为"3"）；如果是特级优质钢，在牌号后面加"E"（统一数字代号最后一位数字改为"6"）；对于沸腾钢，牌号后面为"F"（统一数字代号最后一位数字改为"0"）；对于半镇静钢，牌号后面为"b"（统一数字代号最后一位数字改为"1"）。

优质碳素结构钢在供应时，既保证化学成分，又保证力学性能。其成分特点是硫、磷含量 w_S、w_P 均≤0.035%，且表面质量、组织结构均匀性要好，使用前一般都要进行热处理来进一步改善力学性能。主要用于制造比较重要的机械零件。

优质碳素结构钢的牌号和力学性能，如表6-4所示。

表6-4 优质碳素结构钢牌号和力学性能（摘自GB/T 699—2006）

牌号	试样毛坯尺寸/mm	推荐热处理/℃			力学性能					钢材交货状态硬度 HBW10/3000 ≤	
		正火	淬火	回火	R_m/MPa	R_{eL}/MPa	A/%	φ/%	A_K/J	未热处理钢	退火钢
					不小于						
08F	25	930			295	175	35	60		131	
10F	25	930			315	185	33	55		137	
15F	25	920			355	205	29	55		143	
08钢	25	930			325	195	33	60		131	
10钢	25	930			335	205	31	55		137	
15钢	25	920			375	225	27	55		143	
20钢	25	910			410	245	25	55		156	
25钢	25	900	870	600	450	275	23	50	71	170	
30钢	25	880	860	600	490	295	21	50	63	179	
35钢	25	870	850	600	530	315	20	45	55	197	
40钢	25	860	840	600	570	335	19	45	47	217	187

续表

牌号	试样毛坯尺寸/mm	推荐热处理/℃			力学性能					钢材交货状态硬度 HBS10/3000 ≤	
		正火	淬火	回火	R_m/MPa	R_{eL}/MPa	A/%	φ/%	A_K/J	未热处理钢	退火钢
					不小于						
45钢	25	850	840	600	600	355	16	40	39	229	197
50钢	25	830	830	600	630	375	14	40	31	241	207
55钢	25	820	820	600	645	380	13	35		255	217
65钢	25	810			695	410	10	30		255	229
75钢	试样		820	480	1080	880	7	30		285	241
85钢	试样		820	480	1130	980	6	30		302	255
15Mn	25	920			410	245	26	55		163	
25Mn	25	900	870	600	490	292	25	50	71	207	
35Mn	25	870	850	600	560	335	18	45	55	229	197
45Mn	25	850	840	600	620	375	15	40	39	241	217
60Mn	25	810			695	410	11	35		269	229
65Mn	25	830			735	430	9	30		285	229
70Mn	25	790			785	450	8	30		285	229

注：表中的 R_{eL}、R_m、A、φ 值是在下列条件下测出的：钢的状态为正火态，钢材的截面尺寸（厚度或直径）≤80mm，测定所有试样沿钢材纵向截取，其尺寸为 ϕ25mm 若改变上述条件，钢的力学性能将有所不同。如果钢材为退火状态，其截面尺寸＞ϕ80mm，沿钢材横向取试样，则某些力学性能指标将有降低。

08F、10F、15F、15、20、25 钢等属于低碳钢，强度、硬度低，塑性、韧性好，具有良好的锻压性能和焊接性能。其中，08F、10F 主要用于制造冲压件和焊接件，如壳、盖、罩等；15F 主要用于钣金件；15、20 钢属于渗碳钢，常用于制造齿轮、销钉、小轴、螺钉、螺母等。其中，20 钢用量最大。

30、35、40、45、50 及 55 钢等属于中碳钢，经调质处理后，综合力学性能好，且具有良好的切削加工性。主要用于制造轴类、齿轮等零件，如曲轴、传动轴、连杆等。其中，45 钢应用最广泛。

60、65、70、75 钢等属于高碳钢，经淬火、中温回火后具有较高的强度、弹性、硬度和耐磨性，主要用于制造弹簧、轧辊、凸轮等耐磨工件与钢丝绳等。其中，65 钢是最常用的弹簧钢。

至于较高含锰量的优质碳素结构钢，其性能和用途与上述相应牌号基本相同。但由于其淬透性与强度相应提高，可制作截面尺寸稍大或要求强度稍高的零件。其中，65Mn 钢最常用。

6.3.3 低合金高强度结构钢

低合金高强度结构钢是在碳素结构钢基础上加入少量的合金元素（w_{Me}≤3%）而得到

的钢种，其含硫和含磷量均不大于 0.045%。主要用来制造强度要求较高的工程结构，如桥梁、船舶、压力容器、机车车辆、房屋、输油管道、锅炉等。

1. 性能特点

低合金高强度结构钢的性能通常具有以下特点：

(1) 强度高于碳素结构钢，可降低结构自重、节约钢材。较高的强度是低合金高强度结构钢的主要优点。

(2) 具有足够的塑性和韧性及良好的焊接性能，这主要由低碳、低合金来保证。

(3) 具有良好的耐腐蚀性及低的冷脆转变温度。

2. 成分特点

低合金高强度结构钢的化学成分通常具有以下特点：

(1) 低碳。钢中含碳量 $w_C \leqslant 0.20\%$，以保证良好的塑性、韧性、冷弯性能和焊接性能。

(2) 低合金。以锰为主加合金元素，一般含锰量 $w_{Mn} = 0.8\% \sim 1.7\%$。锰溶于铁素体中，起固溶强化作用。锰还能降低钢的冷脆转变温度，增加珠光体的相对含量，提高强度。钢中加入少量的 Ti、V、Nb 等元素，又可细化晶粒，进一步提高强度和韧性。加入稀土元素 RE，可提高韧性、疲劳极限及降低冷脆转变温度。

3. 热处理特点

低合金高强度结构钢大多数是在热轧空冷状态下使用，其室温组织为铁素体和索氏体。考虑到零件加工特点，有时也可在正火或正火＋高温回火或冷塑性变形状态下使用。如厚度超过 20mm 的钢板，为使组织和性能稳定，最好进行正火处理。对 Q420 和 Q460 的 C、D、E 级钢，可先淬火得到低碳马氏体，然后进行高温回火以获得低碳回火索氏体组织，从而获得良好的力学性能。

4. 常用钢种及用途

低合金高强度结构钢生产过程简单，成本低，在钢材生产中的比例越来越大。

Q295 由于其强度、冲击韧性、焊接性能及耐腐蚀性好，主要用于制造汽车、桥梁、船舶、油罐、压力容器及冲压件等。

Q345 由于钢的强度高且具有良好的综合性能和焊接性能，可用于制造建筑结构、桥梁、车辆、压力容器、化工容器、机械制造、船舶、锅炉、管道、重型机械、电站设备等。

Q390 由于钢的强度高且具有良好的力学性能和焊接性能，在各工业部门得到广泛应用。可用于制造高压锅炉、高压容器、车辆、起重设备、桥梁等。

Q420 具有良好的综合性能和焊接性能，用于大型桥梁和船舶、高压容器、电站设备、车辆及锅炉等。

Q460 具有良好的综合性能和焊接性能，用于大型桥梁和船舶、中温高压容器（<120℃）、锅炉及石油化工高压后壁容器等。

列入国家标准的低合金高强度结构钢有五个级别，其牌号、化学成分如表 6-5 所示。

表 6-5 低合金高强度结构钢的化学成分

牌号	质量等级	化学成分 a,b（质量分数）/%															
		C	Si	Mn	P	S	Nb	V	Ti	Cr	Ni	Cu	N	Mo	B	Al_s
										不大于							不小于
Q345	A	≤0.20	≤0.50	≤1.70	0.035	0.035										—
	B	≤0.20	≤0.50	≤1.70	0.035	0.035										—
	C	≤0.20	≤0.50	≤1.70	0.030	0.030	0.07	0.15	0.20	0.30	0.50	0.30	0.012	0.10	—	0.015
	D	≤0.18	≤0.50	≤1.70	0.030	0.025										
	E	≤0.18	≤0.50	≤1.70	0.025	0.020										
Q390	A	≤0.20	≤0.50	≤1.70	0.035	0.035										—
	B	≤0.20	≤0.50	≤1.70	0.035	0.035										—
	C	≤0.20	≤0.50	≤1.70	0.030	0.030	0.07	0.20	0.20	0.30	0.50	0.30	0.015	0.10	—	0.015
	D	≤0.20	≤0.50	≤1.70	0.030	0.025										
	E	≤0.20	≤0.50	≤1.70	0.025	0.020										
Q420	A	≤0.20	≤0.50	≤1.70	0.035	0.035										—
	B	≤0.20	≤0.50	≤1.70	0.035	0.035										—
	C	≤0.20	≤0.50	≤1.70	0.030	0.030	0.07	0.20	0.20	0.30	0.80	0.30	0.015	0.20	—	0.015
	D	≤0.20	≤0.50	≤1.70	0.030	0.025										
	E	≤0.20	≤0.50	≤1.70	0.025	0.020										
Q460	C	≤0.20	≤0.60	≤1.80	0.030	0.030	0.11	0.20	0.20	0.30	0.80	0.55	0.015	0.20	0.004	0.015
	D	≤0.20	≤0.60	≤1.80	0.030	0.025										
	E	≤0.20	≤0.60	≤1.80	0.025	0.020										

续表

牌号	质量等级	化学成分[a,b]（质量分数）/%												
		C	Si	Mn	P	S	Nb	V	Ti	Cr	Ni	Cu	N	Mo	B	Al$_s$
		不大于												不小于
Q500	C	≤0.20	≤0.60	≤1.80	0.030	0.030	0.11	0.12	0.20	0.60	0.80	0.55	0.015	0.20	0.004	0.015
	D				0.030	0.025										
	E				0.025	0.020										
Q550	C	≤0.18	≤0.60	≤2.00	0.030	0.030	0.11	0.12	0.20	0.80	0.80	0.80	0.015	0.30	0.004	0.015
	D				0.030	0.025										
	E				0.025	0.020										
Q620	C	≤0.18	≤0.60	≤2.00	0.030	0.030	0.11	0.12	0.20	1.00	0.80	0.80	0.015	0.30	0.004	0.015
	D				0.030	0.025										
	E				0.025	0.020										
Q690	C	≤0.18	≤0.60	≤2.00	0.030	0.030	0.11	0.12	0.20	1.00	0.80	0.80	0.015	0.30	0.004	0.015
	D				0.030	0.025										
	E				0.025	0.020										

a. 型材及棒材 P、S 含量可提高 0.005%，其中 A 级钢上限可为 0.045%。
b. 当细化晶粒元素组合加入时，20 (Nb+V+Ti) ≤0.22%，20 (Mo+Cr) ≤0.30%。

图 6.6 南京长江大桥

🔑 特别提示

采用低合金高强度结构钢代替碳素结构钢可减薄截面、减轻重量、节约能源、节省工时、降低成本和提高服役寿命等。例如,南京长江大桥(见图 6.6)采用 16Mn 钢建造,比采用普通低碳结构钢节约了 15% 钢材。同时,还具有制造工艺简单、提高工程质量和提高产品性能等优点。

6.3.4 渗碳钢

渗碳钢是指经渗碳淬火、低温回火后使用的钢种。主要用于制造表面要求高耐磨、承受交变接触应力和冲击载荷条件下工作的机器零件,如汽车、拖拉机中的变速齿轮,内燃机上的凸轮轴、活塞销等。

1. 性能特点

渗碳钢为满足要求,通常具有以下性能特点:

(1) 表硬里韧。即表面具有高硬度、高耐磨性和接触疲劳强度,心部要有足够的韧性和强度。若零件心部韧性不足,在冲击载荷或过载荷作用下就容易发生断裂;强度不足时,则较脆的渗碳层因缺乏足够的支撑而易破碎、剥落。

(2) 具有高的淬透性和渗碳能力。即在高的渗碳温度下,奥氏体晶粒长大倾向性小,以满足渗碳直接淬火。

2. 成分特点

为满足性能要求,渗碳钢的化学成分有以下特点:

(1) 低碳。含碳量 w_C 一般在 0.10%~0.25% 之间,以保证零件心部具有足够的塑性、韧性。含碳量不能太高,否则心部韧性不足;但含碳量不能太低,否则心部强度不够。

(2) 加入提高淬透性的合金元素。主加 Cr、Ni、Mn、B 等合金元素,提高钢的淬透性。这不仅改善零件心部组织和性能,还能提高渗碳层的强度和韧性。

(3) 加入阻碍奥氏体晶粒长大的辅助元素。辅加 Ti、V、W、Mo 等强碳化物形成元素,形成稳定的合金碳化物,细化奥氏体晶粒,增加渗碳层硬度,提高耐磨性。

3. 热处理特点

渗碳件一般的工艺路线为

下料→锻造→正火→机加工→渗碳→淬火+低温回火→磨削

渗碳钢制零件一般采用渗碳后直接淬火再低温回火的热处理方式。对渗碳时容易过热的钢种如 20Cr、20Mn2 等,渗碳之后需先正火,以消除过热组织,然后再进行淬火和低温回火。

使用状态下的组织:表层为高碳回火马氏体、颗粒状的碳化物和少量残余奥氏体,硬度一般为 58~64HRC,具有高的耐磨性和疲劳抗力。心部完全淬透时为低碳回火马氏体与铁素体,硬度为 40~48HRC;多数情况下是低碳回火马氏体、少量铁素体与索氏体,硬度为 25~40HRC。

4. 常用牌号及用途

常用渗碳钢的牌号、热处理及力学性能如表 6-6 所示。

表6-6 常用渗碳钢的牌号、热处理及力学性能（摘自 GB/T 3077—1999）

类别	牌号	试样毛坯尺寸/mm	热处理/℃ 第一次淬火	热处理/℃ 第二次淬火	回火	力学性能 R_m/MPa	力学性能 R_{eL}/MPa	力学性能 A/%	力学性能 Z/%	力学性能 A_K/J	钢材退火或高温回火供应状态硬度 HBW10/3000 ≤
						不小于					
低淬透性渗碳钢	15	25	—	920空（正火）	—	375	225	27	55	—	143
低淬透性渗碳钢	20	25	—	910空（正火）	—	410	245	25	55	—	156
低淬透性渗碳钢	20Mn2	15	850水、880油	—	200 440	785	590	10	40	47	207
低淬透性渗碳钢	20Cr	15	880水、油	780~820水、油	200	835	540	10	40	47	179
中淬透性渗碳钢	20MnVB	15	860油	—	200	1080	885	10	45	55	207
中淬透性渗碳钢	20CrMnMo	15	850油	—	200	1180	885	10	45	55	217
中淬透性渗碳钢	20CrMnTi	15	880油	870油	200	1080	850	10	45	55	217
中淬透性渗碳钢	20MnTiB	15	860油	—	200	1080	850	10	45	55	187
高淬透性渗碳钢	18Cr2Ni4WA	15	950空	850空	200	1180	835	10	45	78	269
高淬透性渗碳钢	12Cr2Ni4	15	860油	780油	200	1080	835	10	50	71	269
高淬透性渗碳钢	20Cr2Ni4	15	880油	780油	200	1180	1080	10	45	63	269

注：1. 优质钢中硫、磷的质量分数均不大于0.035%；高级优质钢中硫、磷的质量分数均不大于0.025%。

2. 15钢、20钢的数据取自 GB/T 699—1999。

渗碳钢包括碳素渗碳钢和合金渗碳钢两大类。

碳素渗碳钢价格便宜，淬透性低，故渗碳淬火后心部强度低，表层强度及耐磨性也不够高。淬火时变形开裂倾向大。一般用于制造形状简单、承受载荷较低、要求耐磨且不太重要的小型零件。

合金渗碳钢主要用于制造表面高耐磨并承受动载荷的零件，如动力机械中的变速齿轮等。按淬透性不同，大致分为以下三类：

（1）低淬透性合金渗碳钢。常用的有20Cr、20Mn2等。由于钢中的合金元素含量少，钢的淬透性不高，只适用于制造受冲击载荷较小的耐磨件，如小轴、活塞销、小齿轮等。

（2）中淬透性合金渗碳钢。常用的有20CrMnTi、20SiMnVB等。由于钢中的合金元素含量较多，钢的淬透性较高，大量用于制造承受高速中载、抗冲击和耐磨损的零件，如汽车、拖拉机的后桥齿轮、变速箱齿轮及一些重要的轴类零件等。

（3）高淬透性合金渗碳钢。常用的有 20Cr2Ni4 及 18Cr2Ni4WA 等，这类钢含有较多铬、镍，淬透性高，且具有良好的韧性，主要用于制造大截面、承受高负荷的大型重要耐磨件，如飞机、坦克的曲轴和齿轮等。

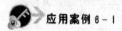应用案例 6-1

例如，某厂生产的凸轮轴齿轮，其技术要求为：渗碳层深度 1.0～1.5mm，渗层 0.8%～1.0%C，齿表面硬度 55～60HRC，心部硬度 33～45HRC。选用材料为 20CrMnTi 钢，其工艺路线为

下料→锻造→正火→加工齿形→渗碳→预冷淬火→低温回火→喷丸→精磨。

渗碳工艺如图 6.7 所示。试说明各步热处理的作用。

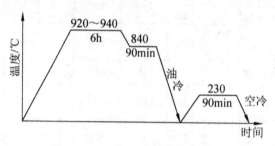

图 6.7　20CrMnTi 钢渗碳工艺曲线

锻造后的正火是为了改善锻造组织，降低硬度，以利于切削加工，并为渗碳处理做好组织上的准备。

20CrMnTi 钢齿轮经 940℃渗碳后直接预冷到 840℃保温后油淬。预冷的目的在于减少淬火变形，同时在预冷过程中，渗层中可以析出二次渗碳体，在淬火后再经 230℃低温回火，减少了残余奥氏体量。经这样处理后，20CrMnTi 钢可获得高耐磨性渗层，齿面主要为细针状回火高碳马氏体、粒状碳化物及少量残余奥氏体，硬度为 58～64HRC；而心部组织为铁素体（或托氏体）与低碳回火马氏体，硬度为 35～45HRC，具有较高的强度和良好的韧性。

喷丸处理的目的是消除表面氧化皮，使零件表面光洁及增加表面压应力，提高疲劳强度。

6.3.5　调质钢

调质钢是指经过调质处理（淬火＋高温回火）后使用的钢种。主要用于制造受力复杂、要求综合力学性能好的重要零件，如精密机床的主轴、汽车的后桥半轴、发动机曲轴、连杆等。

1. 性能特点

为满足要求，调质钢应具有以下性能特点：
（1）具有较高的综合力学性能，即具有较高的强度、硬度和良好的塑性、韧性。
（2）具有良好的淬透性。

2. 成分特点

为满足要求，调质钢的化学成分应具有以下特点：
（1）中碳。含碳量 w_C 一般在 0.25%～0.50% 之间，以保证调质后具有良好的综合力学性能。含碳量过低，则强度不够；含碳量过高，则韧性不足。

(2) 加入提高淬透性的合金元素。主加 Cr、Mn、Ni、Si、B 等合金元素，提高淬透性，同时强化铁素体，提高回火稳定性。

(3) 加入细化晶粒的辅助元素。辅加 W、Mo、V 等强碳化物形成元素，细化晶粒，防止第二类回火脆性。

3. 热处理特点

调质件一般的工艺路线为

下料→锻造→退火→粗机加工→调质（淬火＋高温回火）→精机加工

调质件毛坯锻造后一般要采用退火（或正火）处理，调整硬度，改善锻件组织、性能，消除缺陷，为切削加工和淬火作好组织上的准备。通常淬透性比较高的调质钢，一般用退火，将钢的硬度降到 200HBS 左右，以有利于切削加工；淬透性较低的调质钢，一般用正火就能满足切削加工要求且比较经济。

最终热处理是淬火＋高温回火，其组织为回火索氏体，具有良好的综合力学性能，硬度为 25～35HRC。

为防止第二类回火脆性，回火后应进行油冷或水冷。对于表面要求耐磨的工件，可在调质后再进行表面淬火或进行氮化处理，以提高零件表面硬度、耐磨性，同时保持心部较高的综合力学性能。

4. 常用牌号及用途

调质钢也分为碳素调质钢与合金调质钢两大类。

碳素调质钢一般是中碳优质碳素结构钢，如 35～45 钢或 40Mn、50Mn 等，其中以 45 钢应用最广。碳钢的淬透性较差，调质后性能随零件尺寸增大而降低，所以只有小尺寸的零件调质后才能获得均匀的较高的综合力学性能。这类钢一般用水淬，故变形与开裂倾向较大，只适宜制造载荷较低、形状简单、尺寸较小的调质工件。

合金调质钢主要用于制造受力复杂、要求综合力学性能好的重要零件。按淬透性不同，可分为以下三类：

(1) 低淬透性合金调质钢。常用的牌号有 40Cr、40MnB、35SiMn 等，油淬临界直径为 30～40mm，多用于制造截面尺寸较小的零件，如齿轮、轴、连杆等。其中，40Cr 是最常用的调质钢，强度、硬度较高且有良好的韧性，广泛用于汽车、拖拉机齿轮及机床主轴等。在某些场合，可用 40MnB 代替 40Cr，以降低成本。

(2) 中淬透性合金调质钢。常用的牌号有 35CrMo、40CrMn、40CrNi、30CrMnSi 等钢种，油淬临界直径为 40～60mm，多用于制作截面尺寸较大、承受较重载荷的零件，如大型发动机的曲轴、连杆等。

(3) 高淬透性合金调质钢。常用的牌号有 40CrMnMo、37CrNi3、25Cr2Ni4WA 等钢种，油淬临界直径为 60～100mm。主要用于制造大截面、承受重载荷的零件，如航空发动机轴、叶轮、汽轮机主轴等。

常用调质钢的牌号、热处理及性能如表 6-7 所示。

表6-7 常用调质钢的调制处理规范及其力学性能

钢号	热处理				力学性能				
	淬火温度/℃	冷却介质	回火温度/℃	冷却介质	R_m/MPa	R_{eL}/MPa	A/%	Z/%	A_{U2}/J
45	830	水	560~620	水	700~850	450~550	15~17	40~45	40~48
42Cr2V	860	油	600	水、油	1000	850	11	45	48
40MnVB	850	油	500	水、油	1050	850	10	45	56
40Cr	850	油	500	水、油	1000	800	9	45	48
40CrMn	840	油	520	水、油	1000	850	9	45	48
42CrMo	850	油	580	水、油	1100	950	12	45	64
40CrNi	820	油	500	水、油	1000	800	10	45	56
30CrMnSi	880	油	540	水、油	1100	900	10	45	40
35CrMo	850	油	560	水、油	1000	850	12	45	64
40CrNiMo	850	油	620	水、油	1000	850	12	55	80

注：1. 优质钢中硫、磷的质量分数均不大于0.035%；高级优质钢中硫、磷的质量分数均不大于0.025%。

2. 45钢的数据取自BG/T 699—2006。

应用案例6-2

例如，某车辆厂制造汽缸螺栓，其性能要求为：$R_m \geq 900$MPa，$R_{eL} \geq 700$MPa，$A \geq 12\%$，$\varphi \geq 50\%$，$\alpha_K \geq 80$J/cm²，300~341HBW。选用材料：42CrMo钢。工艺路线为

下料→锻造→退火→机械加工（粗加工）→调质→机械加工（精加工）

调质工艺如图6.8所示。

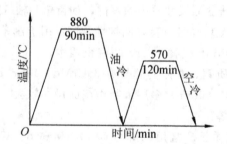

图6.8 42CrMo钢螺栓调质工艺曲线

锻造后的退火是为了改善锻造组织，降低硬度，以利于切削加工，并为调质处理做组织准备。

经880℃油淬后得到马氏体组织，经570℃回火后其组织为回火索氏体，可满足性能要求。

特别提示

近年来，利用低碳合金钢经淬火＋低温回火获得强韧性好的低碳马氏体来代替中碳合金调质钢，提高了零件的承载能力，减轻了重量，并在汽车、石油、矿山工业中得到了应用，取得了较好效果。例如，用 15MnVB 钢代替 40Cr 钢制造汽车的连杆螺栓，不仅提高了强度和塑性、韧性，而且使螺栓的承载能力也提高了 45%～70%，延长了螺栓的使用寿命，也满足了大功率新车型设计的要求，如图 6.9 所示。

图 6.9 连杆螺栓

6.3.6 弹簧钢

弹簧钢是指用于制造各种弹簧或类似性能结构件所使用的钢种。弹簧是现代各种机械和仪表中不可缺少的重要零件。它主要利用弹性变形来吸收冲击能量，达到缓和冲击、消除振动的作用，如大炮的缓冲弹簧；或与其他零件相配合来控制某一工作过程，如钟表中的发条。

1. 性能特点

由于弹簧一般是在动载荷、交变应力下工作，不允许产生塑性变形和疲劳断裂，因此要求弹簧钢必须具有以下性能：

（1）具有高的弹性极限和高的屈强比（R_{eL}/R_m），以保证承受大的弹性变形和较高的载荷。

（2）具有高的疲劳强度，以避免产生疲劳破坏。

（3）具有足够的塑性和韧性。

2. 成分特点

（1）含碳量较高。为了获得所要求的性能，碳素弹簧钢的含碳量一般为 $w_C=0.6\%\sim0.9\%$，合金弹簧钢的含碳量一般为 $w_C=0.45\%\sim0.75\%$，以满足高强度要求。

（2）主加 Si、Mn 等合金元素。其主要作用是提高钢的淬透性，强化铁素体，Si 还能进一步提高弹性极限和屈强比。

（3）辅加 Cr、W、V 等合金元素。其主要作用是细化晶粒，减小脱碳和过热敏感性。

3. 热处理特点

弹簧根据尺寸不同，采用不同的成形和热处理方法。

（1）热成形弹簧。对于钢丝直径或钢板厚度为 10～15mm 的弹簧，一般采用热成形方法，然后经淬火和中温回火（350～500℃），获得回火屈氏体，其硬度在 40～45HRC，从而保证高的下屈服强度和足够的韧性。

（2）冷成形弹簧。对于钢丝直径或钢板厚度为 8～10mm 的弹簧，一般用冷拔弹簧钢丝冷卷而成。为消除冷卷所引起的残余应力，提高弹性极限，稳定弹簧的尺寸，还需在 200～250℃ 的油槽中进行一次去应力退火。

4. 常用钢种及用途

碳素弹簧钢由于淬透性差，故只能制作截面尺寸＜12mm 的弹簧，如 65 钢。

合金弹簧钢主要用于制造尺寸较大、承受动载荷的重要弹簧。常用的合金弹簧钢大致可分为：

(1) 硅锰钢。常用钢种有 65Mn、60Si2Mn 等，由于硅锰的加入，提高了钢的淬透性和回火稳定性，主要用于制造较大截面（$\phi \leqslant 25mm$）弹簧，如汽车、拖拉机的板簧和螺旋弹簧等。

(2) 铬钒钢。常用钢种有 50CrV 等，由于 Cr、V 的加入，使钢的淬透性大大提高，而且能细化晶粒，增加回火稳定性，可用于制造在 350～400℃ 下工作的大截面（$25mm \leqslant \phi \leqslant 30mm$）、大载荷的耐热弹簧，如高速柴油机的气门弹簧、阀门弹簧等。

常用弹簧钢的牌号、热处理、性能和用途如表 6-8 所示。

表 6-8　常用弹簧钢的牌号、热处理、性能及应用（摘自 GB/T 3077—1988）

牌号	热处理 ℃		力学性能				应 用
	淬火	回火	R_m/MPa	R_{eL}/MPa	$A_{11.3}$/%	φ/%	
			不小于				
65	840 油	500	1000	800	9	40	截面＜12mm 小弹簧
65Mn	830 油	540	1000	800	8	45	截面≤15mm 弹簧
55Si2Mn	870 水、油	480	1300	1200	6	45	截面≤25mm 机车板簧、缓冲卷簧
60Si2Mn	870 油	480	1300	1200	5	45	
60Si2CrVA	850 油	410	1900	1700	δ_5 6	45	截面≤30mm 重要弹簧，如汽车板簧、≤350℃ 的耐热弹簧
50CrVA	850 油	500	1300	1150	δ_5 9	45	

◆━特别提示

弹簧表面质量对使用寿命影响很大，若弹簧表面有缺陷，容易造成应力集中，从而降低疲劳强度。通常采用喷丸处理进行表面强化，使弹簧表面产生压应力，消除或减轻表面缺陷，提高弹簧的疲劳强度，从而提高弹簧使用寿命。例如用于汽车板簧的 60Si2Mn，经喷丸处理后，使用寿命提高 3～5 倍，如图 6.10 所示。

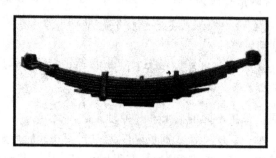

图 6.10　汽车板簧

6.3.7　滚动轴承钢

滚动轴承钢是指用来制造各种滚动轴承的滚动体及内外套圈的专用钢种，也可用于制作形状复杂的工具、冷冲模具、精密量具以及要求硬度高、耐磨性高的结构零件。

1. 性能特点

滚动轴承在交变应力作用下工作，各部分之间因相对滑动而产生强烈摩擦；同时，还受到润滑剂的化学浸蚀。因此，滚动轴承钢应具有以下性能：

(1) 高硬度（61～65HRC）和高耐磨性；

(2) 高的接触疲劳强度和高的弹性极限；

(3) 足够的韧性、抗腐蚀性及淬透性。

2. 成分特点

(1) 高碳。含碳量一般为 $w_C=0.95\%\sim1.15\%$，以保证钢在淬火后，具有高的硬度和耐磨性。

(2) 主加 Cr 元素。作用是提高钢的淬透性，形成弥散分布的合金渗碳体，以提高钢的接触疲劳强度、耐磨性和耐腐蚀性。当铬含量高于 1.65% 时，会因残余奥氏体量的增多而导致钢的硬度和稳定性下降。因此，适宜的含铬量为 $w_{Cr}=0.4\%\sim1.65\%$。

(3) 附加 Si、Mn、V 等合金元素。进一步提高钢的淬透性和强度，便于制造大型轴承。

(4) 高的冶金质量。滚动轴承钢对有害杂质元素硫、磷含量（均小于 0.025%）控制严格，这是因为硫、磷能形成非金属夹杂物，在接触应力作用下会产生应力集中而导致疲劳破坏。因此，滚动轴承钢是一种高级优质钢。

3. 热处理特点

滚动轴承钢的热处理主要为球化退火、淬火和低温回火。

(1) 球化退火。球化退火的目的是获得球状珠光体，降低硬度（179～207HBW），以便于切削加工；同时也为零件的最终热处理做好组织上的准备。

(2) 淬火+低温回火。这是决定轴承钢性能的关键。在油中淬火后立即进行低温回火，最终得到细针状的回火马氏体、颗粒状碳化物与少量残余奥氏体组织，硬度为 62～66HBC。

4. 常用牌号及用途

常用滚动轴承钢的牌号、化学成分、热处理及用途如表 6-9 所示。

表 6-9 滚珠轴承钢的牌号、成分、热处理及用途（摘自 GB/T 18254—2002）

牌号	化学成分 W /%				热处理		回火后硬度/HRC	用途举例
	C	Cr	Si	Mn	淬火/℃	回火/℃		
GCr6	1.05～1.15	0.40～0.70	0.15～0.35	0.20～0.40	800～820 水、油	150～170	62～64	$\phi<10$mm 滚珠
GCr9	1.00～1.10	0.90～1.20	0.15～0.35	0.20～0.40	810～830 水、油	150～170	62～64	$\phi10\sim20$mm 滚珠
GCr9SiMn	0.95～1.05	0.90～1.20	0.40～0.70	0.90～1.20	810～830 水、油	150～160	62～64	$\phi>20$mm 滚珠
GCr15	0.95～1.05	1.30～1.65	0.15～0.35	0.20～0.40	820～840 油	150～160	62～64	$\phi50$mm 滚珠 壁厚 20mm 套圈
GCr15SiMn	0.95～1.05	1.30～1.65	0.40～0.65	0.90～1.20	820～840 油	150～160	62～64	$\phi50\sim100$mm 滚珠壁厚 >30mm 套圈

GCr9、GCr15的淬透性较低，主要用于制作中、小型滚动轴承及冷、冲模、量具、丝杠等。

GCr9SiMn、GCr15SiMn的淬透性较高，主要用于制作大型滚动轴承。

特别提示

由于低温回火不能彻底消除内应力及残余奥氏体，零件在长期使用中会发生应力松弛和组织转变，引起尺寸变化。所以，在生产精密轴承时，在淬火后还应进行-70℃的冰冷处理，主要是为了减少残余奥氏体，消除内应力，稳定尺寸。有时，还需在磨削加工后进行低温（120℃）时效处理。

6.3.8 易切削钢

易切削钢是指为改善钢的切削加工性而特意加入一定量的硫、磷、铅、钙等附加元素的钢种。硫主要以MnS、FeS微粒形式分布于钢中，不仅能破坏钢基体的连续性，使切屑易断；而且还能起减摩、润滑作用，以减少刀具磨损，并使切屑不易粘附在刀刃上。磷能溶于铁素体，使之变脆，并使切屑易断。铅以铅微粒（约3μm）均匀分布于钢中，破坏钢基体的连续性，并能起减摩作用，从而改善切削加工性。钙在高速切削时，能形成具有减摩作用的保护膜，可显著延长刀具寿命。

易切削钢一般不进行锻造和淬火、回火等处理，而是经冷镦、冷轧等冷压力加工和切削加工制成零件。主要用于制造受力较小、尺寸精度高、表面粗糙度低的仪器、仪表中的零件、标准件及普通机床丝杠等。

常用的易切削钢的牌号和化学成分如表6-10所示。

表6-10 易切削钢的成分和力学性能（摘自GB/T 8731—2004）

钢号	化学成分（质量分数）/%					热轧钢的纵向力学性能			
	C	Mn	Si	S	P	R_m/MPa	A/%	Z/%	HBW
Y12	0.08~0.16	0.70~1.00	0.15~0.35	0.10~0.20	0.08~0.15	390~540	22	36	170
Y15	0.10~0.18	0.80~1.20	≤0.15	0.23~0.33	0.05~0.10	390~540	22	36	170
Y20	0.17~0.25	0.70~1.00	0.15~0.35	0.08~0.15	≤0.06	450~600	20	30	175
Y30	0.27~0.35	0.70~1.00	0.15~0.35	0.08~0.15	≤0.06	510~655	15	25	187
Y40Mn	0.37~0.45	1.20~1.55	0.15~0.35	0.28~0.30	≤0.06	690~735	14	20	207

6.3.9 超高强度钢

超高强度钢是指屈服强度大于1400MPa或抗拉强度大于1500MPa且同时兼有优良韧性的合金钢。它是近二十年来为适应航天和航空技术的需要而发展起来的一种新型钢种，具有更高的比强度和屈强比，足够的塑性、韧性及尽可能小的缺口敏感性、良好的加工工艺性能等，主要用于航天飞机、火箭、导弹的结构材料，如飞机的起落架和机翼大梁等。

特别提示

超高强度钢是在合金调质钢的基础上加入多种合金元素而制成的。如35Si2MnMoVA钢的抗拉强度可达1700MPa，用于制造飞机的起落架、框架等；40SiMnCrMoRE钢在300~500℃高温下工作仍能保持高强度、抗氧化性和抗热疲劳性，可用于制造超音速飞机的机体构件等。

6.4 工 具 钢

工具钢是指用于制造各种刃具、模具、量具等使用的钢种。根据化学成分的不同，工具钢可分为碳素工具钢、合金工具钢及高速工具钢等。

6.4.1 碳素工具钢

碳素工具钢主要用于制造刃部受热程度较低的手用工具和低速、小进给量的机用工具，亦可制作尺寸较小的模具和量具。其优点是锻造和切削加工性能好，价格便宜，用量大。缺点是热硬性差，当刃部温度高于250℃时其硬度和耐磨性会显著降低；淬透性低，容易产生淬火变形和开裂，只适于制作尺寸不大、形状简单的低速刃具。

1. 成分特点

含碳量一般在0.65%～1.35%之间，以保证淬火后有较高的硬度和耐磨性。含碳量过高，会使韧性下降。

2. 热处理特点

碳素工具钢的热处理主要为球化退火、淬火和低温回火。

（1）球化退火。主要目的是降低硬度，改善组织，为切削加工和淬火作组织准备。如果锻件中有网状渗碳体存在，则应在球化退火之前，安排正火处理以消除网状渗碳体。

T12钢球化退火前的显微组织如图6.11（a）所示，由片状珠光体与网状渗碳体组成。

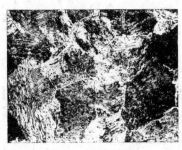 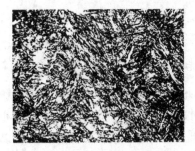

（a）球化退火前　　　　　　　　（b）淬火后

图6.11　T12钢球化退火前及淬火后的显微组织

（2）淬火＋低温回火。主要目的是获得回火马氏体、粒状渗碳体及少量残余奥氏体组织，以达到工具所要求的高硬度（60HRC左右）和高耐磨性。T12钢淬火后的显微组织如图6.11（b）所示。

3. 常用牌号及用途

碳素工具钢的钢材以球化退火状态供应，其硬度值应符合国家标准GB/T 3278—2001的规定。碳素工具钢的牌号、化学成分及热处理如表6-11所示。

表 6-11 碳素工具钢的牌号、化学成分及热处理（摘自 GB/T 3278—2001）

牌号	化学成分/%			退火	最终热处理	
	C	Mn	Si	HBW ≤	淬火/℃	HBW ≥
T7	0.65~0.74	≤0.40	≤0.35	187	800~820 水	187
T8	0.75~0.84	≤0.40	≤0.35	187	780~800 水	187
T8Mn	0.80~0.90	0.40~0.60	≤0.35	187	780~800 水	187
T9	0.85~0.94	≤0.40	≤0.35	192	760~780 水	192
T10	0.95~1.04	≤0.40	≤0.35	197	760~780 水	197
T11	1.05~1.14	≤0.40	≤0.35	207	760~780 水	207
T12	1.15~1.24	≤0.40	≤0.35	207	760~780 水	207
T13	1.25~1.35	≤0.40	≤0.35	217	760~780 水	217

注：高级优质钢（牌号后加"A"），硫含量 w_S≤0.020%，磷含量 w_S≤0.030%，退火是指球化退火。

T7、T8 钢用于制造要求具有较高韧性的工具，如凿子、锤、冲头等。

T9、T10、T11 钢用于制造要求较低韧性、较高硬度的工具，如小钻头、冲模、手丝锥等。

T12、T13 钢用于制造要求具有高硬度和耐磨性的工具，如锉刀、量具等。

6.4.2 量具刃具钢

量具刃具钢是指用于制造一般量具（如千分尺、塞规）和切削速度较低的刃具（如铰刀、丝锥）等所使用的钢种。

1. 性能特点

量具在使用过程中经常与被测工件接触、摩擦和碰撞而磨损，丧失其工作精度。刃具在低速切削过程中，由于受切削力、振动和摩擦作用，易引起刀刃温度升高和磨损，从而丧失切削能力。因此，量具刃具钢应具备以下性能特点：

（1）高硬度和高耐磨性；

（2）足够的强度和韧性；

（3）较高的淬透性等。

2. 成分特点

（1）高碳。大多含碳量在 0.8%~1.10% 之间，以保证高硬度和高耐磨性要求。

（2）低合金。所含 Cr、Si、Mn、W 等合金元素含量小于 5%。合金元素的主要作用是提高淬透性和回火稳定性。

3. 热处理特点

量具刃具钢的热处理主要是毛坯的球化退火及工具的淬火＋低温回火，最终获得回火马氏体、粒状碳化物和少量残余奥氏体组织，硬度为 60~62HRC。与碳素工具钢相比，淬透性明显提高，可采用油淬，且淬火变形、开裂倾向性小。切削温度可达 250℃，仍属于低速切削刃具钢。

➤ 特别提示

量具热处理主要问题是保证尺寸稳定性。量具尺寸不稳定的原因主要有三个：一是残余奥氏体转变引起的尺寸膨胀；二是马氏体在室温下继续分解引起的尺寸收缩；三是淬火及磨削中产生的残余应力未彻底消除而引起的变形。虽然这些因素所引起的尺寸变化很小，但对高精度量具是不允许的。

为了提高量具尺寸的稳定性，对高精度量具（如块规等）在淬火后安排一次冷处理，以减少残余奥氏体量；低温回火后，还要进行一次稳定化处理（或称时效处理，110~150℃，24~36h），以尽量使淬火组织转变成较稳定的回火马氏体，使残余奥氏体稳定化。且在精磨后再进行一次稳定化处理（110~120℃，2~3h），以消除磨削应力，保证量具尺寸的稳定性。此外，量具淬火时一般不采用分级或等温淬火，淬火加热温度也尽可能低一些，以免增加残余奥氏体的数量而降低尺寸稳定性。

4. 常用牌号及用途

量具刃具钢的牌号有 9SiCr、Cr06、Cr2 等，其中 9SiCr、Cr2 是常用钢种。

9SiCr 钢的淬透性较高，$\phi40$~50mm 的工具在油中能淬透，变形较小，回火稳定性较高，且碳化物分布均匀，因此适宜制造要求淬火变形小和刀刃较薄的低速切削工具，如板牙、丝锥、铰刀等，是目前广泛使用的量具刃具钢。

Cr2 由于冶金质量较差，常用于制造精度较低的量具，如塞规、平尺、量柱等；精度高的量具常用 GCr15 钢制造。

6.4.3 冷作模具钢

冷作模具钢是指用于制造冷冲模、冷挤压模、拉丝模等冷变形模具所使用的钢种，其工作温度一般不超过 300℃。其成分特点是高碳、高合金，以满足高硬度、高耐磨性及良好的淬透性和切削加工性要求。

1. 热处理特点

冷作模具钢的热处理为淬火＋低温回火，最终获得回火马氏体、粒状碳化物及少量残余奥氏体组织，硬度为 58~62HRC。

2. 常用牌号及用途

9Mn2V 钢的淬透性和耐磨性均比碳素工具钢高，常用于制造截面尺寸较大、形状较复杂的冷作模具。

CrWMn 钢的淬透性比 9Mn2V、9SiCr 高，淬火变形小，但易形成网状碳化物，常用于制造要求变形小、形状复杂、高精度的冷作模具。

Cr12MoV 由于含铬高，能保证高硬度、高耐磨性及高淬透性，广泛用于制造承受重负荷、形状复杂的大型（截面尺寸≤400mm）冷作模具，在油中可淬透且淬火变形很小。

常用合金工具钢的牌号、化学成分和性能如表 6-12 所示。

表6-12 常用合金工具钢的牌号、化学成分和性能（GB/T 1299—2000）

组别	牌号	化学成分/%							交货退火 HBW	热处理	
		C	Si	Mn	Cr	W	Mo	V		淬火/℃	HRC≥
量具刃具钢	9SiCr	0.85~0.95	1.20~1.60	0.30~0.60	0.95~1.25				241~197	820~860 油	62
	Cr06	1.30~1.45	≤0.40	≤0.40	0.50~0.70				241~187	780~810 油	64
	Cr2	0.95~1.10	≤0.40	≤0.40	1.30~1.65				229~179	830~860 油	62
冷作模具钢	Cr12	2.00~2.30	≤0.40	≤0.40	11.5~13.0				269~217	950~1000 油	60
	Cr12MoV	1.45~1.70	≤0.40	≤0.40	11.0~12.5		0.04~0.60	0.15~0.30	255~207	950~1000 油	58
	9Mn2V	0.85~0.95	≤0.40	1.70~2.00				0.10~0.25	≤229	780~810 油	62
	CrWMn	0.90~1.05	≤0.40	0.80~1.10	0.90~1.20	1.20~1.60			255~207	800~830 油	62
	Cr4W2MoV	1.12~1.25	0.40~0.70	≤0.40	3.50~4.00	1.90~2.60	0.80~1.20	0.80~1.10	≤269	960~980 油	60
	6W6Mo5Cr4V	0.55~0.65	≤0.40	≤0.60	3.70~4.30	6.00~7.00	4.50~5.50	0.70~1.10	≤269	1180~1200 油	60
热作模具钢	5CrMnMo	0.50~0.60	0.25~0.60	1.20~1.60	0.60~0.90		0.15~0.30		241~197	820~850 油	
	5CrNiMo	0.50~0.60	≤0.40	0.50~0.80	0.50~0.80		0.15~0.30		241~197	830~860 油	
	3Cr2W8V	0.30~0.40	≤0.40	≤0.40	2.20~2.70	7.50~9.00		0.20~0.50	255~207	1075~1125 油	
	4Cr5MoSiV	0.33~0.43	0.80~1.20	0.20~0.50	4.75~5.50		1.10~1.60	0.30~0.60	≤235	1000~1010 空冷 500℃回火	60
	4Cr5MoSiV1	0.32~0.45	0.80~1.20	0.20~0.50	4.75~5.50		1.10~1.75	0.80~1.20	≤235	1000~1010 空冷 500℃回火	
	4Cr5W2VSi	0.32~0.42	0.80~1.20	≤0.40	4.50~5.50	1.60~2.40		0.06~1.00	≤229	1030~1050 油、空冷	
耐冲击工具钢	4CrW2Si	0.35~0.45	0.80~1.10	≤0.40	1.00~1.30	2.00~2.50			217~179	860~900 油	53
	5CrW2Si	0.45~0.55	0.50~0.80	≤0.40	1.00~1.30	2.00~2.50			255~207	860~900 油	55
	6CrW2Si	0.55~0.65	0.50~0.80	≤0.40	1.00~1.30	2.20~2.70			285~229	860~900 油	57

续表

组别	牌号	化学成分/%							交货退火 ·HBW	热处理	
		C	Si	Mn	Cr	W	Mo	V		淬火/℃	HRC≥
无磁模具钢	7Mn15Cr2-A13V2WMo	0.65~0.75	≤0.80	4.50~16.50	2.00~2.50	0.50~0.80	0.50~0.80	1.50~2.00		1170~1190 水 650~700 时效	60
塑料模具钢	3Cr2Mo	0.28~0.80	0.20~0.80	0.60~1.00	1.40~2.00		0.30~0.55		调质 30HRC	—	—

注：钢中硫、磷的质量分数均≤0.030%。

6.4.4 热作模具钢

热作模具钢是指用于制造热锻模、热挤压模等热变形模具和压铸模所使用的钢种。其工作时型腔表面温度达 600℃ 以上。因此，对热作模具钢的主要性能要求是在高温下应保持高强度、良好韧性、高的抗热疲劳性、足够的耐磨性和良好的导热性。

1. 成分特点

（1）中碳。平均含碳量 w_C 为 0.30%~0.6% 之间，以保证良好的强度、韧性。

（2）中、低合金。钢中的合金元素总含量不超过 10%。其中，Cr、Ni、Si、Mn 等元素的主要作用是提高钢的淬透性；高 Cr、高 W 的主要作用是提高钢的抗热疲劳性；W、Mo、V 等元素的主要作用提高钢的回火稳定性，减少高温回火脆性。

2. 热处理

热作模具钢的热处理是调质处理（淬火后高温回火 500℃ 左右），以获得回火索氏体或回火屈氏体组织。热压模具钢淬火后在略高于二次硬化峰值的温度（600℃ 左右）下回火，最终组织为回火马氏体、粒状碳化物和少量残余奥氏体。

3. 常用牌号及用途

5CrNiMo 钢主要用于制造形状复杂、承受重载荷的大型热锻模。

5CrMnMo 钢主要用于制造中小型热锻模。

4Cr5MoSiV、4Cr5MoSiVl、4Cr5W2VSi 等钢具有高的淬透性和回火稳定性，在 400~500℃ 温度下工作仍具有良好的强韧性，主要用于制造热压模具。

6.4.5 耐冲击工具钢、无磁模具钢、塑料模具钢

1. 耐冲击工具钢

耐冲击工具钢是指用于制造一些刃具（如剪刀片）和模具（如切边模）等所使用的钢种。由于在工作过程中承受较大的冲击，因此要求钢既具有较高的硬度又具有良好的韧性，以防止工具崩刃或断裂。常用钢种为 5CrW2Si，经淬火＋低温回火后，得到回火马氏体组织，硬度为 50~55HRC；与 CrWMn、9SiCr 等相比，硬度稍低，但韧性较高。主要

用于制造承受较大冲击的薄刃刀具和模具，如切锻件毛边用的切边模、剪切钢板用的剪刀片、风动凿子等。

2. 无磁模具钢

常用牌号是7Mn15Cr2A13V2WMo钢，它是随电子工业的发展，在要求使用无磁模具的情况下由我国自行研制的新钢种。它属于高碳高锰的奥氏体无磁模具钢，经高温退火（860～900℃、6～8h保温）后，具有较好的切削加工性；经固溶处理（1180～1200℃、1～2h保温后水淬），得到单相奥氏体组织，然后再进行时效强化（650～700℃、15～20h保温），使钒的碳化物在奥氏体基体上弥散析出，硬度可达45～47HRC。

3. 塑料模具钢

塑料模具钢是指用于制造塑料模具所使用的钢种。该钢用量大，约占模具钢总产量的39.8%。常用牌号是3Cr2Mo钢，属于中碳低合金钢。它具有良好的切削加工性，较好的镜面加工性和耐蚀性，但淬透性、耐磨性、200～400℃下的强度均较差。3Cr2Mo钢以调质状态供应，其硬度为30HRC，经切削加工制成模具后，一般不进行热处理，可直接使用。

6.4.6 高速工具钢（简称高速钢）

高速钢是指用于制造高速切削刃具的高合金工具钢。其主要特点是热硬性高，当切削温度达到600℃时，其硬度仍保持在55～60HRC，因而广泛用于制造车刀、铣刀、刨刀、拉刀及钻头等高速切削刀具。其淬透性高，空冷即可淬火，俗称"风钢"。

1. 成分特点

（1）高碳。含碳量达0.7%～1.5%，以保证高硬度、高耐磨性。

（2）高合金。加入的钨、钼、铬、钒等合金元素含量大于10%。钨、钼主要作用是提高钢的热硬性，铬主要作用是提高钢的淬透性及回火稳定性，钒主要作用是细化晶粒，提高钢的硬度和耐磨性。

2. 铸态组织与锻造

高速钢的铸态组织中有粗大的鱼骨状合金碳化物，使钢的力学性能降低，如图6.12（a）所示。这种碳化物不能用热处理来消除，只有对铸件反复锻造或轧制才能击碎，使之均匀分布在基体上。

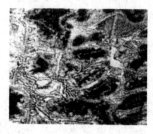
(a)铸态组织

(b)锻造退火后组织

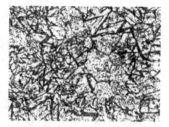
(c)淬火、回火后组织

图6.12 W18Cr4V钢的显微组织

3. 热处理特点

高速钢的热处理包括球化退火、淬火及回火等。

(1) 球化退火。主要目的是降低硬度，消除内应力，并为随后的淬火及切削加工做好组织上的准备。W18Cr4V 钢锻造退火后的组织如图 6.12（b）所示，由索氏体和粒状碳化物组成，硬度为 207～255HBW。

(2) 淬火和回火。高速钢中含有大量的合金元素，只有通过正确的淬火和多次回火处理，才能充分发挥作用，以获得高的热硬性、高硬度、高耐磨性及一定的韧性。其淬火、回火后的组织如图 6.12（c）所示，由回火马氏体、粒状碳化物及少量残余奥氏体组成，硬度为 61～63HRC。

W18Cr4V 钢的退火、淬火及回火工艺如图 6.13 所示。

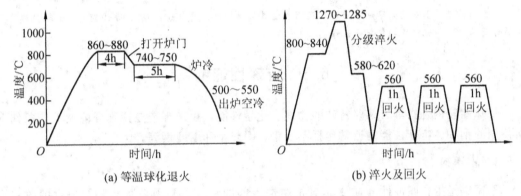

图 6.13　W18Cr4V 插齿刀的热处理工艺

4. 常用牌号及用途

常用高速钢的牌号、化学成分及热处理如表 6-13 所示。

表 6-13　常用高速钢的牌号、化学成分和性能 (GB/T 3080—2001)

牌号	化学成分/%							热处理		硬度 HRC≥
	C	Si	Mn	Cr	Mo	V	W	淬火/℃	回火/℃	
W18Cr4V	0.70～0.80	0.20～0.40	0.10～0.40	3.80～4.40	≤0.30	1.00～1.40	17.50～19.00	1270～1285 油	550～570	63
W6Mo5Cr4V2	0.80～0.90	0.20～0.45	0.15～0.45	3.80～4.40	4.50～5.50	1.75～2.20	5.50～6.75	1210～1230 油	550～570	63
W9Mo3Cr4V	0.77～0.87	0.20～0.40	0.20～0.45	3.80～4.40	2.70～3.30	1.30～1.70	8.50～9.50	1220～1240 油	540～560	63
W4Mo3Cr4VSi	0.88～0.98	0.50～1.00	0.20～0.40	3.80～4.40	2.50～3.50	1.20～1.80	3.50～4.50	1170～1190 油	540～560	63

注：① 钢中硫、磷的质量分数均≤0.030%。
② 所有牌号钢中残余元素 w_{Ni}≤0.30%，w_{Cu}≤0.25%。
③ 直径 ϕ≥5mm 的钢丝布氏硬度值为 207～255HBW；直径 ϕ<5mm 的钢丝维氏硬度值为 206～256HV。

W18Cr4V 钢，其热硬性较高、过热敏感性较小，磨削加工性较好；但热塑性差、碳化物粗大，适用于制造一般的高速切削用车刀、刨刀、钻头及铣刀等。

W6Mo5Cr4V2 钢，其热塑性良好，碳化物分布比较均匀，耐磨性高，但热硬性较差，易脱碳和过热，广泛用于制造轮铣刀、插齿刀、麻花钻头等刃具。

W9Mo3Cr4V 是近几年研制的新钢种，既保留了 W18Cr4V 钢良好的热塑性，又克服了 W6Mo5Cr4V2 钢脱碳倾向性大的缺点，且硬度比较高，是很有发展前途的钢种，用于制作各种切削刀具和冷、热模具。

W18Cr4V2Co8 是在 W18Cr4V 基础上加入 5%～10%Co 而形成的超硬高速钢，硬度可达 68～70HRC，热硬性达 670℃，但脆性大，价格贵，一般用于加工难切削材料，如高温合金、难熔金属、超高强度钢、钛合金及奥氏体不锈钢等。

W6Mo5Cr4V2Al 是含铝超硬高速钢，其价格便宜，热处理后硬度可达 68～69HRC，主要用于加工难加工的合金和高强度、高硬度的合金钢。

特别提示

高速钢不仅用于制造高速切削刃具，还用于制造低速切削刃具（如拉刀）、冷作模具（如拉丝模）和高温耐磨零件（如航空发动机轴承）等。

6.5 特殊性能钢

特殊性能钢是指具有某些特殊的物理、化学性能，用来制造在特殊环境及工作条件下所使用的钢种。特殊性能钢通常包括不锈钢、耐热钢和耐磨钢等。

6.5.1 不锈钢

不锈钢是指在腐蚀性介质中具有抗腐蚀性能的钢。主要用来制造要求耐腐蚀的零构件，如化工管道、阀门、压力容器、飞机蒙皮、手术刀及滚动轴承等。

1. 金属腐蚀的基本概念

金属腐蚀是指金属表面在外部介质作用下逐渐受到破坏的现象，一般分化学腐蚀和电化学腐蚀两种类型。

化学腐蚀是指金属与外界介质直接发生化学作用而引起的腐蚀，如钢在高温下的氧化、脱碳等。

电化学腐蚀是指金属与电解质溶液（如酸、碱、盐溶液等）接触发生作用而引起的腐蚀，它是金属腐蚀的主要形式。这主要是由于不同电极电位的金属在电解质溶液中形成原电池，使低电极电位的阳极被腐蚀，高电极电位的阴极被保护，从而导致金属的电化学腐蚀。因此，在电化学腐蚀过程中会有电流产生。

为防止电化学腐蚀，可采用以下几种措施：

(1) 尽量使金属呈均匀的单相组织，避免形成原电池。

(2) 提高阳极电极电位，减小两极之间的电极电位差，以保护钢基体不被腐蚀。

(3) 使金属表面形成致密而稳定的氧化膜，以减小甚至阻断腐蚀电流，使金属钝化。

2. 成分特点

(1) 碳含量。不锈钢的含碳量一般在 0.03%～0.95% 之间。含碳量越低，耐腐蚀性越好，故大多数不锈钢含碳量在 0.1%～0.2% 之间。对于制造工具、量具等的少数不锈钢，为满足高硬度和高耐磨性要求，其含碳量较高。

(2) 主加铬、镍、钼等合金元素。铬、钼的主要作用是提高耐腐蚀性；镍主要作用是为了获得单相的奥氏体组织。

(3) 辅加钛、铌等合金元素。钛、铌的主要作用是防止奥氏体不锈钢发生晶间腐蚀，避免晶界附近发生贫铬现象。

3. 常用不锈钢

不锈钢按使用状态下的组织类型，主要分为马氏体型、铁素体型和奥氏体型不锈钢。常用不锈钢的牌号、热处理和性能如表6-14所示。

表6-14 常用不锈钢的牌号、热处理和力学性能（摘自 GB/T 1220—2007）

类别	统一数字代码	新牌号	旧牌号	热处理	力学性能				
					R_{eH}/MPa	R_m/MPa	A/%	Z/%	HBW
奥氏体型	S35350	12Cr17Mn6Ni5N	1Cr17Mn6Ni5N	1010~1120 快冷（固溶处理）	275	520	40	45	241
	S30210	12Cr18Ni9	1Cr18Ni9	1010~1150 快冷（固溶处理）	205	520	40	60	187
	S30408	06Cr19Ni10	0Cr18Ni9	1010~1150 快冷（固溶处理）	205	520	40	60	187
	S31658	06Cr17Ni12Mo2N	0Cr17Ni12Mo2N	1010~1150 快冷（固溶处理）	275	550	35	50	217
	S32168	06Cr18Ni11Ti	0Cr18Ni10Ti	920~1150 快冷（固溶处理）	205	520	40	50	187
奥氏体-铁素体型	S21860	14Cr18Ni11Si4AlTi	1Cr18Ni11Si4AlTi	9310~1050 快冷（固溶处理）	440	715	25	40	—
	S21953	022Cr19Ni5Mo3Si2N	00Cr18Ni5Mo3Si2	920~1150 快冷（固溶处理）	390	590	20	40	290
	S22253	022Cr22Ni5Mo3N		950~1200 快冷（固溶处理）	450	655	25	—	290
	S22053	022Cr23Ni5Mo3N		950~1200 快冷（固溶处理）	450	655	25	—	290
铁素体型	S11203	022Cr12	00Cr12	700~820 空冷或缓冷（退火）	195	360	22	60	183
	S11710	10Cr17	1Cr17	780~850 空冷或缓冷（退火）	205	450	22	50	183
马氏体型	S41010	12Cr13	1Cr13	950~1000 油冷 700~750 快冷	345	540	22	55	159
	S42020	20Cr13	2Cr13	920~980 油冷 600~750 快冷	440	640	20	50	192
	S42030	30Cr13	3Cr13	920~980 油冷 600~750 快冷	540	735	12	40	217
	S43110	14Cr17Ni2	1Cr17Ni2	950~1050 油冷 275~350 快冷	—	1080	10		
	S44080	85Cr17	8Cr17	1010~1070 油冷 100~180 快冷	—				

1) 马氏体型不锈钢

典型钢号是Cr13钢。常用牌号有1Cr13、2Cr13、3Cr13及8Cr17等。其平均含碳量为0.1%～0.45%，随含碳量的增加，其强度、硬度增加，但耐蚀性下降。

1Cr13、2Cr13、3Cr13钢含碳量较低，经调质处理后的组织是回火索氏体，具有良好的综合力学性能，常用于制造塑性、韧性要求较高的耐蚀机械零件，如汽轮机叶片、螺栓、螺母等。其缺点是耐蚀性较低。

4Cr13钢含碳量较高，经淬火、低温回火后的组织是回火马氏体，其强度、硬度较高，但焊接性能较差，主要用于制造要求耐蚀、耐磨的医疗器械、餐具及不锈钢刃具等。

8Cr17钢经淬火、低温回火后的组织是回火马氏体、碳化物和残余奥氏体，硬度≥56HRC，常用于制造耐蚀工具（如剪切刀片）或耐磨耐蚀零件（如滚动轴承）。

2) 铁素体型不锈钢

典型钢号是1Cr17钢。其成分特点是低碳高铬，组织为单相铁素体，塑性好，强度低，耐腐蚀性能好。通常在退火或正火状态下使用，但不能淬火强化。主要用于制造要求具有较高耐蚀性而对强度要求不高的结构件，如化工设备中的容器、输送管道、食品工厂设备等。

3) 奥氏体型不锈钢

典型钢号是Cr18Ni9型钢（18-8型不锈钢），如1Cr18Ni9Ti等。其成分特点是低碳高铬高镍，组织为单相奥氏体，因此具有高的塑性和韧性、良好的耐蚀性、冷加工性能及焊接性能。广泛用于制造化工设备中的构件和零件、抗磁仪表、医疗器械等。

奥氏体型不锈钢常用的热处理方法是固溶处理，即将钢加热到920～1150℃后，使钢中的碳化物溶解后水冷至室温，获得单相的奥氏体组织。固溶处理后的钢强度很低（$R_m \approx 600$MPa），不适于作结构材料用，但可通过冷变形强化提高强度（$R_m \approx 1200 \sim 1400$MPa）。

对于含钛或铌的钢，一般在固溶处理后还要进行稳定化处理。即将钢加热到850～880℃，使钢中铬的碳化物完全溶解，而钛或铌的碳化物不完全溶解，然后缓慢冷却，使碳化钛充分析出，以防止发生晶间腐蚀。

6.5.2 耐热钢

耐热钢是指在高温下具有良好的抗氧化性能并具有足够强度的钢种，主要用于制造高压锅炉、汽轮机、内燃机及航空发动机等在高温下工作的机械零件或构件。

1. 性能要求

耐热钢必须具备的两种基本性能：

（1）高温化学稳定性。高温化学稳定性是指金属在高温条件下长期工作抵抗各种介质化学腐蚀的能力，其中最主要的是抗氧化性。提高抗氧化性的主要途径是通过在金属表面形成一层连续而致密的氧化膜（如Cr_2O_3、Al_2O_3、SiO_2等），阻碍内部金属的继续氧化。

（2）高温热强性。高温热强性是指金属在高温条件和载荷的作用下抵抗塑性变形或断裂的能力。其性能指标为蠕变极限和持久强度。所谓蠕变是指钢在高温下长时间承受负荷时，即使工作应力低于屈服强度，也会产生连续而缓慢的塑性变形的现象。

蠕变极限是指材料在一定温度下、经一定时间后，产生一定变形量时的最大应力值。其值越高，塑性变形抗力越大，热强性越高。对于尺寸精度要求高的零件在高温下工作时，必须考虑蠕变极限。例如涡轮叶片不能产生过量蠕变，否则与壳体碰撞将造成重大事故。

持久强度是指材料在一定温度下、经一定时间后发生断裂的应力值，表征了材料抵抗断裂的能力。对于高温下工作的某些零件，如果只考虑应力的作用，当变形量大小对其性能影响不大时，要求具有一定的寿命，就必须考虑持久强度，如锅炉管道等。

2. 常用的耐热钢

耐热钢按正火状态下的组织不同，主要分为珠光体耐热钢、马氏体耐热钢和奥氏体耐热钢三种类型。

(1) 珠光体耐热钢。常用牌号为 15CrMo、12CrMoV 钢等，其成分特点是含碳量低，合金元素含量少。一般在正火和高温回火状态下使用，组织为珠光体加铁素体。常用于制造工作温度低于 600℃、承受载荷不大的耐热构件，如锅炉、热交换器及气阀等。其中 15CrMo 主要用于制造锅炉零件。

30CrMo、35CrMoV 等含碳量中等的珠光体热强钢，主要用于制造耐热紧固件、汽轮机转子、叶轮等承受载荷较大的耐热零件。

(2) 马氏体型耐热钢。常用牌号为 Cr13 型 (1Cr13、2Cr13)、Cr12 型 (1Cr12WMoV) 和 4Cr9Si2 等。其特点是含铬量高，抗氧化性及热强性均高于珠光体耐热钢，一般在调质状态下使用，组织为回火索氏体，具有良好的综合力学性能。多用于制造工作温度在 600℃ 以下、承受载荷较大的零件，如汽轮机叶片和汽车阀门等。

(3) 奥氏体型耐热钢。常用牌号为 0Cr18Ni9、0Cr18Ni10Ti、4Cr14Ni14W2Mo 钢等。其耐热性能优于珠光体型和马氏体型耐热钢，一般工作温度为 600～700℃，且具有良好的冷塑性变形和焊接性，广泛用于制造汽轮机叶片、发动机气阀及炉管等。

常用耐热钢的牌号、热处理、力学性能及用途如表 6-15 所示。

表 6-15 常用耐热钢的牌号和力学性能 (摘自 GB/T 1221—2007)

类别	统一数字代码	新牌号	旧牌号	工作温度 (℃) 下，力学性能，R_m/MPa				应用范围
				20	600	700	800	
珠光体		15CrMo						540℃ 以下锅炉热管、垫圈
		12CrMoV						570℃ 以下的过热蒸汽管、导管
马氏体	S48040	42Cr9Si2	4Cr9Si2					800～900℃ 不起皮，拖拉机汽车发动机的排气阀
	S48140	40Cr10Si2Mo	4Cr10Si2Mo					
	S41010	12Cr13	1Cr13					高压燃气轮机叶片
	S46010	14Cr11MoV	1Cr11MoV					低压燃气轮机叶片
	S47310	13Cr11Ni2W2MoV	1Cr11Ni2W2MoV					
奥氏体	S42020	1Cr18Ni9Ti		550	340	250	150	610℃ 以下长期工作的过热管道、结构件
	S42030	4Cr14Ni14W2Mo		790	500	340	750 (℃) 280	大马力发动机气阀、蒸汽管道；燃气轮机叶片

6.5.3 耐磨钢

耐磨钢是指在冲击载荷和摩擦条件下产生加工硬化的铸造高锰钢。其性能特点是具有良好的韧性和高的耐磨性，主要用于制造既承受严重磨损又承受强烈冲击的零件，如球磨机的衬板、破碎机的颚板、挖掘机的铲齿、拖拉机和坦克的履带板及铁路道岔等。

1. 成分特点

（1）高碳。含碳量为 0.75%～1.45%，以保证高的耐磨性。

（2）高锰。含锰量为 11%～14%，保证形成单相的奥氏体组织，从而获得良好的韧性。

2. 热处理

由于耐磨钢的铸态组织为奥氏体和碳化物，性能硬而脆，难以切削加工，只能铸造成形。为了获得良好的韧性和耐磨性，通常采用水韧处理。即将钢加热到 1000～1100℃，使碳化物全部溶入奥氏体中，然后水淬快冷，使碳化物来不及从奥氏体中析出，从而形成均匀的过饱和的单相奥氏体组织，如图 6.14 所示。此时，强度、硬度（180～220HBS）并不高，但塑性、韧性（$A_{KU} \geqslant$ 118J）却很好。随后在使用过程中，由于表层受到剧烈冲击和强烈摩擦作用，使奥氏体迅速产生加工硬化，同时形成马氏体并析出碳化物，使钢表层硬度迅速提高到 500～550HBW，从而获得高的耐磨性，而心部仍为奥氏体组织，具有高的耐冲击能力。当表面磨损后，新露出的表面又可在冲击载荷或强烈摩擦作用下重新获得新的硬化层。

图 6.14 ZGMn13 的显微组织

3. 常用的高锰钢

常用高锰钢的牌号、化学成分、力学性能及用途如表 6-16 所示。

表 6-16 常用耐磨钢的成分和力学性能（摘自 GB/T 5680-1998）

钢号	化学成分（质量分数）/%					热轧钢的纵向力学性能			
	C	Si	Mn	S	P	R_m/MPa	A（%）	A_U/J·cm^{-2}	HBW
ZGMn13-1	1.00～1.50	0.30～1.00	11.00～14.00	≤0.050	≤0.090	637	20		229
ZGMn13-2	1.00～1.40	0.30～1.00	11.00～14.00	≤0.050	≤0.090	637	20	147	229
ZGMn13-3	0.90～1.30	0.30～0.80	11.00～14.00	≤0.050	≤0.080	686	25	147	229
ZGMn13-4	0.90～1.20	0.30～0.80	11.00～14.00	≤0.050	≤0.070	735	35	147	229

🔑 特别提示

由于耐磨钢在受力变形时，能吸收大量能量，不易被击穿，因此可制造防弹装甲车板，如图 6.15 所示，保险箱板等。

图 6.15　防弹装甲车

小　结

阐述了碳素钢中的碳和杂质元素硫、磷、氮、氢等对碳钢性能的影响，优质碳素钢与普通碳素钢的差别；合金元素在钢中的强化作用，介绍了碳素钢的分类、牌号和用途，还讲述了低合金结构钢、渗碳钢、调质钢、弹簧钢、滚动轴承钢、易切削钢、超高强度钢，碳素、合金工具钢，冷作模具钢、热作模具钢特殊性能钢，不锈钢的不锈机理、耐热钢、耐磨钢的牌号、化学成分特点及应用场合。

习　题

1. 填空题

（1）工业用钢按化学成分分为_____和_____。
（2）碳钢根据含碳量的不同，又分为_____、_____和_____。
（3）合金钢根据合金元素含量的不同，又分为_____、_____和_____。
（4）工业用钢根据用途的不同，又分为_____、_____和_____。
（5）在我国，钢的牌号一般采用_____、_____和_____相结合的方法来表示。
（6）钢中常存杂质元素是指_____、_____、_____、_____等，其中_____和_____是有害元素，其中_____和_____是有益元素。
（7）合金元素在钢中的存在形式主要有_____、_____和_____三种形式。
（8）合金元素对钢的强化作用主要表现为_____、_____和_____。
（9）结构钢按用途的不同_____、_____、_____、_____、_____、易切削钢及超高强度钢等。
（10）工具钢按用途的不同_____、_____、_____、_____、_____、耐冲击钢、无磁模具钢及塑料模具钢等。

2. 简答题

（1）在碳钢中，除了铁和碳外，一般还有哪些元素？对钢的性能产生哪些影响？

(2) 合金元素在钢中有哪些存在形式？

(3) 合金元素对钢主要起哪些强化作用？

(4) 合金元素对 Fe-Fe$_3$C 相图产生哪些影响？

(5) 指出下列钢号所属类别，并简述主要用途。

　　　　Q235、Q345、20、20Cr、ZG230-45、Cr12、1Cr13、ZGMn13、T12A

(6) 解释下列现象：

① 退火状态下，40Cr 钢的强度比 40 钢高；

② 某些合金钢在锻造和热轧后，经空冷可获得马氏体组织；

③ 在相同含碳量情况下，合金钢淬火不容易产生变形和开裂的原因；

④ 在相同含碳量情况下进行调质处理，合金钢具有较好的综合力学性能。

(7) 渗碳钢有哪些性能要求？其成分特点是什么？

(8) 调质钢件一般要经过哪些热处理？其目的是什么？

(9) 弹簧钢为什么要进行喷丸处理？

(10) 滚动轴承钢的合金化与性能特点是什么？

(11) 为什么碳素工具钢只能用于制造低速及小走刀量的机用工具或手动工具？为什么 9SiCr 钢较适宜制造要求变形较小、硬度较高（60~63HRC）且耐磨性较好的圆板牙等薄刃刀具？

(12) 试简述高速工具钢的成分特点和热处理工艺特点。

(13) 高速工具钢经铸造后为什么要反复锻造？高速工具钢在切削加工前为什么还要进行球化退火？

(14) 如果要用 Cr13 型不锈钢制作机械零件、外科医用工具及滚动轴承时，应分别选择什么牌号？

(15) 生产中常用什么方法使奥氏体不锈钢得到强化？

(16) 高锰钢的耐磨原理与淬火工具钢的耐磨原理有何不同？应用场合有何不同？

3. 综合分析题

某厂生产的凸轮轴齿轮，其技术要求为：渗碳层深度 1.0~1.5mm，渗层含碳量为 0.8%~1.0%，齿表面硬度 55~60HRC，心部硬度 33~45HRC。

(1) 试从下面材料中选用合适的材料来制造齿轮。

　　　　T12、Q235、45、20CrMnTi、40Cr、60Si2Mn

(2) 其工艺路线为

　　　　下料→锻造→正火→加工齿形→渗碳→预冷淬火→低温回火→喷丸→精磨

试分析各步热处理的目的是什么，并简要指出各步热处理所获得的组织。

第7章 铸铁与铸钢

教学目标

1. 理解并掌握铸铁的组织尤其是石墨的形态、分布与性能之间的规律。
2. 理解并掌握工程材料尤其是金属的结构,理解材料结构与性能之间的关系,尤其是强化工程材料性能的途径、基本原理与方法。
3. 掌握常用铸铁的种类、组织结构特点、性能和应用,了解其应用范围。
4. 结合实例,初步具备合理选择铸铁与铸钢材料、正确确定加工方法、妥善安排加工工艺路线的能力。
5. 了解铸钢与铸铁的技术现状,前沿动态及今后的发展方向。

教学要求

能力目标	知识要点	权重	自测分数
熟知铸钢与铸铁分类、牌号	牌号的命名原则,代表的物理意义	20%	
掌握铸铁与铸钢材料的组织与性能特点及其影响因素	石墨化,石墨的形态、分布及其对铸铁性能的影响	35%	
掌握铸钢与铸铁的强化方法	铸铁孕育,钢的热处理方式	30%	
了解各种铸铁与铸钢的适用范围与应用的新进展	铸钢与铸铁的新发展,应用发展趋势	15%	

引例

乘用车的刹车盘通常是使用 HT250 或相近的低合金灰铸铁,要求材料具有良好的导热性和冷热疲劳性能,所以要求 A 型石墨,以利于热传导。国内发动机的一些缸体已采用 HT300 甚至 HT350 铸铁制作。我国一汽铸造公司已稳定地采用 HT300 生产 6DL 道依茨发动机缸体,同时也储备了 HT350 的生产技术,通过优化熔炼工艺,成分设计及合金化工艺等措施,解决了缸体材料高强度与高速切削的问题。近年来采用感应电炉熔炼合成铸铁,用于高强度灰铸铁缸体、缸盖的生产的企业逐渐增多,实践表明这种采用废钢增碳的熔炼方式使得铁液的纯净较高,增碳剂促进石墨化效果明显,组织细化。均匀,不仅使铸铁强度得到提高,同时还保持良好的铸造工艺性能,不致加剧铸件收缩倾向。研究表明,对于合成铸铁来说,必须控制 S 含量在 0.06%~0.12% 范围,以改善孕育效果、石墨形态和切削性能;生产合成铸铁时应选用经高温处理的石墨化增碳剂,它不会含杂质(S、N、H 等),形成部分晶体化的碳。选用优质的增碳剂不仅能够保持稳定高效的增碳效率,而且有极强的形核特性,在后续的孕育过程中更能有效地形核,获得更好的石墨形态。

发动机曲轴是球铁在我国应用最典型的零件,研究开发最早,应用范围最广,产量最多。汽车、拖拉机、船用及工程机械上的许多发动机曲轴以及空压机、空调压缩机上的曲轴都是球墨铸铁的。我国 2007 年生产的 800 多万台车用发动机中,汽油机约占 76%,柴油机占 24%。汽油机多用球铁曲轴,柴油机中 360kW 以下、爆发压力在 11MPa 以下的均可用球铁曲轴,其牌号为 QT600—3、QT700—2、QT800—2、QT800—6、QT800—5、QT900—3 等。据统计,我国年产用于发动机的各类球铁曲轴约 20 万吨,1000 万根以上。我国 2007 年生产的 8400 多万台空调压缩机中大部分也是球墨铸铁的。一汽铸造公司用壳型背丸工艺年产球铁曲轴约 50 万只,综合废品率在 0.2% 以下。

7.1 概 述

铸铁是碳含量大于 2.11% 并含有较多硅、锰、硫、磷等元素的多元铁基合金。铸铁具有许多优良的性能及有生产简便、成本低廉等优点,因而是应用最广泛的金属材料之一。例如,机床床身、内燃机的汽缸体、缸套、活塞环及轴瓦、曲轴等都可由铸铁制造。2004 年到 2008 年全世界铸件产量从 7974.5 万吨增加到 9491.9 万吨。从 2004 年到 2007 年,一直保持增长势头,年均增长率为 4%。由于全球性金融危机的影响,2008 年铸件产量比 2007 年降低了 147 万吨,预计到 2010 年,全球铸件产量将维持在 9000 万吨,2008 年可能是个拐点年;2008 全球球铁和铸钢产量增加,灰铁和铝铸件产量下降,2008 年灰铸铁的产量为 4296 万吨。近 10 年来,我国铸件产量持续增长,其中,铸铁业以年均 20% 的速度增长,远高于同期 GDP 约 10% 的增长速率。我国铸铁件的材质结构持续改善,球铁在铸件中所占的比重由 1998 年的 14% 增至 2009 年的 24.7%;球铁与灰铁的比例由 0.226 上升到 0.51,这段时间是我国铸铁业发展最快、最好的几年。目前,我国年产铸铁件 1 万吨以上,生产设备较先进、质量较稳定的厂已达上百家。它们一般采用冲天炉-电炉双联或直接用中频炉熔炼,配有炉前碳当量测定仪和直读光谱仪等先进的设备和检测手段。

2009 年我国铸件产量为 3530 万吨,其中,铸铁件产量占 2630 万吨(球墨铸铁产量为 870 万吨,灰铸铁产量 1700 万吨,蠕墨铸铁产量约 30 万吨),占我国铸件产量的 74.5%,约占当年世界铸铁件产量的 39.4%,如图 7.1 所示。

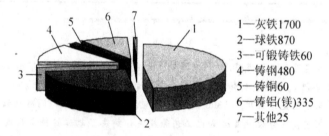

图 7.1 中国 2009 年各材质铸件产量/万吨

从 2009 年中国铸件的应用领域可以看出,受国家 4 万亿投资和扩大内需政策的拉动,2009 年我国汽车和内燃机、工程机械、铁路、电力等行业铸件需求量逆势增长;而受外需影响较大的纺机、造船等行业铸件需求量下滑。受益于经济的长期高速增长,中国的汽车工业进入快速发展通道,2009 年,在国家汽车产业政策的推动下,汽车的年产、销量超过 1300 万辆,中国跃居世界第一大汽车产销国。我国 2009 年铸件产量比 2008 年增加 180 万吨,其中,汽车铸件增加 120 万吨,是新增铸件产量的主要贡献者。

7.1.1 铸铁的石墨化过程

1. Fe-Fe₃C 和 Fe-G（石墨）双重相图

铸铁中的碳除少量固溶于基体中外，主要以化合态的渗碳体（Fe₃C）和游离态的石墨（G）两种形式存在。石墨是碳的单质态之一，具有特殊的简单六方晶格，如图 7.2 所示。石墨晶体中的碳原子呈层状排列，层内原子排列为正六方形连成的网，原子之间以共价相键结合，间距小，结合力强；层与层之间是通过分子键结合的，间距大，结合力较弱。因而石墨的强度、塑性和韧性都几乎为零。

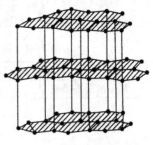

图 7.2 石墨的简单六方晶格

渗碳体是亚稳相，在一定条件下将发生分解：Fe₃C→3Fe+C，形成游离态石墨。因此，铁碳合金实际上存在两个相图，即 Fe-Fe₃C 相图和 Fe-G 相图，这两个相图几乎重合，只是 E、C、S 点的成分和温度稍有变化，如图 7.3 示，图中的虚线为 Fe-G 系相图。根据条件不同，铁碳合金可全部或部分按其中一种相图结晶。

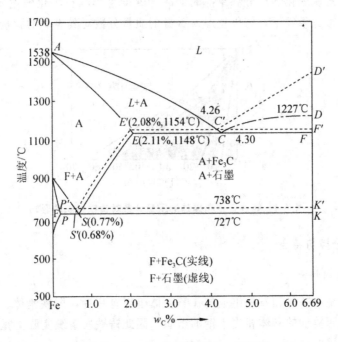

图 7.3 Fe-Fe₃C 相图和 Fe-G 相图

2. 铸铁的石墨化过程

铸铁中的石墨可以在结晶过程中直接析出，也可以由渗碳体加热时分解得到。铸铁中的碳原子析出形成石墨的过程称为石墨化。

铸铁的石墨化过程分为两个阶段。

在 $PS'K'$ 线以上发生的石墨化称为第一阶段石墨化，包括结晶时从液体中析出一次石墨，在共晶温度下通过共晶反应析出共晶石墨 $L_{C'} \rightarrow \gamma_{E'} + G$。在 $E'C'F'$ 线与 $P'S'K'$ 线之间冷却时从奥氏体中析出二次石墨；以及加热时一次渗碳体、二次渗碳体和共晶渗碳体的分解。

在 $P'S'K'$ 线以下发生的石墨化称为第二阶段石墨化，包括冷却时在共析温度下通过共析反应析出共析石墨 $\gamma_{S'} \rightarrow \alpha_{P'} + G$，以及加热时共析渗碳体的分解。

石墨化程度不同，所得到的铸铁类型和组织也不同，如表7-1所示。工业上大量使用的铸铁主要是第一阶段石墨化完全进行的灰口铸铁。

表7-1 铸铁的石墨化程度与其组织之间的关系（以共晶铸铁为例）

石墨化进行程度		铸铁的显微组织	铸铁类型
第一阶段石墨化	第二阶段石墨化		
完全进行	完全进行	F+G	灰口铸铁
	部分进行	F+P+G	灰口铸铁
	未进行	P+G	灰口铸铁
部分进行	未进行	Ld′+P+G	麻口铸铁
未进行	未进行	Ld	白口铸铁

3. 影响石墨化的因素

研究表明，铸铁的化学成分和结晶时的冷却速度是影响石墨化的主要因素，如图7.4所示是一般砂型铸造条件下，铸件壁厚及碳硅的质量分数对其组织的影响。

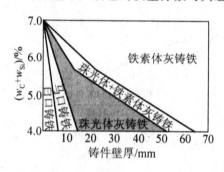

图7.4 铸件壁厚和碳硅的质量分数对铸铁组织的影响

7.1.2 铸铁的分类与特点

1. 铸铁的组织特点

铸铁的组织是由基体和石墨组成的，其基体组织有三种，即铁素体、珠光体、铁素体加珠光体，这说明铸铁的基体相当于钢的组织，因此铸铁的组织实际上是在钢的基体上分布着不同形态石墨的组织。

2. 铸铁的性能特点

（1）力学性能差。由于石墨对铸铁基体严重的割裂作用造成的。石墨的强度、韧性极低，相当于钢基体中的裂纹或空洞，它破坏了基体的连续性，减少了铸铁件的有效承载截面，并且容易导致应力集中，因而铸铁的抗拉强度、塑性及韧性均低于碳钢。但铸铁的抗压强度很高，可与钢相比。

（2）耐磨性好。由于石墨本身有良好的润滑作用。此外，石墨脱落后留下的空洞还可以贮油，提高了零件的耐磨性。

(3) 减振性能好。由于石墨能吸收振动能量，产生阻尼效应，提高了铸铁的消振能力。

(4) 铸造性能好。由于铸铁硅的质量分数高且成分接近于共晶成分，因而流动性、填充性好。铸件凝固时析出的石墨产生体积膨胀，可减少铸件的体积收缩，从而降低了铸件的内应力。

(5) 切削性能好。由于石墨的存在使车屑容易脆断，不粘刀。

(6) 缺口敏感性小。由于大量存在的石墨其本身就相当于裂纹和空洞，因而对外加的缺口不再敏感。

铸铁根据石墨的形态进行分类。铸铁中石墨的形态有片状、团絮状、球状和蠕虫状四种，其所对应的铸铁分别为灰铸铁、可锻铸铁、球墨铸铁和蠕墨铸铁。

7.2 灰 铸 铁

一般指含碳、硅、锰量较高而含硫量较低的铸铁，在缓冷下来时可以获得灰铸铁。其中的碳大部分是以片状石墨存在，因其断口呈暗灰色而得名。灰铸铁生产工艺简单、价格低廉、应用广泛，其产量约占铸铁总产量的 70%。灰铸铁的大致成分范围为 $w_C=2.6\%\sim3.6\%$，$w_{Si}=1.2\%\sim3.0\%$，$w_{Mn}=0.4\%\sim1.2\%$，$w_P<0.2\%$，$w_S=0.02\%\sim0.15\%$。汽车业是灰铸铁的主要应用领域之一，近年来随着汽车轻量化要求的不断提高，薄壁高强度灰铸铁的应用迅速推进。

1. 灰铸铁的组织

灰铸铁的组织是由液态铁水缓慢冷却时通过石墨化过程形成的，其基体组织有铁素体、珠光体、铁素体加珠光体三种。灰铸铁的显微组织如图 7.5 所示。为提高灰铸铁的力学性能，常对灰铸铁进行孕育处理，以降低铁液的过冷倾向，细化片状石墨和基体组织，提高组织和性能的均匀性。目前生产的高牌号灰铸铁或薄壁铸件几乎都要经过孕育处理。经孕育处理的灰铸铁称为孕育铸铁。常用的孕育剂有硅铁合金和硅钙合金等。

(a) 铁素体基体灰铸铁　　(b) 铁素体加珠光体基体灰铸铁　　(c) 珠光体基体灰铸铁

图 7.5　灰铸铁的显微组织（400×）

2. 灰铸铁的热处理

热处理只能改变铸铁的基体组织，而不能改变石墨的形状和分布。由于石墨片对灰铸铁基体的连续性割裂严重，产生应力集中大，因而热处理对灰铸铁强化效果不大，其基体强度的利用率只有 30%～50%。灰铸铁常用的热处理有：

(1) 消除内应力退火（又称人工时效）。消除内应力退火主要是为了消除铸件在铸造冷却过程中产生的内应力，防止铸件在铸造和切削加工时发生变形或开裂。其工艺为：将铸件以 60～120℃/h 的速度加热到 530～620℃，经过 2～6h 的保温后，炉冷到 150～220℃ 出炉空冷。消除内应力退火常用于形状复杂的铸件，如机床床身、柴油机汽缸等。

(2) 消除白口组织退火。铸件的表层和薄壁处由于铸造时冷却速度快，易产生白口组织，使得硬度提高、加工困难，需进行退火以使渗碳体分解成石墨，降低铸件的硬度。其工艺为：以 70～100 ℃/h 的速度将铸件加热到 850～900℃，保温 1～4 h 后炉冷至 250℃ 以下出炉空冷。

(3) 表面淬火。对于一些表面需要高硬度和高耐磨性的铸件，如机床导轨、缸套内壁等，可进行表面淬火处理，表面淬火后的组织为回火马氏体加片状石墨，珠光体基体灰铸铁经表面淬火后硬度可达 50 HRC 左右。

3. 灰铸铁的牌号及用途

灰铸铁牌号中"HT"为灰铁汉语拼音字首，其后数字表示该材料的最低抗拉强度（MPa）。例如，HT200 表示抗拉强度 $R_m \geqslant 200MPa$ 的灰铸铁。灰铸铁的强度与铸件的壁厚大小有关系，因此在根据性能要求选择铸铁牌号时，必须注意到铸件的壁厚。如铸件的壁厚超出表中所列的尺寸时，应根据基体情况适当提高或降低铸铁的牌号。灰铸铁主要用于制造承受压力和振动的零部件。其牌号、性能组织等见表 7-2 所示。

表 7-2 灰铸铁的牌号、力学性能、显微组织及用途（摘自 GB/T 9489—2010）

牌号	铸件壁厚/mm		最小抗拉强度 R_m/MPa（强直性值）(min)		铸件本体预期抗拉强度 Rm(min) MPa	F
	>	<	单铸试棒	附铸试棒或试块		
HT100	5	40	100	—	—	
HT150	5	10	150	—	155	F+P
	10	20		—	130	
	20	40		120	110	
	40	80		110	95	
	80	150		100	80	
	150	300		90	—	
HT200	5	10	200	—	205	P
	10	20		—	180	
	20	40		170	155	
	40	80		150	130	
	80	150		140	115	
	150	300		130	—	
HT225	5	10	225	—	230	
	10	20		—	200	
	20	40		190	170	
	40	80		170	150	
	80	150		155	135	
	150	300		145	—	

续表

牌号	铸件壁厚/mm		最小抗拉强度 R_m/MPa（强直性值）(min)		铸件本体预期抗拉强度 Rm(min) MPa	F
	>	≤	单铸试棒	附铸试棒或试块		
HT250	5	10	250	—	250	P
	10	20		—	225	
	20	40		210	195	
	40	80		190	170	
	80	150		170	155	
	150	300		160	—	
H275	10	20	275	—	250	
	20	40		230	220	
	40	80		205	190	
	80	150		190	175	
	150	300		175	—	
HT300	10	20	300	—	270	细 P
	20	40		250	240	
	40	80		220	210	
	80	150		210	195	
	150	300		190	—	
HT350	10	20	350	—	315	
	20	40		290	280	
	40	80		260	250	
	80	150		230	225	
	150	300		210	—	

注 1：当铸件壁厚超过 300mm 时，其力学性能由供需双方商定；

2：当某牌号的铁液浇注壁厚均匀、形状简单的铸件时，壁厚变化引起的抗拉强度的变化可从本表查出参考数据，当铸件壁厚不均匀，或有型芯时，此表只能给出不同壁厚处大致的抗拉强度值，铸件的设计应根据关键部位的实测值进行；

3：表中的斜体数字表示指导值，其抗拉强度均为强制性值，铸件本体预期抗拉强度不作为强制性值。

7.3 球墨铸铁

我国从 1950 年开始研究和生产球铁，是世界上较早生产球铁的国家之一。随着我国改革开放，国民经济快速发展—球墨铸铁的质量不断提高，生产品种、应用范围扩大，产量也有迅速增加。

2004—2008 年，世界球铁铸件的产量从 1870 万吨增加到 2384 万吨，年均增长率为 5.5%。中国球铁与灰铁的比例为 0.50，世界平均水平为 0.55，美国的比例为 1.0。如果能达到美国这样的成熟市场球铁/灰铁的比例水平（约 1.0），在世界范围内，球铁还有相当的增长空间。球墨铸铁在铸件中的比例可以在很大程度上代表一个国家的铸造技术和生产管理水平。尽管我国球铁件的产量和应用范围增加较快，但球铁在铸件中的比列不仅远低于美、英、法、德、日等工业发达国家的水平，甚至还达不到世界平均水平，我国球铁产量的提升空间还很大。

从 2005 年起，我国球铁产量连续五年居世界第一，2008 年已达 820 万吨，约占当年世界球铁产量的 1/3，比世界第 2、3、4 名的美国（360 万吨）、日本（200 万吨）和德国（185 万吨）的总和还多 75 万吨。球铁的一些特殊性能如低温冲击、疲劳性能、强韧性等以及质量稳定性都在不断地得到改善，能够提供稳定优质的球铁铸件的工厂不断增多。

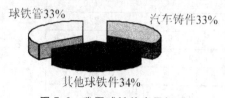

图 7.6 我国球铁件应用领域

中国的球铁件应用于国民经济的各个领域如图 7.6 所示，其中铸管和管件年产量约 280 万吨，占 33%；汽车铸件约 280 万吨，为 33%，约占我国工程结构球铁产量（不包括铸管）的 50%；其他如工程机械、农机、机床、建筑、冶金、矿山、能源工业部门等约占 33%。

值得一提的是，中国近年来对大断面（指壁厚大于 100mm）球铁件的需求增长较快。厚大球铁件均为关键件，代表着该设备的水平及球铁的生产技术水平而受到大家关注、重视。重型机床床身横梁、风电轮毂底座、大型注塑机模板等均为厚大球铁件。风电铸件由于工作环境特殊（高空、部分时间工作于低温下），维修极其困难，代价甚高，故对铸件质量、力学性能要求极为严格，比一般厚大球铁件更高，此外还要求铸件耐疲劳强度高，保证 20 年安全运行不维修。风电球铁件要求铸态 QT400-18AL 球铁来制造，要求低温冲击性能 $-20℃$，V 形缺口试样冲击韧性 ≥ 12 J/cm^2（有时还要求 $-40℃$ 冲击性能），要求表面磁粉探伤和内部超声波探伤或射线探伤等。

中国 2008 年风电机组统计新增装机容量 4.66×10^6 kW。2009 年新增装机容量 1.3×10^7 万 kW，按每 1MW 容量需球铁铸件 15 吨计算，每年需求量约为 20 万吨左右，成为球铁新的增长点之一。

1. 球墨铸铁的组织

球墨铸铁的显微组织是由基体和球状石墨组成的，铸态下的基体组织有铁素体、铁素体加珠光体和珠光体三种，如图 7.7 所示。球状石墨是液态铁水经球化处理得到的。加入到铁水中能使石墨结晶成球形的物质称为球化剂，常用的球化剂为稀土镁合金。镁是阻碍石墨化的元素，为了避免白口，并使石墨细小且分布均匀，在球化处理的同时还必须进行孕育处理，常用孕育剂为硅铁合金。

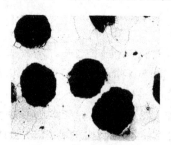
(a) 铁素体球墨铸铁

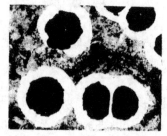
(b) 铁素体加珠光体球墨铸铁

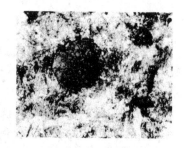
(c) 珠光体球墨铸铁

图 7.7 球墨铸铁的铸态组织 400×

2. 球墨铸铁的性能

由于球状石墨圆整程度高，对基体的割裂作用和产生的应力集中小，基体强度利用率可达70%～90%，接近于碳钢，塑性和韧性比灰铸铁和可锻铸铁都高。球墨铸铁的突出特点是屈强比高，为0.7～0.8，而钢一般只有0.3～0.5。

球墨铸铁还具有较好的疲劳强度。带孔和带台肩球墨铸铁件的疲劳强度与45钢的相当，如表7-3所示。因此，多数带孔和台肩的重要零件可用球墨铸铁代替钢来制造。试验还表明，球墨铸铁的扭转疲劳强度甚至超过45钢。

表7-3 球墨铸铁和45钢的疲劳强度

材料	对称弯曲疲劳强度/MPa			
	光滑试样	光滑带孔试样	带台肩试样	带孔、带台肩试样
珠光体球墨铸铁	255	205	175	155
45钢	305	225	195	155

3. 球墨铸铁的热处理

球墨铸铁的热处理主要有退火、正火、淬火加回火、等温淬火等。

(1) 退火。退火的目的是为了获得铁素体基体。当铸件薄壁处出现自由渗碳体（白口组织）和珠光体时，为了获得塑性好的铁素体基体，改善切削性能，消除铸造内应力，应对铸件进行退火处理。

(2) 正火。正火的目的是为了获得珠光体基体（占基体75%以上），细化组织，从而提高球墨铸铁的强度和耐磨性。球墨铸铁的正火分为完全奥氏体化正火和部分奥氏体化正火。

球墨铸铁正火后要进行回火，以改善韧性、消除内应力。回火温度通常在550～600℃。

(3) 淬火加回火。淬火加回火目的是为了获得回火马氏体或回火索氏体基体。对于要求综合力学性能好的球墨铸铁件，可采用调质处理，而对于要求高硬度和耐磨性的铸铁件，则采用淬火加低温回火处理。

(4) 等温淬火。等温淬火是为了得到类似钢中下贝氏体基体组织，以获得最佳的综合力学性能。

等温淬火温度通常为270～290℃。等温淬火后的力学性能为：$R_m \geqslant 1600$MPa，$A \geqslant 11\%$，无缺口$\alpha_K \geqslant 30$ J/mm^2，HRC$\geqslant 38$，具有良好耐磨性和较高的疲劳强度。

此外，为提高球墨铸铁件的表面硬度和耐磨性，还可采用表面淬火、氮化、渗硼等工艺。总之，碳钢的热处理工艺对于球墨铸铁基本上都适用。

4. 球墨铸铁的牌号及用途

球墨铸铁的牌号是由球铁汉语拼音字首"QT"及其后的两组数字组成。这两组数字分别表示该材料的最低抗拉强度（单位为MPa）和最低伸长率。例如QT600-3表示$R_m \geqslant 600$MPa、$A \geqslant 3\%$的球墨铸铁。

球墨铸铁主要用于制造受力复杂，强度、韧性和耐磨性要求高的零件。如在机械制造业中，珠光体球墨铸铁常用于制造拖拉机或柴油机的曲轴、连杆、凸轮轴、各种齿轮、机床的主轴、蜗杆、蜗轮、轧钢机的轧辊、大齿轮及大型水压机的工作缸、缸套、活塞等；铁素体球墨铸铁常用于制造受压阀门、机器底座、汽车后轮壳等。球墨铸铁的牌号、组织、力学性能及用途如表7-4所示。

表 7-4 球墨铸铁的牌号、组织、力学性能及用途（摘自 GB/T 1348—2009）

牌号	R_m/MPa	$R_{r0.2}$/MPa	A/%	硬度/HBW	基体组织	应用举例
QT350-22L	350	220	22	≤160	F	高速电力机车及磁悬浮列车铸件、寒冷地区工作的起重机部件、汽车部件、农机部件等
QT350-22R	350	220	22	≤160	F	核燃料储运罐、风电轮毂、排泥阀阀体、阀盖环
QT350-22	350	220	22	≤160	F	
QT400-18L	400	240	18	120～175	F	农机具零件；汽车、拖拉机牵引杠、轮毂、驱动桥壳体、离合器壳等；阀门的阀体和阀盖、支架等；铁路垫板、电机机壳、齿轮箱等
QT400-18R	400	250	18	120～175	F	
QT400-18	400	250	18	120～175	F	
QT400-15	400	250	15	120～180		
QT450-10	450	310	10	160～210	F	
QT500-7	500	320	7	170～230	F+P	机油泵齿轮等
QT550-5	550	350	5	180～250	F+P	传动轴滑动叉等
QT600-3	600	370	3	190～270	F+P	柴油机、汽油机的曲轴；磨床、铣床、车床的主轴；空压机、冷冻机的缸体、缸套
QT700-2	700	420	2	225～305	P	
QT800-2	800	480	2	245～335	P 或 S	
QT900-2	900	600	2	280～360	M 回或 T+S	汽车、拖拉机传动齿轮；内燃机凸轮轴、曲轴等

注：牌号后字母"L"表示该牌号有低温（-20℃或-40℃）下的冲击韧性要求；字母"R"表示该牌号有室温（23℃）下的冲击性能要求。

对球墨铸铁等温热处理进行系统的研究并具体应用在齿轮上试验工作始于 20 世纪 60 年代末，并在 70 年代末期，芬兰、美国和我国彼此独立，又几乎同时宣布研究成功等温淬火球墨铸铁（Austempered Ductile Iron 简称 ADI，十几年前常称为奥-贝球铁）。ADI 是一种具有较高性价比的新型工程材料，等温淬火热处理后有很好的综合性能。与同等韧性的普通球墨铸铁相比，其强度提高一倍，与合金钢相当，但其弹性模量最低 20%（减少接触应力），且减震性及抗磨性好等许多优点，发展很快，应用范围逐步扩大，产量不断增加，ADI 取代原球墨铸铁件、铸钢件、锻钢焊接件和某些铝合金件，在载重汽车、小轿车、柴油机、建筑机械、铁路（机车）、农业机械、闸门工程等领域得到越来越多的应用，用来制造曲轴、齿轮、齿轮架、钢板弹簧支架、支撑座、衬套、发动机固定支架、连杆、缸体、风镐机头、万向联轴节、闸瓦、火车斜楔、销套、磨耗板、汽车轮毂等要求高强度、耐冲击、耐磨和有疲劳性能要求的零件。2007 年世界产量已近 30 万吨，其中美国最多，达 20 万吨，欧洲 2.5 万吨，我国约 7 万吨；去年我国 ADI 年产量约 8 万吨，占世界年产量 50 万吨的 1/6～1/5；所生产的 ADI 铸件中，要求不高的抗磨件如磨球、衬板、锤头等占 35%，重型卡车底盘上悬挂件、支架件、拖钩件等零件，铁路机车衬套、支架、垫板、风镐缸体、榨油机榨螺、小型柴油机曲轴、凸轮轴等一般机械承载件占 50%，精度要求较高的齿轮和增压发动机曲轴等不到 5%。在北美和欧洲 ADI 应用市场中，汽车占了主要位置，约占 ADI 总量的 50% 以上，特别是重卡的底盘零件，应用很多。美国每辆重卡至少有 500 公斤以上的 ADI 零件；欧洲 ADI 在风力发电零件和工程机械上的应用取得较大进展。

此外，利用有限元分析、近净形铸造等技术，充分发挥 ADI 的优点，优化汽车底盘零件的结构及减薄设计。国内 ADI 产业最值得一提的进展，当属《等温淬火球墨铸铁件》

国家标准的发布实施。由郑州机械研究所负责、一汽铸造有限公司和东风汽车公司主要参加制订的《等温淬火球墨铸铁件》国家标准已发布和实施。

2008美国球铁年会上报告的许多ADI应用实例特别引人注目。其中英国Midlands公司生产的近净形ADI齿轮齿条,用在JCB小型挖掘机上,用于控制挖掘机吊杆的运动和稳定性。小齿轮重量7kg,尺寸是直径90mm、长250mm;齿条的重量8kg,尺寸是直径140mm、长210mm。牌号是ASTM 897M 1200。这对齿轮齿条以前是锻钢件,经渗碳淬火和回火热处理,表面硬度在55-60 HRC,随后喷丸强化处理。ADI齿轮齿条是采用近净形铸造,齿形部分直接铸出不需要加工。减少机加工量、以及省去渗碳淬火和喷丸强化,可以大幅度地降低生产成本。另外,ADI齿轮齿条比锻钢件寿命长,维护费用低。

 实例 7-1

德国ZF公司(设计与总成)与GF公司(铸件供应商)和ADIT公司(热处理公司)强强联合,大批量生产MAN卡车底盘悬架上用的ADI材质X型连接器,牌号是EN-GJS-1000-5,ADI件组装前需要很少的加工量,最终ADI组装件的重量为40.8kg,比锻件节材37%以上。该连接器以前的材质是锻钢42CrMo4,锻件的重量为65.0kg(加工组装件重量为60.4kg)。在ADI连接器的开发过程中,ZF公司把有限元分析技术与ADI材料的优点相结合,ADI材质的X型连接器的最终设计是通过有限元分析和快速原型确定的。有限元分析模型显示出构件在工作环境下所经受的最大应力,有限元分析结果在实验室和实际的台架试验中均获得了验证,表面应力对X型连接器的性能和使用寿命都是很关键的。

 实例 7-2

东风汽车公司在5t高机动性越野车试制中,采用ADI代替传统的45号铸钢的底盘零件,使14个零件采用ADI后,总重量由630.62kg减轻至380kg,减重率达39.6%,并在后续的改进中进一步增加ADI零件的数量,使整车ADI件重量达到了550.4kg。

7.4 蠕墨铸铁

我国对蠕墨铸铁的研究始于20世纪60年代,应用历史甚至早于国外。如20世纪70～80年代在二汽铸造一厂就实现了蠕铁排气管的大量流水生产,此后还生产蠕铁变速箱;无锡柴油机厂、二七机车车辆厂等生产了蠕铁气缸盖,还有一些单位生产蠕铁液压件、玻璃模具、钢锭模等等。但自此以后蠕铁的发展比较缓慢,技术上没有大的突破,进入低潮。

近些年来,为适应发动机增压、小型化的发展趋势,满足汽车节能减排标准日益提高的要求,强度高、导热性和耐热疲劳性能好的蠕墨铸铁缸体缸盖快速发展,尤其是用在柴油发动机缸体缸盖上。奥迪、DAF、福特、现代、MAN、奔驰、标致、雷诺、大众和沃尔沃这些著名品牌都相继开发和使用了蠕墨铸铁缸体。至2008年,国外(主要是欧洲)每年生产大约50万台内燃机用的缸体、缸盖等蠕铁件,重量约10万吨,约占欧洲蠕铁产量的2/3,其余是钢锭模、排气管、支架、飞轮、制动毂、液压阀等。在欧洲,柴油发动机的比例比较高,约占50%,而美国不到5%。预计2010年将有200万台内燃机用重量约达40万吨的蠕铁件。到2012年,蠕铁缸体将占到整个发动机缸体的10%左右。

国内蠕铁也重新获得了业界的重视,又掀起了一个开发应用的高潮:天津新伟祥和一汽相继引进了国外 Sintercast"2 步法"处理技术和设备,开发蠕铁发动机缸体等产品,以满足大量流水生产对蠕铁稳定性、一致性和可追溯性等的要求。北京银光公司、山东省淄博蠕墨铸铁股份有限公司、广西玉柴等公司也开展了喂丝蠕化处理的试验研究工作;合肥工大双发信息公司、天津汇丰公司等开展了蠕铁热分析的试验研究工作;河南省西峡县建成了国内专业生产蠕铁排气管基地(西峡内燃机进排管有限公司和河南省西峡县汽车水泵股份有限公司),山东省淄博蠕墨铸铁股份有限公司生产的蠕铁炉门框、机床床身等。

蠕铁对金属炉料的要求与球铁相当,均要求 S、P 和微量元素含量低。在我国的蠕铁的熔炼方式中,冲天炉、电炉、双联以及高炉+电炉短流程等熔炼方式都有使用。我国的蠕化剂以稀土为主、镁为辅(通常含 Re10%～13%,含 Mg3%～4%),镁-钛蠕化剂(Mg4%～6%,Re1%～3%,Ti3%～5%)也有使用;蠕化处理方法主要采用冲入法。和球墨铸铁一样,大多数工厂仍采用炉前试样检验,少数工厂则采用快速金相检验方法。

蠕墨铸铁大致成分范围为 $w_C=3.5\%\sim3.9\%$,$w_{Si}=2.2\%\sim2.8\%$,$w_{Mn}=0.4\%\sim0.8\%$,$w_S<0.1\%$,$w_P<0.1\%$。与球墨铸铁类似,蠕墨铸铁是液态铁水经蠕化处理和孕育处理得到的,常用蠕化剂有稀土硅铁镁合金、稀土硅铁合金、稀土硅铁钙合金等,常用的孕育剂为硅铁合金和硅钙合金。蠕墨铸铁的显微组织由基体与蠕虫状石墨组成,其基体组织也有铁素体、珠光体和铁素体加珠光体三种类型,铁素体蠕墨铸铁的显微组织如图 7.8 所示。

与片状石墨相比,蠕虫状石墨的长厚比明显减小,尖端变钝,因而对基体的割裂程度和引起应力集中的程度减小,使蠕墨铸铁具有比灰铸铁和铝合金更高的抗拉强度(高 75%)、弹性模量(高 40%)和疲劳强度(高 100%),其组织介于灰铸铁与球墨铸铁之间,屈强比为 0.72～0.82,是铸造材料中最高的。蠕墨铸铁的特殊优点是综合耐热疲劳性能优于球墨铸铁和灰铸铁。因此成为目前发动机缸体、缸盖的理想材料。

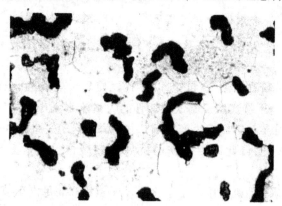

图 7.8 铁素体蠕墨铸铁的显微组织 400×

常对蠕墨铸铁进行退火和正火处理。正火可增加珠光体,提高铸铁件的强度和耐磨性。退火的目的是为了获得 85% 以上的铁素体或消除白口组织。蠕墨铸铁常用于制造承受热循环载荷的零件,

蠕墨铸铁的牌号、性能及应用如表 7-5 所示,其牌号表示方法为"RuT+数字",其中"RuT"是蠕铁两字汉语拼音的第一个字母,三位数字表示最低抗拉强度。

如钢锭模、玻璃模具、柴油机汽缸套、汽缸盖、活塞环、排气阀、汽车排气管等；结构复杂、强度要求高的铸件，如大型齿轮箱体、变速箱体、液压阀体、耐压泵体、制动鼓、纺织机零件等。蠕墨铸铁的牌号、组织、力学性能及用途如表 7-5 所示。

表 7-5 蠕墨铸铁的牌号、组织、力学性能及用途

牌号	R_m/MPa	R_{eL}/MPa	A/%	硬度/HBW	基体组织	应用举例
RuT420	420	335	0.75	200~280	P	活塞环、汽缸套、制动盘、玻璃模具、刹车鼓、钢珠研磨盘、吸泥泵体
RuT380	380	300	0.75	193~274	P	
RuT340	340	270	1.0	170~249	P+F	重型机床件、大型齿轮箱体、盖、座、刹车鼓、玻璃模具、起重机卷筒、液压阀体等
RuT300	300	240	1.5	140~217	P+F	排气管、变速箱体、汽缸盖、纺织机零件、液压ststem、钢锭模、某些小型烧结机箅条等
RuT260	260	195	3	121~197	F	增压器进气壳体、汽车的某些底盘零件

 实例 7-3

特别令人印象深刻的是——由于强度高，蠕铁发动机轴承座的厚度比铝合金大为减少，从而使蠕铁缸体的总长变短，与之配套的缸盖、曲轴、凸轮轴和底板的长度随之变短、重量减轻；综合分析，奥迪 4.2LCGI V8 TDI 蠕铁缸体的发动机比奔驰 4.0 升 V8 CDI 铝缸体发动机总长减少 120mm，重量减轻 4kg。此实例很好地说明，在汽车轻量化方面蠕铁并不逊于铝合金；而在发动机小型化方面蠕铁还胜过铝合金。

特别提示

2009 年，我国蠕墨铸铁件的产量约 30 万吨，我国汽车产销量双双突破 1300 万辆。蠕墨铸铁件由于其优异的性能，如果在汽车发动机缸体、缸盖、排气管、汽车刹车毂全面推广应用蠕墨铸铁，其在国内还有很大的发展空间，同时，蠕墨铸铁在汽车及其他工程领域上应用后，使汽车和其他机械零件薄壁轻量化，提高使用寿命，有利于节约原材料、燃油、减少排放污染，将产生良好的社会经济效益。

7.5 可锻铸铁

可锻铸铁是指石墨呈团絮状的灰口铸铁，是由白口铸铁经石墨化退火得到的一种高强铸铁。可锻铸铁的大致成分范围为 $w_C = 2.4\% \sim 2.7\%$，$w_{Si} = 1.4\% \sim 1.8\%$，$w_{Mn} = 0.5\% \sim 0.7\%$，$w_P < 0.08\%$P，$w_S < 0.25\%$S，$w_{Cr} < 0.06\%$Cr。要求碳、硅的质量分数不能太高，以保证浇注后获得白口组织，但又不能太低，否则将延长石墨化退火周期。

1. 可锻铸铁的组织

可锻铸铁的组织与第二阶段石墨化退火的程度和方式有关。当第一阶段石墨化充分进行后（此时组织为奥氏体加团絮状石墨），在共析温度附近长时间保温，使第二阶段石墨化也充分进行，则得到铁素体加团絮状石墨组织，由于表层脱碳而使心部的石墨多于表层，断口心部呈灰黑色，表层呈灰白色，故称为黑心可锻铸铁。若通过共析转变区时冷却较快，第二阶段石墨化未能进行，使奥氏体转变为珠光体，得到珠光体加团絮状石墨的组织，称为珠光体可锻铸铁。图 7.9 所示为获得上述两种组织的工艺曲线。

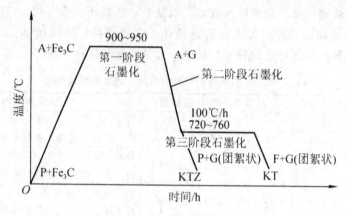

图 7.9 可锻铸铁的工艺曲线

如果退火是在氧化性气氛中进行，使表层完全脱碳得到铁素体组织，而心部为珠光体加石墨，断口心部呈白亮色，故称为白心可锻铸铁，由于其退火周期长且性能并不优越，很少应用。

2. 可锻铸铁的性能

由于可锻铸铁中的团絮状石墨对基体的割裂程度和引起的应力集中小，因而其强度、塑性和韧性均比灰铸铁高，接近于铸钢，但不能锻造。其强度利用率达到基体的40%～70%。为缩短石墨化退火周期，细化晶粒，提高力学性能，可在铸造时进行孕育处理。

3. 可锻铸铁的用途

可锻铸铁常用于制造形状复杂且承受振动载荷的薄壁小型件，如汽车、拖拉机的前后轮壳、管接头、低压阀门、管钳、扳手等。这些零件如用铸钢制造则铸造工艺性差，用灰铸铁则韧性等性能达不到要求。黑心可锻铸铁的牌号、力学性能及用途如表7-6所示。

虽然可锻铸铁的力学性能好于灰铸铁，但其生产周期长、工艺复杂、成本较高，且仅适用于薄壁件，所以随着稀土镁球墨铸铁的发展，许多可锻铸铁零件已逐渐被球墨铸铁零件所代替。

表 7-6 黑心可锻铸铁的牌号、力学性能及用途

牌号	试样直径/mm	R_m/MPa	R_{eL}/MPa	A/%	硬度/HBW	应用举例
KTH300-06	15	300		6	≤150	弯头、接头、三通、中压阀门
KTH330-08		330		8		各种扳手、犁刀、犁柱、车轮壳等
KTH350-10		350	200	10		汽车拖拉机前后轮壳、减速器壳、
KTH370-12		370		12		转向节壳、制动器等

7.6 铸　钢

铸钢是将冶炼的钢水直接铸造成形为零件而不需锻轧成形的钢种。铸钢是重要的金属结构材料之一，其工艺设备简单、生产效率高、成本低，因而应用广泛。铸钢主要用于制造形状复杂，综合力学性能要求较高，其他加工方法成形困难的零件，例如，机车车轮、

船舶锚链、重型机械齿轮、轴、轧钢机机架、轴承座、电站汽轮机缸体、阀体等。2009年我国铸钢产量为 480 万吨，它在铸件中的百分比如图 7.1 所示。

与铸铁相比，铸钢具有较高的综合力学性能，特别是塑性和韧性较好，使铸钢件在动载荷作用下安全可靠。此外，铸钢的焊接性能较铸铁优良，这对于采用铸-焊复合工艺制造复杂件和重要机件十分重要。但是，其铸造流动性差、收缩率较大。如果对铸件生产各个环节控制不当或工艺制定不合理，容易产生气孔、夹杂、偏析、冷裂、热裂、缩孔、疏松、夹砂等冶金和铸造缺陷。可通过适当提高浇注温度来改善流动性，采用大的冒口来解决收缩率大的问题，这就使铸钢件的生产成本高于铸铁。

7.6.1 铸钢的分类与编号

铸钢的种类很多，通常按化学成分和用途分类。按化学成分可分为碳素铸钢和合金铸钢。按用途可分为铸造结构钢、铸造工具钢和铸造特殊钢。

以强度为主要验收依据的铸钢牌号为"ZG"（表示"铸钢"二字）加上两组数字，第一组数字表示最低屈服强度值，第二组数字表示最低抗拉强度值，单位均为 MPa，如 ZG230—400 表示 $R_{\text{eff}}=230\text{MPa}$，$R_m=450\text{MPa}$ 的工程用铸造碳钢。

铸造合金钢是指特意加入合金元素的铸造用钢。铸造合金钢的牌号由代表铸钢的汉语拼音字首 ZG 和合金元素符号及其含量数值组成。合金元素及其含量表示方法与合金结构钢相同。以化学成分为主要验收依据的铸钢牌号由"ZG"加上两位数字（这两位数字表示平均碳含量的万分之数），再加上带有百分数数字的合金元素符号组成。当合金元素平均质量分数为 0.9%～1.4%时，除锰只标符号不标质量分数外，其他元素需在符号后标注数字 1；当合金元素平均质量分数大于 1.5%时，标注方法同合金结构钢，如 ZG15Cr1Mo1V、ZG20Cr13。

7.6.2 铸钢的化学成分与力学性能

几种常见工程用铸造碳钢的牌号、化学成分及力学性能见表 7-7 和表 7-8。碳是影响铸造碳钢件性能的主要元素。在亚共析钢范围内，随含量碳增加，铸钢的强度、硬度提高，塑性、韧性下降。随含量碳增加，抗拉强度比屈服强度提高得更快。当碳含量超过 0.5%后，屈服强度不仅不再提高，反而有所下降，由于塑性和韧性的显著下降，硬度过高，使的切削加工性能恶化。提高碳含量可增加钢液的流动性，这是由于随碳含量增加，钢的熔化温度降低。生产中常用碳钢铸件的碳含量上限一般不超过 0.5%。

表 7-7 一般工程用铸造碳钢的化学成分（质量分数≤）（GB/T 11352—2009）

牌号	C	Si	Mn	P、S	残余元素					残余元素总量
					Ni	Cr	Cu	Mo	V	
ZG200-400	0.20		0.80							
ZG230-450	0.3									
ZG270-500	0.4	0.60		0.035	0.40	0.35	0.40	0.20	0.05	1.00
ZG310-570	0.5		0.90							
ZG340-640	0.6									

注：(1) 对上限减少 0.01%的碳，允许增加 0.04%的锰，对 ZG200-400 的锰最高至 1.00%，其余四个牌号锰最高至 1.20%。

(2) 除另有规定外，残余元素不作为验收依据。

表 7-8 一般工程用铸造碳钢力学性能（≥）(GB/T11352—2009)

牌号	屈服强度 R_{eL}/MPa	抗拉强度 R_m/MPa	伸长率 A/%	根据合同选择		
				断面收缩率 Z/%	冲击吸收功 A_{AV}/J	冲击吸收功 A_{KU}/J
ZG200-400	200	400	25	40	30	47
ZG230-450	230	450	22	32	25	35
ZG270-500	270	500	18	25	22	27
ZG310-570	310	570	15	21	15	24
ZG340-640	340	640	10	18	10	16

注：(1) 表中所列的各种牌号性能，适应于厚度为 100mm 以下的铸件。当铸件厚度超过 100mm 时，表中规定的 R_{eH} ($R_{0.2}$) 屈服强度仅供设计使用。

(2) 表中冲击吸收功 A_{KU} 的试样缺口为 2mm。

硅和锰对碳钢铸造性能的影响与碳类似，但它们的质量分数高时会增大钢的热裂倾向。硫使钢的热裂倾向增大，磷使钢的冷脆倾向增大，偏析加重，应予严格控制。

ZGMn13 是典型的铸造合金钢，因含锰量高，称为高锰钢。高锰钢的成分特点是：高碳，w_C 为 1.0%～1.3%，以保证足够的固溶强化效果；高锰，以保证工艺处理后形成单相奥氏体组织。高锰钢在受到摩擦和强烈冲击时，表面层的塑性变形引起材料剧烈强化，并伴有马氏体转变，洛氏硬度达 52～56HRC，而基体仍然具有良好塑性和韧性。履带板、铁道岔、挖掘机斗齿等多采用高锰钢。

7.6.3 铸钢的组织与热处理

对于铸造中碳钢而言，由于浇注时往往温度过高，冷速过慢，因而造成奥氏体晶粒粗大，易形成魏氏组织，使钢的塑性和韧性严重恶化。魏氏组织是指铁素体以与原奥氏体晶界呈一定角度的片状或针状存在于珠光体中形成的组织。

可通过退火、正火和调质等热处理工艺来改善铸件的组织，消除偏析和内应力。经退火或正火处理后的铸造碳钢件组织由细小的铁素体和珠光体组成，使力学性能提高。

小　　结

本章介绍了铸钢与铸铁的研究应用发展概况、阐述了分类与性能特点和应用现状，重点介绍了灰口铸铁、球墨铸铁、蠕墨铸铁与铸钢的化学成分，组织特征，性能特点及适用范围，通过它们各自与其他类材料如铝合金铸件等进行了对比分析，指出了未来的重要应用发展方向。

习　　题

1. 选择题

（1）机床床身宜采用（　　）材料制造。

　　A. 铸钢　　　　B. 蠕墨铸铁　　　　C. 灰口铸铁　　　　D. 球墨铸铁

(2) 火车的车轮宜用（　　）材料。
　　A. 灰口铸铁　　　　B. 铝合金　　　　C. 镁合金　　　　D. 铸钢
(3) 公路上的下水道井盖选用（　　）材料。
　　A. 铸钢　　　　　　B. 球墨铸铁　　　C. 铝合金　　　　D. 灰铸铁
(4) 生产球墨铸铁件，在浇注前向铁水中加入：①一定量的稀土镁合金和②含硅75%的硅铁，其作用是（　　）。
　　A. ①作球化剂 ②作孕育剂　　　　　B. ①作孕育剂 ②作球化剂
　　C. ①、②均作孕育剂　　　　　　　　D. ①、②均作孕育剂

2. 判断题

(1) 灰铸铁的减振性能比钢好。　　　　　　　　　　　　　　　　　　　　　　　（　　）
(2) 可以通过球化退火热处理是灰铸铁变成球墨铸铁。　　　　　　　　　　　　　（　　）
(3) 可锻铸铁在高温时可以进行锻造加工。　　　　　　　　　　　　　　　　　　（　　）

3. 简答题

(1) 试从石墨的存在来分析灰铸铁的力学性能、工艺性能和其他性能特征，其适宜制造哪类铸件？
(2) 铸铁的抗拉强度主要取决于什么？硬度主要取决于什么？用哪些方法可提高铸铁的抗拉强度和硬度？抗拉强度高，其硬度是否一定高？为什么？
(3) 何谓铸铁？根据碳在铸铁中存在形态不同，铸铁可分为哪几类？各有何特征？下水道井盖是何种材料制成的？
(4) 为什么球墨铸铁的强度和韧性要比灰铸铁、可锻铸铁的高？
(5) 试述灰铸铁、可锻铸铁和球墨铸铁的牌号表示方法，并分别举例说明其用途。
(6) 何谓孕育（变质）处理、球化处理、蠕化处理和石墨化退火？
(7) 为什么灰铸铁与球墨铸铁、可锻铸铁牌号中性能指标要求不同？
(8) 试从下列几个方面比较HT150与退火状态20钢的差异：
化学成分、组织、抗拉强度、抗压强度、硬度、减摩性、铸造性能、锻造性能、焊接性能、切削加工性
(9) 根据下表所列的要求，归纳对比几种铸铁的特点：

种　类	牌　号	显微组织	成分特点（碳当量）	生产方法	机械工艺性能特点	用途举例
普通灰铸铁						
孕育铸铁						
可锻铸铁						
球墨铸铁						

(10) 为什么一般机器的支架、机床的床身常用灰铸铁制造？
(11) 白口铸铁、灰铸铁和碳钢，这三者的成分、组织和性能有何主要区别？

第8章 有色金属及其合金

教学目标

1. 了解和掌握有色金属的分类体系。
2. 重点掌握铝合金的种类、牌（代）号和应用。
3. 重点掌握黄铜、青铜的含义、牌号和应用。
4. 了解镁合金的特点及其牌号。
5. 了解钛合金的种类及命名。
6. 了解轴承合金及其他有色金属的基本知识内容。
7. 结合以前学习的相关内容，深入掌握固溶、时效强化。

教学要求

能力目标	知识要点	权重	自测分数
掌握常见有色金属的分类体系	有色金属的分类，铝合金、铜合金、镁合金及钛合金的分类方法，轴承合金的种类	10	
掌握有色金属及其合金的主要强化途径	铝合金相图，钛合金相图，轴承合金组织特点，固溶强化和时效强化	20	
能够根据合金牌号确定合金的主要成分或性能	铝合金、铜合金、镁合金、钛合金的牌号命名规则	20	
主要合金元素对组织性能的影响	铝合金、铜合金中主要合金元素的作用，如锌中Cu-Zn合金中Zn含量对黄铜组织、性能的影响等	20	
了解常用有色合金的性能及其应用	合金性能与其组织之间的关系，常用的合金牌号及其应用	20	
一般了解	其他知识内容	10	

引例

神舟七号载人飞船是中国神舟号飞船系列之一（图8.1），是中国自行研制，具有完全自主知识产权，达到或优于国际第三代载人飞船技术的飞船，与国外第三代飞船相比，具有起点高、具备留轨利用能力等特点。全长9.19m，由轨道舱、返回舱和推进舱构成。神七载人飞船重达12t，由长征2F运载火箭和逃逸塔组合体整体高达58.3m。

自古以来，人们对星空都充满了幻想，都曾勾画过与太空之间的联系。中国人终于踏进了太空，将神话变成了现实，这标志着中国航天的一次重大飞跃。

有色金属行业为"神舟"系列飞船成功运行做出重要贡献，为飞船提供大量新材料。我国首次载人航天飞行的圆满成功，凝聚着有色金属工作者的心血。

有色金属具有钢铁材料所没有的许多特殊性能，因而已成为现代工业、国防、科研等领域中必不可

图 8.1 神舟七号载人飞船

少的工程材料。例如，飞机、导弹、火箭、卫星、核潜艇等尖端武器以及原子能、电视、通信、雷达、电子计算机等尖端技术所需的构件或部件大部分是由有色金属中的轻金属和稀有金属制成的；此外，没有镍、钴、钨、钼、钒、铌等有色金属，也就没有合金钢的生产。有色金属在某些用途上，使用量也相当可观，如电力工业等。高性能铝合金铸件、镁合金铸件、镍合金铸件，钛合金铸件的用量也在不断提高。2009 年，我国有色金属铸件总产量达到 335 万吨，占当年铸件总产量的 9.5%。

8.1 概　　述

有色金属及其合金泛指非铁类金属及合金，通常指除铁、锰、铬和铁基合金以外的所有金属。常用的有色金属包括铜、铝、铅、锌、镍、锡、锑、汞、镁及钛。

按照金属的性质、分布、价格、用途等综合因素，我国常将有色金属做如下分类：

(1) 轻有色金属：轻有色金属简称轻金属，指密度小于 $4.5 g/cm^3$ 的有色金属。包括铝、镁、钾、钠、钙、锶、钡。

(2) 重有色金属：重有色金属简称重金属，指密度大于 $4.5 g/cm^3$ 的有色金属。包括铜、铅、锌、镍、钴、锡、锑、汞、镉、铋等。

(3) 贵金属：指在地壳中含量少，开采和提取都比较困难，对氧和其他试剂稳定，价格比一般金属贵的有色金属。包括金、银、铂、钯、锇、铱、钌、铑。

(4) 稀有金属：稀有金属并不是说稀少，只是指在地壳中分布不广，开采冶炼较难，在工业应用较晚，故称为稀有金属。包括锂、铍、铷、铯、钛、锆、铪、钒、铌、钽、钨、钼、铼、镓、铟、锗、铊等。

有色合金的产量远低于钢铁材料，但是，它的作用却是钢铁材料无法代替的。许多有色金属可以以纯金属状态应用于工业和科学技术中。如 Au、Ag、Cu、Al 用作电导体，Ti 用作耐腐蚀构件，W、Mo、Ta 用作高温发热体，Al、Sn 箔材用于食品包装，Hg 用于仪表，Si 更是电子工业赖以生存和发展的材料。

8.2　铝及铝合金

铝合金是工业中应用最广泛的一类有色金属结构材料，被称为第二金属，其产量仅次于钢铁，为有色金属材料之首。在航空、航天、汽车、机械制造、船舶及化学工业中已大量应用。

铝是地壳中含量最丰富的元素，约占地壳质量的 8%，超过铁（5.8%）。制铝的第一步是将矿石（铝矾土）中的铝与杂质分离。通常使铝矾土在高温高压苛性钠溶液槽中浸取，使氧化铝成为铝酸钠溶液溶解出来，分离并优先沉淀成水合氧化铝，最后通过焙烧转变成纯 Al_2O_3。

进一步处理是在铁板电解槽中进行电解。电解时以碳作为阳极。电解槽中充满熔融冰晶石，其中溶解约 16% 的 Al_2O_3。电解时，铝便沉积在电解槽的阴极上，周期性地取出铝，同时将粉末 Al_2O_3 补充到电解槽中。电解得 1kg 铝需 15~18kW·h 电，因此重熔废铝可大大节约能量。

纯铝是银白色轻金属，熔点为 660℃，相对密度为 $2.7g/cm^3$，仅为铁的 1/3，具有良好的导电和导热性（仅次于银和铜）；无低温脆性；无磁性；对光和热的反射能力强和耐辐射；冲击不产生火花；美观。纯铝的强度低（R_m 仅 80~100MPa）和硬度低、而塑性高（$A=60\%$，$Z=80\%$），可进行冷、热压力加工。铝在空气中易氧化，使表面生成致密的氧化膜，可保护其内部不再继续氧化，因此在大气中耐蚀性较好。

在纯铝中加入硅、铜、镁、锰等合金元素制成铝合金，可大大提高其力学性能，而仍保持相对密度小、耐腐蚀的优点。采用合金化和时效硬化手段后，铝合金可获得与低合金钢相近的强度（700MPa），因此比强度很高。因而广泛应用于机械制造、运输机械、动力机械及航空工业等方面，使用量仅次于钢。如飞机的机身、蒙皮、压气机等常以铝合金制造，以减轻自重。采用铝合金代替钢板材料的焊接，结构重量可减轻 50% 以上。

铝合金按加工方法可以分为变形铝合金和铸造铝合金。

以铝为基的二元合金一般具有共晶型相图，如图 8.2 所示。按其成分范围大致分类如下：

如图 8.2 所示，成分在 D 点左侧的合金，加热时能形成单相固溶体，塑性较高，适合进行压力加工，故称变形铝合金。成分在 D 点右侧的合金，因出现共晶组织，这种组织塑性差，不宜塑性加工。但它熔点低，共晶点附近结晶温度范围小，故流动性好，适于铸造生产，称铸造铝合金。

在形变铝合金中，成分在 F 点以左的合金，其 α 固溶体成分不随温度变化，不能用热处理强化，称不可热处理强化铝合金；成分在 $F-D$ 之间的合金可进行固溶—时效强化，称可热处理强化铝合金。

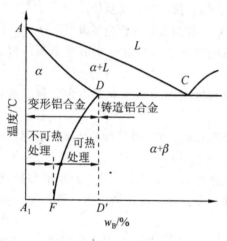

图 8.2 铝合金分类示意图

8.2.1 变形铝合金

变形铝合金具有优良的塑性，可以在热态和冷态进行深加工变形。按其主要性能特点可分为防锈铝、硬铝、超硬铝和锻铝几类，其中防锈铝合金一般为不可热处理强化铝合金，其他三种为可热处理强化铝合金。

变形铝及铝合金牌号采用国际四位字符体系牌号的编号方法。变形铝和铝合金的牌号以四位数字表示如下：

纯铝（铝含量不小于99.00%）	1×××
以铜为主要合金元素的铝合金	2×××
以锰为主要合金元素的铝合金	3×××
以硅为主要合金元素的铝合金	4×××
以镁为主要合金元素的铝合金	5×××
以镁和硅为主要合金元素 及以 Mg_2Si 相为强化相的铝合金	6×××
以锌为主要合金元素的铝合金	7×××
以其他合金为主要合金元素的 铝合金	8×××
备用合金组	9×××

其中，牌号的第一位数字表示铝及铝合金的组别；牌号的第二位字母表示原始纯铝或铝合金的改型情况。如字母为"A"，则表示为原始纯铝或原始铝合金。如果是B～Y的其他字母，则表示已改型；牌号的最后两位数字用以标志同一组中不同的铝合金，表示铝的纯度。例如：

2A01（原代号LY1）：以铜为主要合金元素的铝合金。

4A11（原代号LD11）：以硅为主要合金元素的铝合金。

5A02（原代号LF2）：以镁为主要合金元素的铝合金。

7A03（原代号LC3）：以锌为主要合金元素的铝合金。

形变铝及铝合金牌号分别用 LF、LY、LC、LD 加一组顺序号表示。

表 8-1 所列为常用变形铝合金的代号、化学成分及力学性能。

1. 防锈铝合金

防锈铝合金是在大气、水和油等介质中具有良好抗腐蚀性能的可压力加工铝合金，代号 LF。主要包括不能热处理强化的 Al-Mn 系和 Al-Mg 系合金。这一类防锈铝合金因时效强化效果不明显，主要通过冷加工塑性变形来提高强度和硬度，通常在退火状态、冷作硬化或半冷作硬化状态下使用。

常用变形铝合金的代号、性质及用途见表 8-1

表 8-1 常用变形铝合金的代号、性能及用途

类别	合金系统	牌号（代号）	化学成分（质量分数）w/%					力学性能			用途
			Cu	Mg	Mn	Zn	其他	R_m/MPa	A/%	HBW	
防锈铝合金	Al-Mg	5A02（LF2）		2.0~2.8	0.15~0.4			195	17	47	焊接油箱、油管及低压容器
	Al-Mg	5A05（LF5）		4.0~5.5	0.3~0.6			280	20	70	焊接油管铆钉及中载零件
	Al-Mn	3A21（LF21）			1.0~1.6			130	20	30	焊接油管铆钉及轻载零件

续表

类别	合金系统	牌号（代号）	化学成分（质量分数）w/%					力学性能			用途
			Cu	Mg	Mn	Zn	其他	R_m/MPa	A/%	HBW	
硬铝合金	Al-Cu-Mg	2A01(LY1)	2.2~3.0	0.2~0.5				300	24	70	中等强度、温度低于100℃的铆钉
		2A11(LY11)	3.8~4.8	0.4~0.8	0.4~0.8			420	18	100	中等强度结构件
		2A12(LY12)	3.8~4.9	1.2~1.8	0.3~0.9			470	17	105	高强度结构件及150℃下的工作零件
	Al-Cu-Mn	2A16(LY16)	6.0~7.0		0.4~0.8		$w_{Ti}=0.1~0.2$	400	8	100	高强度结构件及200℃以下的工作零件
超硬铝合金	Al-Zn-Mg-Cu	7A04(LC4)	1.4~2.0	1.8~2.8	0.2~0.6	5.0~7.0	$w_{Cr}=0.10~0.25$	600	12	150	主要受力构件，如飞机起落架
		7A09(LC9)	1.2~2.0	2.0~3.0	0.15	7.6~8.6	$w_{Cr}=0.16~0.30$	680	7	190	主要受力构件，如飞机大梁
锻铝合金	Al-Cu-Mg-Si	2A50(LD5)	1.8~2.6	0.4~0.8	0.4~0.8		$w_{Si}=0.7~1.2$	420	13	105	形状复杂和中等强度锻件及模锻件
		2A14(LD10)	3.9~4.8	0.4~0.8	0.4~1.0		$w_{Si}=0.5~1.2$	480	19	135	承受重载荷兰的锻件及模锻件
	Al-Cu-Mg-Fe-Ni	2A70(LD7)	1.9~2.5	1.4~1.8			$w_{Ti}=0.02~0.10$ $w_{Ni}=0.9~1.5$ $w_{Fe}=0.9~1.5$	415	13	120	用于250℃温度下工作的零件

这类合金强度低、塑性好、易于压力加工，具有良好的抗腐蚀性能和焊接性能，特别

适宜于制造承受低载荷的深拉伸零件、焊接件和在腐蚀介质中工作的零件,如油箱、管道等。

常用 Al-Mn 系防锈铝合金有 3A21（LF21），其抗腐蚀性加较好，常用来制造需弯曲、冷拉或冲压的零件，如管道、容器、油箱等。常用 Al-Mg 系防锈铝合金有 5A02（LF2）、5A03（LF3）、5A05（LF5）、5A06（LF6）等，此类合金有较高的疲劳性能和抗振性，强度高于 Al-Mn 系合金，但耐热性较差，广泛用于航空航天工业中，如制造油箱、管道、铆钉、飞机行李架等。这类合金主要通过冷加工塑性变形来提高强度和硬度。

另一类防锈铝合金是可热处理强化的 Al-Zn-Mg-Cu 系合金，其拉伸强度较高，具有优良的耐海水腐蚀性能，良好的断裂韧性，低的缺口敏感性和好的成形工艺性能。适于制造水上飞机蒙皮及其他要求耐腐蚀的高强度钣金零件。

2. 硬铝合金

硬铝合金是在铝铜系合金基础上发展的具有较高力学性能的变形合金，又称杜拉铝，代号 LY，包括铝-铜-镁系和铝-铜-锰系合金。能经过固溶—时效强化获得相当高的强度，故称硬铝，属可热处理强化铝合金。其强化相主要是 θ 相（$CuAl_2$）和 S 相（$CuMgAl_2$），因而合金中镁含量低时，强化效果小；铜、镁含量高时，强度效果显著。

常用 Al-Cu-Mg 系硬铝可分为低强度硬铝（铆钉硬铝），如 2A01（LY1）、2A10（LY10）等，其强度比较低，但有很高的塑性，主要作为铆钉材料；中强度硬铝（标准硬铝），如 2A11（LY11）等；高强度硬铝，如 2A12（LY12）。Al-Cu-Mg 系硬铝的焊接性和耐蚀性较差，对其制品需要进行防腐保护处理，对于板材可包覆一层高纯铝，称为包铝处理，通常还要进行阳极氧化处理和表面涂装，为提高其耐蚀性一般采用自然时效。部分 Al-Cu-Mg 系硬铝具有较高的耐热性，如 2A11.2A12，可在较高温度使用。

Al-Cu-Mn 系硬铝为超耐热硬铝合金，具有较好的塑性和工艺性能，常用代号有 2A16（LY16）、2A17（LY17）。硬铝合金常制成板材和管材，主要用于飞机构件、蒙皮、螺旋桨、叶片等。

3. 超硬铝合金

主要为 Al-Zn-Mg-Cu 系合金，其是强度最高的变形铝合金，其是在 Al-Cu-Mg 系硬铝合金的基础上添加锌发展起来的，代号 LC。常用合金有 7A04（LC4）、7A09（LC9）等。其强化相除 θ 相（$CuAl_2$）和 S 相（$CuMgAl_2$）外，还能形成含锌的强化相，如 η 相（$MgZn_2$）和 T 相（$Al2Mg3Zn3$）等。

超硬铝合金具有良好的热塑性，但疲劳性能较差，耐热性和耐蚀性也不高。超硬铝合金一般采用淬火加人工时效的热处理强化工艺，主要用于工作温度较低、受力较大的结构件，用于生产各种锻件和模锻件，制造飞机蒙皮、螺钉、大梁桁条、隔框、翼肋、起落架部件等。

虽然超硬铝经时效处理后强度和硬度很高，但其耐热性较低，抗蚀性较差，且应力腐蚀开裂倾向大，其板材表面通常包覆 $w_{Zn}=1\%$ 的铝锌合金，零构件也要进行阳极化防腐蚀处理，也可通过提高时效温度改善其抗蚀性。

4. 锻铝合金

锻铝合金是在锻造温度范围内具有优良塑性,可锻造或加工成复杂形状锻件的变形合金,因主要用于形状复杂的锻件,故名,代号LD。属于铝-镁-硅-铜系和铝-铜-镁-镍-铁系合金。其特点是合金中元素种类多但用量少,具有良好的热塑性、锻造性能和较高的力学性能。可用锻压方法来制造形状较复杂的零件。一般在淬火加人工时效后使用。

除了强化相($CuAl_2$)和S相($CuMgAl_2$),镁和硅还可形成强化相Mg_2Si;铜可以改善热加工性能,并形成强化相W相($Cu_4Mg_5Si_4Al$);锰可以防止加热时出现过热。

Al-Cu-Mg-Si系锻铝具有优良的锻造性能,常用代号有6A02(LD2)、2A50(LD5)、2B50(LD6)、2A14(LD10)等,主要用于制造要求中等强度、高塑性和耐热性零件的锻件、模锻件,如各种叶轮、导风轮、接头、框架等。

Al-Cu-Mg-Fe-Ni系锻铝合金耐热性较好,常用代号有2A70(LD7)、2A80(LD8)、2A90(LD9)等主要用于250℃温度下工作的零件,如叶片、超音速飞机蒙皮等。

5. 铝锂合金

Al-Li系合金是近年来引起人们广泛关注的一种新型超轻结构材料;它是以锂为主要合金元素的新型铝合金。最大特点是密度低,比强度、比刚度高,耐热性和抗应力腐蚀性能好,可进行热处理强化。

锂是一种极为活泼且很轻的化学元素,密度为$0.533g/cm^3$,为铝的1/5,铁的1/15。在铝合金中加入锂元素,可以降低其密度,并改善合金的性能。例如,添加锂2%~3%,合金密度可减少10%,比刚度可增加20%~30%,强度可与LY12媲美。

锂在铝中的溶解废随温度变化而改变。当锂含量大于3%时,Al-Li合金的韧性明显下降,脆性增大。因此,其合金中的锂含量仅为2%~3%。

Al-Li系合金具有密度小,比强度高,比刚度大,疲劳性能良好,耐蚀性及耐热性好等优点(在一定热处理条件下)。但Al-Li系合金的塑性和韧性差,缺口敏感性大,材料加工及产品生产困难。因为这些特性,这种新型合金受到了航空、航天以及航海业的广泛关注。

铝锂合金主要为航空航天设备的减重而研制的,因此也主要应用与航空航天领域,用Al-Li合金制作飞机结构件,可使飞机减重10%~20%,大大提高飞机的飞行速度和承载能力。引外,还应用于军械和核反应堆用材,坦克穿甲弹,鱼雷和其他兵器结构件方面,此外在汽车、机器人等领域也有充分运用。

目前在美国、英国、法国和前苏联等国家已成功研制出Al-Li合金并将其用于实际生产中,已开发的Al-Li合金大致有三个系列:Al-Cu-Li系合金、Al-Mg-Li系合金和Al-Li-Cu-Mg-Zr系合金等。已用于制造飞机构件、火箭和导弹的壳体、燃料箱等。

实例

美国大力神运载火箭的液氧储箱、管道、有效载荷转接器,F16战斗机后隔框,航天飞机超轻储箱及战略导弹弹头壳体等均采用Al-Li合金;Al-Li合金板材的韧性比其他铝合金明显提高,且其各向异性及超塑性成形技术也获得突破,英国EAP战斗机用超塑性成形做起落架,质量减轻20%,成本节约45%以上。

8.2.2 铸造铝合金

铸造铝合金是适于熔融状态下充填铸型获得一定形状和尺寸铸件毛坯的铝合金。铸造铝合金分为铝硅合金、铝铜合金、铝镁合金和铝锌合金。其代号用汉语拼音字母"ZL"加三位数字表示。第一位数字表示合金类别，1为铝硅系，如ZL101、ZL111等；2为铝铜系，如ZL201、ZL203等；3为铝镁系，如ZL301、ZL302等；4为铝锌系，如ZL401、ZL402等，后两位数仅代表编号。铸造铝合金的牌号用ZAl+主要合金元素的化学符号和平均质量分数表示，若平均质量分数小于1%，一般不标数字。表8-2为常用铸造铝合金的牌号（代号）、化学成分、力学性能和用途。

1. 铝硅合金

又称"硅铝明"，是铸造铝合金中品种最多，用量最大的一类合金。合金成分常在共晶点附近。熔点低，流动性好，热裂倾向小，补缩能力强，组织内部致密，且耐蚀性好，含硅量在10%~25%。有时添加0.2%~0.6%镁的硅铝合金，广泛用于结构件，如壳体、缸体、箱体和框架等。有时添加适量的铜和镁，能提高合金的力学性能和耐热性。此类合金广泛用于制造活塞等部件。

由于其共晶组织是由粗大针状硅晶体和α固溶体组成，因此强度和塑性均差。为此，常用钠盐混合物为变质剂进行变质处理，以细化晶粒，提高强度和塑性。图8.3所示为铝硅合金变质处理前后的组织。标准铝硅合金的牌号/代号为ZAlSi12/ZL102。

简单硅铝明不能采用热处理强化，为进一步提高强度，常加入与铝形成硬化相的铜、镁等元素，则不仅可变质处理，且可固溶-时效强化。有时添加0.2%~0.6%镁的硅铝合金，广泛用于结构件，如壳体、缸体、箱体和框架等。有时添加适量的铜和镁，能提高合金的力学性能和耐热性。此类合金广泛用于制造活塞等部件。如ZAlSi9Mg/ZL104中含有少量镁；ZAlSi7Cu4/ZL107中含少量铜；ZAlSi5Cu1Mg/ZL105、ZAlSi2Cu1Mg1Ni1/ZL109中则同时含有少量的铜和镁。

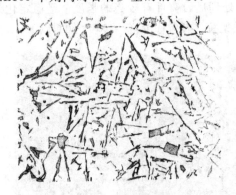 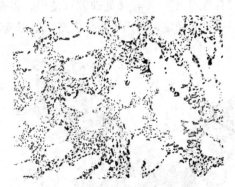

（a）未变质处理　　　　　　　　　　（b）钠盐变质处理

注：基体固溶体，粗大条状共晶硅，块状初晶硅；白色固溶体成枝晶状，灰色共晶硅呈椭圆状和球状。

图8.3　ZL102（ZAlSi12）合金的铸态组织

2. 铝铜合金

铝铜合金主要包括 Al-Cu-Mg 合金、Al-Cu-Mg-Fe-Ni 合金和 Al-Cu-Mn 合金等，属热处理可强化合金，铜的质量分数约为 4%～14%。铝铜合金具有较好的流动性和强度，但有热裂和疏松倾向，且耐蚀性差。加入镍、锰后，可提高耐热性。常用牌号/代号有 ZAlCu5Mn/ZL201、ZAlCu10/ZL202 等，如图 8.4 所示。铝铜合金主要用来制造要求高强度或高温条件下工作的形状不复杂的砂型铸件，如内燃机缸盖、活塞等。

3. 铝镁合金

铝镁合金一般主要元素是铝，再掺入少量的镁或是其他的金属材料来加强其硬度。因本身就是铝合金，其耐久度，耐腐蚀性，强度，导热性能尤为突出。

铝镁合金强度高，密度小，耐蚀性好，抗冲击性能好，易切性能好，但铸造性能及耐热性差。常用牌号/代号有 ZAlMg10/ZL301、ZAlSi1/ZL303 等。多用来制造在腐蚀性介质中（如海水）工作的零件，如舰船配件等。

此外，铝镁合金质坚量轻、密度低、散热性较好、抗压性较强，能充分满足 3C 产品高度集成化、轻薄化、微型化、抗摔撞及电磁屏蔽和散热的要求。其硬度是传统塑料机壳的数倍，但重量仅为后者的 1/3，因而近来常被用于中高档超薄型或尺寸较小的笔记本式计算机的外壳。由于铝镁合金材质性能出色，强度高，耐腐蚀，持久耐用，易于涂色，也可用来制作高档门窗。

图 8.5 所示为 Al-Mg 合金固溶＋时效的微观组织。

4. 铝锌合金

铝锌系合金，为改善性能常加入硅、镁元素，常称为"锌硅铝明"。铝锌合金强度较高，价格便宜，铸造性能、焊接性能和切削加工性能都很好，但耐蚀性差、热裂倾向大。常用牌号/代号有 ZAlZn11Si7/ZL401、ZAlZn6Mg/ZL402 等。在铸造条件下，该合金有淬火作用，即"自行淬火"。不经热处理就可使用，以变质热处理后，铸件有较高的强度。经稳定化处理后，尺寸稳定，常用于制作模型、型板及设备支架等，其工作温度一般在 200℃ 以下。

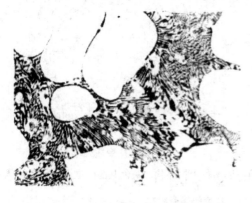

图 8.4 ZL202 的铸态组织

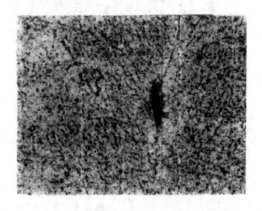

图 8.5 ZL301 固溶-时效

铝铜合金、铝镁合金、铝锌合金均可热处理强化。常用铸造铝合金代号、性能和用途如表 8-2 所示。

表 8-2 常用铸造铝合金的代号、性能和用途

类别	牌号	代号	化学成分 w/%				铸造方法	力学性能（不低于）			用途
			Si	Cu	Mg	其他		R_m /MPa	A/%	HBW	
铝硅合金	ZAlSi12	ZL102	10.0~13.0				SB	143	4	50	形状复杂的铸件
							JB	153	2	50	
							SB	133	4	50	
							J	143	3	50	
	ZAlSi9Mg	ZL104	8.0~10.5		0.17~0.30	$w_{Mn}=$0.2~0.5	J	192	1.5	70	形状复杂、工作温度在200℃以下的零件
							J	231	2	70	
	ZAlSi5Cu1Mg	ZL105	4.5~5.5	1.0~1.5	0.4~0.6		J	231	0.5	70	
							J	173	1	65	
	ZAlSi2Cu1Mg1Ni1	ZL109	11.0~13.0	0.5~1.5	0.8~1.3	$w_{Ni}=$0.8~1.5	J	192	0.5	90	强度和硬度较高的零件
							J	241	—	100	
铝铜合金	ZAlCu5Mn	ZL201		4.5~5.3		$w_{Mn}=$0.6~1.0 $w_{Ti}=$0.10~0.35	S	290	3	70	工作温度为175~300℃的零件
							S	330	4	90	
	ZAlCu10	ZL202		9.0~11.0			S	163	—	100	高温下受冲击的零件
							J	163	—	100	
铝镁合金	ZAlMg10	ZL301			9.5~11.5		S	280	9	20	承受冲击载荷、外形不太复杂的零件
	ZAlSi1	ZL303	0.8~1.3		4.5~5.5	$w_{Mn}=$0.1~0.4	S	143	1	55	
							J				
铝锌合金	ZAlZn11Si7	ZL401	6.0~8.0		0.1~0.3	$w_{Zn}=$9.0~13.0	J	241	1.5	90	结构复杂的汽车、飞机、仪器零件
	ZAlZn6Mg	ZL402			0.5~0.65	$w_{Cr}=$0.4~0.6 $w_{Zn}=$5.0~6.0 $w_{Ti}=$0.15~0.25	J	231	4	70	

8.3 铜及铜合金

8.3.1 概述

高的导电性和导热性、易于成形以及在一定条件下良好的耐蚀性是铜及其合金引人注目的三大特性。因而，铜及其合金被广泛地应用于电气、轻工、机械制造、建筑工业、国防工业等领域，在金属材料的应用范围仅次于钢铁，在有色金属材料中，铜的产量仅次于铝。

铜在电气、电子工业中应用最广、用量最大，占总消费量一半以上；用于各种电缆和

导线，电机和变压器的绕阻，开关以及印制线路板等；在机械和运输车辆制造中，用于制造工业阀门和配件、仪表、滑动轴承、模具、热交换器和泵等；在化学工业中广泛应用于制造真空器、蒸馏锅、酿造锅等；在国防工业中用以制造子弹、炮弹、枪炮零件等，每生产100万发子弹，需用铜13～14t；在建筑工业中，用做各种管道、管道配件、装饰器件等。

由于铜矿石中铜含量一般很低，所以生产铜的第一步是精选。精选后加以适当的助溶剂在反射炉或电炉中熔炼，使铜、铁、硫及其他贵重金属在炉底形成冰铜，而杂质形成熔渣除去。将熔化的冰铜送入转炉中，通入压力空气，使铁氧化成渣，硫氧化并吹走，从而得到纯度为99%的粗铜。将粗铜在还原性气氛中进一步熔化进行脱氧，最后对脱氧后的产品进行电精炼即可得到精炼铜（纯铜）。

纯铜又称紫铜，相对密度8.9，熔点1083℃，是面心立方晶格，有良好的塑性、电导性、热导性和耐蚀性，其导电、导热性能仅次于银，而居第二位。但强度较低，不宜做成结构零件，而广泛用作导电材料，散热器、冷却器用材及液压器件中垫片、导管等。

工业纯铜有四个牌号，T1、T2、T3、T4。T为铜的汉语拼音首字母，铜的纯度随数字的增大而降低。

铜中加入适量合金元素后，可获得较高强度，且具备一些其他性能的铜合金，从而适用于制造结构零件。铜合金主要分黄铜、青铜和白铜三大类。

8.3.2 黄铜

黄铜是以锌为主要合金元素的铜合金，因色黄而得名，分普通黄铜和特殊黄铜两类。

1. 普通黄铜

只是由铜、锌组成的黄铜就称为普通黄铜或简单黄铜，即铜锌合金。其强度比纯铜高，塑性较好，耐蚀性也好，价格比纯铜和其他铜合金低，加工性能也好。

黄铜的力学性能与含锌量有关，图8.6所示为黄铜的含锌量与力学性能的关系。当含锌量为30%～32%时，塑性最好；当含锌量为39%～40%时，强度较高，但塑性下降，当含锌量超过45%后，强度急剧下降，因而工业用黄铜的含锌量都不超过45%。

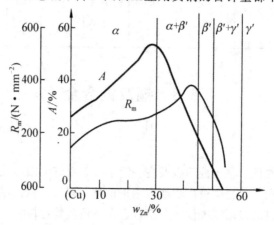

图8.6 黄铜的含锌量与力学性能的关系

普通黄铜的牌号用"黄"字的汉语拼音字首"H"加数字表示,数字代表平均含铜量的百分数。如 H62 即表示含铜 62% 的铜锌合金。普通黄铜牌号、成分、性能及用途如表 8-3 所示。

普通黄铜中最常用的牌号有 H70 和 H62。H70 含锌 30%,为单相 α 黄铜,组织如图 8.7 所示,强度高,塑性好,可用冲压方式制造弹壳,散热器、垫片等零件,故有弹壳黄铜之称。H62 含锌量 38%,属双相（α+β）黄铜,有较好的强度,塑性比 H70 差,切削性能好,易焊接,耐腐蚀,价格便宜,工业上应用较多,如制造散热器、油管、垫片、螺钉等。

2. 特殊黄铜

在铜锌合金中加入少量的铝、锰、硅、锡、铅等元素的铜合金称为特殊黄铜或复杂黄铜。特殊黄铜又称特种黄铜,特殊黄铜具有更好的力学性能、耐蚀性和抗磨性。

各种元素具有不同的作用,其中铝能提高黄铜的强度、硬度和耐蚀性,但使塑性降低,适合作海轮冷凝管及其他耐蚀零件；锡能提高黄铜的强度和对海水的耐腐性,故称海军黄铜,用作船舶热工设备和螺旋桨等；铅能改善黄铜的切削性能,这种易切削黄铜常用作钟表零件。

特殊黄铜可分为压力加工黄铜和铸造黄铜用两种。

压力加工黄铜加入的合金元素少,塑性较高,具有较高的变形能力,又称变形黄铜。常用的有铅黄铜 HPb59-1、铝黄铜 HAl59-3-2。HPb59-1 为加入 1% 铅的黄铜,其含铜量为 59%,其余为锌。压力加工黄铜有良好的切削加工性,常用来制作各种结构零件,如销子、螺钉、螺母、衬套、垫圈等。HAl59-3-2 含铝量 3%,含镍量 2%,含铜量 59%,其余为锌。其耐蚀性较好,用于制造耐腐蚀零件。

铸造黄铜的牌号前有"铸"字的汉语拼音字首"Z",在 ZCuZn16Si4 中,"Z"是"铸"汉字拼音的字母,"Zn"表示主加元素,"16"为 Zn 含量,"4"是 Si 含量,剩余为 Cu,即含锌 16%、含硅 4%、含铜 80% 的铸造硅黄铜。其综合力学性能、耐磨性、耐蚀性、铸造性能、可焊性、切削加工性等均较好,常用作轴承衬套。常用特殊黄铜的牌号、成分、性能和用途如表 8-3 所示。

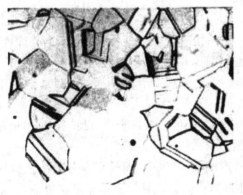 

（a）单相黄铜　　　　　　　　　　（b）双相黄铜

图 8.7 黄铜的显微组织

表 8-3 常用黄铜的牌号、成分、力学性能和用途

类别	合金牌号	主要化学成分，w/%		材料状态	力学性能			用途
		Cu	其他		R_m/MPa	A/%	HBW	
普通黄铜	H80	79~81	余量为 Zn	软	320	52	53	金黄色，用于镀层及装饰品，造纸工业用金属网
	H70	69~72	余量为 Zn	软	320	55	—	弹壳、冷凝器管以及工业部门其他零件
	H62	60.5~63.5	余量为 Zn	软	330	49	56	散热器垫圈、弹簧、垫片、各种网、螺钉等，价较低
	H59	57~60	余量为 Zn	软	390	44	—	用于热压及热轧零件
特殊黄铜	HPb59-1	57~60	$w_{Pb}=0.8$~1.9 余量为 Zn	软	400	45	90	有良好切削加工性，适用于热冲压和切削方法制作的零件
				硬	650	16	140	
	HA159-3-2	57~60	$w_{Al}=2.5$~3.5 $w_{Ni}=2.0$~3.0 余量为 Zn	软	380	50	75	在常温下工作的高强度零件和化学性能稳定的零件
				硬	650	15	155	
	ZCuZn16Si4	79~81	$w_{Pb}=2.0$~4.0 $w_{Si}=2.5$~4.5 余量为 Zn	S	250	7	85	减摩性很好，作轴承衬套
				J	300	15	95	
	ZCuZn31Al2	66~68	$w_{Al}=2.0$~3.0 余量为 Zn	S	300	12	80	海船与普通机器制造中的耐蚀零件
				J	400	15	90	

注：S——砂型铸造；J——金属铸造；硬——变形程度为 60%；软——在 600℃ 退火。

8.3.3 青铜

最早的青铜仅指铜锡合金，即锡青铜，是人类应用最早的合金，至今已有约 4 000 年的使用历史。现在把黄铜和白铜以外的铜合金统称为青铜，而在青铜前冠以主要添加元素的名称。如锡青铜、铝青铜、硅青铜、铍青铜等。它们可分为锡青铜和无锡青铜两类。

1. 锡青铜

锡青铜具有良好的强度、硬度、耐磨性、耐蚀性和铸造性能，主要用于制作弹性元件和耐磨零件。含锡量对锡青铜力学性能的影响如图 8.8 所示。当含锡量小于 7% 时，塑性良好；超过 7% 时，强度增加而塑性急剧下降；当含锡量大于 20% 时，强度也急剧下降。故工业用锡青铜的含锡量都在 3%~14%。

含锡量小于 8% 的青铜具有较好的塑性和适宜的强度，适用于压力加工，加工成板材、带材等半成品，含锡量大于 10% 的青铜塑性差，只适用于铸造。

锡青铜结晶温度间隔大，流动性差，不易形成集中缩孔，而易形成分散的显微缩松。锡青铜的铸造收缩率是有色金属与合金中最小的（<1%）。故适于铸造形状复杂、壁厚的铸件，但不适于制造要求致密度高的和密封性好的铸件。

压力加工锡青铜牌号用"青"字的汉语拼音字音首"Q"加锡的元素符号和数字表示。如 QSn4-3 表示含锡量为 4%、含锌量为 3%，其余 93% 为含铜量的锡青铜。

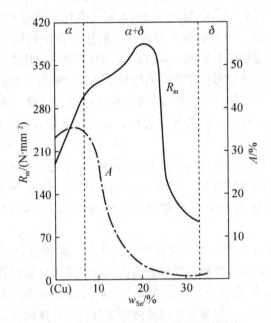

图 8.8　含锡量对锡青铜力学性能的影响

铸造锡青铜则在牌号前加"Z"字。例如，ZCuSn10P1 表示含锡 10%，含磷 1%，其余 89% 为铜的铸造青铜。图 8.9 所示为锡青铜的铸造组织。

图 8.9　锡青铜的铸造组织

常用锡青铜的牌号、成分、性能和用途如表 8-4 所示。

锡青铜在大气及海水中的抗蚀性比纯铜和黄铜都高，抗磨性也好，多用来制造耐磨零件，如轴承、轴套、齿轮、蜗轮等；但在酸类及氨水中的耐蚀性较差，广泛用于制造蒸汽锅炉和海船的零构件。

2. 无锡青铜

无锡青铜就是指不含锡的青铜。它是在铜中添加铝、硅、铅、锰、铍等元素组成的合金。无锡青铜具有较高的强度、耐磨性和良好的耐蚀性，并且价格较低廉，是锡青铜很好的代用品。

(1) 铝青铜，含铝量一般不超过 11.5%，有时还加入适量的铁、镍、锰等元素。国内常用牌号有 QAL7，QAL9-4，QAL10-4-4 等。铝青铜不仅价格低廉，且性能优良，强度比黄铜和锡青铜都高，冲击韧性、耐磨性、耐蚀性及抗疲劳性能都很好。但铸造性能、切削性能较差，可焊接不易钎焊，在过热蒸汽中不稳定，热态下压力加工良好。常用来铸造受重载的耐磨、耐蚀和弹性零件，如齿轮、蜗轮、轴套、弹簧及船舶上零件等。

(2) 硅青铜，含硅在 2%～5% 时，具有较高的弹性、强度、耐蚀性，铸件致密性较大。用于制造在海水中工作的弹簧等弹性元件，也可作通信用高强度架空线和导电极等。常用牌号为 QSi3-1。

(3) 铅青铜，是很好的轴承材料，具有较高的疲劳强度，良好的导热性和减磨性，能在高速重载下工作。常用牌号为 ZCuPb30，由于自身强度不高，常用于浇铸双金属轴承的钢套内表面。铅青铜的缺点是由于铜和铅的相对密度不同，在铸造时易出现相对密度偏析。

(4) 铍青铜，除具有高导电性、导热性、耐热性、耐磨性、耐蚀性和良好的焊接性外，突出优点是具有很高的弹性极限和疲劳强度，故可作为优质弹性元件材料，但价格很高，常用牌号为 QBe2。除此之外，由于其无磁性，而且受冲击时无火花，主要用于制造精密仪器、仪表的弹性元件，耐磨零件以及防爆工具，而且铍铜合金是海底电缆中继器构造体不可替代的材料。

常用无锡青铜的牌号、成分、性能和用途如表 8-4 所示。

表 8-4 常用青铜的牌号、成分、性能和用途

类别	合金牌号	化学成分，w/%		材料状态	力学性能			用途
		Sn	其他		R_m/MPa	A/%	HBW	
铸造青铜	ZCuSn10P1	9.0～11.5	$w_P=0.5～1.0$ 其余为 Cu	S	220	3	80	重要用途的轴承、齿轮、套圈和轴套等减磨零件
				J	310	2	90	
	ZCuSn10Zn2	9.0～11.0	$w_{Zn}=1.0～3.0$ 其余为 Cu	S	240	12	70	结构材料，耐蚀、耐酸的配件以及破碎机衬套轴瓦
				J	245	6	80	
压力加工锡青铜	QSn4-3	3.5～4.5	$w_{Zn}=2.7～3.3$ 其余为 Cu	软	350	40	60	弹簧、管配件和化工器械
	QSn4-4-2.5	3～5	$w_{Zn}=3～5$；$w_{Pb}=1.5～3.5$；余量为 Cu	软	300～350	35～45	60	汽车、拖拉机工业及其他工业上用的轴承和轴套的衬垫
	QSn6.5-0.4	6～7	$w_P=0.3～0.4$ 余量为 Cu	软	350～450	60～70	70～90	弹簧和耐磨零件
无锡青铜	ZCuAl10Fe3	$w_{Al}=$ 8.5～11.0	$w_{Fe}=2～4$ 余量为 Cu	S	490	13	100	重要用途的耐磨耐蚀零件（齿轮、轴套）
				J	540	15	110	
	ZCuPb30	$w_{Pb}=$ 27～33	余量为 Cu	J	60	4	25	大功率的汽车、拖拉机轴承
	QSi3-1	$w_{Si}=$ 2.75～3.5	$w_{Mn}=1～1.5$ 余量为 Cu	软	350～400	50～60	80	弹簧和弹簧零件以及腐蚀介质中工作的零件
	QBe2	$w_{Be}=$ 1.9～2.2	$w_{Ni}=0.2～0.5$ 余量为 Cu		500 1250	35 2～4	—	重要弹性元件、耐磨件、钟表齿轮

8.3.4 白铜

白铜是以镍为主加合金元素的铜合金。铜与镍在固态下能完全互溶，所以白铜的组织为单相固溶体，具有较好的强度和优良的塑性。白铜还具有优良的耐蚀性和抗腐蚀疲劳性能。白铜不能进行热处理强化，只能用固溶强化和加工硬化来提高其强度。

白铜分普通白铜和特殊白铜两种，普通白铜是 Cu - Ni 二元合金，特殊白铜是在普通白铜基础上添加锌、锰、铝等元素形成的，分别称锌白铜、锰白铜、铝白铜等。普通白铜的牌号为 B+镍的平均百分含量，如 B5 为含 5%Ni 的白铜。常用牌号有 B19、B5 等，主要用于制造在蒸汽和海水环境下工作的精密机械、仪表中零件及冷凝器、热交换器等。特殊白铜的牌号为 B+主加元素符号（Ni 除外）+镍平均百分含量+主加元素平均百分含量，如 BMn40 - 1.5 为含 40%Ni、1.5%Mn 的锰白铜。常用牌号有 BZn15 - 20、BMn3 - 12 等，主要用于制造精密机械、仪表零件及医疗器械等。部分白铜的牌号、化学成分、力学性能及用途如表 8 - 5 所示。

表 8-5 部分白铜的牌号、化学成分、力学性能及用途

牌号	化学成分, w/%			处理	力学性能（≥）		用途举例
	Ni+Co	其他	Cu		R_m/MPa	A/%	
19	18.0～20.0		余量	Y	294	30	船舶、仪器零件，化工机械零件
				M	292	33	
B5	4.4～5.0		余量	Y	216	35	
				M	373	10	
BZn15 - 20	13.5～16.5	Zn 余量	62～65	Y	343	35	潮湿条件下和强腐蚀介质中工作的仪表零件
				M	539～686	2	
BMn3 - 12	2.0～3.5	$R_{Mn}=$ 11.5～13.5	余量	M	353	25	弹簧
BMn40 - 1.5	39.0～41.0	$R_{Mn}=$ 1.0～2.0	余量	Y	392～588	实测	热电偶丝
				M	588	实测	

8.4 镁及镁合金

8.4.1 概述

镁矿石在地壳中的储量为 2.77%，仅次于金属铝和铁。我国具有丰富的镁资源，菱镁矿储量居世界首位。其化学活性极强，在自然界只能在化合物的形态存在。镁的比重大约是铝的 8/9，是铁的 1/4，因而它是在实用金属中是最轻的金属。镁为密排六方晶格，室温变形只有单一的滑移系，因此镁的塑性比铝低，各向导性显著。在 225℃ 以上时激活其他滑移系，从而塑性得以提高。由于纯镁的塑性及力学性能都较差，变形伸长率只能达到 10% 左右，因而不能单独作为结构材料使用。2001 年我国原镁产量为 18 万吨；2008 年我国的原镁产量为 55.8 万吨，约占全球产量的 80%，出口 39.64 万吨，是全球最大的金属镁供应方。已连续 11 年居世界第一。近年虽然深受金融风暴的影响，但镁及镁合金的产量呈持续上升趋势。据资料显示，近 10 年来，全球镁的用量以每年 20% 的幅度快速增长，

这在现代工程金属材料应用中是前所未有的，显示出极大的应用前景。我国在全球镁工业中占有举足轻重的位置。

目前生产镁的方法有两大类，即氯化熔盐电解法和热还原法。

人们习惯于采用美国 ASTM 镁合金命名法来对镁合金进行编号。

ASTM 命名法规定镁合金名称由字母（两种主要合金元素代码）、数字（两种元素的质量百分数）和字母（代表合金发展的不同阶段）三部分组成，例如，AZ91D 是一种含铝约 9%，含锌约 1% 的镁合金，是第四种登记的具有这种标准组成的镁合金。该命名法还包括表示镁合金性质的代码系统，由字母加一位或多位数字组成。合金代码后为性质代码，以连字符分开，如 AZ91C-F 表示铸态 Mg-9Al-Zn 合金。元素代码和性质代码分别如表 8-6 和表 8-7 所示。

我国的镁合金牌号由两个汉语拼音和阿拉伯数字组成，前面的拼音将镁合金分为变形镁合金（MB）、铸造镁合金（ZM）、压铸镁合金（YM）和航空镁合金。例如，1 号铸造镁合金为 ZM1，2 号变形镁合金为 MB2，5 号压铸镁合金为 YM5，5 号航空铸造镁合金为 ZM-5。

表 8-6 ASTM 标准镁合金牌号中的元素代码

英文字母	元素符号	中文名称	英文字母	元素符号	中文名称
A	Al	铝	M	Mn	锰
B	Bi	铋	N	Ni	镍
C	Cu	铜	P	Pb	铅
D	Cd	镉	Q	Ag	银
E	RE	混合稀土	R	Cr	铬
F	Fe	铁	S	Si	硅
G	Mg	镁	T	Sn	锡
H	Th'	钍	W	Y	钇
K	Zr	锆	Y	Sb	锑
L	Li	锂	Z	Zn	锌

表 8-7 ASTM 标准中镁合金牌号后的字母所打代表的性质

代码		性质	代码		性质
一般分类	F	铸态	T 细分	T1	冷却后自然时效
	O	退火、再结晶（锻制产品）		T2	退火态（仅指铸件）
	H	应变硬化		T3	固溶处理后冷加工
	T	热处理获得不同于 F、O 和 H 的稳定性质		T4	固溶处理
				T5	冷却和人工时效
				T6	固溶处理和人工时效
				T61	热水中淬火和人工时效
	W	固溶处理（性质不稳定）		T7	固溶处理和稳定化处理
H 细分	H1	应变硬化		T8	固溶处理、冷加工和人工时效
	H2	应变应化和部分退火		T9	固溶处理、人工时效和冷加工
	H3	应变硬化后稳定化		T10	冷却、人工时效和冷加工

按成形工艺，镁合金主要分为铸造镁合金和变形镁合金两类。铸造镁合金可用压铸技术、半固态成形技术等工艺生产，主要应用于汽车零件、机件壳罩和电气构件等。变形镁合金可以提供尺寸多样的板、棒、管、型材及锻件产品。国产铸造镁合金和变形镁合金的牌号分别如表8-8和表8-9所示。

由于镁合金具有密度小（1.8g/cm³左右）、比强度高、弹性模量大、消震性好、导热性好、电磁屏蔽能力强、承受冲击载荷能力比铝合金大、耐有机物和碱的腐蚀性能好和易于回收等一系列独特的性质，因而被誉为"21世纪的绿色工程材料"。

表8-8 国产铸造镁合金的牌号和主要成分

合金代号牌号	化学成分，w/%										
	Al	Mn	Si	Zn	RE	Zr	Ag	Fe	Cu	Ni	杂质总量
ZM1 ZMgZn5Zr				3.5~5.5		0.5~1.0			0.10	0.01	0.30
ZM2 ZMgZn4RE1Zr				3.5~5.0	0.75~1.75	0.5~1.0			0.10	0.01	0.30
ZM3 ZMgRE3ZnZr				0.2~0.7	2.5~4.0	0.4~1.0			0.10	0.01	0.30
ZM4 ZMgRE3Zn2Zr				2.0~3.0	2.5~4.0	0.5~1.0			0.10	0.01	0.30
ZM5 ZMgAl8Zn	7.5~9.0	0.15~0.5	0.3	0.2~0.8				0.05	0.10	0.01	0.50
ZM6 ZMgRE2ZnZr				0.2~0.7	2.0~2.8	0.4~1.0			0.10	0.01	0.30
ZM7 ZMgZn8AgZr				7.5~9.0		0.5~1.0	0.6~1.2		0.10	0.01	0.30
ZM10 ZMgAl10Zn	9.0~10.2	0.1~0.5		0.6~1.2				0.05	0.20	0.01	0.50

镁合金主要用于航空、航天、运输、化工、火箭等工业部门。随着镁的提炼及加工技术的发展，镁材已经成为继钢铁和铝之后的第三类金属结构材料。

铝、锆为镁合金中的主要合金化元素。根据是否含铝，镁合金可划分为含铝镁合金和无铝镁合金两类。由于大多数镁合金不含铝而含锆，从而市售镁合金也可按含锆与否分为无锆镁合金和含锆镁合金两大类。

表 8-9 国产变形镁合金的牌号和主要成分

合金代号牌号	系列	主要成分, w/%							杂质（不高于）, w/%							应用	塑性
		Al	Mn	Sn	Ce	Zr	Al	Cu	Ni	Zn	Si	Be	Fe	其他杂质		
MB1	Mg-Mn		1.3~2.5					0.05	0.01	0.3	0.15	0.02	0.05	0.2	焊接结构板材、棒材、模锻件、低强度锻构件	高
MB8			1.5~2.5		0.15~0.35		0.3	0.05	0.01	0.3	0.15	0.02	0.05	0.3	板材、模锻件、型材、管材	高
MB2		3.0~4.0	0.15~0.5	0.2~0.8				0.05	0.005		0.15	0.02	0.05	0.3	形状复杂的锻件、模锻件	中
MB3		3.5~4.5	0.3~0.6	0.8~1.4				0.05	0.005		0.15	0.02	0.05	0.3	板材、模锻件	中
MB5	Mg-Al-Zn	5.5~7.0	0.15~0.5	0.5~1.5				0.05	0.005		0.15	0.02	0.05	0.3	条材、棒材、锻件、模锻件	中下
MB6		5.0~7.0	0.20~0.5	2.0~3.0				0.05	0.005		0.15	0.02	0.05	0.3	棒材	中
MB7		7.0~9.2	0.15~0.5	0.22~0.8				0.05	0.005		0.15	0.02	0.05	0.3	棒材、锻件、型材、模锻件、高强度构件	低
MB15	Mg-Zn-Zr			5.0~6.0		0.32~0.9		0.05	0.01	锰0.1	0.05	0.02	0.05	0.3	棒材、条材、型材、模锻件、高强度构件	中
MB14	Mg-Mn-Ce		1.4~2.2		2.5~3.5					0.2	0.2	0.01	0.05		棒材、模锻件，200℃以下工作的耐热镁合金	中

8.4.2 无锆镁合金

1. Mg-Al 系合金

铝是镁合金中最主要的元素。Mg-Al 系合金既包括铸造合金又包括变形合金，是目前牌号最多，应用最广的镁合金系列。Mg-Al 合金共晶温度较低（710K），随铝含量增加合金的铸造性能也相应提高，并且具有优异的力学性能和良好的抗蚀性。镁铝合金通过过热或变质处理可以进行晶粒细化。铝、锌、锰是工业镁合金中最早使用的合金化元素。目前大多数铝镁合金含有少量锌和锰，锌能提高镁合金的拉伸性能，锰由能改善抗腐蚀性。

AZ 系合金是常见的结构用含铝镁合金，如 AZ91 是最常用的压铸合金，AZ31 为最常见的变形铝合金。图 8.10 所示为是添加 RE（混合稀土）的 AZ91D 的显微组织，图 8.11 预变形 AZ31B 铸轧镁合金板材在 230℃退火 15min 的显微组织。

AM 系镁合金的室温强度不高，但是脆性比 AZ 系合金的低，变形能力强，比较适合制造汽车轮毂、座位架和方向盘等要求高延展性和断裂韧性的部件。

大多数变形镁合金也是基于 Mg-Al-Zn-Mn 系，常用的结构镁合金有 M1A、AZ10A、AZ31B、AZ31C、AZ61A 和 AZ81A。

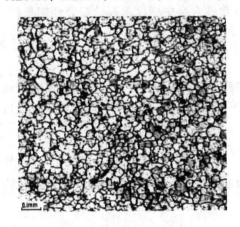 

图 8.10　AZ91D+0.9w_t%RE　　　图 8.11　预变形 AZ31B 在 230℃退火 15min

2. Mg-Mn 系合金

Mg-Mn 系合金最主要的优点是具有优良的耐蚀性和焊接性，可以加工成各种不同规格的管、棒、型材和锻件，其板件可用于飞机蒙皮、壁板及内部构件，其模锻件可制作外形复杂构件，管材多用于汽油、润滑油等要求抗腐蚀性的管路系统。

3. Mg-Zn 系合金

Mg-Zn 系合金可以进行时效强化来改善合金强度。往 Mg-Zn 系合金中加入 Cu，能显著提高延展性并增强时效硬化效应，并且其室温性能与 AZ91 相近，高温稳定性高，并且可以回收。砂型铸造、重力压铸和精密铸造技术可以生产 Mg-Zn-Cu 合金铸件，这些铸件性能优良，没有微孔收缩，不需要变质处理也可获得组织致密的铸件，同时还可以采用标准钨电极惰性气体保护焊进行焊接。该系合金强度高于 AZ 系合金，可在汽车发动机上广泛应用。

4. Mg-Li系合金

镁锂合金是最有代表性的超轻高比强合金。镁锂合金不可以进行热处理强化，也不需要通过细化也提高塑性。其缺点是化学活性很高，需要在惰性气体中进行熔炼和铸造，其抗蚀性低于一般镁合金，应力腐蚀倾向严重。

镁锂合金比强度高、振动衰减性好、切削加工性能优异，是宇航工业理想的结构材料。

8.4.3 含锆镁合金

锆可通过包晶反应来细化晶粒和提高力学性能，对改善合金耐蚀性和耐热性也有较大作用。

1. Mg-Zn-Zr系合金

Mg-Zn系合金容易产生晶粒长大，而Zr具有细化晶粒作用，由此发展了Mg-Zn-Zr系合金（ZK系列）。该系合金都可以通过时效处理来强化。由于其热裂倾向随着Zn含量的增加而增大，焊接性能变差，一般不宜用于制作形状复杂的铸件和焊接结构。

我国目前只有MB15一个合金牌号，是工业变形镁合金中强度最高、综合性能最好、应用最广泛的结构合金。国外，挤压态ZK40A和ZK60A最为常用。

2. Mg-RE-Zr系合金

Mg-RE化合物的弥散强化和其在晶界上对晶界滑移的影响是稀土镁合金具有较高的蠕变性能的主要原因。Mg-RE系合金一般在423～523K下使用。在稀土镁合金中添加适量Zr，可以细化晶粒，进一步提高合金强度。

3. Mg-Th系合金，

钍能提高镁合金的抗蠕变性，Mg-Th合金的工作温度高于623K，并且Th与其他稀土元素一起能改善铸造性能和焊接性能。

4. Mg-Ag系合金

银能改善MG-RE合金的时效强化效应，目前人们已经开发了几种不同成分的高温合金如QE22.QH31和EQ21。QE22A是航空领域应用最为广泛的铸造Mg-Ag合金，主要应用有落地轮、齿轮箱、直升机的螺旋头和前起落架外筒等。

 知识链接

随着3C产业的发展越来越要求产品轻、薄、小、美观且易回收、环保，镁合金正是这类产品的理想材料。近年来，电子工业强国，特别是日本及欧、美等发达国家和地区在3C产品镁合金开发方面做了大量开创性的研究，并得到了广泛的运用。以最具代表性的产品笔记本式计算机来说明镁合金在3C行业中的应用。镁合金主要做结构壳件，壳体材料最主要有四个方面的特性。一是质轻；二是散热性好；三是抗震性好；四是电磁屏蔽能力强。镁合金正满足这几方面特性的要求，是理想的壳件材料。第一，镁合金的质轻；第二，散热特性，一般金属的热导率比塑料高1～2个数量级，常用镁合金的热导率如AZ91D为51W(k·m)$^{-1}$，比热容1.01 kJ(kg·k)$^{-1}$，虽然略低于铝合金和铜合金，但在常用合金中是较低的。所以用镁合金作壳件有散热快的特点,这正是笔记本式计算机外壳所急需的。第三,抗震,镁的弹性模量为41~45GPa,约为铝合金的60%,钢的20%。金属的弹性模量是一个对组织不敏感的指标,因此镁合金的弹性模量也很低。在受到等同的外载荷时,镁合金结构件能产生较大的弹性变形,在冲击载荷下,能吸收较大的冲击功。所以笔记本式计算机的壳件可以起到很好的抗冲击保护作用。第四,镁合金的电磁屏蔽性能优异。IBM公司在笔记本式计算机上做实验,用AZ91D镁合金制作1.4mm的壳体对比ABS树脂壳体,实验条件是电磁波的频率在30~200MHz,结果表明,镁合金壳体的屏蔽能力始终稳定在90~100dB;相比之下,带电镀层的ABS壳体在30MHz时为35dB,在200MHz时约55dB。这样优异的电磁屏蔽性能使之作为笔记本式计算机的壳件对人体有很好的保护。目前,制造笔记本式计算机的各大厂商纷纷把目光投向镁合金材料,如Apple、Fujitsu、HP、NEC、Dell、Sony、Toshiba、Samsung、LG等;中国的Lenovo、Haier等;中国台湾的Asus、Acer等。早在2004年网易网发表《笔记本流行全镁合金热》一文,可见镁合金之流行。

8.5 钛及钛合金

8.5.1 概述

纯净的钛是银白色金属,具有银灰色光泽,无磁性。钛的密度为$4.51g/cm^3$,相当于钢的57%,钛属于难熔金属,熔点较高1677℃,导电性差,热导率和线膨胀系数均较低,热导率只有铁的1/4,铜的1/7。我国钛产量居世界第一,TiO_2储量约8.7亿吨,特别是在攀枝花、海南岛,资源非常丰富。2008年中国海绵钛产量达49632吨,仍居世界第一位,钛加工材产量27737吨,位于美国和俄罗斯之后,居世界第三位。

纯钛塑性好,强度低,易于成形加工;钛在大气和海水中具有优良耐蚀性,在硫酸、盐酸、硝酸、氢氧化钠等介质中有良好的稳定性;钛的抗氧化能力优于大多数奥氏体不锈钢。但因600℃以上钛及其合金易吸收氮、氢、氧等,使性能恶化,这就给热加工及铸造带来困难。

室温下,纯钛的晶体结构为密排六方结构,室温变形时主要以{1010}<1210>柱面滑移为主,并常诱发孪生;钛同时兼有钢(强度高)和铝(质地轻)的优点。高纯钛具有良好的塑性。

钛合金是以钛为基加入其他元素组成的合金。钛是同素异构体,熔点为1720℃,在低于882℃时呈密排六方晶格结构,称为α钛;在882℃以上呈体心立方晶格结构,称为β钛。882.5℃发生的同素异晶转变对钛合金的强化有重要意义。

8.5.2 钛合金的性能特点

1. 比强度高

钛合金的密度为钢的60%左右,但强度却高于钢,比强度是现代工程金属结构材料中最高的,适于做飞机的零部件。资料显示,自20世纪60年代中期起,美国将其81%的钛合金用于航空工业,其中40%用于发动机构件,36%用于飞机骨架,甚至飞机的蒙皮、紧固件及起落架等也使用钛合金,大大提高了飞机的飞行性能。

2. 强热性好

往钛合金中加入合金强化元素后,大大提高了钛合金的热稳定性和高温强度,如在

300～350℃下，其强度为铝合金的3～4倍。

3. 耐热性好

钛合金表面能生成致密坚固的氧化膜，故耐蚀性能比不锈钢还好。如不锈钢制作的反应器导管在19％HCl＋10mg/L NaOH条件下使用只能用五个月，而钛合金的则可能八年之久。

4. 化学活性大

钛的化学活性大，能与空气中的氧、氮、氢、一氧化碳、二氧化碳、水蒸气、氨气等产生强烈的化学反应，生成硬化层或脆性层，使得脆性加大，塑性下降。

5. 导热性能差、弹性模量小

钛合金的导热性仅为钢的1/7、铝的1/14；弹性模量为钢的1/2，刚性差、变形大，不宜制作细长杆和薄壁件。

8.5.3 钛合金

利用钛的上述两种结构的不同特点，添加适当的合金元素，使其相变温度及相分含量逐渐改变而得到不同组织的钛合金。室温下，钛合金有三种基体组织，通常根据退火状态相钛合金的相组成，将钛合金分为以下三类：α合金，(α+β)合金和β合金。中国分别以TA、TC、TB表示。其划分如图8-12所示。常用钛及其合金的牌号、成分和性能如表8-10所示。

退火组织为以α钛为基体的单相固溶体的合金称为α钛合金，代号TA。它是α相固溶体组成的单相合金，不论是在一般温度下还是在较高的实际应用温度下，均是α相，主要合金元素为铝、锡、锆等。

室温强度较β钛合金金和(α+β)钛合金低，但高温（500～600℃）强度高，且组织稳定、焊接性和热稳定性好，抗腐蚀性高，是发展耐热钛合金的基础，缺点是不能热处理强化，因而常温强度不很高，变形抗力大、热加工性差。

典型牌号TA7，成分为Ti-5Al-2.5Sn。图8.13所示为α钛合金热锻缓冷组织。

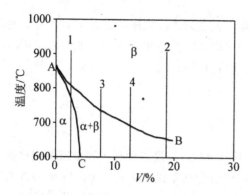

图8.12 钛合金分类说明图

图8.13 α钛合金热锻缓冷组织

含β稳定元素较多（＞17％）的钛合金称为β钛合金，代号TB，主要合金元素为钼、铬、钒等。组织为介稳定的单相β固溶体，未热处理即具有较高的强度，淬火、时效后合金得到进一步强化，室温下有较高的强度，可达1372～1666MPa，焊接和压力加工性能良好。但性能不够稳定，不宜在高温下使用。典型牌号 TB1，成分为 Ti-3Al-13V-11Cr，使用温度 350℃ 以下。

表 8-10 常用钛合金的牌号、性能和用途

类型	牌号	状态	室温力学性能（不小于）			高温力学性能（不小于）			用途举例
			R_m/MPa	A/%	α_K/(J·cm^{-2})($R_{0.2}$/MPa)	温度/℃	R_m/MPa	R_{100h}/MPa	
α钛合金	TA7	板材、退火后	735~930	12~20	(685)	350/500	490/400	440/195	500℃ 以下长期工作的航空发动机叶片等结构件
		棒材、退火后	800	10	30	350	500	450	
	TA6	板材、退火后	685	12~20	20~30	350/500	420/340	390/195	
		棒材、时效火后	1300	5	15	350	430	400	
β钛合金	TB2	板材、时效火后	1320	8	14.7				305℃ 以下的压气机叶片及飞机结构件
(α+β)钛合金	TC4	板材、退火后	895	10~12	(830)	400/500	590/440	540/195	400℃ 以下长期工作的火箭发动机外壳低温燃料箱等航天器上的相关构件等
	TC10	板材、退火后	1080	8~10	35				

退火组织为 (α+β) 相的钛合金称 (α+β) 钛合金，代号 TC，室温组织为 α+β 双相组织，这类合金有较好的综合力学性能，强度高，可热处理强化，具有良好的韧性、塑性和高温变形能力，在中等温度下耐热性也较好，但组织不稳定，可焊性较差。热处理后的强度约比退火状态提高 50%~100%；高温强度高，可在 400~500℃ 的温度下长期工作，其热稳定性次于 α 钛合金。图 8.14 所示为 (α+β) 空气冷却组织钛合金热锻缓冷组织。典型牌号 TC4，成分为 Ti-6Al-4V。图 8.15 为 Ti-6Al-4V 淬火时效组织。

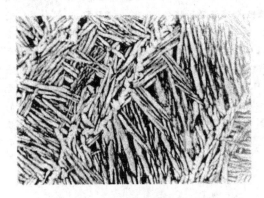

图 8.14 (α+β) 空气冷却组织钛合金热锻缓冷组织

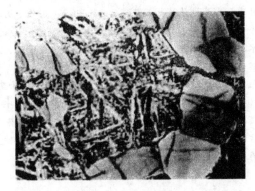

图 8.15 Ti-6Al-4V 淬火时效组织 (5000×)

三种钛合金中最常用的是 α 钛合金和 α+β 钛合金；α 钛合金的切削加工性最好，α+β

钛合金次之，β钛合金最差。

钛合金按用途可分为耐热合金、高强合金、耐蚀合金（钛-钼，钛-钯合金等）、低温合金以及特殊功能合金（钛-铁贮氢材料和钛-镍记忆合金）等。

8.5.4 钛合金的应用与发展

航空航天工业发展的需要，使钛工业以平均每年约8%的增长速度发展。目前世界钛合金牌号近30种。使用最广泛的钛合金是Ti-6Al-4V（TC4），Ti-5Al-2.5Sn（TA7）和工业纯钛（TA1.TA2和TA3）。

钛合金主要用于制作飞机发动机压气机部件，其次为火箭、导弹和高速飞机的结构件。20世纪60年代中期，钛及其合金已在一般工业中应用，用于制作电解工业的电极、发电站的冷凝器、石油精炼和海水淡化的加热器以及环境污染控制装置等。钛及其合金已成为一种耐蚀结构材料。此外还用于生产贮氢材料和形状记忆合金等。

近年来，各国正在开发低成本和高性能的新型钛合金，努力使钛合金进入具有巨大市场潜力的民用工业领域。国内外钛合金材料的研究新进展主要体现在高温钛合金、钛铝化合物为基的钛合金、高强高韧β型钛合金、阻燃钛合金和医用钛合金等几个方向。

知识链接

在地球上最难到达的海洋最深处却有机器人在进行探秘，美国伍兹霍尔海洋研究所研制的"海神"号机器人潜艇成功下潜约11 000m，探秘世界上最深的马里亚纳海沟，为了这次海洋最深处的探索活动，美国伍兹霍尔海洋研究所专门设计研制了功能强大的"海神"号机器人。由于在该处的压力是地球表面的1000倍，"海神"号必须非常坚固抗压，因此设计人员用新的轻量级材料——钛合金，取代传统的建造潜艇的材料，不仅重量轻而且比较薄，能承受巨大压力。此外，钛材及钛合金制品在建筑领域的应用也在逐渐扩大。国家大剧院屋顶采用钛-不锈钢复合板，将覆盖的面积达3万平方米，这是我国建筑领域首次应用钛材，开创了建筑领域的先河，由此必将带动我国建筑市场钛材的应用。其实在日本用钛作为建材已有20多年历史，大分县佐贺关町的早吸女神社是日本最早用钛板作屋顶的建筑物，面积为50m²。1984年日本东京电力博物馆采用钛板作屋顶，这是世界上首次大面积用钛材，面积达750m²，共用钛材1t。欧洲建筑物用钛也有长足发展，1997年西班牙的Bilbao市的Guggenheim博物馆外壁使用了钛，用量为80t。其特殊的金属光泽，非常引人注目。

我国"蛟龙号"潜水器在南海进行了3000m级海上试验，验证了在深海的各项性能。该潜水器总设计师表示，其设计最大下潜深度为7000m，工作范围覆盖全球海洋区域的99.8%。"目前，'蛟龙号'的每个部件都已通过了7000m压力考核，并将在今后的5000m、7000m海试中加以验证。"中国载人深潜技术取得重大突破，引起外媒的普遍关注。在上天、入地、深潜3项极限探索中，深潜的难度毫不逊色于其他二者，深海压力、海水腐蚀、海流的扰动、海洋生物的干扰、地磁的影响等，都给深海探测带来了极大挑战。深潜首先要克服的是海水压力，计算显示，在3700m水深时，每平方米的面积需要承受3700t的质量。"蛟龙号"在设计时较好地解决了这个问题，它的外壳极厚，由钛合金制造，通过先进的焊接技术连为一体，抗压能力很强。中国在载人深潜器方面紧跟美、日、法、俄的步伐，中国在深海装备方面与美、俄、法等国相比仍存在差距，只能算作第二阵营。我们在材料、工艺、基础元器件等方面都存在许多瓶颈亟待突破。

8.6 轴承合金

轴承合金一般指滑动轴承合金，用来制造滑动轴承的轴瓦或内衬，所以又称为轴瓦合金。轴承是支承着轴进行工作的，当轴转动时，轴瓦与轴发生强烈摩擦，并承受轴颈传给的周期性载荷。因此轴承合金应具有以下性能：

（1）足够的强度和硬度，以承受轴颈较大的单位压力；
（2）足够的塑性和韧性，高的疲劳强度，以承受周期性载荷，抵抗冲击和振动；
（3）良好的磨合性能，使与轴能较快地紧密配合；
（4）高耐磨性，与轴摩擦因数小，并能存润滑油，减少磨损；
（5）良好的耐蚀性、导热性、较小的热膨胀系数，防止摩擦时发生咬合。

轴瓦不能选高硬度金属，以免轴颈磨损；也不能选软金属，防止承载能力过低。故轴承合金要既硬又软。组织特点是软基体上分布硬质点，或硬基体上分布软质点。前者运转时基体承受磨损而凹陷，硬质点将凸出于基体，使轴与轴瓦接触面减小，而凹坑可存润滑油，从而降低轴与轴瓦间摩擦系数，减少轴与轴瓦磨损。另外，软基体承受冲击和振动，使轴与轴瓦能很好结合，并可嵌藏外来小硬物，以免擦伤轴颈，如图 8.16 所示，但不能承受高负荷，它是以锡基、铅基为主的轴承合金。

轴承合金组织为硬基体上分布软质点时，也可达到类似目的，特点是能承受高速高负荷。

轴承合金的编号方法为"Ch"（"承"字汉语拼音字首）加两个基本元素符号，再加一组数字组成。在"Ch"前加"Z"表示铸造。如 ZChSnSb11－6 表示铸造锡基轴承合金，含锑 11%、铜 6%，余量为锡。

8.6.1 锡基轴承合金

锡基轴承合金又称锡基巴氏合金，是以锡为基础，加少量锑和铜组成的合金。锑能溶入锡中形成 α 固溶体组成软基体，又能生成化合物 SnSb 形成硬质点，均匀分布在软基体上；铜与锡能生成化合物 Cu_6Sn_5，浇注时首先从液体中结晶出来，能阻碍 SnSb 在结晶时由于相对密度小而浮集，使硬质点获得均匀分布，如图 8.17 所示。

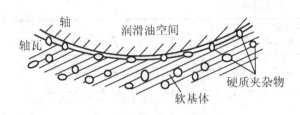

图 8.16 轴承合金结构示意图

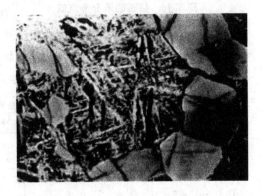

图 8.17 锡基轴承合金组织

锡基轴承合金具有适当的硬度（30HBW）和较低的摩擦因数（0.005）。固溶体基体具有较好的塑性和韧性，所以它的减摩性和抗磨性均较好。另外还具有良好的导热性和耐蚀性。但锡价格较贵，应注意节约使用。

常用锡基轴承合金的牌号、成分、性能及用途如表 8－11 所示。

表 8-11 锡基轴承合金

代号/牌号	主要成分，w/%			杂质总量 不大于/%	HBW≥	熔点/℃	用途举例
	Sb	Cu	Sn				
ZChSn1 ZChSnSb12-4-10	11.0~13.0	2.5~5.0	余量	0.55	29		一般机器的主轴衬，但不适于高温部分
ZChSn2 ZChSnSb11-6	10.0~12.0	5.5~6.5	余量	0.55	27	固 240	1417kW 以上的高速蒸汽机和367.8kW 的涡轮压缩机用轴承
ZChSn3 ZChSnSb8-4	7.0~8.0	3.0~4.0	余量	0.55	24	238	一般大机器轴承及轴衬、高速高载荷汽车发动机薄壁双金属轴承
ZChSn4 ZChSnSb4-4	4.0~5.0	4.0~5.0	余量	0.50	20	液 223	涡轮内燃机高速轴承及轴衬

8.6.2 铅基轴承合金

铅基轴承合金又称铅基巴氏合金。这是以铅为基础，加入锑、锡、铜等合金元素组成的合金。其软基体是锡和锑在铅中的固溶体。硬质点是 SnSb 和呈针状的 Cu_3Sn 化合物。图 8.18 所示为铅基轴承合金组织。

铅基轴承合金硬度与锡基合金差不多，但强度、韧性较低，耐蚀性也较差。通常制成双层或三层金属结构，由于价格低，常用于低速、低负荷或静载下工作的中等负荷的轴承，如汽车、拖拉机的曲轴轴承等。

常用铅基轴承合金的牌号、成分、性能及用途如表 8-12 所示。

图 8.18 铅基轴承合金组织

为提高轴承的寿命，生产中常用浇注法将锡基或铅基轴承合金镶铸在钢质轴瓦上，形成薄而均匀的一层内衬，可提高轴承的承载能力，并节约轴承合金材料。

表 8-12 铅基轴承合金

代号/牌号	主要成分，w/%			杂质总量 不大于/%	HBW≥	熔点/℃	用途举例
	Sb	Sn	Pb				
ZChPb1 ZChPbSb16-16-2	15.0~17.0	15.0~17.0	余量	0.6	30	液 410 固 240	高载荷的推力轴承
ZChPb2 ZChPbSb15-5-3	14.0~16.0	5.0~6.0	余量	0.4	32	液 416 固 232	船舶机械、小于250kW 的电动机轴承
ZChPb3 ZChPbSb15-10	14.0~16.0	9.0~11.0	余量	0.5	24	液 400 固 240	中等压力的机械和高温轴承
ZChPb4 ZChPbSb15-5	14.0~15.0	4.0~5.5	余量	0.75	20		低速、轻压力机械轴承
ZChPb5 ZChPbSb10-6	9.0~11.0	5.0~7.0	余量	0.75	18		高载荷、耐蚀、耐磨用轴承

8.6.3 其他轴承合金

可作为轴承材料的还有铜基合金、铝基合金、银基合金、镍基合金、镁基合金和铁基合金等。在这些轴承材料中，铜基合金、铝基合金使用最多。使用铝基轴承合金时，通常是将铝锡合金和钢背轧在一起，制成双金属应用。即通常所说的钢背轻金属三层轴承。其他合金只在特殊情况下使用，如为减轻重量，有些航空发动机用镁基合金作轴承；要求耐高温，用镍基合金作轴承；要求高度可靠性的机器，用银基合金作轴承。用粉末冶金方法制成的烧结减摩材料，也越来越多地用来制作轴承。

1. 铝基轴承合金

铝基轴承合金原料丰富，价格低廉，具有相对密度小，导热性好，疲劳强度和高温强度高的性能。而且改进了锡基、铅基轴承合金必须单个浇注的落后工艺，可进行连续轧制生产。所以，它是发展中的新型减摩材料，已广泛用于高速高载荷下工作的轴承。

铝锑镁轴承合金含锑 4%、镁 0.3%～0.7%，其余为铝。这种合金可与 08 钢板一起热轧成双金属轴承合金。具有高的疲劳强度、耐蚀性和较好的耐磨性，工作寿命是铜铅合金的两倍。目前已大量应用在低速柴油机和拖拉机轴承上。其最大承载能力为 2000N/mm^2，最大允许滑动线速度为 10m/s。

高锡铝基轴承合金含锡 20%、铜 1%，其余为铝。锡能在轴承表面形成一层薄膜，能防止铝氧化。高锡铝基轴承合金具有高的疲劳强度，良好的耐热性、耐磨性和抗蚀性，承载能力可达 2800N/mm^2，滑动线速度可达 13m/s。它可代替巴氏合金、铜基合金和铝锑镁合金。目前已在汽车、拖拉机、内燃机车的轴承上推广使用。

2. 铜基轴承合金

常用 ZCuSn10P1、ZCuAl10Fe3、ZCuPb30、ZCuSn5Pb5Zn5 等青铜合金做轴承。ZCuPb30 青铜中，铅不溶于铜，而形成较软质点均匀分布在铜的基体中。铅青铜的疲劳强度高，导热性好，并具有低的摩擦因数，因此，可做承受高载荷、高速度及在高温下工作的轴承，如航空发动机及大功率汽轮机曲轴轴承、柴油机及其他高速机器的轴承等。

3. 锌基轴承合金

锌基轴承合金是以锌为基加入适量铝及少量铜和镁形成的合金。常用的锌基耐磨合金的化学成分如表 8-13 所示。

表 8-13 锌基轴承合金的化学成分　　　　　　　　　　（单位:%）

合 金	w_{Al}	w_{Cu}	w_{Mg}	w_{Zn}
ZA12	10.5～11.5	0.5～1.25	0.015～0.07	余量
ZA27	25.2～28.0	2.0～2.5	0.01～0.02	余量

当合金中含 Al 量为 5% 时将有共晶反应，上述两种合金是过共晶合金。在合金的组织中有 η 和 β′ 相，η 相是以锌为基的固溶体，较软；β′ 相是以铝为基的固溶体，较硬，当合金结晶后，形成软硬相间的组织。

为了提高合金的强度，还加入适量的 Cu 和 Mg。当铜增加到一定量时，能形成 CuZn$_3$ 金属间化合物，具有高硬度，弥散分布于合金组织中，可提高合金的力学性能及耐磨性。

镁能细化晶粒,除提高合金的强度外,还能减轻晶间腐蚀。比较这类合金与青铜的性能如表8-14所示。

可见,这类合金的强度和硬度都较高,并有较好的耐磨性,在润滑充分的条件下,摩擦因数较小,用它代替铜合金做轴承材料,经济效益十分显著,是值得进一步推广的轴承合金。

表8-14 锌基轴承合金与青铜的力学性能和物理性能比较

合金	ZAl2	ZA27	ZCuSn5Pb5Zn5
抗拉强度/MPa	276~310	400~441	200
屈服点/MPa	207	365	90
硬度/HBW	105~125	110~120	60
冲击韧度/($J·cm^{-2}$)	24~30	35~55	—
相对密度/($g·cm^{-3}$)	6.03	5.01	8.8
热膨胀系数/$2×10^{-6}$	27.9	26	17.1
线收缩率/%	1.0	1.3	1.4~1.6
结晶温度范围/℃	377~493	376~493	825~990
延长率/%	1~3	3~6	13

8.7 其他有色金属及其合金

8.7.1 锌基合金

以锌为基加入其他元素组成的合金。常加的合金元素有铝、铜、镁、镉、铅、钛等。锌基合金熔点低,流动性好,易熔焊,钎焊和塑性加工,在大气中耐腐蚀,残废料便于回收和重熔;但蠕变强度低,易发生自然时效引起尺寸变化。熔融法制备,压铸或压力加工成材。按制造工艺可分为铸造锌基合金和变形锌基合金。

锌基合金是重要的压铸合金。锌成本低,熔点仅为380℃,对压铸模无不利影响,而且能制成强度特性好、尺寸稳定性好的合金。图8.19所示为铸造锌基合金的金相组织。

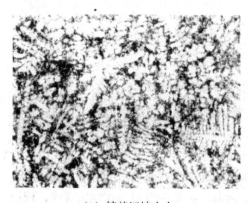
(a)锌基压铸合金

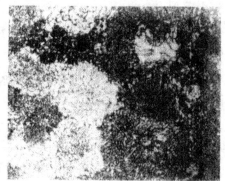
(b)ZZnAl4

图8.19 铸造锌基合金的金相组织

锌合金压铸件的强度高于除铜外的大多数其他压铸合金的强度,且具有优良的抗冲击能力。这些合金压铸件尺寸精度高且成本低。它们具有足够的抗蚀能力,虽在长期与潮湿空气接触会产生白色腐蚀物,但可采用表面处理来防止。适合作水龙头、锁具、工艺品等。

由于锌基合金的上述优点,国内已开始用冷冲模制造材料。

高铝锌基合金是新型重力铸造锌基合金系列(ZA8、ZA12、ZA27)的代称,以ZnAl27Cu2Mg 即 ZA27-2 为代表并衍生的高铝锌基合金,作为新型轴承合金已广泛取代部分巴氏合金和青铜,用来制造各类轴瓦、轴套、滑板、滑块、蜗轮及传动螺母等减摩耐磨件。

8.7.2 镍基合金

镍基合金是指在 650～1000℃高温下有较高的强度与一定的抗氧化腐蚀能力等综合性能的一类合金。按照主要性能又细分为镍基耐热合金、镍基耐蚀合金、镍基耐磨合金、镍基精密合金与镍基形状记忆合金等。

镍基合金以具有优良的强度及抗腐蚀性,特别是高温性能而著称。如蒙乃尔合金约含镍 67%、铜 30%,由于具有优良的抗腐蚀性,已在化学工业和食品工业中使用多年。与其他合金相比,镍基合金在更多的介质中显示出良好的耐腐蚀性,特别是耐盐水和硫酸的腐蚀,甚至能耐高速高温蒸汽的侵蚀。因此,蒙乃尔合金可用作蒸汽发动机叶片。图 8.20 所示为 Ni-Mo 合金的金相组织。

图 8.20 Ni-Mo 合金的金相组织

大多数镍合金比较难铸造,但可以锻造或热成形。然而,通常必须在可控气氛中加热,以免晶界脆化。镍基合金可焊性较好。

小 结

本章简要介绍了常用非铁合金的应用及期分类的牌号,对机械、仪表、飞机、3C 产业中广泛使用的铝、镁、铜、钛及期合金与轴承合金做了扼要介绍。

习 题

1. 选择题

(1) 铜的熔点为（　　）℃。
　　A. 1060　　　　B. 1083　　　　C. 1140　　　　D. 1220

(2) 铜在有色金属中是属（　　）类。
　　A. 轻金属　　　B. 重金属　　　C. 稀有金属　　D. 贵金属

(3) 普通黄铜主要由 Cu 和（　　）两种元素组成。
　　A. Pb　　　　　B. Sn　　　　　C. Zn　　　　　D. Se

(4) 普通青铜主要由 Cu 和（　　）两种元素组成。
　　A. Pb　　　　　B. Sn　　　　　C. Zn　　　　　D. Se

(5) 防锈铝合金主要包括不能热处理强化的（　　）系和（　　）系合金。
　　A. Al-Mn　　　B. Al-Mg　　　C. Al-Cu-Mg　　D. Al-Cu-Mn

(6) 镁在有色金属中属于（　　）。
　　A. 轻金属　　　B. 重金属　　　C. 稀有金属　　D. 贵金属

(7) （　　）是最有代表性的超轻高比强合金。
　　A. 钛合金　　　B. 镁铝合金　　C. 镁锂合金　　D. 铝镁合金

(8) 由于（　　）化学性能特别稳定，医学上常用其来制作医疗器械和人工器官。
　　A. 镁合金　　　B. 铜合金　　　C. 钛合金　　　D. 铝合金

(9) （　　）青铜，不仅具有高导电性、导热性、耐热性、耐磨性、耐蚀性和良好的焊接性，还具有很高的弹性极限和疲劳强度，是海底电缆中继器构造体不可替代的材料。
　　A. 铍　　　B. 铝　　　C. 硅　　　D. 锡　　　E. 铅

(10) （　　）合金被誉为"21世纪的绿色工程材料"。
　　A. 铝　　　　　B. 钛　　　　　C. 铜　　　　　D. 镁

(11) 下列说法正确的是（　　）
　　A. 铅的密度比铁大，用铅做菜刀、锤子比铁更好
　　B. 银的导电性比铜好，所以通常可用银制作电线
　　C. 钛合金与人体具有很好的"相容性"，可用来制造人造骨等
　　D. 焊锡和铝熔点较低，都可用于焊接各种金属

(12) 小明家里收藏了一件清代的铝制佛像，该佛像至今仍保存十分完好。该佛像未锈蚀的主要原因是（　　）。
　　A. 铝不易发生化学反应
　　B. 铝的氧化物容易发生还原反应
　　C. 铝不易被氧化
　　D. 铝易氧化，但氧化铝具有保护内部铝的作用

(13) 一种新兴的金属由于其熔点高、密度小、可塑性好、耐腐蚀性强，它和它的合金被广泛用于火箭、导弹、航天飞机、船舶、化工和通信设备的制造中，这种金属是（　　）。
　　A. 铜　　　　　B. 钢　　　　　C. 钛　　　　　D. 镁

2. 简答题

(1) 与钢相比，铝合金主要优缺点是什么？

(2) 根据铝合金二元一般相图，说明铝合金是如何分类的。

(3) 利用铝合金相图说明下列问题：

① 何种铝合金宜采用时效硬化？

② 何种铝合金宜采用变形强化？

③ 何种铝合金宜于铸造？

(4) 铝合金的时效强化是如何进行和完成的？

(5) 形变铝合金分哪几类？主要性能特点是什么？并简述铝合金强化的热处理方法。

(6) 试从机理、组织与性能变化上比较铝合金淬火，时效处理与钢铁的淬火、回火处理；铝合金变质处理与灰口铸铁孕育处理的异同。

(7) 试比较固溶强化、弥散强化、时效强化产生的原因及它们之间的区别，并举例说明。

(8) 铜合金分哪几类？举例说明黄铜的代号、化学成分、力学性能及用途。

(9) 锡青铜结晶区间较大，流动性较差、晶内偏析严重、易产生显微缩松，为什么又适用于铸造复杂的铸件？

(10) 钛合金分哪几类？简述钛合金的热处理。

(11) 什么材料是实用金属中最轻的金属，它具有哪些特点？

(12) 滑动轴承合金必须具备哪些特性？常用滑动轴承合金有哪些？

(13) 轴承合金中，硬相和软相各起什么作用？

3. 实例分析题

(1) 说出下列材料常用的强化方法：H70；45钢；HT350；LY12；ZL102；

(2) 指出下列材料牌号或代号的含义：

H59；ZQSn10；QBe2；ZChSnSb11-6；LF21；LC6；ZL102；AZ63A；ZK60A；MB8；TC4

(3) 试述下列零件进行时效处理的作用：

① 形状复杂的大型铸件在 500～600℃ 进行时效处理；

② 铝合金件淬火后于 140℃ 进行时效处理；

③ GCr15 钢制造的高精度丝杠于 150℃ 进行时效处理。

(4) 指出下列合金的名称、化学成分、主要特性及用途。

LF21　LF11　　ZL102　ZL401　LD5　H68

HPb59-1　HSi80-3　ZCuZn40Mn2　ZK60

ZCuSn10Pl　　ZSnSb12Pb10Cu4　TA7

(5) H68 和 H62 均为黄铜，他们在组织和性能上有没有区别？如有区别，请列出。

(6) 纯铝、α-Fe、纯镁三种金属哪种金属易产生塑性变形？为什么？

(7) 某工程师需要减少含铜量为 3% 的 Al-Cu 合金带材的厚度，由于现有轧制设备容量有限，他决定热轧这种材料以降低轧制力，他选定轧制温度为 575℃（单相 α 区，固相线以下 25℃）。但轧制时，带材不是均匀变形，而是开裂并碎成几块，请问这是什么原因？

第9章 高分子材料、陶瓷材料与复合材料

教学目标

1. 通过学习塑料材料、橡胶材料、陶瓷材料与复合材料的组成、性能等知识，了解相关材料的有关特性，理解并掌握铸铁的组织尤其是石墨的形态、分布、性能之间的规律。
2. 熟悉几种常用工程塑料与工程橡胶的结构特点、性能和用途范围。
3. 了解工程陶瓷材料与复合材料的使用性能特点，其技术现状，前沿动态及发展方向。

教学要求

能力目标	知识要点	权重	自测分数
了解高分子材料的组成、特性，认识几种常见塑料的分类与应用	塑料的组成和性能，热固性塑料、热塑性塑料、塑料的应用，橡胶的组成和性能，命名原则	35%	
了解工程陶瓷的使用性能，熟悉工程陶瓷的基本性能和应用	常用普通陶瓷和特种陶瓷材料	30%	
建立对复合材料概念的性能、分类及应用的一般概念	复合材料的分类、性能及应用发展趋势	35%	

引例

在日常生活、生产中的哪些材料是高分子材料？日常生活所用塑料袋（保鲜袋）成分有 PE、PVC，家庭生活用电灯开关、插座成分有脲醛，电器外壳多为 ABS，部分为 PS；水管材多为 PVC；塑料杯子为 PC 或者 PE；可口可乐等瓶子是 PET。工程用防火材料 PTEE，防水材料使用的沥青，PVC 卷材。高强度透明材料，如有机玻璃制造光学仪器、聚碳酸酯制飞机座舱盖。高强度轻质材料，如玻璃钢、聚甲醛。这些都是高分子材料，那具体到每种材料，有什么构成、具有什么样性能呢？这些将在本章得到答案。

通常认为除金属材料以外的材料都是非金属材料，主要有高分子材料、陶瓷材料、复合材料。非金属材料具有耐蚀性、绝缘性、绝热性和优异的成形性能，而且质轻价廉，故发展极为迅猛，在某些领域已成为不可取代的材料。以工程塑料为例，全世界的年产量以 300% 的速度飞速增长，已广泛应用于轻工产品、机械制造产品、现代工程机械，如家用电器外壳、齿轮、轴承、阀门、叶片、汽车零件等。而陶瓷材料作为结构材料，具有强度高、耐热性好的特点，广泛应用于发动机、燃气轮机；作为耐磨损材料，则可用做新型的陶瓷刀具材料，能极大提高刀具的使用寿命。复合材料则是将两种或两种以上成分不同的材料经人工合成获得。它既保留了各组成材料的优点，又具有优于原材料的特性。其中碳纤维增强树脂复合材料由于具有较高的比强度、比模量，因此可应用于航天工业中，如火箭喷嘴、密封垫圈等。

第 9 章 高分子材料、陶瓷材料与复合材料

高分子材料是指分子量很大的化合物,分子量大小不大,从几千到上百万,但是大部分都在5000以上。虽然高分子材料分子量巨大,但化学组成并不复杂,都由一种或几种简单的低分子(单体Monomer)构成,所以又称高聚物、聚合物。它包括天然和人工合成材料两类。天然的包括羊毛、纤维素、天然橡胶、色生物组织中存在的淀粉、蛋白质等,机械工程上使用的高分子材料多为人工合成的各种有机物。通常高分子材料根据力学性能和用途可分为塑料、橡胶、合成纤维和胶粘剂等四类。根据图9.1所示可以非常直观地区分这几种高分子材料。塑料在室温下处于玻璃态,橡胶在室温下处于高弹态,胶粘剂在室温下处于黏流态,而热塑性塑料和橡胶的成形是在黏流态进行。

9.1 高分子材料

材料是人类赖以生存和发展的重要物质基础。从日常生活用的器具到高技术产品,从简单的手工工具到复杂的航天器、机器人,都是用各种材料制作而成或由其加工的零件组装而成。目前,新材料、信息和生物技术已成为最重要、最具发展潜力的领域。

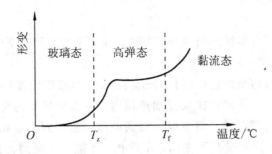

图 9.1 线型非晶态高聚物的温度-变形曲线

9.1.1 工程塑料

塑料是树脂在一定的温度(T)和压力(P)下可塑制成的高分子合成材料。大概占全部三大合成材料的3/4,是除了金属材料以外的主要工程结构材料。

1. 塑料的组成

塑料通常在合成树脂基础上,在加热、加压条件下加入改变品种的添加剂塑造成一定形状的高分子材料。塑料主要组成如下。

(1) 合成树脂。由低分子化合物通过缩聚或聚合反应合成高分子化合物,如酚醛树脂、聚乙烯等。合成树脂种类决定了塑料的基本属性,并起粘接剂的作用。

(2) 添加剂。主要为了弥补或改进塑料的某些性能(如物理、化学、力学或工艺性能等)而加入的,主要有以下几种:

① 填料或增强材料。主要起到增强作用,多种塑料在制备时加入一些能提高某些性能的填料(木屑、铝粉、云母粉、石棉粉等),同时填料的价格较低,加入填料可以降低塑料的成本。用量可以达到20%~50%。

② 固化剂。主要作用是使树脂具有网状结构,由线型结构变成体型结构,使得树脂具有坚硬和稳定的塑料制品。例如,在环氧树脂中加入乙二胺等。

③ 增塑剂。用来提高树脂可塑性和柔软性的添加剂,常用形态为液态或低熔点固体

有机化合物。例如，在聚氯乙烯树脂中加入临苯二甲基酸二丁酯，能产生像橡胶一样的软塑料。

④ 稳定剂。又称防老剂。为了防止和延缓塑料制品的老化，提高树脂在受热和光作用时的稳定性，延长使用寿命。如在塑料中加入炭黑作吸收剂，可以提高其耐光辐射的能力。

⑤ 润滑剂。为了防止成形过程中产生粘模现象而加入，常用润滑剂为硬脂酸及其盐类。有的还起到稳定剂作用。

⑥ 着色剂。用于加入某些有装饰要求的塑料制品，主要有有机和无机染料。要求可以均匀分散在塑料制品中。

⑦ 阻燃剂。塑料制品在一定条件为易燃物品，为了阻止其燃烧或令其自熄加入阻燃剂。主要为氧化锑等无机物或磷酸酯等有机物。

另外，塑料中加入的其他添加剂还有稀释剂、发泡剂、催化剂、抗静电剂等。加入银、铜等粉末可制成导电塑料，加入磁粉可制成导磁塑料等。

2. 塑料的分类

塑料的种类繁多，有多种不同的分类方法，工业上常采用以下两种分类方法：

1）按照热性能分类

按照热性能可分为热塑性塑料（Thermoplastic）和热固性塑料（Thermosetting）。热塑性塑料加热时可熔融，并可多次反复加热使用，主要包括聚乙烯、聚氯乙烯、聚丙烯、聚苯乙烯、ABS塑料、聚酰胺、聚甲醛、聚碳酸酯、聚四氟乙烯和聚甲基丙烯酸甲酯等；热固性塑料经一次成形后，受热不变形，不软化，不能二次使用，只能塑压一次，主要包括 酚醛树脂、氨基塑料、环氧塑料、呋喃塑料等。

2）按照使用范围分类

按照使用范围可分为通用塑料、工程塑料和特种塑料。

通用塑料指产量大、用途广、价格低的塑料，主要有聚乙烯、聚氯乙烯、聚苯乙烯、聚丙烯等。产量占塑料总量的75%以上。

工程塑料指工程技术用以制造结构材料的塑料。这类塑料力学强度高，或者具备耐高温、耐腐蚀等特种性能。主要有聚甲醛、ABS、聚碳酸酯、聚砜、聚酰胺等。

特种塑料指具有某些特殊性能的塑料，用量较少、价格贵，适用于一些特殊场合。通常用于宇宙航行、火箭导弹等特殊场所，如氟塑料、硅树脂和耐高温的芳杂环树脂。

随着高分子合成材料的发展，各种塑料新型品种不断出现，使塑料的性能和用途越来越广，因此它们之间的应用范围并无严格界限。

3. 塑料的性能

1）工程塑料的优点

（1）质量轻。一般塑料的密度为 $0.9 \sim 2.2 g/cm^3$，是钢的 $1/8 \sim 1/4$，铝的 $1/3 \sim 4/5$。因此，塑料的比强度较高。增强塑料是现有工程塑料中比强度最高的材料。这一特性，对要求减轻自重的飞机、火箭、船舶及车辆有重要的意义。

（2）耐腐蚀。塑料对酸、碱等化学药物有良好的抗蚀能力。例如，聚四氟乙烯能耐酸碱的侵蚀，甚至连黄金都可溶解的"王水"对它也无任何损害。这些塑料适合用来制作在腐蚀环境中工作的零部件。

(3) 优异的电绝缘性。目前，几乎所用的塑料都有很好的电绝缘性能，极小的介质损耗和优良的耐电弧性能。因此，塑料是电气工业中的佼佼者。

(4) 优良的耐磨、减摩性能。大部分塑料的摩擦因数极小（0.1～0.3），且极耐磨，可用做减摩材料，在少油或无油润滑的条件下可以有效地工作。

(5) 消音和减振性能好。采用塑料制成的传动摩擦零件，可以减少噪声，减轻振动，改善劳动条件。

(6) 成形工艺简便。制造一个金属齿轮要经过铸或锻、切削、研磨等20多道工序，而用注射成形一个热塑性塑料齿轮，只需要1～2min，从而可大大提高生产率。

此外，塑料还具有外表美观和透光性好等优点，在当前机械工业中，塑料已成为应用最广泛的非金属材料。特别是某些塑料具有耐高温、耐烧蚀、抗辐射和比强度高的特点，成功地应用于航空、航天和原子能尖端技术领域，是世界各国目前竞相研究的重要材料。

2) 工程塑料的缺点

(1) 机械强度低，特别是钢性差。例如，尼龙塑料的弹性模量仅 2×10^3 MPa，约为钢铁的1/100。

(2) 耐热性差、使用温度范围窄。长期使用的塑料，通常只能耐100°C以下的温度，少数耐高温塑料可耐250°C左右的高温。如何提高塑料的耐高温性能，是目前亟待解决的重要问题。

(3) 导热性差。塑料的导热系数只有金属的1/200～1/600，因此，传热散热很困难，这对于摩擦件不利，但对隔热来说却是非常可贵的。例如，导弹头部的隔热层就需要这种材料。

(4) 线胀系数大。塑料的线胀系数比金属大9～10倍，易受温度变化，影响尺寸的稳定性。

(5) 有蠕变现象，易老化。金属材料的蠕变行为一般发生在高温，但塑料在常温下就可能发生蠕变（通常称为冷流）。塑料的老化是一种较为普遍的现象，老化所造成的损害不亚于金属的腐蚀。

塑料还容易燃烧，在溶剂中易发生溶胀和开裂现象。

4. 常用塑料

就塑料本身来说，不同类别的塑料有着各自不同的性能特点。为了在设计和选用塑料时有所依据，现介绍几种常用的工程塑料的性能和主要用途。

1) 热塑性塑料

常用的热塑性塑料主要是聚烯烃类、ABS、聚碳酸酯、聚四氟乙烯、聚甲基丙烯酸甲酯、聚甲醛、聚酰胺（尼龙，Nylon）和聚砜等。

聚烯烃塑料的原料来源于石油或天然气，有丰富的原料，且聚烯烃塑料价格低廉，用途广泛，是世界上产量最大的塑料品种。其中产量最大、用途最广的是聚乙烯和聚丙烯两种。

(1) 聚乙烯（PE）。PE是由乙烯单体聚合而成（$-\!\!\!-\!\!\text{CH}_2-\text{CH}_2\!\!-\!\!\!-$），常用的合成方法有高压法、中压法和低压法三种，其中高压法和中压法生产的聚乙烯又称低密度聚乙烯（LDPE），低压法生产的为高密度聚乙烯（HDPE）。LDPE中含有较多的支链而具有较低的密度、相对分子量和结晶度。因而质地柔软，适于制造薄膜和软管；高密度聚乙烯中含有很少的支链，具有较高的结晶度、密度和较高的相对分子量，因而质地坚硬，可以作为受力结构材料来使用。HDPE具有良好的化学稳定性和电绝缘性，在常温下耐酸、碱，不溶于有机溶剂，仅发生软化溶胀。另外，聚乙烯吸水性极小，具有对各种频率优异的电绝缘性。聚乙烯的机械强度不高，热变形温度较低，尺寸稳定性一般。

聚乙烯可以作为化工设备与贮罐的耐腐蚀涂层衬里，化工耐腐蚀管道、阀件、衬套、滚动轴承保持器，以代替铜和不锈钢。由于其摩擦性能好，可以用来制造小载荷齿轮、轴承等。聚乙烯作为水下高频电线或一般电缆包皮，已经得到广泛应用。用火焰喷涂法或静电喷涂法涂于金属表面，可达到减摩防腐的目的。另外，聚乙烯无毒无味，可制作食品包装袋、奶瓶、食品容器等。

（2）聚丙烯（PP）。它是由丙烯单体聚合而成（$\{CH_2-\underset{\underset{CH_3}{|}}{CH}\}_n$），具有良好的耐热性能，无外力作用时，加热到150℃也不变形，是常用塑料中唯一能经受高温消毒（130℃）的品种。力学性能优于HDPE，并有突出的刚性和优良的电绝缘性能。主要缺点是粘接性、染色性较差，低温易脆化，易受热、光作用变质，易燃，收缩大。聚丙烯几乎不吸水，并具有优良的化学稳定性（对浓硫酸、浓硝酸除外）。高频电性能优良，且不受温度影响，成形容易。由于它具有优良的综合力学性能，常用来制造各种机械零件，如法兰、接头、泵叶轮、汽车上主要用做取暖及通风系统的各种结构件。又因聚丙烯无毒，可作为药品、食品的包装。

（3）聚氯乙烯（PVC）。它是由乙炔气体和氯化氢合成氯乙烯再聚合而成（$\{CH_2-\underset{\underset{Cl}{|}}{CH}\}_n$）。PVC树脂适宜的加工温度为150～180℃，使用温度为-15～+55℃。常用的聚氯乙烯塑料因加入的增塑剂数量不同可为硬质聚氯乙烯和软质聚氯乙烯。作为硬质塑料应用时，PVC的突出优点是耐化学腐蚀、不燃烧、成本低，易于加工；缺点是耐热性差，冲击韧性低，有一定的毒性。

聚氯乙烯的用途极为广泛，从建筑材料到机械零件、日常生活用品均有其制品。目前硬质聚氯乙烯制品有管、板、棒、焊条、管件、离心泵、通风机等，软质聚氯乙烯制品有管、棒、耐寒管、耐酸碱软管、薄板、薄膜以及承受高压的织物增强塑料软管等。软质聚氯乙烯用于常温电气绝缘材料和电线的绝缘层，由于耐热性差，不宜用于电烙铁、电熨斗和电炉等电气用具。

（4）聚苯乙烯（PS）。它（）有良好的加工性能、很好的着色性能、优良的电绝缘性。但硬而脆，冲击韧性低、耐热性差，因此有相当数量的聚苯乙烯与丁二烯、丙烯腈、异丁烯等共聚使用。共聚后的聚合物具有较高冲击韧性、耐热性、耐蚀性均较高。聚苯乙烯可作为各种仪表外壳、汽车灯罩、仪器指示灯罩、化工储酸槽、化学仪器零件、电信零件等。聚苯乙烯的导热性差，可以作为良好的冷冻绝热材料，聚苯乙烯泡沫塑料是一种良好的绝热材料。由于透明度好，可以用做光学仪器及透明模型。聚苯乙烯泡沫塑料相对密度只有0.33，是隔音、包装、救生等器材的极好材料。

(5) ABS塑料。它是以丙烯腈（A）、丁二烯（B）、苯乙烯（S）的三元共聚物ABS树脂为基的塑料（$-[-CH_2-CH(CN)-]-[-CH_3=CH_3-]-[-CH_2-CH(C_6H_5)-]_n$）。

它兼有聚丙烯腈的高化学稳定性和高硬度、聚丁二烯的橡胶态韧性和弹性、聚苯乙烯的良好成形性。ABS塑料的主要优点是强度、硬度、冲击韧性较高，尺寸稳定，耐化学性及电绝缘性好。另外，还可以通过电镀和喷涂镀上各种金属（铜、铬、镍等），以提高制品表面硬度、耐磨性、耐蚀性和防老化性，增加外表美观，可用来替代金属。ABS塑料容易成形和机械加工。缺点是耐高温性能差，易燃，不透明。

ABS是一种原料易得，综合性能优良、价格便宜的工程塑料。它在工业生产中得到广泛的应用。例如，ABS塑料在电气工业中可制作收音机、电视机、电风扇、洗衣机等设备的外壳；汽车工业中可制作挡泥板、方向盘、仪表盘和小轿车的车身等；机械工业中可制作手柄、齿轮、泵叶轮等；航空工业中用来制作飞机隔音板、座舱内装饰板、窗框等。

ABS塑料的耐寒性良好（-40℃），可作为冷藏设备的内衬，但其耐热性不高。

(6) 聚碳酸酯（PC）。它是以透明的线型部分结晶高聚物聚碳酸酯树酯为基的新型热塑性工程塑料，分子结构式为 $-[O-C_6H_4-C(CH_3)_2-C_6H_4-O-CO-]_n$，其透明度为86%～92%，被誉为"透明金属"。它具有优异的冲击韧性和尺寸稳定性，有较高的耐热性和耐寒性，使用温度范围为-100～+130℃，有良好的绝缘性和加工成形性。缺点是化学稳定性差，易受碱、胺、酮、酯、芳香烃的侵蚀，在四氯化碳中会发生"应力开裂"现象。

主要用于制造高精度的结构零件，如齿轮、蜗轮、蜗杆、防弹玻璃、飞机挡风罩、座舱盖和其他高级绝缘材料，如波音747飞机上有2500多个零件用聚碳酸酯制造，质量达2t。

(7) 聚四氟乙烯（PTEE，特氟隆）。它是以线型晶态高聚物聚四氟乙烯为基的塑料。其结晶度为55%～75%，熔点为327℃，具有优异的耐化学腐蚀性，不受任何化学试剂的侵蚀，即使在高温下及强酸、强碱、强氧化剂中也不受腐蚀，故有"塑料之王"之称。它还具有较突出的耐高温和耐低温性能，在-195～+250℃范围内长期使用其力学性能几乎不发生变化。它的摩擦因数小（0.04），有自润滑性，吸水性小，在极潮湿的条件下仍能保持良好的绝缘性，是目前介电常数和介电损耗最小的固体材料，且不受频率和温度的影响。但其硬度、强度低，尤其抗压强度不高，且成本较高。

主要用于制作减摩密封件，化工机械的耐腐蚀零件及在高频或潮湿条件下的绝缘材料，常用做化工设备的管道、泵、阀门，各种机械的密封圈、活塞环、轴承及医疗代用血管、人工心脏等。

(8) 聚甲基丙烯酸甲酯（PMMA、有机玻璃）。它的结构式为

$$-\left[CH_2-\underset{\underset{COOCH_3}{|}}{\overset{\overset{CH_3}{|}}{C}}\right]_n-$$

它是目前最好的透明材料，透光率达92%以上，比普通玻璃好。它的相对密度小（1.18），仅为玻璃的一半。还具有较高的强度和韧性，不易破碎，耐紫外线和防大气老化，易于加工成形等优点。但其硬度不如玻璃高，耐磨性差，易溶于极性有机溶剂。它耐热差（使用温度不能超过180℃），导热性差，膨胀系数大。

主要用于制作飞机座舱盖、炮塔观察孔盖、仪表灯罩及光学镜片，也可作为防弹玻璃、电视和雷达标图的屏幕、汽车风挡、仪器设备的防护罩等。

(9) 聚甲醛（POM）。它是由甲醛或三聚甲醛聚合而成。按聚合方法不同，可分为均聚甲醛和共聚甲醛两类。均聚甲醛分子结构式为

$$CH_3-\underset{\underset{O}{\|}}{C}-O-[CH_2O]_n-\underset{\underset{O}{\|}}{C}-CH_3$$

共聚甲醛分子结构式为

$$-[(CH_2O)_x-(CH_2O-CH_2O-CH_2)_y]_n-$$

其结晶度可达75%，有明显的熔点和高强度、高弹性模量等优良的综合力学性能。其强度与金属相近，摩擦因数小并有自润滑性，因而耐磨性好。同时它还具有耐水、耐油、耐化学腐蚀、绝缘性好等优点。其缺点是热稳定性差、阻燃性和耐候性差、易燃、长期在大气中曝晒会老化。

聚甲醛塑料价格低廉，且性能优于尼龙，故可代替有色金属和合金并逐步取代尼龙制作轴承、衬套、齿轮、凸轮、阀门、仪表外壳、化工容器、叶片、运输带等。

(10) 聚酰胺（PA、锦纶、尼龙）。聚酰胺是最早发现能够承受载荷的热塑性塑料，在机械工业中应用比较广泛。聚酰胺又称尼龙或锦纶，有均聚内酰胺（分子结构式为$-[NH(CH_2)_{n-1}-CO]_x-$，代号：PAn）和二元胺与二元酸缩聚（分子结构式为$-[NH(CH_2)_m-NHCO-(CH_2)_{n-2}CO]_x-$，代号：PAmn）。

尼龙6（PA6）、尼龙66（PA66）、尼龙610（PA610）、尼龙1010（PA1010）、铸型尼龙和芳香尼龙是应用于机械工业中的几种。聚酰胺是由二元胺与二元酸缩聚而成，或由氨基酸脱水形成内酰胺再聚合而得到的。由于含有极性基团的大分子链间易形成氢键，故分子间作用力大，结晶度高，因此尼龙具有较高的强度和韧性、优良的耐磨性和自润滑性以及良好的成形加工工艺性。被大量用于制造小型零件（齿轮、蜗轮等）替代有色金属及其合金。但尼龙容易吸水，吸水后性能及尺寸将发生很大变化，使用时应特别注意。

铸型尼龙（MC尼龙）是通过简便的聚合工艺使单体直接在模具内聚合成形的一种特殊尼龙。它的力学性能、物理性能比一级尼龙更好，可制造大型齿轮、轴套等。

芳香尼龙具有耐磨、耐辐射及很好的电绝缘性等优点，在95%的相对湿度下性能不受影响，能在200℃长期使用，是尼龙中耐热性最好的品种。可用于制作高温下耐磨的零件，H级绝缘材料和宇宙服等。

(11) 聚砜（PSF）。它是以透明微黄色的线型非晶态高聚物聚砜树脂为基的塑料。其强度高，弹性模量大，耐热性好，最高使用温度可达150~165℃，蠕变抗力高，尺寸稳定

性好。其缺点是耐溶剂性差。

主要用于制作要求高强度、耐热、抗蠕变的结构件、仪表零件和电气绝缘零件，如精密齿轮、凸轮、真空泵叶片、仪器仪表壳体、仪表盘、电子计算机的积分电路板等。此外，聚砜有良好的可电镀性，可通过电镀金属制成印制电路板和印制线路薄膜。

2) 热固性塑料

与热塑性塑料比，热固性塑料的主要优点是硬度和强度高，刚性大，耐热性优良，使用温度范围远高于热塑性塑料，当然缺点也很明显，如成形工艺复杂，需要很长时间热固化，而且不能再成形，不利于环保。常用的有酚醛塑料、环氧塑料、有机硅塑料和氨基塑料等。

(1) 酚醛塑料（PF）。酚醛塑料俗称电木，其原料是由酚类和醛类经化学反应而得到的酚醛树脂。分子结构式为

酚醛树脂按制备条件不同，有固态和液态两种。固态多用于生产压塑粉，以供模压成形用，可制成电器开关、插座等绝缘零件。液态多用于生产层压塑料，即由浸渍过酚醛树脂的片状填料（如纸、布、石棉或玻璃布）制成的塑料制品，如仪表壳体、汽车刹车片、皮带轮和纺织机的无声齿轮等。

酚醛塑料是一种热固性塑料，它的刚性大，耐磨性高，耐蚀性和耐热性好（使用温度可达150～200℃），绝缘性好。但是它的脆性大，不耐碱。这类塑料的性能因填料不同可以变化很大。

(2) 环氧塑料（EP）。环氧塑料是环氧树脂加入固化剂等填料形成的塑料。环氧树脂属热塑性树脂，其结构式为

环氧塑料具有坚韧、收缩率小、耐水、耐化学腐蚀和优良的介电性能。经玻璃纤维增强后，称为环氧玻璃钠，是一种优良的工程材料。它的强度高、韧性好，并具有良好的化学稳定性、绝缘性及耐热耐寒性，长期使用温度为-80～+150℃，成形工艺性好，可制作塑料模具、船体、电子零部件等。环氧树脂对各种工程材料都有突出的黏附力，是极其优良的粘接剂，广泛应用于各种结构粘接剂和复合材料如玻璃钢等。

(3) 有机硅塑料。有机硅即聚有机硅氧烷，其中的树脂状流体，称为硅树脂。有机硅

塑料是以硅树脂为基本组分的塑料。其主要特点是不燃、介电性能优异、耐高温,可在300℃以下长期使用。

(4) 氨基塑料 (UF)。氨基塑料是以具有氨基官能团的原料与醛类经缩聚反应制得的氨基树脂为基本组分,加入添加剂制成塑料。

密胺塑料属线型代支链,固化后呈体型,塑料不溶、不熔、难弯,吸水性小,耐沸水煮、表硬、耐磨、无毒,可用来制作餐具,其纸质片状层压塑料,表面光洁、色泽鲜艳、坚硬耐磨,并具有耐油、耐火、耐弱酸碱等,可用来制作塑料装饰板。

通过以上介绍可以看出,不同种类的塑料除了具有塑料的共性之外,还有其鲜明突出的个性。表9-1所示简要列出了常用塑料的性能特点和典型应用,供选用塑料时参考。

尽管塑料均有较好的耐蚀性,但是不同种类的塑料在不同的腐蚀介质中表现出了不同程度的耐腐蚀性能表9-2所示为常用塑料的耐腐蚀性能,燃烧特点和使用温度表,以便根据需要对比选择。

表9-1 常用塑料的性能特点和典型应用

	常用塑料	性能特点	典型应用
热塑性塑料	聚乙烯 (PE)	耐蚀、绝缘性、加工性好;力学性能不高。高压PE:柔软;低压PE:较硬	高压PE:薄膜、电缆包覆;低压PE:化工管道
	聚丙烯 (PP)	质轻;耐蚀、高频绝缘性好;不耐磨	一般结构件;壳体、盖饭;耐蚀容器、高频绝缘件
	聚氯乙烯 (PVC)	耐蚀、绝缘性好;耐热性差	耐蚀件;硬PVC:泵阀、瓦楞板;软PVC:薄膜、人造革
	聚苯乙烯 (PS)	透明;高频绝缘性优;质脆;不耐热不耐有机溶剂	高频绝缘件;透明件,如仪表外壳
	ABS塑料 (ABS)	刚韧;绝缘性好;耐寒性好;不耐热;易于电镀和涂漆	一件构件及耐磨件;汽车车身、冰箱内衬、凸轮
	聚酰胺 (PA)	坚韧;耐磨、耐疲劳性优;成型收缩率大;不耐热	耐磨传动件,如齿轮、涡轮、密封圈;尼龙纤维布
	聚甲醛 (POM)	耐疲劳、耐磨性优;耐蚀性好;易燃	耐磨传动件,如无润滑轴承、凸轮、运输带
	聚碳酸酯 (PC)	冲击韧度好;透明;绝缘性好;热稳定性好;不耐磨;俗称"透明玻璃"	受冲击零件,如座舱罩、面盔、防弹玻璃;高压绝缘件
	聚砜 (PSU)	耐热性、耐蠕变性突出;绝缘性、韧性好;成型加工性能不好;不耐磨	印制集成线路板、精密齿轮
	聚四氟乙烯 (F-4)	耐高低温、耐蚀性、电绝缘性优异;摩擦系数极小;耐腐蚀性能和加工工艺较差。俗称"塑料王"	热变换器、化工零件、绝缘材料、导轨镶面
	聚甲基丙烯酸甲酯 (PMMA)	透明;抗老化;表面硬度低,易擦伤;耐热性差	显示器屏幕、弦窗、光学镜片
热固性塑料	酚醛塑料 (PF)	绝缘、耐热性好;刚度高;性脆	电器开关;复合材料
	环氧塑料 (EP)	强度高;性能稳定;有毒性;耐热、耐蚀、绝缘性好	塑料模具、量具、灌封电子元件等

表9-2 常用塑料的耐腐蚀性能、燃烧特点和使用温度

常用塑料	耐磨蚀性能	燃烧特点	使用温度/℃
聚乙烯	弱酸、碱，80℃以下有机溶剂	易燃	$-70\sim100$
聚氯乙烯	弱酸、碱；溶于酮、酯	难燃，离火即灭	$-15\sim55$
聚苯乙烯	弱酸、碱；溶于芳香烃及氯化烃	易燃	$-30\sim75$
ABS	弱酸、碱；溶于酮、酯及氯化烃	易燃	$-40\sim90$
聚酰胺	弱酸、碱；溶于酚及甲酸	慢燃、自熄	<100
聚甲醛	弱酸、碱；溶于各种溶剂	易燃	$-40\sim100$
聚碳酸	酯酸、弱酸；溶于芳香烃及氯化烃	难燃、自熄	$-100\sim130$
聚砜	酸、碱；部分溶于芳香烃	难燃、自熄	$-100\sim150$
聚四氟乙烯	酸、碱；各种溶剂	不燃	$-180\sim260$
有机玻璃	弱酸、弱碱；溶于酮、酯、芳香烃及氯化烃	易燃	$-60\sim100$
酚醛塑料	酸、弱碱；溶于各种溶剂	慢燃或自熄	<200
环氧塑料	酸、碱；溶于各种溶剂		$-80\sim155$

5. 塑料零件的表面处理

塑料零件的表面处理主要是涂漆和镀金属。

涂漆的目的是防止老化、提高耐蚀性和着色。涂漆的方法与金属相似，可以刷漆或喷漆。

镀金属能够提高表面硬度和耐磨性，提高耐蚀性和防老化性，并使零件具有导电性，使零件具有金属的光泽。

9.1.2 橡胶

橡胶是具有卷曲长链分子结构的有机高分子材料，具有极高弹性和低刚度。其弹性变形可达100%～1000%，这是它与塑料明显的区别（在很宽温度范围内-50～+150℃处于高弹态），同时它还具有一定的耐磨性，很好的绝缘性和抗透气、抗水性，它是常用的弹性材料、密封材料和减振材料等。

橡胶是重要的战略物质，在国防建设上应用十分广泛。例如，一辆坦克要用约800kg橡胶；一艘3×10^4t级的军舰要用68t橡胶；一架巨型飞机有1×10^5多个橡胶零配件。航空上也使用大量橡胶制品，如轮胎、胶管、软油箱、海绵橡胶、密封零件、减振零件、救生艇、救生背心及胶布等。

1. 橡胶的特点及应用

橡胶最显著的性能特点是具有高弹性，其高弹性主要表现为在较小的外力作用下，就能产生很大的可逆弹性变形，且当外力去除后，只需要千分之一秒便可恢复到原来的形状。高弹性的另一个表现为其宏观弹性变形量可高达100%～1000%。高弹变形时，弹性模量低，只有1MPa。橡胶具有良好的回弹性能，如天然橡胶的回弹高度可达70%～80%。同时橡胶具有优良的伸缩性和积储能量的能力，一定的强度和硬度。未经硫化的橡胶会因温度上升而变软发黏，经硫化处理和炭黑增强后，因为硫化将橡胶由线型高分子交联成为网状结构，使橡胶的塑性降低、弹性增加、强度提高、耐溶剂性增强，扩大高弹态温度范围，并具有良好的耐磨性。故橡胶制品须经硫化后方可使用。另外，橡胶的耐臭氧

性和耐辐射性较差。此外，橡胶还具有良好的绝缘性、耐磨性、隔音性和阻尼性。因此，橡胶成为常用的弹性材料、密封材料、减振防振材料、绝缘材料和传动材料。

2. 橡胶的组成

橡胶是以生胶为主要原料，加入适量配合剂而制成的高分子材料。

(1) 生胶。它是橡胶的主要组成材料，主要为没有加工过的原料橡胶，一般包括天然橡胶、丁苯、顺丁、氯丁等合成橡胶。使用不同的生胶可以加工出不同性能的橡胶。但生胶性能会随温度和环境的变化而变化很大，如高温发黏、低温变脆且极易为溶剂溶解，因此，必须加入各种橡胶配合剂，以提高橡胶制品的使用性能和加工工艺性能。

(2) 配合剂。它是为了提高和改善橡胶制品的各种性能而加入的物质，主要有硫化剂、硫化促进剂、防老剂、软化剂、填充剂、发泡剂及着色剂等。

硫化剂相当于热固性塑料中的固化剂，它使得橡胶线型分子相互交联成为网状结构，这个过程称为"硫化"（Sulfurization），橡胶制品不同加入的硫化剂也不同。天然橡胶一般加入硫黄作为硫化剂，合成橡胶除了加入硫黄外还可以加入过氧化物及金属氧化物等。加入硫化剂后可以大大提高橡胶的强度、耐磨性和刚性，并使其性能在很宽的温度范围内具有较高的稳定性。

硫化促进剂的作用是缩短硫化时间，降低硫化温度，降低制品的成本。常用的促进剂有复杂的有机化合物。

防老剂可在橡胶表面形成稳定的氧化作用，防止和延缓橡胶发黏、变坏等老化现象。为减少橡胶制品的变形，提高其承载能力，软化剂的加入可以提高橡胶塑性，便于进行橡胶制品加工，同时可以改善粘附力，并降低其硬度和提高耐寒性。常用的软化剂有硬脂酸、精制蜡、凡士林以及一些油类和脂类。

填充剂的作用是增加橡胶的强度和降低成本，主要以粉状填料或织物填料形式加入。按效能可分为补强型填充剂和非补强型填充剂，或称活性填充剂和非活性填充剂（惰性填充剂）。按化学成分分为有机填充剂和无机填充剂两类。有机填充剂有胶粉、再生胶、虫胶、纤维素等，无机填充剂有含硅化合物、金属盐和金属氧化物等。

发泡剂是一些加热分解生成气体的物质，与橡胶混在一起加热，利用产生的气体使得橡胶内部产生大量气泡。孔径大小及多少与加入的发泡剂种类、比例、发泡工艺、加热温度等有关。具体要看橡胶品种、发泡要求确定。

着色剂能使橡胶具有各种不同颜色。通常分为无机和有机着色剂两大类，前者为无机颜料，后者主要是有机颜料和某些染料。通常无机着色剂耐热性和耐晒性好，遮盖力强，溶剂性能优良，有的能起到填充和补强的效果；有机着色剂与无机着色剂相比，具有品种多、色泽鲜艳、着色力强、透明性好、用量少等特点，但是耐热、耐有机溶剂性能较差。

3. 工业橡胶分类

橡胶的种类繁多，有多种不同的分类方法，工业上常采用以下两种分类方法：

1) 按其原料来源分类

按其原料来源可分为天然橡胶和合成橡胶。

(1) 天然橡胶。天然橡胶是橡树的胶乳，经过凝固、干燥、加压制成的片状生胶，再经硫化处理成为可以使用的橡胶制品。它是平均分子量为70万左右的天然高分子化合物，主要成分是聚异戊二烯。

天然橡胶在-70～110℃范围内有很好的弹性，而且强度较高，增强的硫化胶的拉伸强度可达25～35MPa。它是电绝缘体，并有较好的耐碱及弱酸的性能。其缺点是耐油和耐溶剂性差，耐臭氧和耐老化性差，不耐高温。

天然橡胶制品因有很好的综合性能，故广泛地用于轮胎、胶带、胶管等。

(2) 合成橡胶。天然橡胶虽然有较好的性能，但其产量远远不能满足生产和使用的需要，于是合成橡胶应运而生。人工合成橡胶多以烯烃，特别是丁二烯为主要单体聚合而成。

2) 按应用范围分类

按应用范围可分为通用橡胶和特种橡胶。

(1) 通用橡胶。通用橡胶是指用于制造轮胎、工业用品、日常生活用品等量大面广的橡胶，如丁苯橡胶、顺丁橡胶等。

(2) 特种橡胶。特种橡胶是指用在特殊条件下（如高温、低温、酸、碱、油、辐射等）使用的橡胶制品，如硅橡胶、聚硫橡胶等。

4. 常用橡胶

1) 天然橡胶

早在1844年，美国人固特意发明了橡胶硫化技术之后得到工业应用。它是一种以聚异戊二烯为主要成分的天然高分子化合物，分子式是 $(C_5H_8)_n$，其成分中91%～94%是橡胶烃（聚异戊二烯），其余为蛋白质、脂肪酸、灰分、糖类等非橡胶物质。

$$\left[CH_2-\underset{\underset{CH_3}{|}}{C}=CH-CH_2\right]_n$$

天然橡胶强度高、耐撕裂；弹性、耐磨性、耐寒性、耐碱性、气密性、防水性、绝缘性及加工工艺性能优异；生热和滞后损失小，综合性能在橡胶中最突出；但耐热、耐油及耐老化性差。其广泛应用于各类轮胎、胶管、胶带、气球及医疗卫生领域。

2) 合成橡胶

(1) 丁苯橡胶（SBR）。它以丁二烯和苯乙烯为单体形成的共聚物。结构式为

$$\left[CH_2-CH=CH-CH_2\right]_x\left[CH_2-CH\right]_n$$
$$\qquad\qquad\qquad\qquad\qquad\qquad\quad |$$
$$\qquad\qquad\qquad\qquad\qquad\qquad\bigcirc$$

丁苯橡胶是应用最广、产量最大的一种合成橡胶。丁苯橡胶的性能主要受苯乙烯含量的影响，随苯乙烯含量的增加，橡胶的耐磨性、硬度增大而弹性下降。丁苯橡胶比天然橡胶质地均匀，耐磨性、耐热性和耐老化性好，但加工成形困难，硫化速度慢。主要用于制造轮胎、胶布、胶板等。

(2) 顺丁橡胶（BR）。它是丁二烯的聚合物（$\left[CH_2-CH=CH-CH_2\right]_n$），其原料易得，发展很快，产量仅次于丁苯橡胶。顺丁橡胶的特点是具有较高的耐磨性，比丁苯橡胶高26%，可制造轮胎、三角带、减振器、橡胶弹簧、电绝缘制品等。

(3) 乙丙橡胶。它是由乙烯和丙烯共聚而成，具有结构稳定、抗老化能力强，绝缘性、耐热性、耐寒性好，在酸、碱中抗蚀性好等优点。缺点是耐油性差、黏着性差、硫化

速度慢。主要用于制作轮胎、蒸汽胶管、耐热输送带、高压电线管套等。

(4) 氯丁橡胶。它是由氯丁二烯聚合而成 $+CH_2-C=CH-CH_2\frac{}{}_n$（Cl侧基）。氯丁橡胶不仅具有可与天然橡胶比拟的高弹性、高绝缘性、较高强度和高耐碱性，而且具有天然橡胶和一般通用橡胶所没有的优良性能，例如，耐油、耐溶剂、耐氧化、耐老化、耐酸、耐热、耐燃烧、耐挠曲等性能，故有"万能橡胶"之称。缺点是耐寒条件差、密度大、生胶稳定性差。氯丁橡胶应用广泛，它既可作通用橡胶，又可作特种橡胶。由于其耐燃烧，故可用于制作矿井的运输带、胶管、电缆；也可作高速三角带及各种垫圈等。

(5) 乙丙橡胶。这是由乙烯和丙烯共聚而成的橡胶。乙丙橡胶结构稳定，具有优异的抗老化性能，抗臭氧的能力比普通橡胶高100倍以上，耐气候和抗阳光老化的能力也很强。此外，乙丙橡胶绝缘性、耐热性、耐寒性好，使用温度范围宽（-60～+150℃），即使在-68℃仍能应用。而且其化学稳定性也很好，对各种极性化学药品和酸、碱有较大的耐蚀性，但对碳氢化合物的油类稳定性差。其主要缺点是硫化速度慢、黏着性差。通常用于制作轮胎、蒸汽胶管、胶带、耐热输送带、密封圈、散热软管、高压电线包皮等。

3) 特种合成橡胶

(1) 丁腈橡胶（NBR）。丁腈橡胶是丁二烯和丙烯腈的共聚物，结构式为

$$+CH_2-CH=CH-CH_2-CH_2-CH_2-CH\frac{}{}_n$$（CN侧基）

丙烯腈的含量一般在15%～50%，过高会失去弹性，过低则不耐油。丁腈橡胶具有良好的耐油性及对有机溶剂的耐蚀性，有时也称为耐油橡胶。此外，还有较好的耐热、耐磨和耐老化性能等，但其耐寒性差，其脆化温度为-20～-10℃，耐酸性和电绝缘性较差，加工性能也不好。它主要用于制造耐油制品，如输油管、耐油耐热密封圈、贮油箱等。

(2) 硅橡胶。它是由二甲基硅氧烷与其他有机硅单体共聚而成，结构式为

$$+Si(R)(R)-O-Si(R)(R)-O-Si(R)(R)-O\frac{}{}_n$$

硅橡胶具有高耐热性和耐寒性，在-100～+350℃范围内保持良好的弹性，抗老化能力强、绝缘性好。缺点是强度低，耐磨性、耐酸性差，价格较贵。由于硅橡胶具有优良的耐热性、耐寒性、耐候性、耐臭氧性以及良好的绝缘性，它主要用于制造各种耐高低温的制品，如管道接头、高温设备的垫圈、衬垫、密封件及高压电线、电缆的绝缘层等。如用于飞机和宇航中的密封件、薄膜、胶管等，也用于耐高温的电线、电缆的绝缘层，由于硅橡胶无味无毒，可用于制作食品工业用耐高温制品，医用人造心脏、人造血管等。

(3) 氟橡胶。它是以碳原子为主链，含有氟原子的聚合物，结构式为

$$+(C(H)(H)-C(H)(F))\cdots(C(F)(F))\frac{}{}_n$$

优点是化学稳定性高、耐腐蚀性能居各类橡胶之首，耐热性好，最高使用温度为

300℃，缺点是价格昂贵，耐寒性差，加工性能不好。氟橡胶主要用于国防和高科技中，如高真空设备、火箭、导弹、航天飞行器的高级密封件、垫圈、胶管、减振元件等。

表9-3所示为几种主要橡胶产品的用途。

表9-3 主要橡胶产品的用途

名　　称	代号	抗拉强度/MPa	伸长率/%	使用温度/℃	特性	用途（例）
天然橡胶	NR	25～30	650～900	-50～+120	高强、绝缘、防振	轮胎通用制品
丁苯橡胶	SBR	15～20	500～800	-50～+140	耐磨	胶板、胶布、轮胎通用制品
顺丁橡胶	BR	18～25	450～800	120	耐磨耐寒	运输带轮胎
氯丁橡胶	CR	25～27	800～1000	-35～+130	耐酸碱阻燃	电缆外皮，黏结剂，轮胎管理、胶带、防毒面具
丁腈橡胶	NBR	15～30	300～800	-35～+175	耐油、水，气密	油管、耐油垫圈
乙丙橡胶	EPDM	10～25	400～800	150	耐水绝缘	绝缘体汽车零件
聚氨脂胶	VR	20～35	300～800	80	高强耐磨	耐磨件胶辊
硅橡胶		4～0	50～500	-70～+275	耐热绝缘	耐高低温零件
氟橡胶	FPM	20～22	100～500	-50～+300	耐油、碱、真空	高真空件，尖端技术用化工设备衬里，高级密封件
聚硫橡胶		9～15	100～700	80～130	耐油耐碱	水龙头，衬垫丁晴改性用，管子

5．橡胶制品的加工

橡胶为弹性体，既不能粉碎成碎末，也不能单纯加热为流动状态。因此由橡胶和配合剂制成橡胶制品，必须采用特殊的工艺。其基本过程如下。

(1) 橡胶的塑炼。橡胶的塑炼是使橡胶分子裂解而减小分子量，从而提高橡胶塑性的工艺过程。塑炼可以在较高温度下由氧的作用完成，也可以在较低温度下由机械作用而完成。天然橡胶通常采用机械塑炼二橡胶分子在两个转速不同的滚筒之间因扯裂、摩擦和挤压而发生裂解，使塑性急剧增加，形成橡胶片。

(2) 混炼。混炼是将各种配合剂均匀分散到橡胶中去的混合过程。其机械作用形式与塑炼相似。配合剂正确的加料顺序为塑炼胶、防老剂、填充剂、软化剂，最后是硫化剂和硫化促进剂。

(3) 成形。混炼好的胶即可成形：由压延机获得板材和片材，由挤出机获得管、棒等型材；在织物上贴覆得到胶布。

(4) 硫化。成形后的橡胶送到硫化罐内加热、加压，完成硫化过程。

橡胶硫化的目的是为了提高橡胶制品的强度、刚度、抗蠕变性。这是橡胶加工中最重要的一个过程。硫化反应是一种形成交联键的化学反应，它使橡胶分子的线型结构转变为网状结构，如图9.2所示。

6. 橡胶制品的使用和维护

为了保持橡胶的高弹性，延长使用寿命，必须正确地使用和维护橡胶制品。

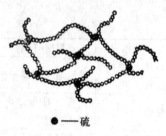

图9.2 硫化橡胶的高分子网状

橡胶制品失效的主要形式是老化。老化是橡胶制品所出现的变色、发黏、变硬、发脆、龟裂等一系列现象。它导致橡胶性能下降，并失去使用价值。

橡胶老化的主要原因是橡胶分子因氧化而断裂，致使橡胶分子的正常结构遭到破坏。氧、臭氧、热、光和重复的屈挠作用，都加剧了分子的裂解。

提高橡胶的寿命，首先应提高橡胶本身的抗老化性，得到防老化的橡胶品种。另外，橡胶制品尽量不要暴晒，不与酸、碱、油、有机溶剂直接接触，远离热源，保持干燥清洁，不工作时应处于松弛状态。

9.2 陶瓷材料

陶瓷是最古老的一种材料，是人类征服自然中获得的第一种经化学变化而制成的产品。它的出现比金属材料早得多，它是人类文明的象征之一，也是人类文明史上重要的研究对象。陶瓷在我国有着悠久的历史，也是我国古代灿烂文化的重要组成部分。根据出土文物考证，我国陶瓷早在距今8 000～10 000年的新石器时代便已经出现。瓷器是我国劳动人民的重要发明之一，它出现于东汉时期，距今已有1800多年的历史。我国在唐代时期已有相当数量的瓷器出口。瓷器是中国独有的商品。到了明代，中国瓷器几乎遍及亚、非、欧、美各大洲。世界许多国家的大型博物馆都藏有中国明代瓷器。传统的陶瓷是陶器和瓷器的总称，主要是由地壳中含量最丰富的硅、铝、氧三种元素组成的硅酸盐材料做原料，再经过高温烧结，制成陶瓷制品。如今，陶瓷材料的范围更加广泛，在现代工业中应用的陶瓷已不再单纯指无机非金属材料，它与传统陶瓷不同。现代陶瓷无论在原料、组分、制备工艺和性能和用途上均与传统陶瓷具有很大的差别。

陶瓷是用天然的或人工合成的粉状化合物，通过成形和高温烧结而制成的多晶固体材料。陶瓷实际上是无机非金属材料的统称。陶瓷材料具有高硬度、耐高温、抗氧化及耐腐蚀等优良特性，已广泛应用于科研、生产和人们日常生活中的各个方面。目前已同金属材料、高分子材料合称为三大固体材料。

9.2.1 陶瓷的分类

陶瓷的种类很多，除陶与瓷之外，还有玻璃、水泥、石灰、砖瓦、搪瓷、磨料、耐火材料及各种现代陶瓷。陶瓷材料虽多，按照习惯可分为两类，即普通陶瓷和特种陶瓷两大类。其生产过程比较复杂，但基本的工艺是原料的制备、坯料的成形和制品的烧成或烧结（使坯件瓷化的工艺称为烧成，温度一般为1250～1450℃。获得高致密程度的瓷化过程称为烧结）三个步骤。陶瓷已广泛应用于化工、冶金、机械、电子、能源和尖端科学技术领域中。

(1) 普通陶瓷。普通陶瓷又称传统陶瓷，它以天然硅酸盐矿物（黏土、长石、石英）为原料，经粉碎、压制成形经高温烧结而成，主要用于日用、建筑、电器绝缘和化工用品等。

(2) 特种陶瓷。特种陶瓷又称现代陶瓷，是采用纯度较高的人工合成原料，沿用普通陶瓷的成形、烧结工艺而制成的一种性能更好的非硅酸盐无机化合物，主要用于机械、冶金、能源、电子、化工和航空航天等尖端技术领域。它具有特殊的使用性能，被称为高温陶瓷、半导体陶瓷、磁性陶瓷、电介质陶瓷等。按其原料的化学组成又可分为氧化物陶瓷、氮化物陶瓷、碳化物陶瓷、金属陶瓷（硬质合金）等。

9.2.2 陶瓷的组织结构

陶瓷是高温烧结后形成的固体物质，其组织结构比金属复杂得多。在室温下，陶瓷的典型组织由三相构成：晶体相、玻璃相和气相。各相的数量、形状与分布，都对陶瓷的性能有直接的影响。

(1) 晶体相。这是陶瓷的主要组成相，决定陶瓷的主要性能。组成陶瓷晶体相的晶体通常有硅酸盐、氧化物和氮化物等，它们各自的结合键分别为离子键或共价键。键的强度决定了陶瓷的各种性能。

另外，对于陶瓷的多晶体来说，细化晶粒仍是改善性能的有效方法。

(2) 玻璃相。这是陶瓷烧结时各组元通过物理化学作用而形成的非晶态物质，熔点较低。它的主要作用是粘结分散的晶体相，抑制晶粒长大并填充气孔。但是玻璃相的结构疏松，会降低陶瓷的耐热性和电绝缘性，通常将其百分含量限制在20%～40%。

(3) 气相。由于材料和工艺等方面的原因，陶瓷结构中存在5%～10%体积的气孔，成为组织中的气相。气孔使组织致密性下降，电击穿强度下降，它所产生的应力集中导致了强度降低。因此力求降低气孔的大小和数量，并使气孔均匀分布。

9.2.3 陶瓷的性能

陶瓷材料具有高硬度、耐高温、耐磨、耐腐蚀、抗氧化以及其他优良的物理、化学性能。其最大缺点是塑性、韧性差，强度低。

(1) 力学性能。与金属相比，陶瓷的弹性模量大，硬度高，耐磨性好，常用做新型刀具和耐磨零件；抗压强度高，但脆性大和抗拉强度低。其原因是离子键的断裂和大量气孔存在。

(2) 热性能。陶瓷是耐高温材料，其熔点高，抗蠕变能力强，热膨胀系数和导热系数小，红硬性可达1000℃。

(3) 化学性能。陶瓷的化学性质非常稳定，不会被氧化，也不被酸、碱、盐和熔融的有色金属侵蚀，不会发生老化。如Al_2O_3制作高温坩埚，能抵抗熔融金属的侵蚀。

(4) 电性能。室温下的大多数陶瓷都是电绝缘体。一些特种陶瓷具有导电性和导磁性，是作为功能材料而开发的新品种陶瓷。

以上概括了陶瓷材料的共同性能，对于各种类别的陶瓷来说，还有其各自的特性。

9.2.4 常用的特种陶瓷

常用的特种陶瓷如下。

(1) 氧化铝陶瓷。这是以 Al_2O_3 为主要成分，含有少量 SiO_2 的陶瓷。根据 Al_2O_3 含量不同可分为 75 瓷（含 Al_2O_3 量为 75%）、95 瓷（含 Al_2O_3 量为 95%）和 99 瓷（含 Al_2O_3 量为 99%，又称刚玉瓷）。氧化铝陶瓷强度远高于普通陶瓷，硬度仅次于金刚石、碳化硼、立方氮化硼和碳化硅，且耐磨、耐高温、抗蠕变，能在 1600℃ 高温下长期工作，耐蚀性、绝缘性良好。缺点是脆性大、抗热振性差。

氧化铝陶瓷是主要用做内燃机的火花塞、火箭、导弹导流罩、轴承、活塞、切削刀具、石油化工用泵的密封环、纺织机上的导线器、熔化金属的坩埚以及高温热电偶套管等。

(2) 氮化硅陶瓷。氮化硅陶瓷是以 Si_3N_4 为主要成分的陶瓷。有热压烧结及反应烧结两种。前者强度较高，组织致密，气孔较少。氮化硅陶瓷硬度高，摩擦系数小，具有自润滑性，蠕变抗力高，热膨胀系数小，最佳的抗热振性，化学稳定性好，除氢氟酸外，能耐各种酸、碱，还具有优良的电绝缘性。

反应烧结氮化硅陶瓷主要用于耐磨、耐腐蚀、耐高温、绝缘、形状复杂、尺寸精度高的制品，如石油、化工用泵的密封环、高温轴承、热电偶套管、燃气轮机转子叶片等。

热压烧结氮化硅陶瓷只能用于形状简单的耐磨、耐高温零件，如切削刀具、转子发动机的刮片、高温轴承。

此外，在 Si_3N_4 中添加一定数量的 Al_2O_3 构成的新型材料称为赛纶陶瓷，这是目前强度最高，具有优异化学稳定性、耐磨性和热稳定性的陶瓷。

(3) 碳化硅陶瓷。这是目前高温强度最高的陶瓷，在 1400℃ 高温时仍可保持 500～600MPa 的抗弯强度。工作温度可达到 1600～1700℃，导热性好；其热稳定性、抗蠕变能力、耐磨性、耐蚀性都很好。常用于火箭尾喷嘴、燃气轮机的叶片、核燃料的包装材料等，也用做耐磨密封圈。

(4) 氮化硼陶瓷。氮化硼陶瓷具有良好的耐热性、热稳定性、导热性、化学稳定性、自润滑性及高温绝缘性，可进行机械加工。用于制造耐热润滑剂、高温轴承、坩埚、热电偶套管、散热绝缘材料、玻璃制品成形模具及刀具。

(5) 敏感陶瓷。敏感陶瓷是一种采用粉末冶金方法制成的精细陶瓷，按功能特性和敏感效应又分为半导体陶瓷、介电陶瓷、铁电陶瓷、热电陶瓷、压电陶瓷、导电陶瓷和磁性陶瓷（铁氧体）等。

陶瓷类敏感元件或传感器是借助敏感陶瓷的物理量（或化学量）对电参量变化的敏感性，实现对温度、湿度、气氛、电、磁、声、光、力和射线等信息进行检测的器件，敏感陶瓷作为其主体材料而得到日益广泛的应用。

敏感陶瓷的材料设计是根据敏感技术的要求，从微观结构的分子、离子、原子尺度，确定材料的组成，结构和生产工艺的过程。敏感陶瓷作为一种重要的信息材料，是一种技术密集的高技术材料。它的研制开发和应用发展对于材料科学的发展有重要意义。

尖端工业用陶瓷，例如，氮化硅、碳化硅、氧化铝陶瓷都有很好的抗蚀性，可以用来做原子反应堆的中子吸收棒。洲际导弹的端头，人造卫星的鼻锥和宇宙飞船的腹部都装有特别的防热烧蚀材料，其中重要的一种就是碳纤维增强碳素复合材料——陶瓷复合材料。

常用的工程结构陶瓷的种类、性能及应用如表 9-4 所示。

表9-4 常用的工程结构陶瓷的种类、性能及应用

名称		密度/(g·cm⁻³)	抗弯强度/MPa	抗拉强度/MPa	抗压强度/MPa	膨胀系数/(10⁻⁶℃)	应用举例
普通陶瓷	普通工业陶瓷	2.3~2.4	65~68	26~36	460~680	3~6	绝缘子,绝缘的机械支撑件,静电纹织导纱器
	化工陶瓷	2.1~2.3	30~60	7~12	80~140	4.5~6	受力不大、工作温度低的酸碱容器、反应塔、管道
特种陶瓷	氧化铝瓷	3.2~3.9	250~450	140~250	1200~2500	5~6.7	内燃机火花塞,轴承,化工、石油用泵的密封环,火箭、导弹导流罩,坩埚,热电偶套管,刀具等
	氮化硅瓷 反应烧结 热压烧结	2.4~2.6 3.10~3.18	166~206 490~590	141 150~275	1200	2.99 3.28	耐磨、耐腐蚀、耐高温零件,如石油、化工泵的密封环,电磁泵管道、阀门,热电偶套管,转子发动机刮片、高温轴承、刀具等
	氮化硼瓷	2.15~2.2	53~59	20(1000℃)	233~315	1.5~3	坩埚,绝缘零件,高温轴承,玻璃制品成型模等
	氧化镁瓷	3.0~3.6	160~280	60~80	780	13.5	熔炼Fu、Cu、Mo、Mg等金属的坩埚及熔化高纯度U、Th及其合金的坩埚
	氧化铍瓷	2.9	150~200	97~130	800~1620	9.5	高温绝缘电子元件,核反应堆中子减速剂和反射材料高频电炉坩埚等
	氧化锆瓷	5.5~6.0	1000~1500	149~500	144~2100	4.5~11	溶炼Pt、Pd、Rh等金属的坩埚、电极等

9.3 复合材料

随着航空、航天、汽车、船舶、核工业的突飞猛进的发展,对工程结构材料性能的要求不断提高,传统的单一组成材料已很难满足要求,因而研制了一种新材料——复合材料。复合材料是指两种或两种以上异质、异形、异性的材料,以宏观或微观的方式复合形成的新型材料。从工程概念上讲,复合材料是指以人工方式将两种或多种性质不同,但有可性能互补的材料复合起来做成的新材料。它既能保留原组分材料的特性,还能通过复合效应(Complex Effect)使复合材料的综合性能优于原组成材料。现代复合材料可以通过设计,获得新的优越性能,与一般材料的简单的复合有本质区别。

9.3.1 复合材料概述

1. 复合材料的发展

原始的复合材料是自然界中存在的天然复合材料，如树叶、竹子是纤维素和木质素复合而成的复合材料。人类很早就开始接触和使用各种天然复合材料，例如，7000多年前，中国陕西半坡人就开始用草梗和泥土筑墙；16世纪拉丁美洲印第安人已用橡胶涂在织物上来防水；还有世界闻名的中国传统工艺品漆器就是使用麻纤维和土漆复合而成的；现代钢筋混凝土则是钢筋和砂、石、水泥的复合材料。

现代复合材料起源于二次世界大战，即玻璃纤维增强树脂基复合材料用于美国空军制造飞机构件。现代复合材料发展可分为四个阶段：

（1）1940—1960年，玻璃钢（GFRP）时代。它由玻璃纤维和塑料复合而成，全名为玻璃纤维增强塑料。它以塑性好的高分子树脂作为基体，用强度高、变形小、耐腐蚀的玻璃纤维为增强体，通过复合形成一种质轻、高强、耐腐蚀、绝缘性好的新材料。世界年产量可达一百多万吨。用于人造卫星、导弹和火箭的外壳（瞬时耐高温）；由于不反射无线电波和微波，因此用于雷达罩材料；用于制作电机、电器和仪器的绝缘零部件，不仅可以提高电器设备可靠性，而且能保证高频电作用下的良好介电性；由于耐腐蚀，用于制作管道、泵、阀门和容器等；由于强度高轻巧，曾经用作撑竿跳用的竿。它有一个致命的缺点，受力后产生形变较大。

（2）1960—1980年，期间是先进复合材料（Advanced Composite Materials）的发展阶段。1965年英国研制出了碳纤维（Carbon Fiber），碳纤维增强树脂复合材料应运而生，其强度比玻璃钢高6倍，是钢的4倍，密度只有钢的四分之一，比铝更轻。一根手指粗的碳纤维绳，可以吊起一个重几十吨的火车头。当时主要用于飞机、火箭主承力部件。

（3）1980—1990年为复合材料发展的第三个阶段，是纤维增强金属基复合材料（FRMC）时代。

（4）1990年后，是复合材料的第四代，主要发展多功能多用途复合材料，如仿生复合材料，智能复合材料，梯度功能复合材料等。仿生复合材料是仿照生物将两个或两个以上的材料复合在一起使其具有优良的性能。

随着新型复合材料的不断涌现，复合材料不仅在导弹、火箭、人造卫星等尖端工业中，在航空、汽车、造船、建筑、电子、机械、医疗和体育等各个部门也都得到了广泛的应用。

2. 复合材料的组成

复合材料一般是指由两种或两种以上不同性质的物质、经人工合成的多相固体材料。按照这种理解，人们很早就开始使用复合材料了。例如，木材就是天然的由木质素与纤维素复合而成的天然复合材料，泥浆中掺进麦秸、沙子、石子混合成的混凝土，由天然纤维和橡胶制成的轮胎等，都可以称为复合材料。

复合材料的组成相可分为两类，一类作为基体相（如树脂、金属等），形成几何形状并起粘接作用；另一类作为增强相（如玻璃纤维、碳纤维、金属丝等），起提高强度或韧性的作用，如表9-5所示。如玻璃钢就是以树脂（如酚醛树脂、环氧树脂等）为基体，以玻璃纤维为增强材料组成的复合材料。

表9-5 复合材料的系统组成

增强相		基体相		
		金属材料	无机非金属材料	有机高分子材料
金属材料	金属纤维（丝）	纤维/金属基复合材料	钢丝/水泥基复合材料	金属丝增强橡胶
	金属晶须	晶须/金属基复合材料	晶须/陶瓷基复合材料	
	金属片材			金属/塑料板
无机非金属材料	陶瓷 纤维	纤维/金属基复合材料	纤维/陶瓷基复合材料	
	陶瓷 晶须	晶须/金属基复合材料	晶须/陶瓷基复合材料	
	陶瓷 颗粒	颗粒/金属基复合材料		
	玻璃 纤维			纤维/树脂基复合材料
	玻璃 粒子			粒子填充塑料
	碳 纤维	碳纤维/金属基复合材料	纤维/陶瓷基复合材料	纤维/树脂基复合材料
	碳 炭黑			颗粒/橡胶
				颗粒/树脂基复合材料
有机高分子材料	有机纤维			纤维/树脂基复合材料
	塑料			
	橡胶			

3. 复合材料的增强项

复合材料的增强项可分为连续纤维、短纤维或晶须及颗粒等，其性能如表9-6所示。

(1) 玻璃纤维。用量最大、价格最便宜；

(2) 碳纤维。化学性能与碳相似；

(3) 硼纤维。耐高温、强度、弹性模高；

(4) 金属纤维。成丝容易、弹性模量高；

(5) 陶瓷纤维。用于高温、高强复合材料；

(6) 芳香族聚酰胺纤维（商品名称为芳纶）。强度比玻璃纤维高45%，密度是钢的1/6，弹性模量是钢丝的5倍，比碳纤维还高，耐热性好，可在-195～+260℃范围内使用，而且耐疲劳性好，易加工，耐腐蚀，电绝缘性好；

(7) 聚乙烯纤维。韧性极好，密度非常小；

(8) 晶须。是直径小于30 μm，长度只有几毫米的针状单晶体，断面呈多角形，是一种高强度材料，分为金属晶须和陶瓷晶须。金属晶须中，Fe晶须已投入生产，此外还有铜、镍、铬等金属晶须。工业生产的陶瓷晶须主要是SiC晶须，其他还有氧化铝、氮化硅、氧化铍、石墨等晶须。陶瓷晶须的强度极高，密度低，弹性模量高，耐热性能好，是极有发展前途的增强纤维。

表9-6 常用增强项的性能

纤维名称	密度 ρ/($g \cdot cm^{-3}$)	抗拉强度 R_m/MPa	E/GPa	伸长率/%	稳定温度/℃
铅硼硅酸盐玻璃纤维	2.5~2.6	1370~2160	58.9	2~3	700
高模量玻璃纤维	2.5~2.6	3830~4610	93~108	4.4~5.0	<870
高模量碳纤维	1.75~1.95	2260~2850	275~304	0.27~0.80	2200
B 纤维	2.5	2750~3140	383~392	0.72~0.8	980
Al_2O_3 纤维	3.97	2060	167	—	1000
SiC 纤维	3.18	3430	412	—	1200
W 丝	19.3	2160~4220	343~412	—	—
Mo 丝	10.3	2110	353	—	—
Ti 丝	4.72	1860~1960	118	—	—
Kevlar 纤维	1.43~1.46	5000	134	2.3	500~900(分解)
SiC 晶须	3.19	(3~14)×10³	490	$\varphi 0.1 \sim \varphi 1.0 \mu m$	2690
SiC 颗粒	3.21	2700	365	—	2700(分解)
Al_2O_3 颗粒	3.95	—	400	—	2050

4. 复合材料的分类

复合材料的分类方法很多,可按不同的标准和要求来分类。

(1) 按材料的作用分类。可分为结构复合材料和功能复合材料。前者是在工程结构上承受载荷的复合材料,基体可以是树脂或金属,目前使用较多的是树脂基纤维增强的复合材料,如玻璃钢、碳纤维增强复合材料等;后者是指具有某些特殊的物理化学性能的复合材料,如换能特性、阻尼特性、摩擦特性、隐身特性等。

(2) 按基体材料分类。可分为树脂基复合材料、金属基复合材料、陶瓷基复合材料、水泥基复合材料和碳/碳复合材料等。目前,用量较大的为树脂基复合材料。

(3) 按增强材料的性质和形态分类。可分为层叠复合材料、连续纤维复合材料、细粒复合材料和短切纤维复合材料、碎片增强复合材料和骨架复合材料等。常见复合材料的结构如图9.3所示。纤维增强复合材料是以树脂或金属为基体,用玻璃纤维、碳纤维、硼纤维等作为增强材料。颗粒增强复合材料的基体是金属或树脂,增强材料为金属或陶瓷颗粒。层叠复合材料是由两层或多层材料构成。例如,三层复合材料是以钢板为基体,多孔性青铜为中间层,塑料为表面层制成的。

具体的结构复合材料详细分类如表9-5所示。

5. 复合材料的命名

复合材料可根据增强材料和基体材料的名称命名。强调基体材料时以基体材料名称为主,如铝基复合材料、环氧树脂基复合材料等;强调增强材料时以增强材料名称为主,如

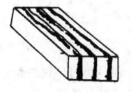 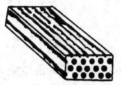 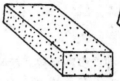 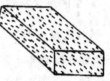

(a)层叠复合材料　　(b)连续纤维复合材料　　(c)颗粒复合材料　　(d)短纤维复合材料

图 9.3　复合材料结构示意图

玻璃纤维复合材料、碳纤维增强复合材料等；基体材料和增强材料名称并用时，习惯上把增强材料放在前面，基体材料名称放在后面，如玻璃纤维增强环氧树脂复合材料，或称为玻璃纤维/环氧树脂复合材料。

6. 复合材料的特点

(1) 高比强度、高比模量。这两个指标是材料承载能力的两个重要指标。如表 9-7 中所示，纤维增强复合材料的这两个性能是各类材料中最高的。

表 9-7　复合材料与金属材料的比强度、比模量对比

材料	密度 /(g·cm^{-3})	抗拉强度 /MPa	弹性模量 /GPa	比强度 /0.1m	比模量 /10^{5}m
钢	7.8	1030	2100	0.13	0.27
铝	2.8	470	750	0.17	0.26
钛	4.5	960	1140	0.21	0.25
玻璃钢	2.0	1060	400	0.53	0.21
高强度碳纤维/环氧	1.45	1500	1400	1.03	0.97
高模量碳纤维/环氧	1.60	1070	2400	0.67	1.5

(2) 抗疲劳性能好。多数金属的疲劳极限是抗拉强度的 40%～50%，而碳纤维增强复合材料则可达到 70%～80%。金属材料的疲劳破坏，一般都是材料内部损伤积累造成的，裂纹发展到一定程度，迅速扩展而造成的突然断裂，通常没有预兆，常导致重大事故。而纤维复合材料的初始缺陷远超过金属，因而对缺口、孔等引起的应力集中不敏感，特别是纤维和基体界面能改变裂纹的扩展方向，从而在一定程度上阻止了裂纹的扩展，破坏前有明显的征兆。因此相对比较安全。

(3) 减振性能良好。复合材料中的大量界面对振动有反射吸收作用，不易产生共振；减摩耐磨、自润滑性能好。例如，塑料复合钢板可用作轴承材料，复合钢板兼有钢的强及某些塑料的耐磨性、尺寸稳定性和高的 pv（指的是轴承载荷和速度的乘积，它是衡量一个轴承寿命的最主要因素）极限值，从而能使轴承寿命明显提高。

(4) 破损安全性好。纤维复合材料基体中平均每平方厘米面积上的纤维至少几千根，多则上万根，使用超载时即使少量纤维断裂，其载荷会迅速分配到未破坏的纤维上，这样在短时间内不致使整个构建失去承载能力。

(5) 化学稳定性好。由于纤维和高聚物基体都具有良好的化学稳定性，因此纤维增强复合材料具有较高的化学稳定性。

9.3.2 常用的复合材料

1. 颗粒复合材料

颗粒复合材料是由一种或多种颗粒高度弥散地分布在基体中,使其阻碍导致塑性变形的位错运动(金属基体)和分子链运动(聚合物基体)。这种复合材料是各向同性的,粒子直径一般在 $0.01\sim 0.1\mu m$ 范围内。粒子间距一般大于 $1\mu m$,体积分数不小于20%(小于20%的称为弥散强化材料)。所用增强相物质有碳化硅、碳化硼、碳化钛和氧化铝的颗粒等,粒子增强复合材料主要有3种:

聚合物基粒子增强复合材料,如酚醛树脂中掺入木粉的电木、碳酸钙粒子改性热塑性塑料的钙塑材料(合成木材)等。

陶瓷基粒子复合材料,如氧化锆增韧陶瓷等;

金属基陶瓷颗粒复合材料又称金属陶瓷,是由钛、镍、钴、铬等金属与碳化物、氮化物、氧化物、硼化物等组成的非均质材料。其中,碳化物金属陶瓷作为工具材料已被广泛应用,称为硬质合金。将陶瓷微粒弥散分布在金属基体中,经压制成形及高温烧结的陶瓷工艺后即可获得金属陶瓷。其具有高硬度,耐磨性和红硬性好的优点,韧性可由金属与陶瓷的相对含量来调整。它是一种优良的工具材料,硬质合金材料就是由碳化物与金属钴组成的一种金属陶瓷。

2. 层合复合材料

层合复合材料是由两层或两层以上不同性质的材料复合而成,以达到增强的目的。层与层之间通过胶接、熔合、轧合、喷涂等工艺方法来实现复合,从而获得与层状组成材料不同性能的复合材料。用层叠法增强的复合材料可使强度、刚度、耐磨、耐蚀、绝热、隔声、减轻自重等性能分别得到改善。

常用的叠层复合材料有双层金属复合材料,如不锈耐蚀钢-非合金钢、钢-黄铜、钢-巴氏合金等;塑料涂层复合材料,即在钢板上涂覆一层塑料,用以提高钢的耐高温腐蚀性能;塑料-金属多层复合材料和夹层结构复合材料等。SF型三层复合材料就是典型的塑料-金属多层复合材料,它以钢为基体,烧结铜网或小铜球为中间层,塑料为表面层的自润滑复合材料。这种材料的力学性能取决于钢基体,摩擦、磨损性能取决于塑料,中间层主要起粘接作用。这种复合材料比单一塑料承载能力提高20倍,热导率提高50倍,热线膨胀因数下降75%,改善了尺寸稳定性,可制作工作在高应力(140MPa)、高温(270℃)、低温(-195℃)和无油润滑条件下的轴承以及机床导轨、衬套、垫片等。夹层结构复合材料是由两层薄而强的面板(或称蒙皮)中间夹着一层轻而弱的芯子组成,面板与芯子用胶接或焊接的方法连接在一起,夹层结构密度小,可减轻构件自重。面板一般由强度高、弹性模量大的材料组成,如金属板、玻璃等。而心料结构有泡沫塑料和蜂窝格子两大类,这类材料的特点是密度小、刚性和抗压稳定性好、抗弯强度高。这种复合材料有较高的刚度和抗压稳定性,可绝热、隔声、绝缘。常用于航空、船舶、化工等工业,如飞机、船舱隔板、冷却塔、飞机机翼、火车车厢等装备。

3. 玻璃纤维增强复合材料(Glass Fiber Reinforced Plastics,GFRP)

玻璃纤维增强复合材料俗称玻璃钢,按粘接剂不同,分为热塑性玻璃钢和热固性玻璃钢。

以尼龙、聚烯烃类、聚苯乙烯类等热塑性树脂为粘接剂制成的热塑性玻璃钢具有较高的力学、介电、耐热和抗老化性能，工艺性能也好。与热塑性塑料相比，当基体材料相同时，热塑性玻璃钢的抗拉强度和疲劳强度提高2~3倍，冲击韧性提高2~4倍，抗蠕变能力提高2~5倍，达到或强度超过了某些金属。这种玻璃钢用于制作轴承、齿轮、仪表盘、壳体、叶片等零件。

以环氧树脂、酚醛树脂、有机硅树脂、聚酯树脂等热固性树脂为粘接剂制成的热固性玻璃钢，具有密度小，强度高，介电性、耐蚀性及成形工艺性好的优点，比强度高于铜合金和铝合金，甚至高于某些合金钢。但刚性较差，仅为钢的1/10~1/5，耐热性不高（200℃），易老化和蠕变。主要制作要求自重轻的受力构件，例如，汽车车身、直升机旋翼、氧气瓶、轻型船体、耐海水腐蚀的构件、石油化工管道和阀门等。

4. 碳纤维增强复合材料（Carbon Fiber Reinforced Plastics，CFRP）

碳纤维增强复合材料中以碳纤维/树脂复合材料应用最为广泛。碳纤维/树脂复合材料中采用的树脂有环氧树脂、酚醛树脂、聚四氟乙烯树脂等。

碳纤维增强复合材料与玻璃钢相比，其抗拉强度高，弹性模量是玻璃钢的4~6倍。玻璃钢在300℃以上，强度会逐渐下降，而碳纤维的高温强度好。玻璃钢在潮湿的环境中强度会损失15%，而碳纤维的强度不受潮湿影响。此外，碳纤维复合材料还具有优良的减摩性、耐蚀性、热导性和较高的疲劳强度。

机械行业中，碳纤维增强塑料用于制造磨床磨头、齿轮等，以提高精度及运转速度，并减少能耗。在航空、航天、航海等领域，碳纤维增强塑料亦得到广泛应用。

5. 芳纶（Kevlar）纤维增强复合材料（Kevlar Fiber Reinforced Plastics，KFRP）

其增强纤维是芳香族聚酰胺纤维，为有机合成纤维（我国称为芳纶纤维）。Kevlar是美国杜邦（Du Pont）公司开发的一种商品名（德国恩卡公司的商品名为Arenka），是由对苯二甲酰氯和对苯二胺经缩聚反应而得到的芳香族聚酰胺经抽丝制得的。

实例

山东烟台氨纶有限公司采用对位芳纶长丝编织布作为骨架增强材料，研制了新型防弹头盔和防弹装甲，经V50专业打靶测试，各项指标全部合格；用新型芳纶军服面料制成的军服已在装备于陆、海、空三军的特殊兵种；芳纶蜂窝芯材等新兴材料也已在国产高速列车上实现批量应用，在轻轨，地铁等城市轨道交通中也有着极大的应用前景。

9.3.3 复合材料的发展与应用

复合材料作为结构材料是从航空工业开始的，因为飞机的重量是决定飞机性能的主要因素之一，飞机重量轻，加速就快、转弯变向灵活、飞行高度高、航程远、有效载荷大。如F-5A飞机，重量减轻15%，用同样多的燃料可增加10%左右的航程或多载30%左右的武器，飞行高度可增高10%，跑道滑行长度可缩短15%左右。1kg的CFRP（碳纤维增强复合材料）可代替3kg的铝合金。

复合材料的应用始于20世纪60年代中期，其应用可分为3个阶段。

第一阶段，应用于非受力或受力不大的零部件上，如飞机的口盖、护板和地板等；

第二阶段，应用于受力较大件，如飞机的尾翼、机翼、发动机压气机或风扇叶片、尾段机身等；

第三阶段，应用于受力大且复杂零部件上，如机翼与机身结合处、涡轮等。

预计未来的飞机应用复合材料后可减轻重量的26%。现在使用复合材料的多少已成为衡量飞机性能优劣的重要指标。

直升机V-22上，复合材料用量为3000kg，占总重量的45%；美国研制的轻型侦察攻击直升机RAH-66，具有隐身能力，复合材料用量所占比例达50%，机身龙骨大梁长7.62m，铺层多达1000层；德法合作研制的"虎"式武装直升机，复合材料用量所占比例达80%。

 实例

复合材料在民机上的应用是循序渐进逐步扩大的，从尾翼到机翼，再到机身，用量也逐步提高从10%、20%~30%提高到波音787上的50%（CFRP占45%，GFRP占5%）。新一代大型客机大量采用复合材料结构说明先进复合材料技术经过40多年的发展，已经成为成熟的飞机结构技术，实现了复合材料用量占结构重量50%、全机减重近20%的目标。美国研制"梦想飞机"B787，该机共用复合材料50%，几乎全机结构均由复合材料制成，机身压差比现有飞机都大，并设计了大尺寸舷窗，这非常容易在舷窗处产生疲劳损伤。如果选用铝合金材料制造机身和舷窗，机身增压后其结构重量将要增加1t。波音787采用复合材料制造机身和舷窗，其重量仅增加了70kg。碳纤维复合材料对疲劳与腐蚀不敏感。波音公司选用复合材料制造机身，主要是看中了复合材料的另一特性，可以制造精密度高且非常大的飞机结构件。欧洲最新研制的大型军用运输机要用复合材料40%，已成功试飞，下一代超宽体客机A350XWB要用复合材料52%，甚至超过了B787的水平。A380等4大机种上大幅采用复合材料，直接导致了世界范围内碳纤维的短缺，引发了近期世界性的碳纤维危机。

军用飞机上复合材料的应用情况如表9-8所示。

表9-8 军用飞机上复合材料的应用情况

机种	国别	用量/%	应用部位
Rafale	法国	40	机翼、垂尾、机身地构的50
JAS-39	瑞典	30	机翼、垂尾、前翼、舱门
B-2	美国	50	中央翼（身）40，外翼中，侧后部，机翼前缘
F-22	美国	25	前中机身蒙皮、部分框、机翼蒙皮和部分梁重垂尾蒙皮、平翼蒙皮和大轴
EF-2000	英、德、意、西班牙合作	50	前中机身、机翼、垂尾、前翼机体表面的80

耐高温的芳纶增强聚酰亚胺复合材料在先进航空发动机上的应用越来越广泛。因为这种复合材料可在350℃以上长期工作，在F-22、YF-22、F/A-18、RHA-66、A330、A340、V-22、B777上均有应用。

复合材料已成为继钢、铝（Al）合金、钛（Ti）合金之后应用的第四大航空结构材料。

复合材料同样也在汽车上得到了逐步推广使用。20世纪70年代中期，玻璃纤维增强复合材料GFRP代替了汽车铸锌后部天窗盖及安全防污染控制装置，使得汽车减重很多。

另外，复合材料在纺织机械、化工设备、建筑和体育器材方面也均有广泛应用。例如，1979 年日本已制成玻璃纤维 GF，碳纤维 CF 混杂增强聚酯树脂复合材料 75m 长输送槽，还制成了叶片和机匣。

但树脂复合材料在更高温度下就不适应了，现已被纤维增强金属基复合材料 FRM 所代替，如人造卫星仪器支架、L 波段平面天线、望远镜及扇形反射面、抛物天线、天线支撑仪器舱支柱等航天理想结构件材料非 FRM 莫属。

自复合材料投入应用以来，有三项成果值得一提。一是美国全部用 CFRP 制成一架八座商用飞机——里尔—芳 2000 号，并试飞成功，该飞机总重仅为 567kg，结构小巧、重量轻。二是采用大量复合材料制成的哥伦比亚号航天飞机，如图 9.4 所示，主货舱门用 CFRP 制造，长 18.2m，宽 4.6m，压力容器用 Kevlar 纤维增强复合材料 KFRP 制造，硼铝复合材料制造主机身隔框和翼梁，碳/碳复合材料 C/C 制造发动机喷管和喉衬，硼纤维增强钛合金复合材料制成发动机传力架，整个机身上的防热瓦片用耐高温的陶瓷基复合材料制造。在航天飞机上使用了树脂、金属和陶瓷基三类复合材料。三是在波音 767 大型客机上使用先进复合材料作为主承力结构，如图 9.5 所示。该型号的客运飞机使用了 CF、KF、GF 增强树脂及各种混杂纤维的复合材料，不仅减轻了重量，还提高了飞机各项飞行性能。

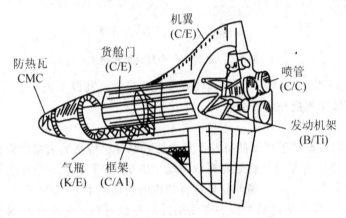

图 9.4 哥伦比亚号航天飞机用复合材料情况

复合材料在这三种飞行器上的成功应用，表明了复合材料的良好性能和技术的成熟，给该种材料开创了在其他重要工程结构上的应用先河。

陶瓷基复合材料 CMC（Ceramic Matrix Composite）是近年兴起的一项热门材料，时间虽不长，但发展十分迅速。它的应用领域是高温结构，如能将航天发动机的燃烧室进口温度提高到 1650℃，则其热效率可由目前的 30% 提高到 60% 以上，只有陶瓷基复合材料 CMC 才可胜任。CMC 将是涡轮发动机热端零部件（涡轮叶片、涡轮盘、燃烧室），大功率内燃机增压涡轮，固体火箭发动机燃烧室、喷管、衬环、喷管附件等热结构的理想材料。

文献报道，SiC 纤维增强 SiC 陶瓷基复合材料得到成功应用，已用做燃气轮机发动机的转子、叶片、燃烧室涡形管；火箭发动机也通过了点火试车，可使结构重量减轻 50%。

SiC，Si_3N_4，Al_2O_3 和 ZrO_2 是 CMC 基体材料，增强纤维有 Al_2O_3，SiC，Si_3N_4 及碳纤维。纤维增强陶瓷基复合材料是综合现代多种科学成果的高新技术产物。

碳/碳（C/C）复合材料是战略导弹端头结构和固体火箭发动机喷管的首选材料。该复合材料不仅是极好的烧蚀防热材料，也是有应用前景的高温热结构材料。它已用于导弹端头帽、发动机喷管喉衬、飞机刹车片、航天飞机的抗氧化鼻锥帽、机翼前缘构件、刹车

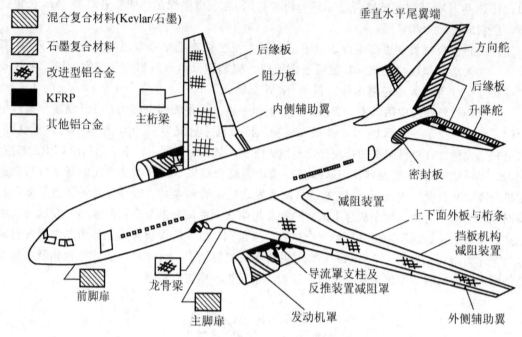

图 9.5 波音 767 用复合材料情况

盘等。能耐高温 1600～1650℃，具有高比强度和比模量，高温下仍具有高强度、良好的耐烧蚀性能、摩擦性能和抗热震性能。

背景知识

航空复合材料市场的迅猛发展得益于复合材料原材料价格的大幅度降低和先进制造技术的应用。1984 年国外复合材料原材料价格是 220 美元/千克，如今复合材料原材料价格已降至 44 美元/千克，1990 年国外复合材料结构的制造成本为 1100 美元/千克，现在已降至 275 美元/千克。复合材料是大型一体化结构的理想材料，与常规材料相比可以使飞机的总体重量减少 15%～30%。采用整体机身壳体复合材料部件，能减少 60%～70% 的飞机零部件数量。复合材料克服了金属材料容易出现疲劳损伤和腐蚀的缺点，飞机的耐用性得到了提高，飞机的维修成本进一步降低。在世界石油价格不断攀升的今天，降低飞机的燃油消耗量是我国航空制造企业和航空公司共同追求的目标。采用先进复合材料制造的飞机，能够为航空公司从节省的燃油和较低的维护成本上获益。通过上述分析，意识到：复合材料代替金属材料的时代正在到来，复合材料在飞机上的应用将逐渐成为"常规"，金属材料的应用将是"例外"。

小　结

本章首先简单介绍了机械工程上常用的 3 种非金属材料。阐述了高分子材料、复合材料、陶瓷材料的组成、分类及命名。重点讲述了工程塑料、橡胶、陶瓷材料和复合材料的性能特点以及在实际的生产、生活等各个行业领域的具体应用。最后对于常用的高分子材料、陶瓷材料和复合材料做了逐一的介绍。使读者能够在理论联系实际的基础上对三大类的非金属材料有更深刻更全面的认识。

第9章 高分子材料、陶瓷材料与复合材料

习 题

1. 名词解释

高分子材料　单体　塑料　热固性塑料　热塑性塑料　硫化　老化　传统陶瓷　复合材料　基体　增强体　玻璃钢　硬质合金　层合复合材料

2. 简答题

(1) 工程塑料的主要成分是什么？它们各起什么作用？
(2) 简述常用的工程塑料性能特点和应用实例。
(3) 工业橡胶的主要成分是什么？它们各起什么作用？
(4) 简述常用的工业橡胶性能特点和应用实例。
(5) 简述黏结剂的组成以及各组分的作用。
(6) 陶瓷材料分哪三类？它们之间的区别是什么？
(7) 简述现代陶瓷的特点，并举例说明它的应用实例。
(8) 简述结构复合材料的具体分类。
(9) 复合材料的发展经历哪几个阶段？分别代表性产物是什么？
(10) 金属陶瓷包括几种？并阐述其工程应用实例。

3. 思考题

(1) 高分子材料的发展史。
(2) 陶瓷材料最大的缺点是什么？现代有哪些技术措施可以加以克服？
(3) 复合材料在航空航天具体应用在哪些方面？
(4) 塑料的主要组成物是什么？各有何作用？
(5) 试述常用工程塑料的种类、性能特点及应用。
(6) 合成橡胶的主要组成物是什么？各有何作用？
(7) 试述常用合成橡胶的种类、性能特点及应用。
(8) 试分析橡胶老化的原因，并提出防老化的措施。
(9) 试为下列塑料零件选材（每类零件选出两种以上的塑料）：
① 一般结构件——机件外壳、盖板等；
② 传动零件——齿轮、蜗轮等；
③ 摩擦零件——轴承、活塞环、导轨等；
④ 耐蚀零件——化工管道、酸碱泵阀等；
⑤ 电绝缘件——电器开关、印制电路板机板等。
(10) 下列塑料哪些可以磨碎后重新使用，哪些不能重新使用？
环氧塑料、聚乙烯、聚酰胺、酚醛塑料、聚四氟乙烯
(11) 指出下列塑料哪一种最符合如下性能要求：
a. 聚丙烯；b. 聚苯乙烯；c. ABS；d. 聚甲醛；e. 聚四氟乙烯；f. 聚碳酸酯；g. 聚砜。
① 强度高、耐热性能最好；
② 质量最轻；
③ 耐冲击、尺寸稳定性最好；
④ 电绝缘性能最好；
⑤ 耐化学稳定性最好；

⑥ "坚韧、质硬、刚性";

⑦ 耐摩擦、耐磨损性能突出。

(12) 陶瓷的典型组织是由哪几部分构成?试由此分析陶瓷的性能特点。

(13) 举例说出几种常用特种陶瓷的类别和用途。

(14) 什么是复合材料?常见的复合材料有哪几种增强结构?

(15) 什么是玻璃钢?试述其性能及应用特点。

第10章 新材料简介

教学目标

1. 掌握减振合金、记忆合金、磁性材料、超导材料、形状记忆合金和纳米材料等新材料的内涵、类型及其效应机理。
2. 了解减振合金、记忆合金、磁性材料、超导材料、形状记忆合金和纳米材料等新材料的发展现状及应用情况。

教学要求

能力目标	知识要点	权重	自测分数
理解减振合金、记忆合金的内涵，掌握减振合金、记忆合金的分类及其效应机理	减振合金的类型及其减振机理应用和发展、记忆合金的概念、分类、应用	30%	
了解磁性材料、超导材料的分类，了解磁性材料、超导材料的应用和发展现状	磁性材料概念、分类、基本特性和应用、超导材料的特性、基本临界参量、分类、应用和发展现状	35%	
理解形状记忆合金、纳米材料的概念，了解形状记忆合金、纳米材料的应用和发展现状	形状记忆合金概念、分类和应用、纳米材料的含义、特性、种类和应用	35%	

引例

利用减振合金制作噪声源部件，可有效地降低噪声的危害。例如，采用锰铜或镍钛一类减振合金制作潜艇（图10.1）、鱼雷的螺旋桨，可使螺旋桨的噪声大为降低，大大减少被敌方声呐发现的危险性。用铁铬减振合金代替防弹钢板用在坦克和装甲车上，在高速行驶时可降低噪声10dB，不仅使车上乘员感到舒适，而且也提高了隐蔽性。在录放音响系统中，采用减振合金能有效地提高音质，改善声乐效果。

一根螺旋状高温合金，经过高温退火后，它的形状处于螺旋状态。在室温下，即使用很大力气将其强行拉直，但只要把它加热到一定的"变态温度"时，这根合金仿佛记起了什么似的，立即恢复到它原来的螺旋形态。原来这只是利用某些合金在固态时其晶体结构随温度发生变化的规律而已。这种有"记忆"的合金也被应用到骨科上（图10.2）。

图 10.1 潜艇

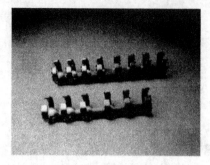
图 10.2 骨科内固定

材料是人类社会生存与发展的物质基础。当今世界科学技术的日新月异赋予人类社会发展进入了新经济时代，主要应用各种新型材料的电子信息、生物医学、能源环保、汽车及建筑业等领域发展最为迅速，并在经济发展中起主导作用。同时，现代高新技术向纵深发展更是紧密依赖于新材料的研发，其重要意义在于一种新材料的突破或获得重要成果可能标志着一项新技术的诞生，甚至能够引领某个领域的技术或产业革命。

广义的新材料泛指先进材料，包括新近发展或正在研制的具有优异性能或特定功能的材料。狭义范畴可由各国基于其物理、化学、数学、自然科学基础理论，结合电子、化工、冶金等工程技术取得的最新的材料科技成就，灵活确定的学科和产业。本章主要针对减振合金、记忆合金、磁性材料、超导材料、形状记忆合金和纳米材料的基本知识作简单介绍。

10.1 减振合金

10.1.1 减振合金的类型及其机理

减振合金即能显著地将振动能量转变成热能而损耗掉的精密合金。

使振动衰减的方法有3种，即系统减振、结构减振和材料减振。系统减振是在外部设置衰减系统来吸收振动能；结构减振是在金属材料和金属材料中间夹入黏弹性高分子材料，制成夹心结构；材料减振不同于依靠金属以外的物质来防振的消极的系统减振和结构减振，而是利用金属材料本身具有大的衰减能力去消除振动或噪声的发生源，就是像铝和镁那样发不出金属声，但却像钢一样坚固的材料，即衰减能大、强度高的材料。这是因为减振合金的内摩擦非常大，能使弹性振动能转变为热能散失掉，从而使噪声危害大大降低。在实际应用中，材料减振具有以下三方面的优点：

（1）防止振动：如可使导弹仪器控制盘或导航仪等精密仪器免除发射时引起的剧烈冲击。

（2）防止噪声：如将其用在潜水艇或鱼雷推进器上，防止敌舰的声呐探测。

（3）增加疲劳寿命：如用于汽轮机叶片上以增加疲劳寿命。

常用的减振合金有 Fe-C-Si 合金、Al-Zn 合金、Fe-Cr-Al 合金、Mg-Zr 合金、Ni-Ti 合金等。

根据阻尼机理，减振合金分为孪晶型、铁磁性型、位错型、复相型和复合型等。

1. 孪晶型

这类减振材料是利用记忆合金的热弹性行为作为减振的主要原因。如 Mn-Cu 系合金在外界振动作用下，由于马氏体相变所产生的孪晶界容易移动，伴随孪晶界的移动产生静滞作用而造成能量损失，具有减振作用。孪晶型虽具有在高温下（$<M_s$ 点）不能使用的缺点，但作为减振材料的主角，目前最引人注目。锰铜合金的缺点是：使用温度偏低，一般低于 80℃；合金的塑性低，冷热加工性较差；此外，减振特性随时间的变化有下降趋势。镍钛合金的抗拉强度达 850MPa 左右，伸长率约为 60%，SDC 约为 40%，并具有优良的耐磨性、耐蚀性和抗大气腐蚀性能。缺点是对化学成分很敏感，而且较难于加工。

2. 铁磁性型

此种类型合金的减振效果主要依靠磁畴壁在交变应力作用下的不可逆移动，导致磁-机械滞后而损耗能量。主要分为铁基和钴镍基两种类型。前者减振性能的使用温度达 300℃ 以上，后者则高达 500℃ 以上。铁基减振合金主要有日本的 Silentalloy（Fe-12Cr-3Al）、Trangalloy（Fe-12Cr-1.36Al-0.59Mn）和 Gentalloy（Fe-12Cr-3Mo）。这类合金的 SDC 可达 25% 以上，抗拉强度为 400～500MPa，伸长率约为 20%。

在研究开发方面，日本、美国和德国做了大量工作。铁基减振合金的铸件、锻件、轧件已用于：重型机械的支座、齿轮；捣固装置振动器的冲击部件；真空泵的旋转部件；船舶螺旋桨等。钴镍基铁磁型减振合金主要为前苏联 NiVCo10（Co-22.5Ni～1.8Ti-1.1Zr），此类合金的 SDC 可达 30% 以上，抗拉强度约为 1120MPa，高温（650℃）抗拉强度约为 700MPa。铁磁型减振合金的减振特性在一定的应变振幅范围内随应变振幅增大而增高。影响磁-机械滞后的因素大体分为 3 类：合金的磁特性；工艺因素，如原材料、熔炼方法、加工工艺及热处理工艺等；使用方面的参数，如振幅、频率、静应力、磁场及振动模式等。

对于铁磁材料，在受磁场作用时，会改变尺寸，这种现象称磁致伸缩效应。这种钢只要得到外界的振动能，就会出现磁畴壁移动和磁矩转动，振动能的一部分便会迅速衰减。这种合金钢很早就已经作为蒸汽透平机的叶片材料使用。这类合金常在居里点以下使用。

3. 位错型

这类材料中位错运动引起的能量损耗成为减振的主要原因。合金的高阻尼是由于在外力作用下，位错的不可逆移动，以及在滑移时位错相互作用引起的。典型代表为纯镁、Mg-Zr 及 Mg-Mg$_2$Ni 等合金，这类合金使用温度常在 150℃ 以下。由于密度小，比强度（抗拉强度与密度比值）高，而且对碱、石油、苯及矿物油有较高的化学稳定性，SDC 也在 40% 以上，故在导弹系统和航天方面得到广泛应用。其缺点是抗拉强度较低。

4. 复相型

此种类型的减振合金具有两相以上的组织，其阻尼机制在于，在振动应力作用下，软质第二相与处于弹性行为的基体界面或第二相晶内产生局部塑性变形，导致振动能量消耗掉。在强韧系性的基体中，如果析出软的第二相，在基体和第二相的界面上，容易产生塑性流动或黏性流动，外部振动能在这些流动中被消耗掉，于是振动就被吸收掉，但界面的作用还不甚清楚。典型代表有铸铁、铝锌合金和 Al-Al$_2$O$_3$ 等。灰铸铁是由于石墨的析出而起到减振作用。用它做立体声放大器底板、扩音器框架等,能取得提高保真度的良好效果。这类合金最大特点是可在高温下使用。球墨铸铁的抗拉强度为 500MPa,SDC 约 2%,经大变形率轧制后可达到孪晶型锰铜合金的水平,而且抗拉强度提高到 700MPa。铝锌合金的 SDC 为 30%,用于防声壁板。Al-Al$_2$O$_3$ 的 SDC 为 5%~10%。

5. 复合型

复合型减振合金是高阻尼的高分子物质与金属板材的复合体。分为金属间复合型和金属与非金属复合型,前者又分为异种金属板的复合和某种基体金属与金属纤维的复合;后者分为非约束型和约束型两种,非约束型是在金属板表面覆上一层黏弹性高分子物质,约束型是在两层或多层金属板之间加入一层高分子粘接剂。

10.1.2 减振合金的应用和发展

目前减振合金已被用于各个领域。在宇宙航天方面,用作卫星、导弹、火箭、喷气式飞机的控制盘和陀螺仪等精密仪器的防振台架;汽车方面,用于车体、制动器、发动机转动部分、变速器、滤气器等;土木建筑方面,用于桥梁、凿岩机、钢梯等;机械方面,用作大型鼓风机框架及叶片、圆盘锯、各种齿轮等;铁路方面,用于火车车轮等;船舶方面,用作发动机转动部件、螺旋桨;家用电器方面,用于空调器、洗衣机、垃圾处理机等;音响方面,用作演出转动台、扩音器框架、立体声放大器底盘等。

美国最早将具有高减振性能的镁锆减振合金用在导弹的陀螺罗盘上,以减少导弹在发射时产生的激烈振动。后来,将减振合金转到制造民用产品上,如用减振合金制作钻头、刀具的钻杆和刀杆,可使振动大幅度减小,切削速度加快,并提高切削工具的使用寿命。

日本研制的减振合金(又称沉默合金),大量用在活塞头、照相机快门和自动卷片器以及门窗等处,收到了显著效果。近年来,一些新型家用电器如空调、洗衣机以及电动刮胡刀等也由于使用减振合金降低了噪声。另外,一些要求高精度、高音质的仪表器件,如测量齿轮、X 射线管支座、立体音响的拾音器架等也相继采用了减振合金来降低噪声,达到了预想的效果。

减振合金在建筑业等方面,特别是用减振合金制成的复合减振钢板有着广泛的用途和特殊的优越性,如将它用作铁路桥下的隔声板,既可防止噪声又可延长使用寿命。用复合减振钢板制造家具,既具有金属制品结实美观的特点,又不会产生一般金属器具的噪声。

减振合金除了用来防止振动和降低噪声外,还用来延长材料和其制成品的使用寿命。例如,用钴镍减振合金制成飞机发动机涡轮叶片,就大大提高了叶片的使用寿命。微晶超塑性材料将来在减振材料中可能占有相当的地位,随着晶粒细化技术的进展,将更加引人注目。有人认为这类材料的减振机理可能是由晶界引起的应力缓和松弛。

10.2 记忆合金

19 世纪 70 年代,世界材料科学中出现了一种具有"记忆"形状功能的合金。记忆合金是一种颇为特别的金属条,它极易被弯曲,将它放进盛着热水的玻璃缸内,金属条向前冲去;将其放入冷水里,金属条则恢复了原状。在盛着凉水的玻璃缸里,拉长一个弹簧,把弹簧放入热水中时,弹簧又自动的收拢了。凉水中弹簧恢复了它的原状,而在热水中,则会收缩,弹簧可以无限次数的被拉伸和收缩,收缩再拉开。这些都由一种有记忆力的智能金属做成的,它的微观结构有两种相对稳定的状态,在高温下这种合金可以被变成任何你想要的形状,在较低的温度下合金可以被拉伸,但若对它重新加热,它会记起它原来的形状,而变回去。这种材料就叫做记忆金属(Memory Metal)。它主要是镍钛合金材料。如图10.3所示为镍钛合金丝。

10.2.1 记忆合金简介

形状记忆是指具有初始形状的制品变形后,通过加热等手段处理又回复初始形状的功能。具有这种形状记忆效应的金属称为形状记忆合金,简称记忆合金。

利用记忆合金在特定温度下的形变功能,可以制作多种温控器件,可以制作温控电路、温控阀门,温控的管道连接。人们已经利用记忆合金制作了自动的消防龙头,失火温度升高,记忆合金变形,使阀门开启,喷水救火。制作了机械零件的连接、管道的连接,飞机的空中加油的接口处就利用了记忆合金,两机油管套结后,利用电加热改变温度,接口处记忆合金变形,使接口紧密滴水(油)不漏。制作了宇宙空间站的面积几百平方米的自展天线,先在地面上制成大面积的抛物线形或平面天线,折叠成一团,用飞船带到太空,温度转变,自展成原来的大面积和形状,如图10.3所示。

图 10.3 自展天线

记忆合金目前已发展到几十种,在航空、军事、工业、农业、医疗等领域有着应用,而且发展趋势十分可观,它将大展宏图、造福于人类。

10.2.2 记忆合金的应用

记忆合金应用十分广泛。例如,机械上的固紧销、管接头,电子仪器设备上的火灾报警器、插接件、集成电路的钎焊,医疗上的人造心瓣膜、脊椎矫正棍、头颅骨修补整形、口腔牙齿矫形和颌骨修补手术等。其还将在通信卫星、彩色电视机、温度控制器以及玩具等方面发挥神奇的效能,也将成为现代航海、航空、航天、交通运输、轻纺等各条战线上的新型材料。

记忆合金已用于管道结合和自动化控制方面,用记忆合金制成套管可以代替焊接,方法是在低温时将管端内径扩大约4%,装配时套接一起,一经加热,套管收缩恢复原形,形成紧密的接合。美国海军飞机的液压系统使用了10万个这种接头,多年来从未发生漏油和破损。船舰和海底油田管道损坏,用记忆合金配件修复起来,十分方便。在一些施工不便的部位,用记忆合金制成销钉,装入孔内加热,其尾端自动分开卷曲,形成单面装配件。

记忆合金特别适合于热机械和恒温自动控制,已制成室温自动开闭窗,能在阳光照耀的白天打开通风窗,晚间室温下降时自动关闭。记忆合金热机的设计方案也不少,它们都能在具有低温差的两种介质间工作,从而为利用工业冷却水、核反应堆余热、海洋温差和太阳能开辟了新途径。现在普遍存在的问题是效率不高,只有4%～6%,有待于进一步改进。

图 10.4 医学记忆合金器件

记忆合金在医疗上的应用也很引人注目。例如,接骨用的骨板,不但能将两段断骨固定,而且在恢复原形状的过程中产生压缩力,迫使断骨接合在一起。牙科用的矫齿丝,结扎脑动脉瘤和输精管的长夹,脊柱矫直用的支板等,都是在植入人体内后靠体温的作用启动,血栓滤器也是一种记忆合金新产品。被拉直的滤器植入静脉后,会逐渐恢复成网状,从而阻止95%的凝血块流向心脏和肺部。人工心脏是一种结构更加复杂的脏器,用记忆合金制成的肌纤维与弹性体薄膜心室相配合,可以模仿心室收缩运动。图10.4所示为利用记忆合金材料制作的医学器件。

由于记忆合金是一种"有生命的合金",利用它在一定温度下形状的变化,就可以设计出形形色色的自控器件,它的用途正在不断扩大。

记忆合金最令人鼓舞的应用是在航天技术中。1969年7月20日,"阿波罗"11号登月舱在月球着陆,实现了人类第一次登月旅行的梦想。宇航员登月后,在月球上放置了一个半球形的直径数米的天线,用以向地球发送和接受信息。数米长的天线装在小小的登月舱里送上了太空。天线就是用当时刚刚发明不久的记忆合金制成的。用极薄的记忆合金材料先在正常情况下按预定要求做好,然后降低温度把它压成一团,装进登月舱带上天去。放到月面上以后,在阳光照射下温度升高,当达到转变温度时,天线又"记"起了自己的本来面貌,变成一个巨大的半球形。

如今记忆合金产品主要有钛镍形状记忆合金下尿路扩展支架、记忆合金食道支架、医用高强度记忆合金矫形棒、记忆合金食道支架、记忆合金人体椎体、记忆合金防伪标志、单侧骨皮质记忆合金钉、记忆合金无声脉动电机、记忆合金脊柱棒、形状记忆合金温控器等等。

10.3 磁性材料

磁性材料是一种重要的电子材料(图10.5)。早期的磁性材料主要采用金属及合金系统,随着生产的发展,在电力工业、电信工程及高频无线电技术等方面,迫切要求提供一种具有高电阻率的高效能磁性材料。在重新研究磁铁矿及其他具有磁性的氧化物的基础上,研制出了一种新型磁性材料——铁氧体。铁氧体属于氧化物系统的磁性材料,是以氧化铁和其他铁族元素或稀土元素氧化物为主要成分的复合氧化物,可用于制造能量转换、传输和信息存储的各种功能器件。

图 10.5　钕铁硼磁铁

磁性材料主要是指由过渡元素铁、钴、镍及其合金等组成的能够直接或间接产生磁性的物质。

10.3.1　磁性材料的分类及其应用

磁性材料从材质和结构上讲,分为金属及合金磁性材料和铁氧体磁性材料两大类。铁氧体磁性材料又分为多晶结构和单晶结构材料。

从应用功能上讲,磁性材料分为软磁材料、永磁材料、磁记录-矩磁材料、旋磁材料等种类。软磁材料、永磁材料、磁记录-矩磁材料中既有金属材料又有铁氧体材料;而旋磁材料和高频软磁材料就只能是铁氧体材料,因为金属在高频和微波频率下将产生巨大的涡流效应,导致金属磁性材料无法使用,而铁氧体的电阻率非常高,将有效克服这一问题而得到广泛应用。

磁性材料从形态上讲,包括粉体材料、液体材料、块体材料、薄膜材料等。

磁性材料的应用很广泛,可用于电声、电信、电表、电机中,还可作记忆元件、微波元件等。可用于记录语言、音乐、图像信息的磁带、计算机的磁性存储设备、乘客乘车的凭证和票价结算的磁性卡等。

软磁包括硅钢片和软磁铁心;硬磁包括铝镍钴、钐钴、铁氧体和钕铁硼,这其中,最贵的是钐钴磁钢,最便宜的是铁氧体磁钢,性能最高的是钕铁硼磁钢,但是性能最稳定、温度系数最好的是铝镍钴磁钢。

含有稀土金属的钴合金系,具有非常强的单轴磁性各向异性,且饱和磁感应强度与阿氏合金相当,其磁积能的数值相当之高。钕铁硼永磁合金采用粉末冶金方法制造,是由 $Nd_2Fe_{14}B$、$Nd_2Fe_3B_6$ 和富 Nd 相($Nd-Fe$,$Nd-Fe-O$)三相构成,其磁积能创目前永磁材料中最高记录。钕铁硼磁体显示了许多极优异的性能,如用于计算机磁盘驱动器,可做到体积小、磁能大,有助于提高速度和功率。将强磁性粉末和粘接剂一起涂到塑料基带上即制成磁记录材料-磁带(盘)。强磁性层常用 $\gamma-Fe_2O_3$,高密度记录磁带用钴铁氧体或氧化铬 CrO_2,也有用 $Co-Cr$ 合金进行真空镀膜以调整易磁化轴的方向,来改善记录密度,基体材料有醋酸纤维、氯乙烯、聚对苯二甲酸乙二醇酯等。

铁氧体磁性材料按其晶体结构可分为:尖晶石型(MFe_2O_4);石榴石型($R_3Fe_5O_{12}$);

磁铅石型（$MFe_{12}O_{19}$）；钙钛矿型（$MFeO_3$）。其中 M 指离子半径与 Fe^{2+} 相近的二价金属离子，R 为稀土元素。按铁氧体的用途不同，又可分为软磁、硬磁、矩磁和压磁等几类。

1. 软磁材料

软磁材料是指在较弱的磁场下，易磁化也易退磁的一种铁氧体材料。有实用价值的软磁铁氧体主要是锰锌铁氧体 $Mn-ZnFe_2O_4$ 和镍锌铁氧体 $Ni-ZnFeO_4$。锰锌铁氧体软磁材料，其工作频率在 1Hz～10MHz 之间。镍锌铁氧体软磁材料，工作频率一般在 1～300MHz。软磁材料对磁场反应敏感，易于磁化。软磁材料的矫顽力很小，导磁率很大，故又称高磁导率材料或磁心材料。

软磁铁氧体的晶体结构一般都是立方晶系尖晶石型，这是目前各种铁氧体中用途较广，数量较大，品种较多，产值较高的一种材料。主要用作各种电感元件，如滤波器、变压器及天线的磁性和磁带录音、录像的磁头。

大量使用软磁材料的有变压器、发动机、电动机等。此外，磁记录中的磁头材料、磁屏蔽材料也是软磁材料。使用场合不同，对材料的特性要求也不同。

铁是最早使用的磁心材料，但只适用于直流电动机，作为交流电动机中磁心材料时，能量损耗（铁损）较大。在铁中加入 Si 可使磁致伸缩系数下降，电阻率增大，即可用作交流电机磁心材料。1％～3％Si-Fe 合金用于转动机械中，3％～5％Si-Fe 合金用于变压器。Fe-Ni、Fe-Al-Si、Fe-Al 及 Fe-Al-Si-Ni 合金作为磁心材料，在电子器件中有很多应用。Fe-Ni 合金通常称为坡莫合金（Permalloy，即具有高磁导率的合金），它含有 35％～80％的 Ni。随 Ni 含量的不同，Fe-Ni 合金的各种磁性能及电学性能变化很大。但 Fe-Ni 合金的耐磨性较低。如加入 Nb、Ta、Si 等合金元素后，其饱和磁感应强度略有下降，但硬度可提高一倍（200HV），耐磨性也提高。16％Al-Fe 合金的磁致伸缩系数小，磁导率和电阻率大，适用于作交流磁心材料；其耐磨性良好，可用于磁头材料。

仙台 Fe-Si-Al 合金的磁性可与坡莫合金相媲美，且硬度高（500HV）、韧性低、易粉碎，一般作为压粉磁心在低频下使用。高速电机中的铁心和电力系统中的晶闸管整流器的扼流圈，要求饱和磁束密度大、在高频范围内仍保持很高的有效磁导率、损耗小的铁心，为此开发了粉末铁心，即用有机物将铁粉黏合压制成粉末铁心，同时铁粉被有机物一个一个隔绝起来。粉末铁心的直流特性不如硅钢板，但 400Hz 以上的铁损变小，压缩方向和与它垂直方向的特性差也没有硅钢板那样大。

金属软磁材料，同铁氧体相比具有高饱和磁感应强度和低的矫顽力，例如工程纯铁、铁铝合金、铁钴合金、铁镍合金等，常用于变压器等。

2. 硬磁材料

硬磁材料是指磁化后不易退磁而能长期保留磁性的一种铁氧体材料，也称为永磁材料或恒磁材料。硬磁铁氧体的晶体结构大致是六角晶系磁铅石型，其典型代表是钡铁氧体 $BaFe_{12}O_{19}$。这种材料性能较好，成本较低，不仅可用作电讯器件如录音器、电话机及各种仪表的磁铁，而且已在医学、生物和印刷显示等方面也得到了应用。

硬磁材料（永磁材料）不易被磁化，一旦磁化，则磁性不易消失。永磁材料主要用于各种旋转机械（如电动机、发动机）、小型音响机械、继电器、磁放大器以及玩具、保健器材、装饰品、体育用品等。永磁材料，磁体被磁化后去除外磁场仍具有较强的磁性，特点是矫顽力高和磁积能大。可分为 3 类：金属永磁，例如，铝镍钴、稀土钴、钕铁硼等；

铁氧体永磁，例如，钡铁氧体、锶铁氧体；其他永磁，如塑料等。

目前使用的永磁材料大体分为四类，即阿尔尼科磁铁、铁氧体磁铁、稀土类钴系磁铁及钕铁硼系稀土永磁合金。阿尔尼科名称来源于构成元素 Al、Ni、Co（余为 Fe），是强磁性相 α_1（Fe、Co 富相）在非磁性相 α_2（Fe、Al 的合金相）中以微晶析出而呈现高矫顽力的材料，对其进行适当处理，可增大磁积能。

铁氧体永磁材料是以 Fe_2O_3 为主要成分的复合氧化物，并加入 Ba 的碳酸盐。其特点为电阻率远比金属高，为 $1\sim10\times10^{12}\Omega/cm$，因此涡损和趋肤效应小，适于高频使用。饱和磁化强度低，不适合高磁密度场合使用。居里温度比较低。由于铁氧体是氧化物，因而耐化学腐蚀，磁性稳定。但其温度的稳定性低于阿氏磁铁，故不适用于精密仪器。此外，其承受机械冲击和热冲击能力较弱。但铁氧体的制造工艺成熟、成本低廉，所以是用量最大的永磁材料（占 90% 以上）。

镁锰铁氧体 $Mg-MnFe_3O_4$，镍钢铁氧体 $Ni-CuFe_2O_4$ 及稀土石榴型铁氧体 $3Me_2O_3 \cdot 5Fe_2O_3$（Me 为三价稀土金属离子，如 Y^{3+}、Sm^{3+}、Gd^{3+} 等）是主要的旋磁铁氧体材料。磁性材料的旋磁性是指在两个互相垂直的直流磁场和电磁波磁场的作用下，电磁波在材料内部按一定方向的传播过程中，其偏振面会不断绕传播方向旋转的现象。旋磁现象实际应用在微波波段，因此，旋磁铁氧体材料也称为微波铁氧体。主要用于雷达、通信、导航、遥测、遥控等电子设备中。

3. 矩磁材料

重要的矩磁材料有锰锌铁氧体和温度特性稳定的 Li-Ni-Zn 铁氧体、Li-Mn-Zn 铁氧体。矩磁材料具有辨别物理状态的特性，如电子计算机的"1"和"0"两种状态，各种开关和控制系统的"开"和"关"两种状态及逻辑系统的"是"和"否"两种状态等。几乎所有的电子计算机都使用矩磁铁氧体组成高速存储器。另一种新近发展的磁性材料是磁泡材料。这是因为某些石榴石型磁性材料的薄膜在磁场加到一定大小时，磁畴会形成圆柱状的泡畴，貌似浮在水面上的水泡，泡的"有"和"无"可用来表示信息的"1"和"0"两种状态。由电路和磁场来控制磁泡的产生、消失、传输、分裂以及磁泡间的相互作用，即可实现信息的存储记录和逻辑运算等功能，在电子计算机、自动控制等科学技术中有着重要的应用。

4. 压磁材料

压磁材料是指磁化时能在磁场方向作机械伸长或缩短的铁氧体材料。目前应用最多的是镍锌铁氧体、镍铜铁氧体和镍镁铁氧体等。压磁材料主要用于电磁能和机械能相互转换的超声器件、磁声器件及电信器件、电子计算机、自动控制器件等。

10.3.2 磁性材料的基本特性

1. 磁性材料的磁化曲线

磁性材料是由铁磁性物质或亚铁磁性物质组成的，在外加磁场 H 作用下，必有相应的磁化强度 M 或磁感应强度 B，它们随磁场强度 H 的变化曲线称为磁化曲线（$M\sim H$ 或 $B\sim H$ 曲线）。磁化曲线一般来说是非线性的，具有两个特点：磁饱和现象及磁滞现象。即当磁场强度 H 足够大时，磁化强度 M 达到一个确定的饱和值 M_s，继续增大 H，M_s 保持不变；以及当材料的 M 值达到饱和后，外磁场 H 降低为零时，M 并不恢复为零，而是

沿 M_sM_r 曲线变化。材料的工作状态相当于 $M\sim H$ 曲线或 $B\sim H$ 曲线上的某一点，该点常称为工作点。

2. 软磁材料的常用磁性能参数

饱和磁感应强度 B_s：其大小取决于材料的成分，它所对应的物理状态是材料内部的磁化矢量整齐排列。

剩余磁感应强度 B_r：磁滞回线上的特征参数，H 回到 0 时的 B 值。

矩形比：B_r/B_s。

矫顽力 H_c：表示材料磁化难易程度的量，该数值取决于材料的成分及缺陷（杂质、应力等）。

磁导率 μ：磁滞回线上任何点所对应的 B 与 H 的比值，该数值与器件工作状态密切相关。

初始磁导率 μ_i、最大磁导率 μ_m、微分磁导率 μ_d、振幅磁导率 μ_a、有效磁导率 μ_e、脉冲磁导率 μ_p。

居里温度 T_c：铁磁物质的磁化强度随温度升高而下降，达到某一温度时，自发磁化消失，转变为顺磁性，该临界温度为居里温度。它确定了磁性器件工作的上限温度。

损耗 P：磁滞损耗 P_h 及涡流损耗 P_e，$P=P_h+P_e=af+bf^2+cP_e\propto f^2t^2/\rho$，降低磁滞损耗 P_h 的方法是降低矫顽力 H_c；降低涡流损耗 P_e 的方法是减薄磁性材料的厚度 t 及提高材料的电阻率 ρ。在自由静止空气中磁心的损耗与磁心的温升关系为：总功率耗散（mW）/表面积（cm^2）

3. 软磁材料的磁性参数与器件的电气参数之间的转换

在设计软磁器件时，首先要根据电路的要求确定器件的电压～电流特性。器件的电压、电流特性与磁心的几何形状及磁化状态密切相关。设计者必须熟悉材料的磁化过程并掌握材料的磁性参数与器件电气参数的转换关系。设计软磁器件通常包括 3 个步骤：正确选用磁性材料；合理确定磁心的几何形状及尺寸；根据磁性参数要求，模拟磁心的工作状态得到相应的电气参数。

10.4 超导材料

图 10.6 超导纳米器件

超导材料的基本临界参量限定了应用材料的条件，因而寻找高参量的新型超导材料成了人们研究的重要课题（图 10.6）。以 T_c 为例，从 1911 年荷兰物理学家 H. 开默林－昂内斯发现超导电性（Hg，$T_c=4.2K$）起，直到 1986 年以前，人们发现的最高的 T_c 才达到 23.2K（Nb_3Ge，1973）。1986 年瑞士物理学家 K. A. 米勒和联邦德国物理学家 J. G. 贝德诺尔茨发现了氧化物陶瓷材料的超导电性，从而将 T_c 提高到 35K。之后仅一年时间，新材料的 T_c 已提高到 100K 左右。

某些物质达到临界温度（T_c）以下时，电阻急剧消失,这样的物质成为超导体。这种现象只有在温度(T)、磁场(H)和其中流过的电流密度(J)达到其相应的临界值(T_c、H_c、J_c)以下时才能发生,其临界值越高,超导体的使用价值越大。

10.4.1 超导材料特性

超导材料和常规导电材料的性能有很大的不同,主要有以下性能。

1. 零电阻性

超导材料处于超导态时电阻为零,能够无损耗地传输电能。如果用磁场在超导环中引发感生电流,这一电流可以毫不衰减地维持下去。

2. 完全抗磁性

超导材料处于超导态时,只要外加磁场不超过一定值,磁感线不能透入,超导材料内的磁场恒为零。

3. 约瑟夫森效应

两超导材料之间有一薄绝缘层(厚度约1nm)而形成低电阻连接时,会有电子对穿过绝缘层形成电流,而绝缘层两侧没有电压,即绝缘层也成了超导体。当电流超过一定值后,绝缘层两侧出现电压U(也可加一电压U),同时,直流电流变成高频交流电,并向外辐射电磁波,其频率为,其中h为普朗克常数,e为电子电荷。这些特性构成了超导材料在科学技术领域越来越引人注目的各类应用的依据。

4. 同位素效应

超导体的临界温度T_c与其同位素质量M有关。M越大,T_c越低,这称为同位素效应。例如,原子量为199.55的汞同位素,它的T_c是4.18K,而原子量为203.4的汞同位素,T_c为4.146K。

10.4.2 超导材料基本临界参量

超导材料有以下3个基本临界参量:

1. 临界温度

外磁场为零时超导材料由正常态转变为超导态(或相反)的温度,以T_c表示。T_c值因材料不同而异。已测得超导材料的最低T_c是钨,为0.012K。到1987年,临界温度最高值已提高到100K左右。

2. 临界磁场

使超导材料的超导态破坏而转变到正常态所需的磁场强度,以H_c表示。H_c与温度T的关系为$H_c = H_0[1-(T/T_c)^2]$,式中H_0为0K时的临界磁场。

3. 临界电流和临界电流密度

通过超导材料的电流达到一定数值时也会使超导态破态而转变为正常态,以I_c表示。I_c一般随温度和外磁场的增加而减少。单位截面积所承载的I_c称为临界电流密度,以J_c表示。

10.4.3 超导材料分类

超导材料按其化学成分可分为元素材料、合金材料、化合物材料和超导陶瓷。

1. 超导元素

在常压下有 28 种元素具超导电性,其中铌(Nb)的 T_c 最高,为 9.26K。电工中实际应用的主要是铌和铅(Pb, T_c=7.201K),已用于制造超导交流电力电缆、高 Q 值谐振腔等。

2. 合金材料

超导元素加入某些其他元素作合金成分,可以使超导材料的全部性能提高。如最先应用的铌锆合金(Nb-75Zr),其 T_c 为 10.8K,H_c 为 8.7T。继后发展了铌钛合金,虽然 T_c 稍低了些,但 H_c 高得多,在给定磁场能承载更大电流。如 Nb-33Ti 合金,其性能是 T_c=9.3K,H_c=11.0T;对于 Nb-60Ti 合金,其性能是 T_c=9.3K,H_c=12T(4.2K)。目前铌钛合金是用于 7~8T 磁场下的主要超导磁体材料。铌钛合金再加入钽的三元合金,性能进一步提高,Nb-60Ti-4Ta 的性能是,T_c=9.9K,H_c=12.4T(4.2K);Nb-70Ti-5Ta 的性能是,T_c=9.8K,H_c=12.8T。

3. 超导化合物

超导元素与其他元素化合常有很好的超导性能。如已大量使用的 Nb_3Sn,其 T_c=18.1K,H_c=24.5T。其他重要的超导化合物还有 V_3Ga,T_c=16.8K,H_c=24T;Nb_3Al,T_c=18.8K,H_c=30T。

4. 超导陶瓷

20 世纪 80 年代初,米勒和贝德诺尔茨开始注意到某些氧化物陶瓷材料可能有超导电性,他们的小组对一些材料进行了试验,于 1986 年在镧-钡-铜-氧化物中发现了 T_c=35K 的超导电性。1987 年,中国、美国、日本等科学家在钡-钇-铜氧化物中发现 T_c 处于液氮温区有超导电性,使超导陶瓷成为极有发展前景的超导材料。

10.4.4 超导材料应用

超导材料具有的优异特性使它从被发现之日起,就向人类展示了诱人的应用前景。

1. 超导材料在电力系统中的应用

超导电力存储是目前效率最高的电力存储方式。超导磁体(磁场强、损耗小、质量轻)用于发电机,可大大提高电动机中的磁感应强度,从而大大提高其输出功率;利用超导磁体实现磁流体发电,可直接将热能转换为电能,使发电效率提高 50%~60%。利用超导输电可大大降低目前 8% 左右的输电损耗,如果我国利用超导输电系统,每年可节约电 1000 多亿度,相当于上海一年半的用电量。

2. 超导材料在运输方面的应用

超导磁悬浮列车是在车底部安装许多小型超导磁体,在轨道两旁埋设一系列闭合铝环。列车运行时,超导磁体产生的磁场相对于铝环运动,铝环内产生的感应电流与超导磁体相互作用,产生浮力使列车浮起。列车的速度越高,浮力越大。磁悬浮列车的车速可达500km/h。

3. 超导材料的其他应用

高温超导滤波器系统用于 CDMA 手机,高温超导材料在微波频段的电阻几乎为零,对信号的损耗极小,大大提高了收音质量。而且,该技术在移动通信基站的应用使基站的覆盖范围提高了 30%~50%,在通话繁忙时的通话容量提高 80%,手机所需的功率却可降低到原来的一半,也就是说,手机的辐射将降低 50%。

利用超导隧道效应可制成各种灵敏度高、噪声低、响应速度快、损耗小的器件,以用于电磁波的探测、电压基准监视等。隧道效应可用于计算机,原理是控制一电流脉冲,使隧道结的电阻为零或不为零两种状态,电流在这两种状态间的跃迁很快(10s)。因此用超导结作计算机元件能制出最快速的计算机,且体积小、容量大。目前超导计算机已实现简单计算,但工艺上还有许多困难。

10.5 纳米材料

20 世纪 80 年代,人们从未探索过的纳米体系成为科学家十分关注的研究对象。这个体系的范围通常定为 1~100nm。纳米材料(图 10.7)可划分为两个层次:一是纳米微粒,二是纳米固体(包括薄膜)。大部分都是用人工制备的,属于人工材料,但是自然界中早就存在纳米微粒和纳米固体。例如,天体的陨石碎片、人体和兽类的牙齿以及十分珍贵的蛋白石等都是由纳米微粒构成的。

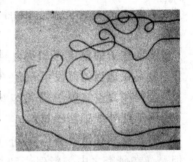

图 10.7 石墨烯纳米材料

10.5.1 纳米材料简介

从尺寸大小来说,通常产生物理化学性质显著变化的细小微粒的尺寸在 $0.1\mu m$ 以下,即 100nm 以下。因此,微粒尺寸在 1~100nm 的材料称为纳米材料。

纳米级结构材料简称为纳米材料(nano-material),是指其结构单元的尺寸介于 1~100nm 范围。由于它的尺寸已经接近电子的相干长度,其性质因为强相干所带来的自组织使得性质发生很大变化。并且,其尺度已接近光的波长,加上其具有大表面的特殊效应,因此其所表现的特性,例如熔点、磁性、光学、导热、导电特性等,往往不同于该物质在整体状态时所表现的性质。

纳米金属材料是 20 世纪 80 年代中期研制成功的,后来相继问世的有纳米半导体薄膜、纳米陶瓷、纳米瓷性材料和纳米生物医学材料等。

纳米颗粒材料又称超微颗粒材料,由纳米粒子(Nano Particle)组成。纳米粒子又称超微颗粒,一般是指尺寸在 1~100nm 间的粒子,是处在原子簇和宏观物体交界的过渡区域,从通常的关于微观和宏观的观点看,这样的系统既非典型的微观系统也非典型的宏观系统,是一种典型的介观系统,它具有表面效应、小尺寸效应和宏观量子隧道效应。当人们将宏观物体细分成超微颗粒(纳米级)后,它将显示出许多奇异的特性,即其光学、热学、电学、磁学、力学以及化学方面的性质和大块固体时相比将会有显著的不同。

纳米技术的广义范围可包括纳米材料技术及纳米加工技术、纳米测量技术、纳米应用技术等方面。其中纳米材料技术着重于纳米功能性材料的生产（超微粉、镀膜、纳米改性材料等），性能检测技术（化学组成、微结构、表面形态、物、化、电、磁、热及光学等性能）。纳米加工技术包含精密加工技术（能量束加工等）及扫描探针技术。

纳米材料具有一定的独特性，当物质尺度小到一定程度时，则必须改用量子力学取代传统力学的观点来描述其行为，当粉末粒子尺寸由 $10\mu m$ 降至 $10nm$ 时，其粒径虽改变了1000倍，但换算成体积时则将有 10^9 倍，所以两者行为上将产生明显的差异。

纳米粒子异于大块物质的理由是在其表面积相对增大，也就是超微粒子的表面布满了阶梯状结构，此结构代表具有高表面能的不安定原子。这类原子极易与外来原子吸附键结，同时因粒径缩小而提供了大表面的活性原子。

就熔点来说，纳米粉末中由于每一粒子组成原子少，表面原子处于不安定状态，使其表面晶格震动的振幅较大，所以具有较高的表面能量，造成超微粒子特有的热性质，也就是造成熔点下降，同时纳米粉末将比传统粉末容易在较低温度烧结，而成为良好的烧结促进材料。

一般常见的磁性物质均属多磁区的集合体，当粒子尺寸小至无法区分出其磁区时，即形成单磁区的磁性物质。因此磁性材料制作成超微粒子或薄膜时，将成为优异的磁性材料。

纳米粒子的粒径（10～100nm）小于光波的长，因此将与入射光产生复杂的交互作用。金属在适当的蒸发沉积条件下，可得到易吸收光的黑色金属超微粒子，称为金属黑，这与金属在真空镀膜形成高反射率光泽面成强烈对比。纳米材料因其光吸收率大的特色，可应用于红外线感测器材料。

纳米技术在世界各国尚处于萌芽阶段，美、日、德等少数国家，虽然已经初具基础，但是尚在研究之中，新理论和技术的出现仍然方兴未艾。我国正在努力赶上先进国家水平，研究队伍也在日渐壮大。

10.5.2 纳米材料的特性

1. 纳米材料的表面效应

纳米材料的表面效应是指纳米粒子的表面原子数与总原子数之比随粒径的变小而急剧增大后所引起的性质上的变化。

2. 纳米材料的体积效应

由于纳米粒子体积极小，所包含的原子数很少，相应的质量极小。因此，许多现象就不能用通常有无限个原子的块状物质的性质加以说明，这种特殊的现象通常称为体积效应。其中有名的久保理论就是体积效应的典型例子。久保理论是针对金属纳米粒子费米面附近电子能级状态分布而提出的。随着纳米粒子的直径减小，能级间隔增大，电子移动困难，电阻率增大，从而使能隙变宽，金属导体将变为绝缘体。

3. 纳米材料的量子尺寸效应

当纳米粒子的尺寸下降到某一值时，金属粒子费米面附近电子能级由准连续变为离散能级；并且纳米半导体微粒存在不连续的最高被占据的分子轨道能级和最低未被占据的分子轨道能级，使得能隙变宽的现象，称为纳米材料的量子尺寸效应。在纳米粒子中处于分立的量子化能级中的电子的波动性带来了纳米粒子的一系列特殊性质，如高的光学非线性，特异的催化和光催化性质等。当纳米粒子的尺寸与光波波长、德布罗意波长、超导态的相干长度或与磁场穿透深度相当或更小时，晶体周期性边界条件将被破坏，非晶态纳米微粒的颗粒表面层附近的原子密度减小，导致声、光、电、磁、热力学等特性出现异常。如光吸收显著增加、超导相向正常相转变、金属熔点降低、增强微波吸收等。利用等离子共振频移随颗粒尺寸变化的性质，可以改变颗粒尺寸，控制吸收边的位移，制造具有一定频宽的微波吸收纳米材料，用于电磁波屏蔽、隐形飞机等。

由于纳米粒子细化，晶界数量大幅度的增加，可使材料的强度、韧性和超塑性大为提高。其结构颗粒对光、机械应力和电的反应完全不同于微米或毫米级的结构颗粒，使得纳米材料在宏观上显示出许多奇妙的特性，例如，纳米相铜强度比普通铜高5倍；纳米相陶瓷摔不碎，这与大颗粒组成的普通陶瓷完全不一样。纳米材料从根本上改变了材料的结构，可望得到诸如高强度金属和合金、塑性陶瓷、金属间化合物以及性能特异的原子规模复合材料等新一代材料，为克服材料科学研究领域中长期未能解决的问题开拓了新的途径。

10.5.3 纳米材料的分类

纳米材料大致可分为纳米粉末、纳米纤维、纳米膜、纳米块体等4类。其中纳米粉末开发时间最长、技术最为成熟，是生产其他3类产品的基础。

1. 纳米粉末

纳米粉末又称超微粉或超细粉，一般指粒度在100nm以下的粉末或颗粒，是一种介于原子、分子与宏观物体之间处于中间物态的固体颗粒材料。可用于高密度磁记录材料，吸波隐身材料，磁流体材料，防辐射材料，单晶硅和精密光学器件抛光材料，微芯片导热基片与布线材料，微电子封装材料，光电子材料，先进的电池电极材料，太阳能电池材料，高效催化剂，高效助燃剂，敏感元件，高韧性陶瓷材料（摔不裂的陶瓷，用于陶瓷发动机等），人体修复材料，抗癌制剂等。

2. 纳米纤维

纳米纤维指直径为纳米尺度而长度较大的线状材料。可用于微导线、微光纤（未来量子计算机与光子计算机的重要元件）材料，新型激光或发光二极管材料等。

3. 纳米膜

纳米膜分为颗粒膜与致密膜。颗粒膜是纳米颗粒粘在一起，中间有极为细小的间隙的薄膜。致密膜指膜层致密但晶粒尺寸为纳米级的薄膜。可用于气体催化（如汽车尾气处理）材料，过滤器材料，高密度磁记录材料，光敏材料，平面显示器材料，超导材料等。

4. 纳米块体

纳米块体是将纳米粉末高压成形或控制金属液体结晶而得到的纳米晶粒材料，主要用于超高强度材料、智能金属材料等。

10.5.4 纳米材料的应用

1. 纳米磁性材料

磁性材料方面的典型应用是磁流体和磁记录材料。磁流体是使强磁性超微粒子外包裹一层长链的表面活性剂，稳定地分散在基液中形成的胶体。具有固体的强磁性和液体的流动性。目前市场出售的磁流体大多数以 Fe_3O_4 纳米微粒为磁性粒子。磁密封和磁液扬声器是磁流体的典型应用，前者可用做旋转轴密封，其结构原理是：磁性液体在非均匀磁场中将聚集于磁场梯度最大处，因此利用外磁场可将磁性液体约束在密封部位形成磁性液体 O 形环，具有无泄露、无磨损、自润滑、寿命长等特点；后者是将 Fe_3O_4 磁流体注入音圈气隙成为高档扬声器。

磁性液体研磨利用磁性液体的浮力将微米级的磨料悬浮于液体表面，与待抛光的工件紧密接触。不论工件的表面形状多么特殊，均可用此技术精密抛光。另外还可用来研磨高级 Si_3N_4 陶瓷球，效率比传统方法高 40 倍。近年来各种信息量的飞跃增加，需要记录的信息量也不断增加，要求记录材料高性能化，特别是记录高密度化。高记录密度的记录材料与超微粒有密切的关系。磁性纳米微粒由于尺寸小，矫顽力很高的特性，用它制作磁记录材料可以提高声噪比，改善图像质量。

2. 超微粒传感器

传感器是超微粒的最有前途的应用领域之一。磁性液体研磨超微粒（金属）是黑色，具有吸收红外线等特点，而且表面积巨大、表面活性高，对周围环境敏感（温、气氛、光、湿度等），因此早在 1980 年就开发了氧化锡超微粒传感器，接着又开发了光传感器。但至今超微粒传感器的应用研究还是处于刚起步阶段，要与已有的传感器相竞争，还需要一定的时间。但可望利用超微粒制成敏感度高的超小型、低能耗、多功能传感器。

3. 在生物和医学上的应用

纳米微粒的尺寸一般比生物体内的细胞、红血球小得多，这就为生物学研究提供了一个新的研究途径，即利用纳米微粒进行细胞分离、细胞染色及利用纳米微粒磁液制成特殊药物或新型抗体进行局部定向治疗等。使用纳米技术能使药品生产过程越来越精细，并在纳米材料的尺度上直接利用原子、分子的排布制造具有特定功能的药品。纳米材料粒子将使药物在人体内的传输更为方便，用数层纳米粒子包裹的智能药物进入人体后可主动搜索并攻击癌细胞或修补损伤组织。使用纳米技术的新型诊断仪器只需检测少量血液，就能通过其中的蛋白质和 DNA 诊断出各种疾病。除此以外，纳米微粒在催化、电子、光学等方面亦有广阔的应用前景。

10.5.5 纳米结构材料

纳米结构材料又称纳米固体，是由颗粒为 1~100nm 的粒子凝聚而成的块体、薄膜、多层膜和纤维。纳米结构材料的基本构成是纳米微粒以及它们之间的分界面。由于纳米粒子尺寸小，界面所占的体积百分数几乎可与纳米粒子所占的体积百分数相比拟。因此纳米材料的界面不能简单地看成是一种缺陷，它已成为纳米材料的基本构成之一，对其性能的影响起着举足轻重的作用。因此，可以预期纳米微晶材料的力学性能比常规大块晶体有许多优点。

目前世界上的材料有近百万种,而自然的材料仅占1/20,也就是说,人工材料在材料科学发展中占有重要的地位。纳米尺度的合成为人们设计新型材料,特别是人类按照自己的意志设计和探索所需要的新型材料打开了新的大门。例如,在传统相图理论上根本不相溶的两种元素在纳米态下可以合成在一起制备出新型的材料,铁铝合金、银铁和铜铁合金等纳米材料已在实验室获得成功。利用纳米微粒的特性,人们可以合成原子排列状态完全不同的两种或多种物质的复合材料。人们可以把过去难以实现的有序相和无序相、晶体和金属玻璃、铁磁相和反铁磁相、铁电相和顺电相合成在一起,制备成有特殊性能的新型材料。

由于纳米微粒尺寸小、比表面积大和量子尺寸效应使它具有不同于常规固体的新特性。原来是良导体的金属,当尺寸减小到几纳米时就变成了绝缘体;原来是典型的共价键无极性的绝缘体,当尺寸减小到几纳米或十几纳米时电阻大大下降,甚至可能导电;原来是铁磁性的粒子可能变成超顺磁性,矫顽力为0;原来是p型半导体在纳米状态下为n型半导体;常规固体在一定条件下物理性能是稳定的,在纳米状态下,颗粒尺寸对性能产生强烈的影响。

纳米微粒的诞生也为常规的复合材料的研究增添了新的内容。把金属的纳米颗粒放入常规陶瓷中大大改善材料的力学性质;纳米 Al_2O_3 粒子放入橡胶中提高了橡胶的介电性和耐磨性,放入金属或合金中可以使晶粒细化,大大改善力学性质;纳米 Al_2O_3 弥散到透明的玻璃中既不影响透明度,又提高了高温冲击韧性。美国已成功地把纳米粒子用于磁制冷上,8nm 的铁粒子分散到钇铝石榴石或钆镓石榴石中形成的新型磁制冷材料使制冷温度达到20K。有人用溅射法制造了多层金属/金属纳米复合材料。在溅涂中由高能氟离子束轰击金属靶,产生的原子沉积于基体。用两种不同金属靶交替溅涂,可制成每层0.2nm共有几百或几千层的纳米复合材料,这种多层纳米复合材料的强度已达理论强度的50%,且有望增至65%~70%。

10.5.6 纳米仿生材料

直到1995年,人们一直认为,越光滑的表面越干净,因此追求光滑一直是研制拒水自洁表面的出发点。但通过观察荷叶表面才知道,这种观点是错误的。在高倍显微镜下,荷叶的表面具有双微观结构,一方面是由细胞组成的乳瘤形成的表面微观结构;另一方面是由表面蜡晶体形成的毛茸纳米结构。乳瘤的直径为 $5\sim15\mu m$,高度为 $1\sim20\mu m$。经过对2万种植物表面进行分析后发现,具有光滑表面的植物都没有拒水自洁的功能,而具有粗糙表面的 MoS_2 纳米管的电镜像植物,都有一定的拒水作用。

荷叶效应的秘密主要在于其微观结构和纳米结构,而不在于其化学成分。在荷叶表面存在着无数微小的乳头状突起,并附有蜡质。荷叶粗糙的表面上,这些微小的凹凸之间,储存着大量的空气,这样,当水滴落到荷叶上时,由于空气层、乳头状突起及蜡质层的共同托持作用,水珠只是与荷叶表面乳瘤的部分蜡质晶体毛茸相接触,明显地减小了水珠与固体表面的接触面积,扩大了水珠与空气的界面,水通过扩大其表面积获得了一定的能量。在这种情况下,液滴不会自动扩展,而保持其球体状,能自由滚动。

在植物表皮上存在的微尘废屑,其尺寸一般比表皮的蜡晶体微结构大,所以只落在表面乳瘤的顶部，接触面积很小。由于大多数微尘废屑比表皮蜡晶体更易湿润，当水滴在其表面滚动时，它们就粘在了水珠的表面。微尘废屑和水珠的粘合力比它们与荷叶表面的粘合力大，所以它们被水珠卷走。对于非常光滑的表面，液滴的接触角比较小，液滴滚动比较难，而且微尘废屑与表面的接触面积大，黏合牢固，水滴经过后，只是从水滴的前端移动到了水滴的后部，但仍然粘在固体的表面上，疏水颗粒更易粘在这样的表面上。在所有的植物中，荷叶的拒水自洁作用最强，水在其表面的接触角达到 160.4°。除了荷叶外，芋头叶和大头菜叶的拒水自洁作用也很强，水在其上的接触角分别达到 160.3° 和 159.7°。

通过研究荷叶效应的拒水自洁原理可知，具有高度拒水自洁的织物必须具备如下条件：

（1）首先应使纤维表面具有基本的拒水性能（即水在其表面的接触角大于 90°）。对于这一步，可以通过纳米技术、等离子处理技术和涂层浸轧技术达到。

（2）要使织物具有粗糙的表面。虽然织物表面本身非常粗糙，但这种粗糙结构是以纤维为最小单位，远大于纳米结构的要求。拒水自洁织物表面的粗糙应是纤维表面的粗糙，该粗糙应达到纳米级水平。

根据荷叶效应原理，德国科学家已经研制成功具有拒水自洁的建筑物表面涂料，而且从 1999 年开始上市销售。具有同样性能的屋瓦也于 2000 年底上市销售。具有荷叶效应的服装也正在研制中。近年来，我国的相关研究也取得了较大的发展。直径有几百微米的聚苯乙烯颗粒和直径只有 6nm 左右的硅纳米颗粒用超声法均匀分布到去离子后的水中，形成悬浮溶液。接着将玻璃底片浸润到这种溶液中，最后匀速将底片取出，先放置在空气中干燥，然后在 450℃ 煅烧除去聚合物，冷却后得到硅纳米颗粒。最后，底层表面用氟代烷基硅氧烷（$CF_3(CF_2)_7CH_2CH_2Si(OCH_3)_3$）经热化学气体沉淀，制造出反转的蛋白石胶片。

10.5.7 纳米技术在国内的研究情况及取得的成果

纳米技术作为一种最具有市场应用潜力的新兴科学技术，其潜在的重要性毋庸置疑，一些发达国家都投入大量的资金进行研究工作。如美国最早成立了纳米研究中心，日本文教科部把纳米技术，列为材料科学的四大重点研究开发项目之一。在德国，以汉堡大学和美因茨大学为纳米技术研究中心，政府每年出资 6500 万美元支持微系统的研究。在国内，许多科研院所、高等院校也组织科研力量，开展纳米技术的研究工作，并取得了一定的研究成果，主要如下：

定向纳米碳管阵列的合成，由中国科学院物理研究所解思深研究员等完成。他们利用化学气相法高效制备出孔径约 20nm，长度约 100μm 的碳纳米管。并由此制备出纳米管阵列，其面积达 3mm×3mm，碳纳米管之间间距为 100μm。

氮化镓纳米棒的制备，由清华大学范守善教授等完成。他们首次利用碳纳米管制备出直径 3～40nm、长度达微米量级的半导体氮化镓一维纳米棒，并提出碳纳米管限制反应的概念，并与美国斯坦福大学戴宏杰教授合作，在国际上首次实现硅衬底上碳纳米管阵列的自组织生长。

准一维纳米丝和纳米电缆由中国科学院固体物理研究所张立德研究员等完成。他们利用碳热还原、溶胶-凝胶软化学法并结合纳米液滴外延等新技术，首次合成了碳化钽纳米

丝外包绝缘体 SiO_2 纳米电缆。

用催化热解法制成纳米金刚石,由中国科学技术大学的钱逸泰等完成。他们用催化热解法使四氯化碳和钠反应,以此制备出了金刚石纳米粉。

总之,纳米技术正成为各国科技界所关注的焦点,正如钱学森院士所预言的那样:"纳米左右和纳米以下的结构将是下一阶段科技发展的特点,会是一次技术革命,从而将是 21 世纪的又一次产业革命。"

小 结

本章阐述了减振合金、记忆合金、磁性材料、形状记忆合金、超导材料和纳米材料的基本概念、分类及发展应用情况,介绍了减振合金的效应机理和超导材料、纳米材料的特性。简要介绍了纳米材料在国内的研究情况及取得的成果。

习 题

1. 单项选择题

(1) 减振合金即能显著地将振动能量转变成（   ）而损耗掉的精密合金。
　　A. 热能　　　　B. 机械能　　　　C. 电能　　　　D. 光能
(2) 使振动衰减的方法有 3 种,即系统减振、结构减振和（   ）。
　　A. 机械减振　　B. 材料减振　　　C. 物理减振　　D. 化学减振
(3) 形状记忆是指具有初始形状的制品变形后,通过加热等手段处理又回复初始（   ）的功能。
　　A. 形状　　　　B. 体积　　　　　C. 面积　　　　D. 质量
(4) 磁性材料主要是指由过渡元素（   ）、钴、镍及其合金等组成的能够直接或间接产生磁性的物质。
　　A. 铜　　　　　B. 铁　　　　　　C. 铝　　　　　D. 镁
(5) 某些物质达到临界温度（T_c）以下时,（   ）急剧消失,这样的物质称为超导体。
　　A. 电流　　　　B. 电压　　　　　C. 电阻　　　　D. 电感
(6) 超导材料处于超导态时,只要外加磁场不超过一定值,磁力线不能透入,超导材料内的磁场恒为（   ）。
　　A. 0　　　　　B. 1　　　　　　C. $-\infty$　　　　D. $+\infty$
(7) 形状记忆效应是热弹性（   ）相变产生的低温相在加热时向高温相进行可逆转变的结果。
　　A. 奥氏体　　　B. 珠光体　　　　C. 贝氏体　　　D. 马氏体
(8) 目前较成熟的形状记忆合金有（   ）合金与 Cu-Zn-Al 合金。
　　A. Mg-Zn-Cr　　B. Ti-Ni　　　　C. Mg-Li　　　　D. Cu-Ni
(9) 微粒尺寸在（   ）的材料称为纳米材料。
　　A. 1μm 以内　　B. 0.01μm 以内　C. 0.001μm 以内　D. 0.1μm 以内
(10) 纳米材料的表面效应是指纳米粒子的（   ）原子数与总原子数之比随粒径的变小而急剧增大后所引起的性质上的变化。
　　A. 质量　　　　B. 体积　　　　　C. 摩尔　　　　D. 表面

2. 多项选择题

(1) 根据阻尼机理,减振合金分为（　　）。
　　A. 孪晶型　　　　B. 铁磁性型　　　C. 位错型　　　　D. 复相型和复合型
(2) 目前,记忆合金产品主要有（　　）。
　　A. 记忆合金食道支架　　　　　　　B. 医用高强度记忆合金矫形棒
　　C. 记忆合金人体椎体　　　　　　　D. 记忆合金防伪标志
(3) 从应用功能上讲,磁性材料分为（　　）等种类。
　　A. 软磁材料　　　　　　　　　　　B. 永磁材料
　　C. 磁记录-矩磁材料　　　　　　　　D. 旋磁材料
(4) 超导材料按其化学成分可分为（　　）。
　　A. 元素材料　　　B. 合金材料　　　C. 化合物材料　　D. 超导陶瓷
(5) 纳米材料大致可分为（　　）等4类。
　　A. 纳米粉末　　　B. 纳米纤维　　　C. 纳米膜　　　　D. 纳米块体

3. 简答题

(1) 什么是减振合金？减振材料使振动衰减的方法有哪些？
(2) 减振合金有几种类型？它们如今在哪些领域得到应用？
(3) 记忆合金具有记忆功能的原因是什么？它在医学方面有哪些实际应用？
(4) 磁性材料如何分类？它们分别有何应用？
(5) 什么是超导材料？超导材料有何特性？
(6) 超导材料的发展现状如何？具体有何应用？
(7) 形状记忆合金有哪几种类型？如今在哪些领域得到实际应用？
(8) 什么是纳米材料？纳米材料有何特性？
(9) 纳米材料分为哪几种？其研究和发展现状如何？
(10) 纳米材料如今在哪些领域得到具体应用？

4. 实例分析题

(1) 近年来,形状记忆合金的应用领域不断扩大。例如,航天工程上的可折叠宇航天线；医学上用的牙齿整畸弓丝,请分析形状记忆合金在这两方面应用的原理。

(2) 当今,世界上的磁悬浮列车主要有两种"悬浮"形式,一种是推斥式,另一种为吸力式。推斥式是利用两个磁铁同极性相对而产生的排斥力,使列车悬浮起来。这种磁悬浮列车车厢的两侧,安装有磁场强大的超导电磁铁。请分析超导电磁铁的工作原理。

(3) 以往,骨科医生只能采取用自身某部位骨如髂骨、腓骨、肋骨来填充缺损,重建患肢功能,但这些方法会给患者造成另一种创伤,同时,骨来源也非常有限,如今纳米骨材料解决了这一难题,请分析纳米骨材料代替骨的效应机理。

第 11 章　零件的失效与选材

教学目标

1. 掌握材料合理选用的基本原则和方法。
2. 明确机械零件失效的基本形式，了解有关失效分析的一般步骤与方法。
3. 掌握齿轮和轴这两类典型零件的选材分析（包括工作条件、常见失效形式、其性能要求等），能正确、合理地选用材料，安排其大致加工工艺路线，制定其相应的热处理工艺，判断其所得组织等。

教学要求

能力目标	知识要点	权重	自测分数
培养学生逐步掌握零件的正确选材和合理用材的能力	熟悉机械零件合理选材用的四项基本原则，结合零件常见失效形式，合理安排零件加工工艺	55%	
通过对机械零件工作条件的分析，结合实际零件常见的失效形式，确定机械零件最关键的性能要求，作为选材的依据	理解掌握齿轮和轴两类典型零件的选材分析	45%	

引例

产品失效的后果是引发事故，甚至重大或灾难性的事故，造成生命财产的巨大损失。

美国挑战者号航天飞机第 10 次飞行故障。航天飞机起飞 1min 左右爆炸，这次爆炸使航天飞机顷刻之间化为灰烬，机毁人亡，7 名宇航员全部遇难。事故原因是右侧固体火箭助推器尾部连接处的密封垫圈失效。

1979 年 7 月 2 日，航天飞机主发动机在地面进行发动系统试车中，发现发动机泄漏氢气，终止试验。检查结果表明，液氢主阀门壳体裂纹。1981 年 1 月 1 日，航天飞机的主发动机在地面进行的主推进系统试验中，运转 20s 后，发现高压燃料涡轮泵的涡轮排气温度异常上升，从而紧急关机。检查后发现，是导管与后部集合管钎焊质量不好造成的。1979 年 9 月 7 日，我国某电化厂氯气车间的液氯瓶爆炸，使 10t 氯液外溢扩散，波及范围达 7.35km^2，致使 59 人死亡，779 人中毒，直接损失达 63 万元。1972 年 10 月，一辆由齐齐哈尔开往富拉尔基的公共客车，行使至嫩江大桥时因过小坑受到震动，前轴突然折断，致使客车坠入江中，造成 28 人死亡。

机械产品失效分析是一门新的跨学科的综合性技术。它研究失效的形式、机理，并提出预测和预防失效的措施。

失效分析涉及学科领域广：机械设计、工艺学、材料学、无损检测、工程力学、断口学、断裂力学、腐蚀化学、摩擦学和质量管理等。

掌握各种工程材料的特性，正确地选择和使用材料是从事机械设计与制造的工程技术人员的基本要求，因为选材是否合理直接关系到产品质量和经济效益。大量事实证明许多机器的重大质量事故也都来源于选材问题，因此掌握选材方法的要领，了解正确选材的过程十分必要和有实际意义。随着科学技术的发展，选材工作正向科学化和规范化发展。

选材时应根据零件的工作条件、失效形式，找出该零件所选用材料的主要力学性能指标。

11.1 零件的失效形式

随着航空、宇航、原子能等工业的飞速发展，要求工件在各种恶劣而复杂的环境中服役，因此发生失效的概率也日益增加。当今世界上每年都要发生多起重大失效事故，不仅危及人身安全和环境污染，而且造成巨大的经济损失。例如，1986年1月28日美国航天飞机挑战者号发射升空后75s即发生爆炸，造成宇航史上震惊世界的悲局。又如1986年4月25日苏联切尔诺贝利核电站发生失效，反应堆被毁，导致人员伤亡，千百万人健康受到损害，事故造成的直接经济损失约20亿卢布。根据文献报道，美国每年在工程上因疲劳失效或应力腐蚀断裂失效造成的经济损失达3000万美元。我国矿山机械由于失效造成的损失每年达几十亿元。由此可知，失效分析是提高产品质量与可靠性的重要手段，是经济建设的必要环节。

11.1.1 失效概念

工件丧失规定的功能即称为失效（Failure）。零件在使用过程中如果发生下述3种情况中的任何一种，即认为该零件已失效。

(1) 完全损伤而不能工作；

(2) 虽然能工作但不能满意地起到预定的作用；

(3) 损伤不严重但继续工作不安全。

分析失效原因，提出预防措施，使工件正常安全运行，是每一个工程设计人员的重大责任。

分析零件的失效，一般要弄清楚以下问题：零件用什么材料？它的主要力学性能是什么？失效是在什么条件下产生的？零件工作了多长时间？零件在工作中起什么作用？性能有哪些变化？失效的形式和失效原因是什么？

11.1.2 失效形式

零件失效的具体形式多种多样，例如有弹性变形、塑性变形、塑性断裂、脆性断裂、疲劳断裂、表面腐蚀、表面磨损等。但归纳起来，一般机器零件常见的失效形式主要有以下3种。

1. 过量变形

即在外力作用下发生整体或局部的过量的弹性变形、塑性变形或高温蠕变等。在机器结构中，有时需要专门选用弹性模量小、弹性极限高、有较大弹性的材料，如用弹簧钢、铍青铜等制造弹性零件,但是大多数情况要限制过量弹性变形,要求有足够的刚度。例如,镗床的镗杆,弹性变形大就不能保证精度。飞机上的一些零件,过量弹性变形甚至引领整个结构丧失稳定。

表征材料刚度的是弹性模量 E。弹性模量 E 与其密度的比值称为比模量,是近代工程材料的重要参数。例如,铝的弹性模量 E 是 72 000MPa,而钢为 214 000MPa,但铝的比模量大于钢,因此铝被大量用做飞机材料。

过量的塑性变形是机械零件失效的重要方式,轻则使机器工作情况变坏,重则使其不能继续运行,甚至破坏,如齿轮的塑性变形会使啮合不良,甚至卡死、断齿。

在恒定载荷和高温下,蠕变一般不可避免,通常是以金属在一定温度和应力下,经过一定时间所引起的变形量来衡量。

过量变形失效的特点是非突发性失效,一般不会造成灾难性事故。但塑性变形失效和蠕变变形失效有时也可造成灾难性事故,应引起充分重视。

2. 断裂

断裂包括静载荷或冲击载荷下的断裂、疲劳断裂、蠕变断裂以及应力腐蚀断裂等。具体类型如下:

(1) 塑性断裂失效。其特点是断裂前有一定程度的塑料变形,一般是非灾难性的。

(2) 脆性断裂失效。断裂前无明显的塑性变形,它是突发性的断裂。

(3) 疲劳断裂。疲劳的最终断裂是瞬时的,因此它的危害性较大,甚至会造成机毁人亡的重大损失。工程上疲劳断裂占大多数,占失效总数的 80% 以上。

(4) 蠕变断裂失效。在高温缓慢变形过程中发生的断裂属于蠕变断裂失效。最终的断裂也是瞬时的。在工程中常见的多属于高温低应力的沿晶蠕变断裂。

断裂是金属材料最严重的失效形式,特别是在没有明显塑性变形的情况下突然发生的脆性断裂,往往会造成灾难性的事故。

防止零件脆断的方法是准确分析所承受的应力,选择满足强度要求、并具有一定塑性与韧性的材料。

3. 表面损伤

表面损伤包括过量磨损、腐蚀破裂、疲劳麻坑等。机器零件磨损过量后,运转就会恶化,甚至报废。有关资料介绍,70% 的机器由过量磨损而失效。磨损不仅消耗材料,损坏机器,而且消耗大量能源。

金属与周围介质之间发生化学或电化学作用而造成的破坏,属于腐蚀失效,如应力腐蚀、氢脆、腐蚀疲劳及点腐蚀等。腐蚀失效的特点是失效形式众多,机理复杂,占金属材料失效事故中的比率较大。

11.1.3 失效原因

分析工件失效的原因可概括为设计、选材、加工和安装使用等 4 个方面,具体如图 11.1 所示。

1. 结构设计

设计时应从强度计算、结构形式等方面周密考虑安全使用寿命问题。

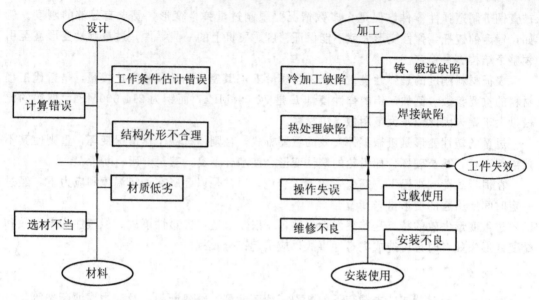

图 11.1 机械零件失效援引示意图

设计中的错误主要表现为：设计中的过载荷、外形上的应力集中，没有考虑使用条件和环境的影响等。

工件外形设计不合理或结构上存在问题，将引起应力集中，导致失效。例如，尖角、过渡角太小、凹槽和缺口布置或设计不当等。

由于未经周密的计算，或构件形状复杂，很难进行应力计算时就从事设计，也将引起工件早期失效。例如，汽轮机叶片，由于设计不当，经常发生共振损坏。

2. 选材

材料的选择和使用非常重要，例如，由于对零件的失效形式判断错误或选材时依据的性能指标与材料的实际性能指标不相符等，致使所选材料的性能不能满足零件工作条件的要求。据统计，选材不当是引起失效的主要原因。例如，1980年12月1日在加拿大某地发生储油罐炸裂，引起大火，损失850万美元。失效分析表明，这是由于选用锰碳比很低的 ASTMA283 钢，在低温使用，导致储油罐壳发生脆性断裂。

3. 加工工艺

产品在加工制造过程中，若加工工艺不合理，会产生加工缺陷而导致产品早期失效。例如，粗糙度太大、磨削裂纹、带状组织及热处理缺陷，均能导致工件失效。

11.1.4 安装与使用

工件安装不良、操作失误、过载使用、维修保养不当等，均可导致工件在使用中失效，如前苏联切尔诺贝利核电站事故是由于电站工作人员粗暴违反反应堆装置的操作规程，导致了这场大灾难。

材料存在的宏观、微观缺陷以及选材和加工工艺不恰当，是导致工件失效的重要原因。运用材料科学的基本原理，能确定各种失效抗力指标随材料成分、组织结构和状态的变化规律，从而探索增强失效抗力的主要措施，以提高产品使用寿命和可靠性。

提高失效抗力的方法主要如下。

(1) 冶金质量问题。微量杂质元素对钢的性能危害极大,因此必须采用精炼,提高钢的纯净度,可显著改善钢的失效抗力。

(2) 微合金化。钢中加入合金元素如铝、钒、钛、锆、铌、硼、稀土等,可提高强韧性,降低裂纹扩展速率,延长工件使用寿命。

(3) 控制轧制。控制轧制可获细晶组织,提高钢的失效抗力。

(4) 强韧化工艺。大力开展强韧化工艺是提高材料的失效抗力指标的有效途径,如板条状位错型马氏体的应用、亚温淬火、超细晶粒处理、形变热处理和复合热处理、超高温淬火、碳化物的微细化处理、高碳钢和渗碳钢的短时加热淬火等,均可在保证高强度的条件下提高塑性、韧性,改善材料失效抗力。

(5) 采用局部复合强化。采用局部复合强化,克服薄弱环节,具有重要意义。例如,中碳合金结构钢淬火、低温回火后滚压;合金渗碳钢经 C-N 共渗淬火、低温回火后滚压,都可提高其疲劳极限。因此,热处理后再施以冷变形强化,是大幅度提高工件疲劳失效抗力的有效措施。

综上所述,工件失效的原因复杂,应根据实际情况作具体分析。而合理选用材料就是从根本上去防止或延缓失效的发生。

表 11-1 所示列出了几种零件和工具的工件条件、失效形式及要求的力学性能。

表 11-1 几种零件和工具的工件条件、失效形式及要求的力学性能

零件	工作条件	主要失效方式	要求的主要力学性能指标
紧固螺栓	拉应力,剪切应力	过量塑性变形,断裂	强度,塑性
连杆螺栓	交变拉应力,冲击	过量塑性变形,疲劳断裂	疲劳强度,屈服强度
连杆	交变拉压应力,冲击	疲劳断裂	拉压疲劳强度
活塞销	交变剪切应力,冲击,表面接触应力	疲劳断裂	疲劳强度,耐磨性
曲轴及轴类零件	交变弯曲、扭转应力,冲击,振动	疲劳,过量变形,磨损	弯扭疲劳强度,屈服强度,耐磨性,韧性
传动齿轮	交变弯曲应力,交变接触压应力,摩擦,冲击	断齿,齿面麻点剥落,齿面磨损,齿面胶合	弯曲、接触疲劳强度,表面耐磨性,心部屈服强度
弹簧	交变弯曲或扭转应力,冲击	过量变形,疲劳	弹性极限,屈强比,疲劳极限
滚动轴承	交变压应力,接触应力,温升,腐蚀,冲击	过量变形,疲劳	接触疲劳强度,耐磨性,耐蚀性
滑动轴承	交变拉应力,温升,腐蚀,冲击	过量变形,疲劳,咬合,腐蚀	接触疲劳强度,耐磨性,耐蚀性
汽轮机叶片	交变弯曲应力,高温水汽,振动	过量变形,疲劳,腐蚀	高温弯曲疲劳强度,蠕变极限及持久强度,耐蚀性,韧性

传动轴的断裂失效分析

某型号军车的传动轴在越过小坑后失去动力抛锚,经拆解后发现整个轴已断裂为4段,如图11.2所示,该轴动力输入端花键部分的扭曲变形,如图11.3所示。安装轴承处的外表面挤伤如图11.5所示。经化学分析、金相组织和力学性能检验,结果均符合标准要求。

可以发现,该轴动力输入端部分曾因承受异常载荷而发生严重扭曲,这说明该轴在断裂前已发生明显的塑性变形,如图11.2所示。由断口的宏观照片(见图11.4、图11.5)可见,断口呈现明显的放射状条纹,且快速扩展区的断口比较粗糙,如图11.6所示。根据放射状条纹的走向,最后确定裂纹起源于油孔与轴外表面的交角处,见图11.10和图11.5。由图11.7可见,断口上有两个裂纹源,它们分别位于油孔的两侧。裂纹由此两处启裂,继而沿螺旋面分别向两侧扩展,直至最后断裂成4段。

结论:

① 根据计算,能使被动轴动力输入端花键部分产生扭转塑性变形的最小扭矩应为21 000kg·m,此为设计力矩(4744kg·m)的4.4倍。因此,断裂前输入端花键部分发生塑性变形说明该轴承受了异常的突加载荷。超载导致被动轴断裂,这是事故的主要原因。

② 经分析测试,该轴用材的化学成分及热处理后的硬度均符合生产图样技术要求。

③ 在裂纹启裂点附近有疲劳区,但根据断裂前花键部分的塑性变形可以判断,此疲劳裂纹尚未达到该轮在正常运行条件下发生失稳扩展的临界尺寸。

④ 此被动轴断裂为4段是一次性断裂所致。

⑤ 至于超载的原因,根据现有的分析结果及资料,尚无法给出唯一的结论,但可以得出如下两个推断。

• 被动轴外表面的挤压伤痕(见图11.4)恰好位于装配7224和42224轴承的轴肩处,由此可以认为,此伤痕是由于轴承破碎后挤压造成的(因在现场仅找到3个破损的轴承滚子,未找到其余的滚子和轴承内外环残体);从而可进一步认为,超载是由于破碎轴承的嵌入和挤压作用而导致正常运转的被动轴骤然停转所致。

• 被动轮动力输出端出现异常负载。

图11.2 该轴断裂后经拼合的全貌

图11.3 轴动力输入端花键部分的扭曲变形

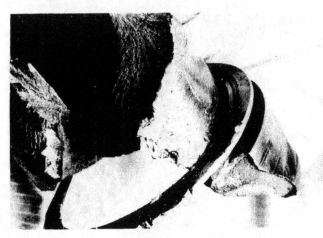

图 11.4 该轴安装轴承处的轴外表面的挤压伤痕

裂纹源

图 11.5 断口的宏观照片

图 11.6 断口的宏观照片

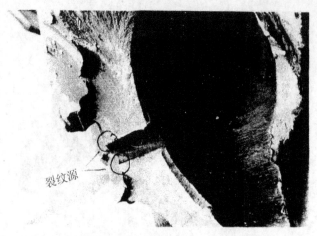

图 11.7 断口的宏观照片图中注示处为裂纹源

 实例 11-2

某型号直升机主减撑杆裂纹分析

某型号主减撑杆在加工过程中发现焊接部位出现裂纹,裂纹距熔合线 0.5mm 左右,如图 11.8～图 11.10 所示。主减撑杆由两种材料手工氩弧焊接而成,一种材料为 15CDV6,另一种是国内生产的 15CrMnVA,焊丝牌号为 H12CrMnMoVA。

生产工艺:叉耳机加工→磁粉探伤→叉耳热处理→磁粉探伤→水力吹砂→焊接→水力吹砂→磁粉探伤→X 光检查→镗孔加工→磁粉探伤→表面铰镐→磁粉探伤。

在对主减撑杆焊接工艺完成几个小时后对零件进行磁粉探伤,发现焊缝附近有裂纹。

外观检查:主减撑杆中间部分为 15CDV6 管材,厚度 1mm,叉耳为 15CrMnMoVA 加工而成。外观检查焊接表面质量较好,焊道鱼鳞纹较均匀,肉眼观察不到裂纹。

裂纹检查:在扫描探针电镜 (SPMS) 附近光学显微镜下观察看到裂纹如图 11.8 所示。

为了确切知道裂纹深度,将有裂纹部位割下来,放到扫描探针下观察,并试图测量裂纹深度,如图 11.4 所示。

该仪器的最大探测深度 $6\mu m$,探测结果表明所测裂纹深度大于 $6\mu m$。将试样放到 SEM 下观察,清晰看到距焊缝 0.5～1mm 处有多条断断续续的细小裂纹,如图 11.11 所示。断口分析:断口为典型的沿晶断裂特征,晶面干净,未见腐蚀产物。其余部位为韧窝断口如图 11.12 所示。

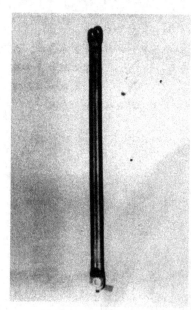

图 11.8 主减撑杆

图 11.9 主减撑杆焊缝

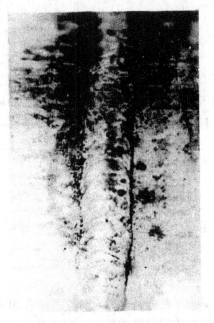

图 11.10 裂纹位置

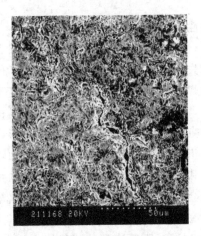

图 11.11 细小裂纹

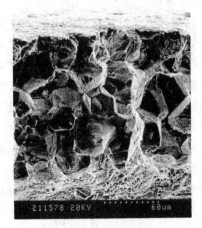

图 11.12 沿晶断口

结论：

① 焊缝附近表面裂纹性质为氢脆裂纹。

② 叉耳、焊丝成分合格。

③ 叉耳材料组织未见异常。

④ 焊缝附近氢含量偏高是由于氢气水分含量过高所致（38倍）。

  选材是指选择材料的成分、组织状态、冶金质量及力学和物理化学性能。而性能与工艺有很大关系，因此在选材的同时必须考虑相应的加工工艺方法。选材之前，首先应分析零件的工件条件及失效形式，然后通过力学计算确定零件应具有的主要力学性能指标，作为选材的原始依据。

  根据主要力学性能指标选出材料后，还需确定加工工艺或其他强化方法，对主要的零件，要进行试验后再投入生产。

11.2 工程材料的选用原则

在工程结构和机械零件的设计与制造过程中,合理地选择和使用工程材料是一项十分重要的工作。不仅要考虑材料的使用性能能够适应零件的工作条件,使其经久耐用,而且要求材料有较好的加工工艺性能和经济性,以便提高零件的生产率,降低成本,减少消耗等。本节从材料的使用性能、工艺性能、经济性和生命周期环境资源4个方面来讨论选材的基本原则。

11.2.1 使用性能原则

使用性能是保证零件完成规定功能的必要条件,是选材的首要问题。它包括力学性能、物理性能和化学性能。

1. 金属的力学性能

金属力学性能是研究金属在外力作用下所表现的行为。其力学性能指标主要包括弹性指标、强度指标、硬度指标、塑性指标和韧性指标。

1) 弹性指标

弹性模量(刚度)E是材料抵抗弹性变形的性能指标。

任何机器零件在工作时都处于弹性变形状态。有些零件在一定载荷作用下只允许发生一定的弹性变形,若发生过量弹性变形就会造成失效。例如,镗床的镗杆,为了保证被加工零件的精度,要求其在工作过程中具有较小的弹性变形,若镗杆本身由于刚度不足,产生过量弹性变形,镗出的孔直径会偏小或有锥度,影响加工精度,甚至出现废品;又如齿轮轴,为了保证齿轮的正常啮合,要求齿轮轴在工作过程中具有较小的弹性变形,若因其刚度不足,产生过量弹性变形,则会影响齿轮的正常啮合,加速齿轮磨损,增加噪声;再如弹簧,弹簧是典型的弹性零件,起缓冲、减振和传递力的作用,应具有较高的弹性,工作过程中产生较大的弹性变形,但是弹簧有时也会因过量弹性变形而失效。以汽车板簧为例,要求汽车满载时板簧产生最大弹性变形,但有时由于板簧刚度不够,当汽车尚未满载时其弹性变形已达最大值,此板簧不能承受设计时汽车所要达到的装载能力。由此可见,刚度不够是零件产生过量弹性变形的根本原因。

2) 强度指标

对于一般工件,使用性能中最主要的是材料的强度,因为只有在满足特定的材料力学性能之后才有可能保证工件运转正常,不致早期失效。工程上经常采用的热处理和冷变形强化工艺,就是以获得较高的力学性能为依据的。

(1) 下屈服强度 R_{eL}。下屈服强度 R_{eL} 是在强度设计中用得最多的性能指标。设计中规定零件的工作应力 σ 必须小于许用应力 $[\sigma]$,即 $\sigma \leqslant [\sigma] = R_{eL}/k$,式中 k 为安全系数。按此式似乎材料的下屈服强度 R_{eL} 愈高,承载能力愈大,零件的寿命愈长。实际上不能一概而论。对于纯剪或纯拉的零件,下屈服强度具有重要意义,例如螺钉或螺栓,R_{eL} 可直接作为设计的依据,并取 $k=1.1\sim1.3$;对于承受交变接触应力的零件,由于表面经热处理强化(渗碳、渗氮、感应加热淬火等),疲劳裂纹多发生在表面硬化层和心部交界处,因而适当提高零件心部下屈服强度对提高接触疲劳性能有利，这类零件除要求表面高硬度外，还要求有一定的心部下屈服强度；对于低应力脆断的零件，其承载能力已不是由材料的下屈服强度来控制，而是取决于材料的韧性，此时就应适当地降低材料的下屈服强度；对于承受弯曲和扭转的轴类零件，由于工作应力表层最高，心部趋于零，因此只要求一定的淬硬层深度，对于零件心部的下屈服强度不需作过高要求。

(2) 抗拉强度 R_m。对于塑性低的材料如铸铁、冷拔高碳钢丝和脆性材料如陶瓷、白口铸铁等制作的零件有直接意义，设计时以抗拉强度确定许用应力，即 $[\sigma]=R_m/k$，式中 k 为安全系数。此外，抗拉强度对材料的成分和组织很敏感。若材料的成分或热处理工艺不同，有时尽管硬度相同，但抗拉强度不同，因此可用抗拉强度作为两种不同材料或同一材料两种不同热处理状态的性能比较的标准，这样可以弥补硬度作为检验标准的不足之处。

(3) 疲劳强度 σ_{-1}。对于塑性材料制作的零件，虽然抗拉强度在设计中没有直接意义，但由于大多数断裂事故都是由疲劳断裂引起的，疲劳强度 σ_{-1} 与抗拉强度 R_m 有一定的比例关系。对于钢，当 $R_m<1400\mathrm{MPa}$ 时，$\sigma_{-1}/R_m=0.4$；对有色金属，$\sigma_{-1}/R_m=0.3\sim0.4$。由于拉伸试验比疲劳试验容易得多，所以通常以抗拉强度来衡量材料疲劳强度的高低，提高材料的抗拉强度对零件抵抗高周疲劳断裂有利。

疲劳强度 σ_{-1} 与材料本质、工作环境和工件的表面状态等因素有关。材料的组织均匀，晶粒细小，内部缺陷较少，零件的表面光洁，表面有硬化层等均可提高其疲劳强度。

3) 硬度指标

硬度是工业生产上控制和检查零件质量最常用的检验方法，是衡量金属材料软硬程度的指标。硬度值表征材料抵抗局部塑性变形和破坏的能力，因此硬度与材料的其他力学性能之间必然存在一定关系。例如金属材料的布氏硬度 HBW 与抗拉强度 R_m 在一定硬度范围内在数值上存在线性关系，即 $R_m=k(\mathrm{HBW})$，不同金属材料有不同的 k 值，如钢铁材料和铝合金 k 值约为 1/3，铜及其合金为 $0.40\sim0.55$。因此，可以通过硬度值预示材料的力学性能。对于刀具、冷成形模具和粘着磨损或磨粒磨损失效的零件，其磨损抗力和材料的硬度成正比，硬度是决定耐磨性的主要性能指标。对于承受接触疲劳载荷的零件如齿轮、滚动轴承等，在一定硬度范围内提高硬度对减轻麻点剥落有效。同时由于硬度测量非常简单，且基本不损坏零件，所以硬度常作为金属零件的质量检验标准。在一定的热处理工艺下，只要硬度达到了规定的要求，其他性能也基本达到要求。因为同样的硬度可以通过不同的热处理工艺得到。例如，45 钢制造的车床主轴要求硬度为 $220\sim240\mathrm{HBW}$，通过调质和正火处理都可以达到，但调质处理后轴的综合力学性能好，其寿命比正火处理的主轴高。因此，设计零件时在图样上除注明材料成分外，还必须注明热处理技术条件，即采用的热处理工艺和热处理后达到的硬度。

4) 塑性指标

塑性是表示材料在外力作用下发生塑性变形的能力，以其受外力破断后的塑性变形大小来表示。工程中以材料拉伸时的伸长率 A 和断面收缩率 φ 两个指标来表示。

塑性指标 A、φ 是材料产生塑性变形使应力重新分布而减小应力集中的能力的度量。设计零件时要求材料达到一定的 A、φ 值。但 A、φ 数值的大小只能表示在单向拉伸应力状态下的塑性，不能表示复杂应力状态下的塑性，即不能反映应力集中、工作温度、零件尺寸对断裂强度的影响，因此不能可靠地避免零件脆断。

5）韧性指标

韧性是表示材料在塑性变形和断裂过程中吸收能量的能力，是材料强度和塑性的综合表现。材料韧性好，则发生脆性断裂的倾向小。评定材料韧性的力学性能指标是冲击韧性和断裂韧性。

(1) 冲击韧性指标 A_K 或 a_K。冲击韧性指标 A_K 或 a_K 表征在有缺口时材料塑性变形的能力，反映了应力集中和复杂应力状态下材料的塑性，而且对温度很敏感，正好弥补了 A、Z 的不足。例如，普通结构钢的光滑试棒在液氮（-196℃）中拉伸时的 A、Z 值相当高，但冲击韧性值已很低。因此，材料的冲击韧性是判断材料脆断抗力的重要性能指标。其缺点是 A_K 或 a_K 不能定量地用于设计，只能凭经验提出对冲击韧性的要求。若过分地追求高的冲击韧性值，结果会造成零件笨重和材料浪费。而且有时即使采用了高的冲击韧性值，也不能可靠地保证零构件不发生脆断。尤其对于中低强度材料制造的大型零件和高强度材料制造的焊接构件，由于其中存在冶金缺陷和焊接裂纹，此时，仅以冲击韧性值已不能评定零件脆断倾向的大小。例如，20 世纪 50 年代美国北极星导弹固体燃料发动机壳体采用了屈服强度为 1400MPa 的高强度钢，并且经过了一系列冲击韧性检验，但在点火时就发生脆性断裂。

(2) 断裂韧性 K_{Ic}。断裂韧性 K_{Ic} 是材料抵抗脆性断裂的力学性能指标，反映了材料抵抗裂纹失稳扩展能力。对于一些高强度制造的构件和中低强度钢制造的大锻件，例如导弹的零部件、石油化工压力容器、锅炉、汽轮机转子等，由于在材料制备和冷热加工过程中不可避免地产生一些缺陷和裂纹，严重时将导致发生低应力脆断。这时需将断裂力学应用于这类零件的设计中，根据断裂韧度 K_{Ic} 选材，既可保证发挥材料强度的最大潜力，又可以避免发生低应力脆断。例如，火箭发动机壳体是用高强度薄钢板焊接制成。为了减轻自重，应选择能承受较高工作应力即许用应力 $[\sigma]=1200$MPa 的钢材；为了防止强度不足，安全系数 k 取 1.5，按公式 $[\sigma]=R_{eH}/k$ 计算，选用了 R_{eH} 为 1800MPa 的超高强度钢。壳体在打压试验时，在应力 σ 远低于工作应力 $[\sigma]$ 的情况下发生爆裂。依照经典设计思想，认为安全系数太小，于是加大安全系数，选用了强度更高的钢，但爆裂发生在更低的应力下。经断口分析，发现断裂是从焊缝中微小半椭圆形裂纹处开始，根据断裂力学计算，平板表面半椭圆形裂纹前沿应力场强度因子表达式为 $K_I=1.5\sigma a^{1/2}$。如果工作应力为 1200MPa，裂纹长度为 1.5mm，计算出 K_I 为 67MPa·m$^{1/2}$，则壳体材料的断裂强度 K_{Ic} 应在 68MPa·m$^{1/2}$ 以上才能防止脆断。上述屈服强度为 1800MPa 的超高强度钢的断裂强度 K_{Ic} 值为 50~60MPa·m$^{1/2}$，此时 $K_{Ic}<K_I$，因而发生脆断。若增大安全系数，选用更高强度的钢，其断裂韧度值更低（低于 50MPa·m$^{1/2}$），只需更低的应力即可使裂纹前沿的 K_I 值超过材料的 K_{Ic} 值而发生脆断，因而其断裂发生在更低的应力下。相反，若把安全系数降至 1.1（对火箭的情况是允许的），则可选择屈服强度降低到 1300MPa 左右的钢，这种钢的 K_{Ic} 值可以达到 93MPa·m$^{1/2}$ 左右，计算出最大工作应力 σ_c 为 1600MPa，它大大超过钢的屈服强度，更超过壳体的工作应力 $[\sigma]$，此时 $K_I<K_{Ic}$、$[\sigma]<\sigma_c$，既满足强度要求，又不会发生低应力脆断，故壳体选用一般低合金高强度钢就能满足要求，而且成本显著降低。由此说明，对于含裂纹的构件，当低应力脆断为主要危险时，其承载能力已不是由屈服强度所控制，而是取决于材料的断裂韧度，必须应用断裂力学方法进行选

材，才能确保安全。

综上所述，材料的强度、塑性、韧性必须合理配合。对于以高周疲劳断裂为主要危险的零件，在 $R_m<1400\text{MPa}$ 范围内，材料的强度愈高，其疲劳强度也愈高，则零件的寿命愈高，因此提高材料强度、适当降低塑性、韧性，对提高零件寿命有利。而且这类中低强度材料的断裂韧度较高，除工作在低温或尺寸较大的零件外，一般不易发生低应力脆断，故可以用工作应力 $\sigma \leqslant R_{\text{eH}}/k$ 来计算和选材，提高屈服强度可以提高零件的允许工作应力和减轻零件的重量。若 $R_m>1400\text{MPa}$，由于这类材料的强度对缺口、表面加工质量、热加工缺陷、冶金质量等都很敏感，随强度增加，其疲劳寿命反而降低。对于以低应力脆断为主要危险的零件，如中低强度钢制造的汽轮机转子、发动机转子、大型轧辊、低温或高压化工容器以及高强度钢制造的火箭发动机壳体等，这时材料的韧性比强度更重要，应该用断裂韧度来选材，即 $K_I = Y\sigma a^{1/2} < K_{Ic}$。适当增加材料的塑性、韧性，牺牲强度对提高零件寿命有利。总之，应从零件的实际工作情况出发，使材料的强度、塑性、韧性合理配合。

金属及合金的物理性能、化学性能也会直接关系到材料的使用性能和加工情况，在选材时也是不可忽视的重要指标。

表 11-2 所示列出了失效方式和材料性能之间的关系。

表 11-2 失效方式和材料性能之间的关系

失效方式 \ 材料性能	抗拉强度	屈服强度	压缩屈服强度	剪切屈服强度	疲劳性能	延展性	冲击吸收功	转折温度	弹性模量	蠕变速率	K_{Ic}	K_{ISCC}	电化学位	硬度	膨胀系数
明显屈服		○		○											
皱折			○						○						
蠕变										○					
脆断							○	○			○				
低周循环疲劳					○	○									
高周循环疲劳	○				○										
接触疲劳			○												
磨蚀			○											○	
腐蚀													○		
应力腐蚀开裂	○											○	○		
电化学腐蚀													○		
氢脆	○														
磨损														○	
热疲劳									○						○
腐蚀疲劳					○								○		

2. 物理性能

金属及合金的物理性能主要有密度、热膨胀性、导电性、磁性、导热性、熔点等。在不同条件下工作的机器零件则要求有不同的物理性能。

例如，航空、航天、导弹、人造卫星需选用一些比强度（抗拉强度/密度）较大的合金，如用铝合金、钛合金等来制造，这对减轻结构质量、提高飞行速度，显示出极大的优越性。又如导线需用导电性良好的铜、铝来制作,永久性磁铁,通信器材等需用磁性金属制造。

在热加工中也应考虑到材料的某些物理性能,如导热性差的高速钢在锻造时应采用较低的加热速度,以免产生裂纹。又如不同熔点的合金,其热加工的工艺规范也有很大的不同。

3. 化学性能

这是指金属及合金在室温或高温下抵抗各种介质化学作用的能力,如耐蚀性、耐热性等。金属材料在酸、碱或海水中以及潮湿大气中工作时易受腐蚀,每年约损失10%。因此提高金属的耐蚀性或采用其他防腐措施对节约金属有重大意义。对于化工设备、医疗器械应采用化学稳定性良好的不锈钢,对于燃气涡轮叶片宜采用高温抗氧化能力强和具有高温强度的铬镍钢或镍基耐热合金等制造。

11.2.2 工艺性能原则

材料的工艺性能表示材料加工的难易程度。任何零件都是由所选材料通过一定的加工工艺制造出来的,因此材料的工艺性能的好坏对零件的加工生产有直接的影响。良好的工艺性能,不仅使工艺简单,加工成形容易,能源消耗少,而且材料利用率高,产品质量好(变形小、尺寸精度高、表面光洁、组织均匀致密)。所以工艺性也是选材必须考虑的问题。

材料所要求的工艺性能与零件制造的加工工艺路线密切相关,具体工艺性能就是从工艺路线中提出的。各类材料的一般工艺路线和有关工艺性能如下。

1. 高分子材料的工艺性能

高分子材料制造零件的加工工艺路线如图11.13所示。

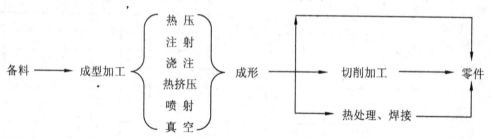

图 11.13　高分子材料的加工工艺流程

由上述工艺路线可知,高分子材料零件的加工工艺路线比较简单,对材料的工艺性能的要求也不高。其中变化较多的是成形工艺。其主要成形工艺比较如表11-3所示。

由表11-3所示可知,高分子材料零件的成形方法较多,其中喷射、真空成形只适用于热塑性塑料,其他成形方法既适用于热塑性塑料也适用于热固性塑料,热压成形和喷射成形可以制造形状复杂的零件且表面粗糙度小、尺寸精度高,但模具费用大。另外,高分子材料的切削加工性能较好,与金属基本相同,但它的导热性差,切削时不易散热,使工件温度急剧升高而变焦(热固性材料)或变软(热塑性材料)。

表 11-3 高分子材料主要成形工艺的比较

工 艺	适用材料	形 状	表面粗糙度	尺寸精度	模具费用	生产率
热压	范围较广	复杂形状	很好	好	高	中等
注射成形	热塑性塑料	复杂形状	很好	非常好	很高	高
热挤成形	热塑性塑料	棒类	好	一般	低	高
真空成形	热塑性塑料	棒类	一般	一般	低	低

2. 陶瓷材料的工艺性能

陶瓷材料制造零件的加工工艺路线如图 11.14 所示。

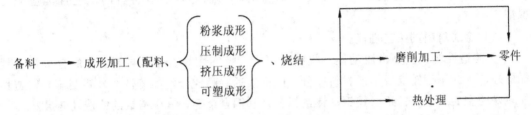

图 11.14 陶瓷材料的加工工艺流程

由上述工艺路线可知,陶瓷材料制造零件的加工工艺路线也比较简单,对材料的工艺性能要求不高。其主要工艺是成形。其中包括粉浆成形、压制成形、挤压成形、可塑成形等。各种成形工艺的比较如表 11-4 所示。

表 11-4 陶瓷材料各种成型工艺的比较

工 艺	优 点	缺 点
粉浆成形	可做形状复杂件、薄形件,成本低	收缩大,尺寸精度低,生产率低
压制成形	可做形状复杂件,有高的密度和强度,精度较高	设备较复杂,成本高
挤压成形	成本低,生产率高	不能做薄形件,零件形状须对称
注塑成形	尺寸精度高,可做形状复杂件	成本高

陶瓷材料的成形工艺是根据零件形状、尺寸精度和性能要求不同,采用不同的成形方法。通常粉浆成形适用于形状复杂零件和薄壁件,但密度低,尺寸精度低、生产率低;压制成形适用于形状复杂零件,密度高、强度高、尺寸精度高,但成本高;挤压成形适用于形状对称的厚壁零件,成本低,生产率高,但不能做薄壁零件或形状不对称的零件;可塑成形适用于尺寸精度高、形状复杂的零件,但成本高。另外,陶瓷材料切削加工性能差,除了氮化硼陶瓷外,其他所有陶瓷均不能进行切削加工,只能用碳化硅或金刚石砂轮磨加工。

3. 金属材料的工艺性能

(1) 金属材料的加工工艺路线。按零件形状及性能要求可以有不同的加工工艺路线,大致分为以下 3 类:

① 性能要求不高的一般零件,如铸铁件、碳钢件等。

备料→毛坯成形加工(铸造或锻造)→热处理(正火或退火)→机械加工→零件。

② 性能要求较高的零件,如合金钢和高强度铝合金制造的轴类、齿轮等。

备料→毛坯成形加工(铸造或锻造)→预先热处理(正火或退火)→粗加工(车、

铣、刨等)→最终热处理(淬火+回火或固溶+时效处理或表面热处理)→精加工(磨削)→零件。

预先热处理是为了改善切削加工性，并为最终热处理作好组织准备。

③ 性能要求高的精密零件，如合金钢制造的精密丝杠、镗杆、液压泵精密偶件等。

备料→预先热处理(正火或退火)→粗加工(车、铣、刨等)→热处理(淬火+回火或固溶+时效处理)精加工(粗磨)→表面化学热处理(渗碳或渗氮)或稳定化处理(去应力退火)→精磨→稳定化处理(时效等)零件。

这类零件除了要求有较高的使用性能外，还要有很高的尺寸精度和小的表面粗糙度。由于加工路线复杂，性能和尺寸精度要求很高，因而零件所有材料的工艺性能应充分保证。

(2) 金属材料的工艺性能。

① 铸造性能：主要指流动性、收缩、偏析、吸气性等。接近共晶成分的合金铸造性能最好，因此用于铸造成形的材料成分一般都接近共晶成分，如铸铁、硅铝明等。铸造性能较好的金属材料有铸铁、铸钢、铸造铝合金和铜合金等，其中铸铁的铸造性能最好。

② 压力加工性能：压力加工性能主要指冷、热压力加工时的塑性和变形抗力及可热加工的温度范围，抗氧化性和加热、冷却要求等。在碳钢中，低碳钢的压力加工性能最好，中碳钢次之，高碳钢最差。在合金钢中，低合金钢的压力加工性能近似中碳钢，高合金钢比碳钢差。形变铝合金和铜合金、低碳钢和低碳合金钢的塑性好，有较好的冷压力加工性能，铸铁和铸造铝合金完全不能进行冷、热压力加工，高碳高合金钢如高速钢、高铬钢等不能进行冷压力加工，其热加工性能也较差，高温合金的热加工性能更差。

③ 切削加工性能：切削加工性一般用切削抗力的大小、零件加工后的表面粗糙度、断屑难易及刀具是否容易磨损等来衡量。铝及铝合金的机械加工性能较好，钢中以易切削钢的切削加工性能最好，正火状态低碳钢的切削加工性能好，中碳钢的切削加工性能又优于高碳钢，而奥氏体不锈钢及高碳高合金的高速钢的切削加工性能最差。

④ 焊接性能：主要指焊接接头产生工艺缺陷(如裂纹、脆性、气孔等)的倾向及焊接接头在使用过程中的可靠性(包括力学性能和特殊性能)。含碳量≤0.25%的低碳钢及含碳量<0.18%的合金钢有较好的焊接性；含碳量>0.4%的碳钢及含碳量>0.38%的合金钢焊接性较差；高碳钢的焊接性能差。灰铸铁的焊接性能比低碳钢差得多，铝合金和铜合金焊接性能一般都比碳钢差。

⑤ 热处理工艺性能：主要指淬透性、淬硬性、变形与开裂、过热与过烧、回火稳定性、氧化等。大多数钢和铝合金、钛合金都可以进行热处理强化，铜合金只有少数能进行热处理强化。对于需要热处理强化的金属材料，尤其是钢，热处理工艺性能特别重要。合金钢的热处理工艺性能比碳钢好，故结构形状复杂或尺寸较大且强度要求高的重要零件都用合金钢制造。

热处理要求合金过热敏感性小，氧化及脱碳倾向性小，淬透性大，不易变形和开裂等。例如，我国自行研制成功的空冷贝氏体 18CrMn2MoBA 钢，用来代替 30CrMnSiA 钢。后者虽然在飞机上应用很广，但工艺性能较差。替代后，简化了工艺，并减少了变形和裂纹。可见，热处理工艺性能的好坏，直接影响产品质量，而且往往是生产中最后一道工序，应特别引起重视。

总之，在设计零件和选择工艺方法时，都应考虑材料的工艺性能，例如灰铸铁具有良好的铸造性能和切削加工性能，但不能承受锻造，而且焊接性也较差，因此它广泛用于制造形状复杂的铸件；低碳钢的锻造性能和焊接性都很好，多用于制造各类锻压件和焊接构件；高碳钢的焊接性很差，不宜制作焊接件，却适合作为刃具、量具等材料。

材料工艺性能的好坏，在单件或小批量生产时，并不显得重要，但在大批量生产条件下希望达到经济规模的要求，往往成为选材中起决定作用的因素之一。另外，加工工艺性能好坏也会直接影响产品寿命。例如，1982年9月10日发生的火箭发射后坠毁入海。经分析认为是由于齿轮加工方法不当，造成齿面间隙过小，齿轮润滑不良，使滑轮泵停止转动，造成发动机提前关机，致使火箭坠落在大西洋海面上。关于金属各种工艺性能的详细内容可在金属工艺学课程中再分别介绍。

11.2.3 经济性原则

在满足工件使用性能要求前提下，经济性也是选材的一条重要原则。选材的经济性不只是指选用的材料价格便宜，更重要的是使生产零件的总成本降低。零件的总成本与产品寿命、重量、加工费用、使用维修费用和材料的价格有关。其中材料的价格是决定性的因素。这是因为材料的价格在产品总成本中占有较大的比重。据资料统计，材料的价格要占产品价格的30%～70%，航空工业多数为上限，因为航空发动机和飞机选用了大量较贵重的镍基高温合金、不锈钢、钛合金、铝合金及复合材料等。此外，材料价格的变化也会引起其他各种因素的变化，因此对总成本的影响最大。

尽管材料价格时有变化，但仍可作为相对比较的参考。在保证零件使用性能前提下，尽量选用价格便宜的材料，可降低零件成本，取得最大的经济效益，并使产品具有最强的竞争力。但有时选用性能好的材料，虽然其价格较贵，但由于零件自重减轻，使用寿命延长，维修费用减少，反而经济。例如，汽车用钢板，若将低碳优质碳素结构钢改为低碳低合金结构钢，虽然钢的成本提高，但由于钢的强度提高，钢板厚度可以减薄，用材总量减少，汽车自重减小，寿命提高，油耗减少，维修费用减少，因此总成本反而降低。此外，选材时还应考虑国家资源和生产，便于采购和管理。由于我国Ni、Cr、Co资源缺少，应尽量选用不含或少含这类元素的钢或合金。

在使用维修工作中，应掌握"以好代次"的原则。例如，普通钢制的零件可用优质钢代替；优质钢零件，可用相应的低合金钢代替。

11.2.4 生命周期环境资源原则

选择材料考虑材料成本时，还必须考虑机械产品的设计服役生命周期，服役周期的长短对材料成本有很大影响。有些产品的服役年限希望是无限长，如水电站的发电机、城市的水电气供应系统就应选择寿命长的材料，尽可能地延长其服役时间，虽然材料投入成本很高，但材料单位时间如每一年或每月的使用成本不一定很高。有些产品更新换代比较快，如手机、小汽车中的某些配件，小汽车的型号两三年就会更新，因此用于生产手机、小汽车配件的模具、工装等的服务期只有两三年，这些模具，工装就不需要使用太好的材料。

当今社会越来越注重环境保护，越来越注重人与环境的协调。因此，在选择材料时，应越来越多地考虑材料对环境的影响，尽量选择绿色环保材料。绿色材料是指对人或环境无害，且能在温和条件（微生物、普通的温度、湿度、光照）下降解而不成为垃圾的材料。考虑这一因素不仅仅是对社会的责任感，而是社会对环境的关心要求生产者必须注意环境保护。材料的资源性和可回收性应首先考虑。这个问题在聚合物材料中较为突出。在选择塑料时，应尽可能选择热塑型塑料，避免热固型塑料，因为前者可以回收再利用，后者则不能回收且不易自然降解，会污染环境。设计组合制品时，尽量采用同一种材料或同一系列材料，以便于回收。金属材料的回收也比较容易做到，这样有利于延缓金属矿物资源的开采利用。陶瓷材料一般不回收，一方面其本身对环境没多大影响，另一方面也不能回收再利用。

材料在生产与使用过程中的健康和安全因素也属于环境因素的范围。交通运输工具中，不阻燃的材料被视为具有潜在的安全隐患，在有明火的场合，织物的静电会成为一个危险的因素。

使用绿色材料是一级环境保护，进行材料回收是二级环境保护，对废弃物的治理是三级环境保护。在很多情况下，既不能使用绿色材料，也不能回收材料，就要考虑材料废弃的问题。想出废弃的途径，尽可能减少废弃物的数量，也是机械设计师要考虑的。

总之，作为一个设计和工艺人员，在选材时必须从实际情况出发，全面考虑使用性能、工艺性能、经济性及生命周期环境资源等方面的问题。

11.3 典型零件的选材与工艺分析

金属、陶瓷和高分子材料是三类最主要的工程材料，它们各有特性，在机械工程中有着各自的应用范围。

高分子材料的性能范围广、变化多，具有巨大的应用开发潜力。一些性能较好的高分子材料，如聚碳酸酯等，因价格太贵尚难大量使用，一些价格较低的如聚乙烯等，则因强度、刚度、韧性、疲劳抗力较低，不能制造比较重要的零件，而只能制造一些轻载齿轮、轴承和密封垫圈等。

陶瓷材料太脆，目前还不能作为结构材料，但它是重要的工具材料和高温材料，也是良好的耐火材料和绝缘材料，如果其脆性得到改善，将是主要的高温结构材料。

复合材料的优点是有很好的比强度和比模量，但价格昂贵，如 Al_2O_3 晶须增强复合材料的价格为黄金的 10 多倍，所以还不能在一般的工业中使用。

相比之下，金属材料具有优良的综合力学性能，而且可以通过加工硬化和热处理等手段，大幅度地调整其各种性能，同时生产成本较低，所以金属材料特别是钢材，目前仍然是机械工业中最主要的结构材料。

下面以齿轮和轴类零件为例，说明选材用材情况。

11.3.1 齿轮类零件的选材

1. 齿轮的性能要求

齿轮在机器中主要担负传递功率与调节速度的任务，有时也起改变运动方向的作用。

在工作时它通过齿面的接触传递动力，周期地受弯曲应力和接触应力的作用，在啮合的齿面上，相互运动和滑动造成强烈的摩擦，有些齿轮在换挡、启动或啮合不均匀时还承受冲击力等。其失效形式主要有齿轮疲劳冲击断裂、过载断裂、齿面接触疲劳与磨损。因此，要求材料具有高的疲劳强度和接触疲劳强度；齿面具有高的硬度和耐磨性；齿轮心部具有足够的强度与韧性。但是，对于不同机器中的齿轮，因载荷大小、速度高低、精度要求、冲击强弱等工作条件的差异，对性能的要求也有所不同，故应选用不同的材料及相应的强化方法。

2. 齿轮用材的特点

机械齿轮通常采用锻造钢件制造，而且，一般均先锻成齿轮毛坯，以获得致密组织和合理的流线分布。就钢种而言，主要有调质钢齿轮和渗碳钢齿轮两类。

(1) 调质钢齿轮。调质钢主要用于制造两种齿轮，一种是对耐磨性要求较高，而冲击韧度要求一般的硬齿面（HBW>350）齿轮，如车床、钻床、铣床等机床的变速箱齿轮，通常采用 45 钢、40Cr、40MnB、45Mn2 等。经调质后表面淬火。对于高精度、高速运转的齿轮，可采用 38CrMoAlA 氮化钢，进行调质后再氮化处理。另一种是对齿面硬度要求不高的软齿面（HBW≤350）齿轮，如车床溜板上的齿轮、车床挂轮架齿轮、汽车曲轴齿轮等，通常采用 45 钢、40Cr、35SiMn 等钢，经调质或正火处理。

(2) 渗碳钢齿轮。渗碳钢主要用于制造速度高、重载荷、冲击较大的硬齿面齿轮，如汽车、拖拉机变速箱、驱动桥齿轮、立车的重要齿轮等，通常采用 20CrMnTi、20MnVB、20CrMnMo 等钢，经渗碳淬火，低温回火处理，表面硬度高且耐磨，心部强韧耐冲击。为增加齿面残余压应力，进一步提高齿轮的疲劳强度，还可随后进行喷丸处理。

除锻钢齿轮外，还有铸钢、铸铁齿轮。铸钢（如 ZG340—640）常用于制造力学性能要求较高且形状复杂的大型齿轮，如起重机齿轮。对耐磨性、疲劳强度要求较高但冲击载荷较小的齿轮，如机油泵齿轮，可采用球墨铸铁（如 QT500—7）制造。而对受冲击很小的低精度、低速齿轮，如汽车发动机凸轮轴齿轮，可采用灰铸铁（如 HT200、HT300）制造。

另外，塑料齿轮具有摩擦系数小、减振性好、噪声低、质量轻、耐腐蚀等优点也被广泛应用。但其强度、硬度、弹性模量低，使用温度不高，尺寸稳定性差，故主要用于制造轻载、低速、耐蚀、无润滑或少润滑条件下工作的齿轮，如仪表齿轮、无声齿轮等。

3. 典型齿轮选材具体实例

现以车床床头箱中三联滑动齿轮为例进行选材及其强化方法分析。

如图 11.15 所示，C620-1 卧式车床床头箱中三联滑动齿轮。工作中，通过拨动主轴箱外手柄使齿轮在轴上作滑移运动，利用与不同齿数的齿轮啮合，可得到不同转速，工作时转速较高。其热处理技术条件是：轮齿表面硬度 50～55HRC，齿心部硬度 20～25HRC，整体强度 $R_m=780\sim800$MPa，整体冲击韧度 $\alpha_K=40\sim60$J·cm^{-2}。

从下列材料中选择合适的钢种，并制定其加工工艺路线，分析每步热处理的目的：

35 钢，45 钢，T12，20Cr，40Cr，20CrMnTi，38CrMoAl，1Cr18Ni9Ti，W18Cr4V。

(1) 分析及选材。该齿轮是普通车床主轴箱滑动齿轮，是主传动系统中传递动力并改变转速的齿轮。该齿轮受力不大，在变速滑移过程中，虽然与其相啮合的齿轮有碰撞，但冲击力不大，运动也较平稳。根据题中要求，轮齿表面硬度只要求 50～55HRC，选用淬

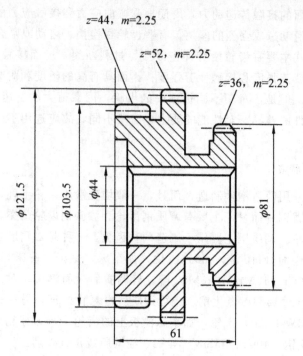

图 11.15 C620－1 卧式车床床头箱中三联滑动齿轮简图

透性适当的调质钢经调质、高频感应加热淬火和低温回火即可达到要求。考虑到该齿轮较厚，为提高其淬透性，可选用合金调质钢，油淬即可使截面大部分淬透，同时也可尽量减少淬火变形量，回火后基本上能满足性能要求。因此，从所给钢种中选择 40Cr 钢比较合适。

(2) 确定加工工艺。加工工艺路线为下料→齿坯锻造→正火（850～870℃空冷）→粗加工→调质（840～860℃油淬，600～650℃回火）→精加工→齿轮高频感应加热淬火（860～880℃高频感应加热，乳化液冷却）→低温回火（180～200℃回火）→精磨。

(3) 热处理目的。正火处理可消除锻造应力，均匀组织，改善切削加工性。对于一般齿轮，正火也可作为高频淬火前的最终热处理工序。调质处理可使齿轮获得较高的综合力学性能，齿轮可承受较大的弯曲应力和冲击载荷，并可减少淬火变形。高频淬火及低温回火提高了齿轮表面硬度和耐磨性，并且使齿轮表面产生压应力，提高了抗疲劳破坏的能力。低温回火可消除淬火应力，可防止产生磨削裂纹和提高抗冲击能力。

11.3.2 轴类零件的选材

机床主轴、丝杠、内燃机曲轴、汽车车轴等都属于轴类零件，它们是机器上的重要零件，一旦发生破坏，就会造成严重的事故。

1. 轴类零件的性能要求

轴类零件主要起支承转动零件，承受载荷和传递动力的作用。一般在较大的静、动载荷下工作，受交变的弯曲应力与扭转应力，有时还要承受一定的冲击与过载。因此，所选材料应具有良好的综合力学性能和高的疲劳强度，以防折断、扭断或疲劳断裂。对于轴颈等受摩擦部位，则要求高硬度与高耐磨性。

2. 轴类零件的用材特点

大多数轴类零件采用锻钢制造，对于阶梯直径相差较大的阶梯轴或对力学性能要求较高的重要轴、大型轴，应采用锻造毛坯。而对力学性能要求不高的光轴、小轴，则可采用轧制圆钢直接加工。在具体选材时，可以从以下几方面考虑：

（1）对承受交变拉应力的轴类零件，如缸盖螺栓、连杆螺栓、船舶推进器轴等，其截面受均匀分布的拉应力作用，应选用淬透性好的调质钢，如 40Cr、42Mn2V、40MnVB、40CrNi 等，以保证调质后零件整个截面的性能一致。

（2）主要承受弯曲和扭转应力的轴类零件，如发动机曲轴、汽轮机主轴、机床主轴等，一般采用调质钢制造。因其最大应力在轴的表层，故一般不需要选用淬透性很高的钢。其中，对磨损较轻、冲击不大的轴，如普通齿轮减速器传动轴、普通车床主轴等，可选用 45 钢经调质或正火处理，然后对要求耐磨的轴颈及配件经常装拆的部位进行表面淬火、低温回火。对磨损较重且受一定冲击的轴，可选用合金调质钢，经调质处理后，再在需要高硬度部位进行表面淬火。例如，汽车半轴常采用 40Cr、40CrMnMo 等，高速内燃机曲轴常采用 35CrMo、42CrMo、18Cr2Ni4WA 等。

（3）对磨损严重且受较大冲击的轴，如载荷较重的组合机床主轴、齿轮铣床主轴、汽车、拖拉机变速轴、活塞销等，可选用 20CrMnTi 渗碳钢，经渗碳、淬火、低温回火处理。

（4）对高精度、高速转动的轴类零件，高精度、高速转动的轴类零件可采用氮化钢、高碳钢或高合金钢，如高精度磨床主轴或精密镗床镗杆采用 38CrMoAlA 钢，经调质、氮化处理；精密淬硬丝杠采用 9Mn2V 或 CrWMn 钢，经淬火、低温回火处理。

在轴类零件制造过程中，还可采用滚辗螺纹、滚压圆角与轴颈、横轧丝杆、喷丸等方法提高零件的疲劳强度。例如，锻钢曲轴的弯曲疲劳强度，经喷丸处理后可提高 15%～25%；经圆角滚压后，可提高 20%～70%。

除锻钢曲轴类零件外，对中、低速内燃机曲轴以及连杆，凸轮轴，可采用 QT600-3 等球墨铸铁来制造，经正火、局部表面淬火或软氮化处理。不仅力学性能满足要求，而且制造工艺简单，成本较低。

3. 典型轴类零件用材实例分析

1）车床主轴

以 C616 车床主轴为例来分析其选材及热处理，图 11.16 所示为 C616 车床主轴简图。

该主轴受交变弯曲和扭转复合应力作用，载荷不大，转速中等，冲击载荷也不大，所以具有一般综合力学性能即可满足要求。但大的内锥孔、外锥体与卡盘、顶尖之间有摩擦，花键处与齿轮有相对滑动。为防止这些部位划伤和磨损，故这些部位要求有较高的硬度和耐磨性。轴颈与滚动轴承配合，硬度要求不高（220～250HBW）。

根据以上分析，C616 车床主轴选用 45 钢即可。热处理技术条件为：整体硬度为 220～250HBW；内锥孔和外锥体为 45～50HRC，花键部分为 48～53HRC。其加工工艺路线为：锻造→正火→粗加工→调质→半精加工→淬火、低温回火→粗磨（外圆、锥孔、外锥体）→铣花键→花键淬火、回火→精磨。

其中，正火是为了细化晶粒，消除锻造应力，改善切削加工性能，并为调质处理做组织准备；调质处理是为使主轴获得良好的综合力学性能，为更好地发挥调质效果，将其安排在粗加工之后。锥孔及外锥体的局部淬火和回火是为使该处获得较高的硬度。锥孔、外锥体的局部淬火、回火可采用盐浴加热。花键处的表面淬火采用高频表面淬火、回火以减小变形和达到硬度要求。

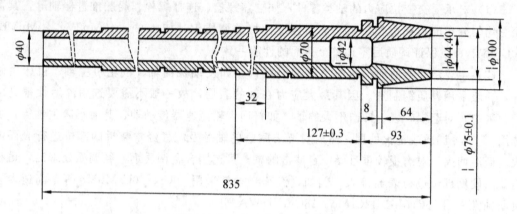

图 11.16　C616 车床主轴简图

2）汽车半轴

跃进-130 型载重汽车的半轴如图 11.7 所示。

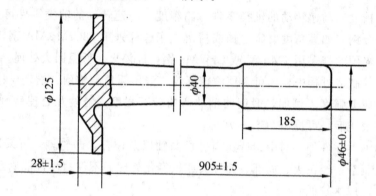

图 11.17　跃进-130 型载重汽车的半轴

该半轴是传递扭矩的一个重要部件，汽车运行时，发动机输出的扭矩，经过多级变速和主动器传递到半轴上，再由半轴传递到车轮上，推动汽车前进或倒退，在上坡或起动时扭矩很大，特别是紧急制动时，工作条件更繁重。因此，半轴工作时承受冲击、反复弯曲疲劳和扭转应力作用，故要求材料有足够的抗弯强度、疲劳强度和较好的韧性。

根据以上分析，半轴可选用 40Cr、42CrMo、40CrMnMo 钢等。热处理工艺为整体调质，使半轴具有高的综合力学性能。半轴的工艺路线如下：

下料→锻造→正火→机械加工→调质→盘部钻孔→磨花键。

表 11-5 所示给出了其他机床主轴的工作条件、选材及热处理工艺情况。

表 11-5 机床主轴的工作条件、选材及热处理

序号	工作条件	材 料	热处理工艺	硬度要求	应用举例
1	(1) 在滚动轴承中运转 (2) 低速，轻或中等载荷 (3) 精度要求不高 (4) 稍有冲击载荷	45钢	正火或调质	220~250HBW	一般简易机床主轴
2	(1) 在滚动或滑动轴承内运转 (2) 低速，轻或中等载荷 (3) 精度要求不很高 (4) 有一定的冲击、交变载荷	45钢	正火或调质后轴颈局部表面淬火整体淬硬	≤229HBW（正火） 220~250HBW（调质） 46~57HRC（表面）	CB3463、CA6140、C61200 等重型车床主轴
3	(1) 在滑动轴承内运转 (2) 中或重载荷，转速略高 (3) 精度要求较高 (4) 有较高的交变、冲击载荷	40Cr 40MnB 40MnVB	调质后轴颈表面淬火	220~280HBW（调质） 46~55HRC（表面）	铣床、M74758 磨床砂轮主轴
4	(1) 在滑动轴承内运转 (2) 重载荷，转速很高 (3) 精度要求极高 (4) 有很高的交变、冲击载荷	38CrMoAl	调质后渗氮	≤260HBW（调质） ≥850HV（渗氮表面）	高精度磨床砂轮主轴，T68 镗杆，T4240A 坐标镗床主轴，C2150-6D 多轴自动车床中心轴
5	(1) 在滑动轴承内运转 (2) 重载荷，转速很高 (3) 高的冲击载荷 (4) 很高的交变压力	20CrMnTi	渗碳淬火	≥50HRC（表面）	Y7163 齿轮磨床、CG1107 车床、SG8630 精密车床主轴

小　　结

　　一个机械产品的设计应包括结构设计、工艺设计和材料设计三部分，机器零件的正确选材、合理用材是机械工程技术人员的基本任务之一，也是本课程的主要教学目的。本章的主要内容有两点：一是掌握机械零件用材的合理选用的四条基本原则；二是熟悉齿轮和轴这两类典型零件材料的选用的分析。掌握各种工程材料的特性，正确选择和使用材料是对从事机械设计和制造的工程技术人员的基本要求。目前即使选用最好的材料和最先进的工艺手段制造的机器零件，使用的期限也是有限的，常发生失效。因此要对零件的失效进行分析，找出失效的原因，提出预防措施。零件的失效主要有变形、断裂和表面损伤三种基本类型。原因主要有零件设计不合理，选材不合理，加工工艺不合理，安装及使用不正确等。失效与失效分析方法是科学选材的基础，在进行使用性能分析时，应紧密结合机械零件常见失效形式，正确、实事求是地分析工作条件，找出其中最关键的力学性能指标，同时还必须充分考虑到零件的工艺性、经济性和资源环境协调性。

习　题

(1) 什么是失效？零件失效的方式有哪些？
(2) 过量弹性变形、过量塑性变形而失效的原因是什么？如何预防？
(3) 简述常用力学性能指标在选材中的意义。
(4) 简述断裂韧性在选材中的意义。
(5) 设计人员怎样才能做到对材料的强度、塑性、韧性提出合理要求？
(6) 设计人员在选材时应考虑哪些原则？如何才能做到合理选材？
(7) 今有一储存液化气的压力容器，工作温度为-196℃，试回答下列问题，并说明理由。
① 低温压力容器要求材料具有哪些力学性能？
② 在下列材料中选择何种材料较合适？
A. 低合金高强度钢　B. 形变铝合金　C. 加工黄铜　D. 工程塑料
(8) 试述齿轮类零件的工作条件、失效形式、性能要求、选材和热处理。
(9) 试述轴类零件的工作条件，失效形式、性能要求，选材和热处理。
(10) 现有低碳钢齿轮和中碳钢齿轮各一个，要求齿面具有高的硬度和耐磨性，问分别应做怎样的热处理？并比较热处理后它们在组织与性能上的差别。
(11) 某齿轮要求具有良好的综合力学性能，表面硬度50～55HRC，用45钢制造。加工路线为下料→锻造→热处理→粗加工→热处理→精加工→热处理→精磨。试说明工艺路线中各热处理工序的名称和目的。
(12) 选择下列零件的材料并说明理由；制定加工工艺路线并说明各热处理工序的作用：
① 机床主轴；② 镗床镗杆；③ 燃气轮机主轴；④ 汽车、拖拉机曲轴；
⑤ 钟表齿轮；⑥ 赛艇艇身；⑦ 内燃机火花塞。
(13) 机床床头箱齿轮与汽车变速箱齿轮的工作条件各有何特点？应选用哪种材料最合适？请写出工艺路线和强化方法。

参 考 文 献

[1] 李成功，傅恒志. 航空航天材料 [M]. 北京：国防工业出版社，2002.
[2] 涂铭旌. 材料创造发明学 [M]. 成都：四川大学出版社，2008.
[3] 苏子林. 工程材料与机械制造基础 [M]. 北京：北京大学出版社，2009.
[4] 朱张校. 工程材料 [M]. 北京：清华大学出版社，2001.
[5] 文九巴. 机械工程材料 [M]. 北京：机械工业出版社，2009.
[6] 顾卓明. 轮机工程材料 [M]. 北京：人民交通出版社，2010.
[7] 尹衍生. 先进结构陶瓷及其复合材料 [M]. 北京：化学工业出版社，2006.
[8] 尹衍生等. 海洋工程材料 [M]. 北京：科学出版社，2008.
[9] 付广艳. 工程材料 [M]. 北京：中国石化出版社，2007.
[10] 徐晓红. 材料概论 [M]. 北京：高等教育出版社，2006.
[11] 寒冬冰. 高分子科学与工艺学基础 [M]. 北京：中国石化出版社，2009.
[12] James. Ajacobs. *Engineering Materials Technology: structures, Processing, Properties, and selection* [M]. 5th Edition. London: Pearson Prentice Hall, 2005.
[13] 杨瑞成，邓文怀，冯辉霞. 工程设计中的材料选择与应用 [M]. 北京：化学工业出版社，2004.
[14] 崔约贤. 金属断口分析 [M]. 哈尔滨：哈尔滨工业大学出版社，1998.
[15] 陈振华. 镁合金 [M]. 北京：化学工业出版社，2004：134-141，446-473.
[16] GB/T 230.1—2009《金属洛氏硬度试验》
[17] GB/T 231.1—2009《金属布氏硬度试验方法》
[18] GB/T 4340.1—2009《金属维氏硬度试验》
[19] GB/T 228—2002《金属材料 室温拉伸试验》
[20] GB/T 229—2007《金属材料 夏比摆锤冲击试验方法》
[21] GB/T 700—2006《碳素结构钢》
[22] GB/T 1591—2008《低合金高强度结构钢》
[23] GB/T 1222—2007《弹簧钢》
[24] GB/T 1298—2008《碳素工具钢》
[25] GB/T 1299—2000《合金工具钢》
[26] GB/T 1220—2007《不锈钢棒》
[27] GB/T 1221—2007《耐热钢棒》
[28] GB/T 8731—2008《易切削结构钢》
[29] GB/T 1348—2009《球墨铸铁件》
[30] GB/T 11352—2009《一般工程用铸造碳钢件》
[31] 何世禹. 机械工程材料 [M]. 哈尔滨：哈尔滨工业大学出版社，1991.
[32] 于永泗，齐民. 机械工程材料 [M]. 8版. 大连：大连理工大学出版社，2009.
[33] 戴枝荣. 工程材料 [M]. 北京：高等教育出版社，1992.
[34] 陈贻瑞等. 基础材料与新材料 [M]. 天津：天津大学出版社，1994.
[35] 施江澜. 工程材料学 [M]. 南京：东南大学出版社，1991.
[36] 师昌绪. 高技术新材料的形状与展望 [J]. 机械工程材料，1994，18 (1)：3~6.
[37] 张立德等. 纳米材料学 [M]. 沈阳：辽宁科学技术出版社，1994.
[38] 林栋梁. 有序金属间化合物研究的新进展 [J]. 机械工程材料，1994，18 (1)：8~15.
[39] 房世荣等. 工程材料与金属工艺学 [M]. 机械工业出版社，1997.

[40] 沈莲. 机械工程材料 [M]. 北京：机械工业出版社，2008.

[41] 石德珂等. 材料科学基础 [M]. 西安：西安交通大学出版社，1995.

[42] 第二炮兵学院等. 航空工程材料学 [M]. 北京：国防工业出版社，1990.

[43] 杨乃宾. 新一代大型客机复合材料结构 [J]. 航空学报. 2008, 29 (3)：596～604.

[44] 夏秋. 复合材料制造技术现状及在飞机制造业中的应用 [J]. 西安航空技术高等专科学校学报. 2009, 27 (5)：1～3.

[45] 日本钛协会. 钛合金及其应用 [M]. 北京：冶金工业出版社，2008.

[46] 国家发展和改革委员会高技术产业司. 中国新材料产业发展报告[M]. 北京：化学工业出版社，2009.

[47] 国家发展和改革委员会高技术产业司. 中国新材料产业发展报告[M]. 北京：化学工业出版社，2010.

[48] 戈晓岚. 工程材料[M]. 南京：东南大学出版社. 2000.